【第三版】

餐廳開發與規劃

Restaurant Development and Planning

蔡毓峯、陳柏蒼 著

蔡　序

　　寫序的這天是2019年12月5日，濕冷的深夜正是臺北今年首波的冷氣團報到，筆電鍵盤傳來主機板的運作溫度而烘熱了雙手，而為即將付梓的第三版懷抱著對眾多師生讀者的感謝也同時溫暖了我的心。這本書在2011年出版，發行以來承蒙各大餐旅院校師生的支持，也受到不少業界前輩的指導，很快地在三年後的2014年出了二版，五年後的2019年底又因應市場的瞬息萬變而再次做了第三版的修正發行。

　　這五年間，全球餐飲市場和業界生態有了不小的改變，快食尚當道、Uber Eats這類結合數位行銷、衛星定位、行動支付與行動裝置的外送平台崛起於國外，印證了SoLoMo（Social, Local, Mobile）概念的不敗地位，甚至機器人或無人飛機送餐也有了初步的概念和實驗性質的營運。此外，全球素食風潮、無麩質飲食、清真食物市場的蔓延，甚至人造肉的漢堡，一個個都是顛覆過去或根本無法想像的經營型態或餐飲品類，不斷地出現在人們生活周遭。而回到國內，外送市場無論是Uber Eats或是Foodpanda更是成了你我生活中很難避免的議題，這項懶人經濟的商業模式也悄悄地進入了你我的生活形態裡。此外，百貨公司隨著網路購物的盛行，不得不逐年調高餐飲櫃位的面積占比，過去百貨公司提供消費者購物之餘的簡單餐飲需求，現在情勢轉換成了到百貨公司吃飯然後順便逛逛街。多家商業雜誌都曾以封面故事報導臺北市信義計畫區百貨購物中心密度高居全球，在不到〇‧五平方公里的面積裡，出現了十四家購物中心，這當中的餐飲櫃位店家自然也相當的活躍，呈現著百花鳴放的姿態。

　　然而，根據經濟部統計出的資料顯示，2016與2017年國內餐飲市場營業額的年增率分別為3.62%與2.94%，同期的餐飲店家年增率卻分別為5.3%與4.8%。簡單來說，就是餐飲業市場的成長不及餐廳店家的成長，所以餐飲業者的平均市占率是縮小的，在僧多粥少的情況下，缺乏創意、競爭力、營運品質的餐飲店家很難避免歇業倒閉的命運。再者，新聞媒體時有所聞的高房價壓垮餐飲業的案例更是不勝枚舉，而政府一例一休制度的上路，縱然後來有彈性工時的

配套，畢竟架構始自製造業傳產的思維邏輯，在在都挑戰了服務業的適法能力，高人力密度的餐飲產業隨之而來的當然也是業主愈來愈吃不消的人力成本……。

　　本書第三版希望透過介紹一些更高效率、更節能、更符合食安，也更智慧化的設備來提醒讀者如何因應高度競爭的市場，也分享了數位行銷更具成效分析、更容易做出廣告成效判斷，卻也比傳統媒體廣告便宜許多的網路廣告優點；時下流行的社群操作、聊天機器人的運用、網路訂位的優缺點分享，也都是為了與讀者分享當下業界的作法與趨勢。環保意識的抬頭也促使餐飲業者導入更具效力、更創新的防治空汙設備和廢水截油設備，食品安全意識的高漲也促使政府更加督促餐飲業的廢油及廚餘的去向。導入上下游都追溯的作法雖是好事，但卻也不斷墊高了餐飲業的經營成本。

　　上述這些修正與分享，無非是希望讀者能更貼近產業脈動，也是本書再次改版的初衷。自出版以來這九年，承蒙各界師生、同業前輩及各方廠商合作夥伴的指導與素材分享，也特別感謝本書編輯與出版社團隊的辛苦付出，讓本書終於能再次修正，並順利付梓成冊發行。也謝謝家人對我工作之餘，仍埋首書案而疏於陪伴所給予我的支持和諒解，讓我能心無旁騖完成這項工作。同時也要對摯友也是本書共同作者陳柏蒼老師的耐心等候與支持表示感謝與抱歉。

　　筆者才疏學淺，本書內容疏漏錯誤在所難免，尚祈各方前輩賢達不吝指教，是盼！

蔡毓峯　謹誌

2019/12/5

陳 序

　　近年來，隨著科技時代的進步使得消費者得以接觸更多元的餐飲業態，再加上消費者追求生活與物質的提升，講求休閒生活的態度改變，餐飲業更需要開發符合消費市場上的餐廳。為順應這股餐飲業潮流及餐飲業態的變化，餐廳不能只有滿足顧客功能上的價值需求，而更需要讓顧客感受到美學、社會、情緒與獨特價值。隨著M型社會的發展，高端餐飲業態也開始出現，且各式類型的餐廳也在餐飲市場上占有一席之地。這些餐廳都是國人自行創立，代表了國內餐飲業者已經具備自行開發與規劃餐廳的能力，而且開始朝向國際化。臺灣首屆《2018臺北米其林指南》（*Michelin Guide Taipei 2018*）已正式登場，全臺共一百十間餐廳入選，囊括三十三種料理風格，二十間獲得星級評價。餐館的經營管理雖然基本特性不變，然而隨著國內外環境、社會、經濟、網路及消費者期待等變化，餐飲市場的開發與永續經營能力更需要有不同的經營思維來因應及提升。過去很多報導提到餐飲業是門檻低且容易進入的行業，然而作者認為進入容易，但也會很快地在市場上淘汰。餐館管理屬於社會科學，內涵包括消費者心理學、人力資源管理、行銷學、管理學、品牌策略、採購管理、財務會計、資訊管理、烹飪技術、飲食文化與美學、設施規劃及學術研究科學等多面向。因為餐飲管理在每個經營管理的環節上都需縝密及整合，缺一不可，且需相關研究學理來因應管理及決策面。

　　籌備與開發餐廳的細節過程中，要同時著重功能性和心理性的契合與整合。一家餐廳的成立可以是經由一個生活、休閒、娛樂，或飲食文化的概念層次而起，進而將此概念透過科學管理的模式來具體呈現給消費者。基本上，餐飲市場上的餐廳不一定要大、漂亮、精製、價位高或面面俱到的服務，才算是一家成功的餐廳，舉凡夜市的小吃、社區內的一家咖啡館，或連鎖知名品牌的餐廳，只要業者能迎合消費者的喜好，創造出口碑及利潤，並回饋給消費者和員工的餐廳，就都是成功的典範。餐飲產業在政府的重視與推動下，蓬勃發展。餐飲業的經營需要軟硬體充分融合與到位，才能經營良善。在軟體上，餐飲業是以服務為導向的行業，餐廳整體服務人員需要重視服務品質及顧客生理與心理的需求；而在硬體上需要強化顧客的美學感受。餐飲業從業人員或創業者應瞭解市場上經營成功的餐廳，一定要透過良好的市場評估機制、美食料理

技藝、行銷，與餐廳內外場的整合服務管理規劃。成功的餐廳經營在整體管理規劃的細節繁瑣而複雜，互相影響，而餐廳經營之中的各項績效指標評估更是重要。目前市面上提供很多有關餐館管理方面的書籍，可惜各章節內容沒有相互連貫與實務性，讀者往往無法將經營餐廳的各個管理環節整合。個人在餐飲教育領域上需配合市場需求，整合教材、師資與設備來培育餐飲業界專業的人才。一般教科書或教育模式都是以就業為思考。這種模式是被動的引導。因此需要以創業教育為導向，進而引領主動思維。即使未來學生沒有創業計畫，但絕不能沒有創業思考。只有瞭解餐飲業職場上經營管理者、員工及顧客的思維，才能充分掌握完整的管理實務。本書結合理論與實務面，試圖提供學生或想從事餐館經營的朋友們一本有系統的餐廳開發籌備的參考書。撰寫這本餐廳籌備與開發的書跟實際經營餐廳一樣的艱鉅及具有挑戰性，書中每個籌備開店及管理的流程鉅細靡遺又彼此呼應。期望改版的章節內容能更完整呈現餐廳籌備開發及營運管理之層面。本書力求縝密編著，如有疏漏之處，衷心期待先進與讀者不吝指導，並惠予賜正，得償教學相長之願。

　　筆者目前在銘傳大學餐旅管理學系任教，僅藉由學術研究及管理知識面，再加上本書的共同作者蔡毓峯先生在餐飲業多年的高階管理者之實務經驗，得以充分的將理論與實務加以結合；最後更要感謝揚智公司所有同仁的熱忱協助，及所有參與協助撰寫本書的業界人士，才能讓第三版順利改版完成。謹此一併致意。

陳柏蒼　謹誌

銘謝誌

　　謹以本篇〈銘謝誌〉對於以下所條列之業界先進前輩，以及企業廠商表示由衷的感謝！

　　由於各位對於我們在撰稿過程中的熱誠協助，提供了專業諮詢指導、資料畫面供應、商品拍攝提供、畫面後製及內文編校，讓本書能夠如期完成，謹此表達十二萬分的謝意！

方國欽	前行政主廚	勞瑞斯牛肋排餐廳
王偉岐	前業務代表	俊欣行股份有限公司
李俊德	總經理	俊欣行股份有限公司
洪國欽	化工部銷售工程師	誠品股份有限公司
陳斯重	副總經理	雄獅集團食旅生活事業部
陳惠珊	副總經理	俊欣行股份有限公司
陳韻竹	業務代表	富必達科技股份有限公司
游志雄	業主	仲裕印刷有限公司
項崇仁	總經理	富必達科技股份有限公司
黃任羚	業務	泓陞藝術設計股份有限公司
黃惠民	顧問	俊欣行股份有限公司
葉忠賢	發行人	揚智文化事業股份有限公司
廖美珍	業主	Sabrina House 紗汀娜好食，貳樓餐廳
謝楷強	業主	A-Plus花酒藏
勵載鳴	總工程師	詮揚股份有限公司
衛騰霖	業主	泰洋環保科技有限公司

（以上依姓氏筆劃順序排列）

　　本書所刊載之照片除作者本人所有之外，另有照片來自以下廠商及其品牌之型錄，謹此申謝！

品牌企業	網址／地址
104人力銀行	www.104.com.tw
A-plus花酒藏日式料理	www.aplusdiningbar.com.tw/
Betty's Café Tea Rooms	www.bettys.co.uk
Cambro	www.cambro.com
《HERE雜誌》，臺灣東販股份有限公司	www.tohan.com.tw/
Libbey	www.libbey.com
Momo Paradise	www.humaxasia.com.tw/momo/
Paul	www.paul-international.com/tw/magasins~diaporama
Rubbermaid	www.rubbermaidcommercial.com
Sabrina House	
SKYLARK加州風洋食館	www.sky-lark.com.tw/index.asp
SUBWAY	www.twsubway.com/
T.G.I. Fridays	www.tgifridays.com.tw/main.php?Page=A4B2
Toros鮮切牛排	www.toros.com.tw/
Williams Refrigeration	www.williams-hongkong.com
ZANUSSI	www.zanussiprofessional.com
九太科技股份有限公司	www.jeoutai.com.tw/
九斤二日式無煙碳燒	www.coupon.com.tw/go27534591.htm
十二籃	www.12basket.tw/
大同磁器	www.tatungchinaware.com.tw
天香回味鍋	www.tansian.com.tw/
太安冷凍設備有限公司	www.tatacoltd.com.tw
兄弟大飯店桂花廳	www.brotherhotel.com.tw/index04_07.htm
臺灣吉野家股份有限公司	www.yoshinoya.com.tw/
臺灣國際角川書店股份有限公司	www.kadokawa.com.tw/index_twalker.asp
臺灣麥當勞餐廳股份有限公司	www.mcdonalds.com.tw/
伊是咖啡	www.iscoffee.com.tw
全野冷凍調理設備股份有限公司	www.chuanyua.com.tw
佳敏企業有限公司	www.carbing.com.tw

欣和客運	www.csgroup-bus.com.tw/
故宮晶華	
俊欣行股份有限公司	www.justshine.com.tw
冠今不鏽鋼工業股份有限公司	www.kjco.com.tw
美而堅實業有限公司	www.nursemate.com.tw
香格里拉臺北遠東國際大飯店	www.feph.com.tw/pages/frontend/jsp/popup.jsp? data=906
拿坡里披薩炸雞	www.0800076666.com.tw/
桃屋日式料理	www.momoya.com.tw
統一星巴克股份有限公司	www.starbucks.com.tw/home/index.jspx
圍爐酸菜白肉火鍋餐廳	臺北市大安區仁愛路4段345巷4弄36號
富必達科技股份有限公司	www.fnb-tech.com.tw
朝桂餐廳	www.parentsrestaurant.com.tw/
勝博殿	www.saboten.com.tw
棉花田生機園地	www.sun-organism.com.tw/
匯格實業	www.feco-corp.com.tw
意式屋古拉爵	www.grazie.com.tw/html/page03.htm
詮揚股份有限公司	www.kbl.com.tw
鼎泰豐	www.dintaifung.com.tw/ch/product_a_list.asp
寬友股份有限公司	www.ExpanService.com.tw
寬心園精緻蔬食料理	www.easyhouse.tw/
橘子工坊	www.orangetea.com.tw/
鮮芋仙	www.meetfresh.com.tw
覺旅Kaffe	journeykaffe.wix.com/journeykaffe#!menu/c12gp
麗諾實業有限公司	www.lee-no.com.tw
《蘋果日報》	tw.nextmedia.com/
饌巴黎國際百匯餐廳	www.pariss.com.tw/fengxi/front/bin/home.phtml

（以上圖片出處以筆畫順序排列，謹此申謝！）

蔡毓峯
陳柏蒼　申謝　2020/06/24

目　錄

PART 1

市場分析與概念發想篇

Chapter 1

餐飲業市場發展與籌備規劃

本章綱要

1. 前言：本書介紹
2. 餐飲業的分類與概況
3. 餐飲業的挑戰
4. 案例探討：經營餐廳失敗與成功的因素
5. 餐飲服務業的特性及消費者行為
6. 餐廳籌備與開發管理

本章重點

1. 介紹本書的概念發想與規劃
2. 瞭解餐飲業的分類與概況
3. 瞭解餐飲業的經營困境
4. 介紹餐飲業失敗和成功的因素
5. 認識經營管理者所需瞭解的餐飲服務業特性及消費者行為
6. 介紹餐廳經營管理者在籌備開發、管理知識及經驗等方面所需掌握的主軸

🍲 第一節　前言：本書介紹

　　社會變遷帶動餐飲業瞬息萬變，餐廳扮演著人們在生活型態上一個很重要的角色。人們對於外出用餐的需求已從吃得飽吃得好，到吃得巧。換句話說，外出用餐不只是一個簡單的飲食活動，而是一個社交活動。因此，經營一家成功的餐廳，業者不僅要瞭解餐飲的概況和趨勢，更需要具備專業的餐館管理知識。「創業市場瞬息萬變，每天都有店在開，相對的每天也都有店在關。」所以經營者一定要懂得求新求變，才有可能在瞬息萬變的競爭市場中永續經營。

　　要成為一個成功的經營管理者須有足夠的經驗、規劃能力、金錢和精力。雖然運氣好壞也扮演著一個很重要的因素，但是一個運氣好的經營者或創業者如果沒有專業能力的話，也無法成功的籌劃和經營好一家餐廳。因為，經營一家符合業主賺錢、員工有發展、消費者喜歡，並且能永續經營的餐廳是最終的目標。

　　市場上經營成功的餐廳一定透過良好的市場評估機制與餐廳內外場的整合規劃，而其整體規劃之細節繁瑣複雜且互相影響。市面上充斥著很多有關餐館管理方面的書籍，其中以教科書居多，惜各章節內容多沒有相互連貫，讓讀者無法將經營餐廳的各個管理環節加以整合。本書為一本架構鮮明且具系統的「餐廳開發籌備」專書，試圖提供給學生或將來想從事餐館經營的人士參考之用。當初撰寫本書時是以模擬開發一家餐廳為架構，三版的修訂主要是因應現在網路科技的普及，增加第五章餐廳網路與數位行銷。此外各章節也做一些調整。本書結構分四篇，十三章。第一篇初期籌備階段，先從瞭解餐飲業的特性及影響，進而擬定經營策略，接著瞭解餐飲市場上餐廳經營的挑戰與趨勢，最後擬定餐飲業市場發展與籌備規劃（第一章），再根據市場面向擬定餐廳型態與商圈地點選定（第二章），然後進行內外場空間規劃與工程，概述餐廳的整體環境和氣氛，以提供目標市場顧客一個舒適的用餐經驗，最後敘述廚房整體設計係依據餐廳運作之採購、驗收、儲存、發貨、製備、烹調與服務等流程來規劃（第三章）。第二篇之中期前段進行行銷廣告策略的擬定與執行（第四章），並加入餐廳網路與數位行銷以提升行銷效益（第五章），以及重要的成本預算——「餐廳籌備預算規劃」（第六章）等。第三篇中期後段開始討論菜單內容設計上的重要性及方法（第七章），另外根據菜單設計建置制度化採購

流程及食材製備流程（第八章），以及菜單烹調方式對規劃廚房與採購設備上的注意事項（第九章）。

第四篇最後的階段將提供讀者在餐廳經營管理時所應具備的管理知識和實務。成功的餐廳營運除了有完整的硬體設施規劃外，軟體的服務亦相形重要。其中除了靠優秀的服務人員來提供卓越的「功能服務」外，最重要的是餐飲服務與標準作業流程制定（第十章）。此外如何運用資訊科技在營運管理上對顧客、服務人員、廚房與經營管理者的效益（第十一章），損益表剖析及成本控制，更進一步藉由各項數字資料瞭解其關鍵績效之管理參數。（第十二章）。最後本書將透過完整的人事管理流程來規劃有效率的員工雇用、簡介和訓練，進而擬定合理的薪資福利，提升員工服務品質（第十三章）。

接下來本章將討論進入餐飲業所須瞭解和認識國內餐飲業的分類、餐飲業的挑戰與特性、經營一家餐廳成功與失敗的因素、市場區隔與定位，以及餐廳經營管理之重要主軸。

第二節　餐飲業的分類與概況

根據行政院主計處中華民國行業標準分類[1]，餐飲業規範為第I大類——住宿及餐飲業，將**餐飲業**定義為：從事調理餐食或飲料供立即食用或飲用之行業；餐飲外帶外送、餐飲承包等亦歸入本類。不包括：製造非供立即食用或飲用之食品及飲料歸入C大類「製造業」之適當類別。零售包裝食品或包裝飲料應歸入47-48中類「零售業」之適當類別。

餐飲業可分成三類（如**表1-1**）：

1.**餐食業**（561）：從事調理餐食供立即食用之商店及攤販。此類別下又分為：

(1)**餐館**（5611）：從事調理餐食供立即食用之商店；便當、披薩、漢堡等餐食外帶外送店亦歸入本類。不包括：固定或流動之餐食攤販歸入5612細類「餐食攤販」。專為學校、醫院、工廠、公司企業等團體提供餐飲服務歸入5620細類「外燴及團膳承包業」。

(2)**餐食攤販**（5612）：從事調理餐食供立即食用之固定或流動攤販。不

表1-1 中華民國行業標準分類：住宿及餐飲業

分類編號				行業名稱及定義
大類	中類	小類	細類	
I				**住宿及餐飲業** 從事短期或臨時性住宿服務及餐飲服務之行業。
	56			**餐飲業** 從事調理餐食或飲料供立即食用或飲用之行業；餐飲外帶外送、餐飲承包等亦歸入本類。 不包括： 製造非供立即食用或飲用之食品及飲料歸入C大類「製造業」之適當類別。 零售包裝食品或包裝飲料歸入47-48中類「零售業」之適當類別。
		561		**餐食業** 從事調理餐食供立即食用之商店及攤販。
			5611	**餐館** 從事調理餐食供立即食用之商店；便當、披薩、漢堡等餐食外帶外送店亦歸入本類。 不包括： 固定或流動之餐食攤販歸入5612細類「餐食攤販」。 專為學校、醫院、工廠、公司企業等團體提供餐飲服務歸入5620細類「外燴及團膳承包業」。
			5612	**餐食攤販** 從事調理餐食供立即食用之固定或流動攤販。 不包括： 調理餐食供立即食用之商店歸入5611細類「餐館」。
		562	5620	**外燴及團膳承包業** 從事承包客戶於指定地點辦理運動會、會議及婚宴等類似活動之外燴餐飲服務；或專為學校、醫院、工廠、公司企業等團體提供餐飲服務之行業；承包飛機或火車等運輸工具上之餐飲服務亦歸入本類。
		563		**飲料業** 從事調理飲料供立即飲用之商店及攤販。
			5631	**飲料店** 從事調理飲料供立即飲用之商店；冰果店亦歸入本類。 不包括： 固定或流動之飲料攤販歸入5632細類「飲料攤販」。 有侍者陪伴之飲酒店歸入9323細類「特殊娛樂業」。
			5632	**飲料攤販** 從事調理飲料供立即飲用之固定或流動攤販。 不包括： 調理飲料供立即飲用之商店歸入5631細類「飲料店」。

資料來源：行政院主計總處（2015）。中華民國行業標準分類「住宿及餐飲業分類規範」。
網址：https://www.dgbas.gov.tw/ct.asp?xItem=38933&ctNode=3111&mp=1。

包括：調理餐食供立即食用之商店歸入5611細類「餐館」。

2.外燴及團膳承包業（562）：從事承包客戶於指定地點辦理運動會、會議及婚宴等類似活動之外燴餐飲服務；或專為學校、醫院、工廠、公司企業等團體提供餐飲服務之行業；承包飛機或火車等運輸工具上之餐飲服務亦歸入本類。

3.飲料業（563）：從事調理飲料供立即飲用之商店及攤販。此類別下又分為：

(1)飲料店（5631）：從事調理飲料供立即飲用之商店；冰果店亦歸入本類。不包括：固定或流動之飲料攤販歸入5632細類「飲料攤販」。有侍者陪伴之飲酒店歸入9323細類「特殊娛樂業」。

(2)飲料攤販（5632）：從事調理飲料供立即飲用之固定或流動攤販。不包括：調理飲料供立即飲用之商店歸入5631細類「飲料店」。

經濟環境與社會型態的變化、消費支出的外食花費增加、休閒生活的提升、享受美食與講求便利等不同因素牽動著餐飲業市場的發展。根據經濟部統計處的統計資料，餐飲業市場營業額從民國100年的4,839成長至107年的7,775（單位：億元），可以明顯看出餐飲業的營業額逐年攀升（如**表1-2**），這代表餐飲業的發展趨勢，反應出餐飲業的潛在市場漸漸擴大。❷

表1-2　餐飲業營業額

單位：億元；%

	餐飲業合計		餐館		飲料店		外燴及團膳承包業	
	（56）	年增率	（5611）	年增率	（5631）	年增率	（5620）	年增率
97年	3,573	7.3	2,992	6.7	409	9.8	172	13.1
98年	3,768	5.4	3,146	5.2	433	5.7	189	9.7
99年	4,255	12.9	3,546	12.7	489	12.9	220	16.6
100年	4,839	13.7	4,044	14.0	546	11.7	249	13.1
101年	5,258	8.7	4,385	8.4	597	9.4	276	11.1
102年	5,609	6.7	4,616	5.3	685	14.7	308	11.7
103年	6,066	8.1	4,980	7.9	743	8.3	344	11.6
104年	6,538	7.8	5,347	7.4	813	9.5	378	9.8
105年	7,109	8.7	5,797	8.4	897	10.3	415	9.9
106年	7,374	3.7	6,020	3.9	939	4.7	415	0.0
107年	7,775	5.4	6,390	6.1	962	2.5	423	1.8

（續）表1-2　餐飲業營業額

	餐飲業合計		餐館		飲料店		外燴及團膳承包業	
	（56）	年增率	（5611）	年增率	（5631）	年增率	（5620）	年增率
2 月	705	22.8	597	26.9	76	5.1	32	2.1
3 月	607	7.6	494	9.0	78	1.5	35	2.7
4 月	609	4.9	496	5.4	76	1.4	37	6.2
5 月	646	4.3	529	4.3	80	5.3	36	2.6
6 月	653	9.3	537	10.5	79	4.6	37	2.7
7 月	664	4.7	551	4.8	79	6.6	34	0.0
8 月	683	6.4	566	8.1	84	-2.0	33	0.3
9 月	639	9.5	519	11.2	88	3.4	32	0.3
10 月	620	0.2	504	0.0	80	1.9	36	-0.5
11 月	603	4.0	492	5.2	75	-2.5	36	1.9
12 月	708	6.1	581	5.9	90	10.0	37	0.9
108年 1~7月	4,745	4.9	3,927	5.3	569	4.4	249	0.1
1 月	704	10.2	579	10.5	87	12.3	38	2.5
2 月	703	-0.2	596	-0.2	76	0.1	31	-2.0
3 月	657	8.2	541	9.6	80	2.9	36	0.7
4 月	621	2.0	505	1.9	79	3.8	36	-0.7
5 月	677	4.9	559	5.6	80	0.0	38	4.0
6 月	686	5.1	567	5.7	81	3.2	37	-0.6
7 月P	697	5.0	579	5.1	85	8.2	33	-3.9
	金額	%	金額	%	金額	%	金額	%
較上月增減	12	1.7	12	2.0	4	4.9	-4	-10.6
較上年同月增減	33	5.0	28	5.1	6	8.2	-1	-3.9
累計較上年同期增減	223	4.9	199	5.3	24	4.4	0	0.1
本年累計結構比	-	100.0	-	82.8	-	12.0	-	5.3

說明：1.各行業類別括弧內數字為行業標準分類代碼（第10次修訂）。

　　　2.本餐飲業不含5612餐食攤販業及5632飲料攤販業。

資料來源：經濟部統計處（2019）。資料查詢＞資料庫查詢＞批發、零售及餐飲業營業額統計調查，https://dmz26.moea.gov.tw/GMWeb/investigate/InvestigateEA.aspx。

「營利事業家數及銷售額」資料，民國102至106年餐飲業營業家數有明顯的成長趨勢（如**表1-3**），從民國102年的113,413家增加至106年的136,906家，增加幅度約21%，其中餐館業、飲料店業與其他餐飲業家數分別逐年成長，只有餐飲攤販業呈現店家減少趨勢。餐館業態之家數占全體餐飲業的比例從民國

表1-3　餐飲業營業家數

	餐飲業	餐館業	占比	飲料店業	占比	餐飲攤販業	占比	其他餐飲業	占比
102	113,413	85,135	75.07%	15,886	14.01%	10,361	9.14%	2,031	1.79%
103	117,307	88,579	75.51%	16836	14.35%	9727	8.29%	2165	1.85%
104	124,124	94177	75.87%	18363	14.79%	9324	7.51%	2260	1.82%
105	130,651	98,927	75.72%	20,121	15.40%	9,266	7.09%	2,337	1.79%
106	136,906	103,969	75.94%	21,346	15.59%	9,141	6.68%	2,450	1.79%

資料來源：財政部資料中心（2017）。「營利事業家數及銷售額」資料。

102年的75.07%微幅增加到106年的75.94%。

根據經濟部統計處調查資料顯示[3]：

1. 餐飲業營業額逐年成長：隨著外食人口的增加與社群網路的資訊擴散效應，帶動餐飲消費需求擴增，餐飲業營業額自民國91年逐年攀升，102年突破4,000億元，106年續升至4,523億元，其中餐館業占84.6%居大宗，飲料店業占11.3%，其他餐飲業占4.1%。107年上半年營收2,355億元，創歷年同期新高，年增4.7%，為近七年最大增幅，隨著景氣續升，餐飲服務需求持續增加，在展店與新品牌的推升下，107年營業額可望再創新高。（如圖1-1）

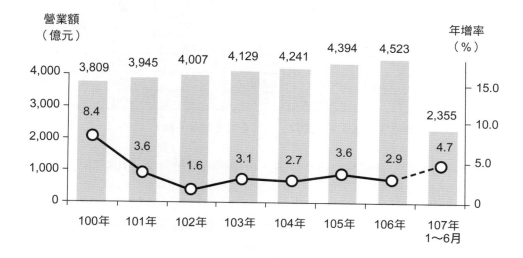

圖1-1　餐飲業營業額及年增率

資料來源：經濟部統計處（2018/08/15）。經濟部統計簡訊，https://www.moea.gov.tw/Mns/dos/bulletin/Bulletin.aspx?kind=9&html=1&menu_id=18808。

2.多品牌連鎖化為發展趨勢：為因應消費者多元需求，提升企業競爭力，連鎖業者採多品牌經營與加速展店策略，以擴大經營規模提升市占率。根據臺灣連鎖暨加盟協會統計（如**表1-4**），民國101至106年餐飲連鎖品牌數由624個增加至970個，增加了346個品牌，其中尤以餐廳品牌數增加201個為最多；連鎖總店數由28,880家增加至32,810家，增加了3,930家，其中餐廳增加1,737家、速食店增加886家、休閒飲品增加763家、咖啡簡餐增加544家。

表1-4　連鎖餐館之店數統計表（2012至2017年）

	家數（家）	餐廳	速食店	咖啡簡餐	休閒食品	與上年度增減數（家）
101年	28,800	2663	18,522	1,721	5,974	-
102年	29,974	2,951	18,777	1,806	6,440	1,094
103年	30,686	3,360	18,670	1,831	6,825	712
104年	31,038	4,144	18,294	2,000	6,600	352
105年	30,820	4,211	17,595	2,135	6,879	-218
106年	32,810	4,400	19,408	2,265	6,737	1,990

	品牌數（個）	餐廳	速食店	咖啡簡餐	休閒食品	與上年度增減數（家）
101年	624	259	203	61	101	-
102年	706	300	224	70	112	82
103年	790	330	248	81	131	84
104年	905	413	251	90	151	115
105年	973	449	272	99	153	68
106年	970	460	276	92	142	-3

資料來源：臺灣連鎖暨加盟協會（2018）。《臺灣連鎖店年鑑》。

　　飲料店家數及營業額也逐年成長，根據經濟部統計處（108年6月17日）的調查資料指出：❹

1.飲料店營業額逐年成長：隨著手搖飲及咖啡店營業據點的擴增，飲品口味推陳出新，加上近年來行動裝置的普及，提升訂購及付款的便利性；再加上外送電子商務業者進入市場，帶動飲料店蓬勃發展。營業額自民國94年以來逐年攀升，至107年已達962億元，平均每年成長8.9%，108年1至4月的營業額續增4.8%，預期全年可望突破1,000億元。（如**圖1-2**）

2.飲料店展店快速：我國飲料店展店快速，根據財政部營利事業家數統計，民國108年3月底飲料店數達22,482家，較97年底增加9,076家，其中冰果店及冷（熱）飲店占8成，共18,148家，較97年底增加7,639家（或增0.73倍）；其次為咖啡館3,403家，占15.1%，較97年底增加1,906家（或增1.27倍），而茶藝館304家，較97年底減201家，飲酒店627家，較97年底減268家。若以分布區域觀察，飲料店七成集中於六都，其中冰果店及冷（熱）飲店以高雄市、臺南市及臺中市之占比較多，可能與南部天氣較熱有關；咖啡館、茶藝館及飲酒店則以臺北市占比最高，各占25.5%、34.5%、33.7%。（如**圖1-2**）

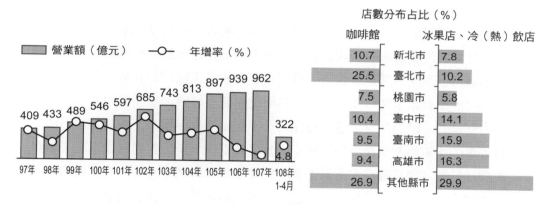

圖1-2　飲料店營業額逐年攀升

3.清心福全店數最多、路易莎咖啡快速展店：根據流通快訊店數統計，觀察前十大飲料店展店情形，民國108年4月底前十大飲料店共3,908家，其中以清心福全930家最多、五十嵐533家居次、星巴克460家居第三。若與106年底相比較，路易莎咖啡較106年底增加120家（或增37.6%）、一芳水果茶增加66家（或增56.9%），展店較為快速。

　　綜觀統計資料可以看出臺灣餐飲業產業生態的變化。從餐飲市場面來說，代表市場水準提升，以消費者面而言，則表示消費者期待更具有特色、新奇、多元之餐飲。隨著人民生活型態的改變，民眾對於餐飲業之觀感也逐漸不同，國民所得的提高，亦使民眾對於飲食更為講究。顯示出國人愈來愈重視美食與品質，相對地餐飲業者也需更重視經營管理。

🍲 第三節　餐飲業的挑戰

　　進入餐飲業的管道有很多方式，有餐飲背景的經驗者可以：(1)從事專業經理人經營管理一家或多家的餐廳；(2)頂下一家餐廳當老板；(3)自己開發籌備和經營一家新的餐廳。無經驗者可以加盟成為連鎖體系經營者。然而開發或經營餐廳就能夠賺錢嗎？其實創業開店會面臨到的問題是非常瑣碎惱人的，並不是我們平常所看到的表象而已。一般人只注意到生意好的狀況，只看到每天收現金的快樂，只想到客人對於餐點或服務上滿意的成就感，只想到自己就是老闆，從此不用在別人底下受氣的自由自在，而沒有想到或看到背後所付出的辛勞。

　　在目前競爭的餐飲市場，必須要自己事必躬親、全心投入才有勝算。全心投入就是要自己親自去學習店裡的每一件事務。在這個競爭激烈的年代，千萬不要抱著自己是老板或是投資者，只要把店交給員工就行的心態。當生意好的時候，可能沒有太多問題需要煩惱，然而當生意不好時，所面對的問題是會令人心力交瘁的。因為生意不佳，每個月入不敷出的生存壓力；因為生意不佳，食材丟棄的比銷售的還多時的心痛；因為生意不佳，所以對物料成本及人事費用的斤斤計較，造成服務和品質不良的惡性循環；因為生意不佳，要繼續經營就必須增資，若要結束營業除了沒面子還得負債累累，所投資的生財器具都成了廉價的二手貨，更不用說那些帶不走的裝潢瞬間成了垃圾時的感受了……。

　　從事餐飲業並非總是那麼危機重重，也不用抱持著悲觀的態度。只是即將投入這個市場的創業家應冷靜想想創業會遇到的難關和問題，做好心理建設後，再以最務實的做法來執行，才會有獲利的機會。獲利只是一個過程，最重要的是要如何回收。想想為何有一些店看起來生意頗佳，卻有虧損的狀況？為何每天都有店在開，也每天都有店在關？為何每年總是會有很多新的流行店如雨後春筍般的成立，卻又有如曇花一現般的在短時間內消失無蹤、快速淘汰（如湯包、蛋塔、芒果冰、199卡啦炸雞、低價個人PIZZA等）？失敗的例子有很多的因素，例如產品沒特色、定價錯誤、開店地點差和缺乏管理的知識；另外也有可能是因為產品的門檻低，再加上快速展店造成市場的供過於求，相對也使得新鮮感的蜜月期縮短，過多的追隨者總是未考慮產品的永續性和市場的飽和度而逕自盲目投入。以上所提到的諸多因素都是目前餐飲市場上的通病。

　　此外根據經濟部統計處「108年批發、零售及餐飲業經營實況調查」結果顯示，餐飲業者目前經營面臨的困難，前三項依序為：人事成本過高（占55.1%）、人員流動率高（占53.4%）及食材成本波動大（占50.4%）；另外，營業成本上升、同業間競爭激烈與租金成本高三項均占逾四成。而按業別觀察，餐館業者目前經營上所遭遇的困難，以人員流動率高逾五成六最高、人事成本過高占52.9%次之，飲料店業者以人事成本過高占六成七最高、人員流動率占54.6%次之，外燴及團膳承包業者以食材成本波動大，占80.0%最高。這些都是有心進入餐飲業所需面對的經營管理方面的挑戰。（如**表1-5**）

表1-5　餐飲業在經營上面臨的困境（複選）

單位（%）

	餐飲業	餐館業	外燴及團膳承包業	飲料店業
人事成本過高	55.1	52.9	50.9	66.7
人員流動率高	53.4	56.6	38.2	54.6
食材成本波動大	50.4	50.0	80.0	27.3
營業成本上升	49.3	51.6	49.1	40.9
同業間競爭激烈	48.0	52.1	32.7	45.5
租金成本高	45.2	51.6	10.9	50.0
人力短缺	38.1	38.9	32.7	39.4
消費者喜好變化快速	30.1	35.7	18.2	19.7
平價化，毛利降低	24.1	26.6	27.3	12.1
食材品質不易控制	14.5	13.5	21.8	12.1
找不到合適地點	14.0	17.6	1.8	10.6
受其他業者（無店鋪等）競爭	7.1	7.0	5.5	9.1
海外業務控管困難	0.6	0.8	0.0	0.0
其他	5.2	5.3	5.5	4.6

註：外燴及團膳承包業包含餐飲承包服務（如宴席承辦、團膳供應等）及基於合約僅對
　　特定對象供應餐食之學生或員工餐廳。
資料來源：經濟部統計處（2019）。108批發、零售及餐飲業經營實況調查。

　　針對以上的經營管理課題，第四節將為讀者提出幾點關於餐飲業失敗和成功的因素，讓想要進入此行業的創業家能夠減少摸索期、少走冤枉路、少花冤枉錢，而且能快速回收的踏出成功的創業之路。

第四節　案例探討：經營餐廳失敗與成功的因素

　　從事餐飲業的經營管理者每天都在思考一件事，我究竟要開哪一種型態的餐廳，以及如何經營才能夠賺錢並且永續經營。這確實是一個值得深思的問題。本節以餐飲經營管理者的實際訪談作為例子，為讀者分析經營餐廳失敗和成功的因素。

一、案例一　餐桌服務：主動的服務

【中式合菜餐廳（獨立餐廳）】

職務名稱：老闆

服務型態：餐桌服務

月營業額：八十至一百萬

公司規模：十一至十五人，開業至今已十七年

前言：老闆曾在基隆開過高級的義大利餐廳，那時的裝潢費用高達一千兩百　　　萬，餐食屬於高級精緻的義大利料理套餐，價位定在六百至八百元之　　　間，但餐廳只開了一年多就收起來了。根據老闆經營管理的經驗，他　　　提出如下的歸納因素。

◎訪談內容

(一)前次餐廳經營失敗的因素

1.老闆未能察覺到大環境變得不景氣，沒有採取因應措施。

2.對地區性的要求及市場的掌控沒有確實做好，客人對義大利餐食接受度不高，定價太貴，使得客人的消費意願降低，導致客人愈來愈少而無法生存。老闆當時在開義大利餐廳時，是以自己的想法與理念去開的，忽略了地區性人口對於外國食物及高格調餐廳的接受度，加上開店時投入的資金太高，不得不將這些成本反映在定價上，消費者光臨的意願也就不高。因此，老闆認為即使有好的管理理念及足夠的現場實際經驗，但開餐廳還是應該考慮市場風險，並以商業化作為最優先的考量。

(二)本次餐廳經營成功的因素

■執行者占最大因素

　　老闆認為，執行者必須要掌握現場所有狀況，親力親為地去作管理，即便是有員工守則，必須知道規則是死的，而人是活的，因此執行者的管理手法會直接影響到現場的生態，如果執行者鬆散而沒有實際去監督，員工將會有你意想不到的散漫。因此，老闆說他在管理上很龜毛，從員工的任用訓練、原物料的採購、現場服務的品質等，任何小細節他都不放過，並且要不斷的作自我要求，要求愈高、成功率就愈高。

■廚師占第二大因素

　　首先，任用經驗多、資歷久的老廚師。由於產品的穩定度很重要，必須要讓客人每次都吃到相同份量、相同味覺的菜，絕不能讓客人有「這次吃的與上次吃的不同」這種情況出現；其次，廚師的穩定性、配合度也要好，因為廚師必須要能配合執行者的要求，隨著餐廳營業型態的時間，調整延長工作時間，並配合餐廳做新菜色的開發。

■餐廳的定位

　　開餐廳前必須先做好市場調查，從地區性的人口消費能力的水平、對吃的喜好、消費者的年齡層，對店家附近的消費金額及相同類型的店等進行調查，以此作為評估的依據等等；此外，選擇地點的成本控制必須將房租的成本計算在內。

　　老闆把客群放在愛吃中餐的消費能力強的中高齡客層，因為這一階層的客群多會帶著家人一起用餐，或以朋友聚會的型態居多，再加上消費能力也夠，在定價方面也就設定在中高價位的價格，餐食部分就須以較高級的食材比照宴會菜的方式呈現給客人。

■裝潢

　　由於餐廳的裝潢屬於固定成本，一開始便須把店內的風格及氣氛，還有流行性因素列入考慮範圍，所以選擇把房子挑空的歐式設計較不容易退流行，並且把牆壁挖空擺放裝飾品，這樣一來店內的擺設可以隨著時間及流行改變部分的細項擺飾品，給客人有新的感觀視覺。如此一來，不但不會一成不變，也不必像一般餐廳一樣，開店幾年就必須休息幾天重新裝潢。

■空間的動線規劃

　　設計之初將客群設定在人數多的聚餐型態及家庭用餐，所以採購的桌子以大桌為主，樓下設四至六人桌及兩至四人桌，樓上設八至十二人桌，整體看起來較整齊而不會凌亂，用餐時也不會覺得擁擠而有壓迫感，可以讓每個客人都能在舒適的環境中輕鬆用餐，並且能依服務人員工作的能力分配負責的工作區，使客人享受到最完善的服務。

■菜單設計

　　以中式多人共食的合菜為設計，菜色的種類多以海鮮類為主打商品，在料理的方法則運用多種菜系的菜色，有四川菜、浙江菜、臺菜、湖南菜、泰國菜等；讓客人可以在店內吃到各種菜系的口味。每季更換菜單，如冬天推出鍋類的湯品，夏季則推出較清爽的菜系，並隨著現代人注重健康的觀念推出養生餐點，以滿足客人對吃的各方面需求。也有針對上班族一至兩個人前來用餐的商業午餐。

■原物料採購品質上的堅持

　　堅持調味品的來源安全性，挑選優良有信譽的廠商進貨。在食材的部分，老闆堅持就算會貴一點也要給客人吃到最好、最安心的食材。如海鮮類為了保持新鮮度，因為地緣上距離基隆的海鮮魚市場很近，故採取每日進

貨，因此存貨量並不多，堅持給客人最新鮮的餐食，即使面對現在原物料都在漲價，依然堅持食材不變、份量不減的原則，寧願自己的利潤降低，也要堅持口碑，給客人最好的。老闆認為目前大環境景氣不好，客人會減少，而且客人付出金錢時會要求更多的東西，因此在品質上的堅持是一定要的，以能渡過目前的時機留住客人最重要，這樣景氣好時客人才會更多。

■點菜單的管理

　　依餐別（中、晚）分類做檔案管理，依據每季每月每日每餐別的每一菜色的點菜率做記錄，以便作為往後的採購參考，並依紀錄進行菜單的汰換，淘汰點菜率低的菜色，遇有較熟識的客人則會在點菜單上記下客人的姓名，作為下次客人再來店時，服務員為客人點菜的參考。

■服務

　　有求必應的服務。老闆認為，能夠在客人想到前做的服務，才是最好的服務——也就是主動的服務；並且以同理心來善待每一個顧客，隨時注意客人的需要，因此必須以客人的需求為第一考量，用心服務以誠意來對待客人，讓客人有賓至如歸的感覺，這樣客人才會再來，也會把餐廳介紹給其他的人，客人的口碑是最好的基本廣告。老闆說他特別注重客人的心理層面，因為每個人都希望被人尊重、看重，所以他都在客人點完菜後，就會讓服務員先送上「老闆招待」的小菜，這樣可以在上菜前讓客人先有東西吃，就不會覺得上菜時間過久（三至五分鐘出菜），也會讓客人覺得備受重視。

　　在上菜前要求服務員先叫出菜名，讓客人知道他現在吃的是什麼菜，便於讓客人核對他點的菜是否全部都有出菜。還有，需適時加水，而且在吃完飯後送上水果及飲料。當客人飲料喝完時，會問要不要再續杯，這是一般中式餐廳不會做的事，但老闆說只要客人滿意願意再來，就值得了。

二、案例二　餐飲業市場：嚴酷的淘汰賽

【餐廳型態：涮涮鍋】

職務名稱：店經理
月營業額：三百五十萬
薪資待遇：三萬至四萬五千元左右

訪談內容

餐廳經營成功的因素

■企劃行銷的重要性

　　企劃很重要，每家火鍋店都會有夏天、冬天、淡季、旺季，只要開過火鍋店的一定知道什麼時候是淡季、什麼時候是旺季，在淡季的時候該做什麼企劃，在旺季的時候又該做什麼，都一定要先把它寫出來，不能因為現在生意不好，才開始想我要準備什麼活動。每年或是每季都應該看營業額，什麼時候生意不好，就要提前做好準備。假設我們六月生意不好，就要在六月的前一個月或前一個半月開始做活動，我們會給顧客集點卡，如果在生意不好的時候才給，客人都不來了，又怎麼會有機會給集點卡？所以一定要在生意清淡前給客人集點卡，客人在夏天到來之前才有可能會來吃。也許哪一天當客人發現有這張券可以使用，就會找朋友一起來吃也說不定。有個誘因在至少還有機會。

　　我們在百貨公司有三個點，101百貨、環亞百貨、環球百貨這三間，其他兩間都沒做活動，只有我們這家做活動。因為，101百貨不用做活動就會有客人，環球百貨有電影院的人潮，也有固定的客源和外來客，我們這間靠的都是熟客，而且環亞百貨這裡大部分是沒有人來逛街的，這三個點很明顯的都各有不同形態，所以必須做不同的行銷企劃方式。

■利潤的控制

　　餐飲業的基本利潤都是三成、兩成，兩成算是很少的，基本利潤到三成是最好的，而夏天要賺到三成真的是不容易。以現在來說，去年這個時候高麗菜一斤十元，今年一斤七十元整整差了七倍，大白菜也漲二到三倍，而高麗菜漲價的原因很多。冬天一到，吃火鍋的人多了，成本上更要去做控制，

食材要省，但不是看到一點不好就把東西丟掉，因為丟掉的也都是成本，要想一想賣相不好的要如何做運用，而不是一味地把他丟掉，總之一定要想辦法把他處理好。

　　主廚下採購單時也要去比較一下價錢，然後瞭解店裡什麼食材的用量最高，要以那個為主力其他都是副的，比如說高麗菜你一天叫一百斤，他如果多賺你兩塊錢，一百元就是二百元，三十天就六千元，一年有多少錢等等，這些錢是你該賺到的，可是你沒有賺到，反而都讓菜商賺到，這就是食材成本。這個是每天要注意的，要跟別的店家、別的菜商對一下價錢才不會被坑。所以主廚要知道利潤的控制，知道這個成本多少，包括進價多少、利潤多少，才有辦法告訴店長，我這個套餐製作出來的成本是多少錢，然後再交給上面作最後的總利潤控制，決定餐點的售價。

■至高無上的服務

　　其實我們涮涮鍋算是很小型的，但是我們的員工最起碼也有一百多人以上，而我們老闆娘覺得說還是要做出一個頭緒來，雖然沒有辦法像「聚」火鍋這麼有系統。王品、陶板屋他們都是非常有名而且服務好的餐廳，像是聚火鍋剛開幕的時候，最主要是賣牛排與和風式的餐點。其實他們老闆真的蠻屬害的，開沒多久可能是因為要搶市場、搶業績，所以他們有的一鍋才賣六百元，但是他們的服務非常好喔！

　　聚火鍋最有名的就是服務，後來為了要搶業績，最後降價到一鍋大概三百多元不到四百元，加上服務費有沒有四百元是不知道。至於會不會賺？在食材上面他們就還好，雖然名字很漂亮如酒釀的甜點，但實際上口味真的不怎麼樣，可是客人都說「好」，為什麼？因為服務太好了。譬如你一個員工就負責這個，其他你都不用管；一開始你只要先介紹客人有什麼主餐，介紹完了以後，再告訴客人這東西怎麼吃怎麼搭配，從頭到尾每一桌都講喔！不是說今天只講一次，他每一桌都講，聽不懂的他會再講一次，覺得服務不好、食材不好，服務員會馬上換給你或是不跟你收錢，整個來說是很有體系的。

■內部營運的控管

　　經營一家餐廳，需要有一個專業的人來管理整個賣場的服務流程跟整個營運，所以才有所謂的營運部。營運部就是負責教我們如何做服務，從店長到員工都要去上課，店長就會額外幫你做管理，會教你怎麼去做管理，而且

我們不是用制式的方式去談這件事情，是很實際去談現場上操作時發生的問題，我們實際上去演練，或是大家一起討論這件事該怎麼去做，這是屬於營運部的規劃。

營運部主要是以營業額為前提，營業額要高就有很多東西都要注意，包括成本、服務等等。營運部所管理的內容是很廣泛的，但因為我們公司小，所以我們只有一個營運部來進行企劃與進行會計的統整。當然別家大型餐飲業或許就會有更多的部門，部門也就分得更細，例如人力資源部等等，但是我們這邊就是很單一，就一個營運部而已，由他們來統籌做任何的營運、成本等方向。

■瞭解消費者

在顧客方面當然是希望老少通吃，是希望這樣子啦！但是每個人的口味不一樣，所以我也不能百分之百確定吸引到什麼樣的客人，但單以我們這邊為主的話，家庭和女生是最多的，因為男孩子本來就不愛吃火鍋，那個是民族性的問題，臺灣男人比較傳統，如果他喜歡吃火鍋，他的觀念就一定是以前傳統的沙茶火鍋，所以很多男孩子喜歡吃重口味的像是滷肉飯、沙茶火鍋，我們這邊是比較日式的，以口味來講是比較特殊的，但是並不代表每個人都喜歡。女孩子當然都比較勇於嚐新，而且不喜歡重口味，沙茶也是一樣，所以女孩子大部分都能接受，可是男孩子就未必了，因為他們多數都不喜歡吃湯湯水水的，覺得又不傳統又麻煩，所以我們最主要的客群是家庭和女生，占了80%。

■食物品質

餐點東西一定要好吃，企劃一定要好，消費者才知道店家產品的特色。食材也一定要特別，如果大家都是一樣的東西，那我為什麼要來你這邊吃，如果說大家都提供一樣的東西，那就要看你的服務品質好不好，看你怎麼去吸引客人來你這邊吃，你會講話或者你真的很親切，或者說你真的很自然，同樣三家都一樣的東西，他為什麼來你這吃，一定有吸引他的地方。可是，每個客人習性不同，這個客人吃你這套，別的客人未必吃你這套，因此食材真的很重要，不可以欺騙消費者，你開店當然也是希望開愈久愈好，不然光開個兩年不只沒意思，搞不好連成本都回不來；要想永續經營你就要很認真去培育一些客人，不然為什麼我們有好多客人吃了八年、十年，是吃了好多年的主顧，為什麼他願意吃？第一，我們這邊的口味確實跟別家不一樣，哪

邊不一樣？當然，菜是沒有什麼好說的，比如「錢都」那些絕對比我們好，因為我覺得菜沒有什麼好比，你只要去菜市場，你只要願意多給人家就多給人家，就是菜不一樣而已。例如在湯頭上面，我們是用日本的昆布去做的，而且他的大骨非常少，因為湯頭要有一點大骨才好喝，可是吃太多對身體是一種負擔，有甲狀腺的人就不能喝昆布，反正東西就是不可過與不及，以湯頭來講，我們的很清，可是有那個香味，因為是日本的昆布熬煮作的，醬油也是日本的醬油；湯頭的話，臺灣很多都是用大骨粉，所以你根本不知道這一家公司他東西是好還是不好，是你喝完以後、吃完之後，可能舌頭都會很乾，因為他有可能是大骨粉之類的放太多。以醬油來講的話，錢都火鍋店都是用金蘭醬油，因為一瓶才三十元等等，是使用很多便宜的醬油去調的，但是我們全部都是用日本醬油，一瓶日本醬油要一百多元以上，我們的醬油算起來成本鐵定比人家高三倍，而且我們還有用檸檬去調味，酸、甜都有調過，所以夏天吃也不會太膩，有酸有檸檬去搭配，就會比較願意吃下去，如果太甜的話會膩，所以要有一點酸度，但如果是用醋，感覺起來就沒有什麼建設性，用檸檬又有水果香會比較特別。

我們的芝麻醬是熱門醬汁，很多客人是衝著芝麻醬來的，因為我們的芝麻醬要求每天現打，加上不添加防腐劑，只要隔個兩天就會壞掉。我們給客人的沾醬食材是很要求的，芝麻醬是用新鮮的白芝麻去打，不是用罐頭作的，今天要用多少的量，就打多少起來。我們這家店雖然在環亞這個非常不好的點，但我們還可以永續經營是因為新鮮、食材特別，所以很多客人還是喜歡來光顧，因為吃了不會膩所以客人喜歡。

另外，我們的菜盤都是以蔬菜為主，為什麼要用這麼多蔬菜，因為現在根本不需要太多的人工、加工火鍋料，這些東西吃多了，對身體就是一種負擔。我們的昆布湯，丟了比較多的菜，湯頭會不一樣，假設你吃雞肉鍋，雞肉有加薑絲還有蛤蜊，那個湯頭又跟牛肉鍋或是蔬菜鍋的湯頭是完全不同的，就看你加了什麼，熬出來的湯就不一樣。另外，我們家的黑芝麻冰淇淋為了跟別人家的不一樣，除了加香草粉，還加了進口的原味黑芝麻糊，完全沒有任何味道，它是真的完全的黑芝麻磨出來的，所以是香草加黑芝麻做出來的，口味就跟別人不大一樣，他不會很甜是因為加了黑芝麻，如果單單用香草就會很甜。所以，我們當然要做一個跟人家不一樣的，要去想如何去創新，這是很重要的。

其實美食街本來就不好做，我們這邊本來開了三、四家火鍋店，後來只剩下我們和聚火鍋這兩間，其他後面的都收了。還有一間貝里尼的分公司，在慶城街附近吃到飽的，他們也做得不錯，可是吃到飽的利潤更少，而且你一定要翻桌，不然沒有所謂的利潤。讓人家吃到飽了，利潤就少，他的客源以學生居多，吸引有很多學生聚會或是上班族，可是上班族中午是不會去的，大都是晚上或假日才會去消費。因為它是吃到飽，就不能夠要求肉要多好，訴求不同，經營方式也就不一樣。

對於員工的要求與管理，我們公司都是一個月開兩次會，店長要開兩次會議，其中一次廚師也要參與，假使沒有讓廚師參與開會的話，店長說什麼廚師就不一定認同。所以光是店長在講那是沒有用的，每一家店的營運不同，像我們這家店每一個人都是內外場，別家分店是員工多，每一個工都分得很細，店長就負責外場，內場由主廚負責，店長所講的一定是外場的部分，因為店長往往不會瞭解內場到底發生什麼事情，所以主廚也要參與開會，才可以知道客人反應了什麼事情，或是主廚希望店長能做到什麼情形，比如說主廚今天有新鮮的食材，希望店長今天能夠做促銷，把新鮮的食材賣掉，就是主廚和店長要配合的部分。店長要負責告知員工，主廚要告訴其他的廚師，全部把貨弄好，客人來了才能馬上把東西送出去，這也都是一門學問。每一次的會議，老闆娘一定都會參與，如果有什麼意見的話，一定會要求廚師要全力配合店長。

🍲 第五節　餐飲服務業的特性及消費者行為

臺灣多年來推動國家觀光，並透過美食與特色文化帶動餐飲市場。國內知名餐飲業者如王品餐飲、統一星巴克、爭鮮、安心食品、美食達人、三商行、瓦城泰統、新天地國際實業、臺灣吉野家、達美樂、乾杯、天仁、海霸王、點水樓、饗食天堂、展圓國際等餐飲集團，還有旅館業提供的高級餐飲品牌服務，更帶動市場經濟，進而也帶動國內餐飲市場激烈競爭。現在國內餐飲版

圖漸由本土業者在主導，整體而言，臺灣的餐飲業已相當成熟，不論是食物或人員服務的水平普遍都已相當高。如今取而代之的是嚴酷的淘汰賽，欠缺「新意」的餐廳不論新舊，均將難逃被消費者遺忘的命運。未來經營管理者需要更瞭解服務業的特性及消費者行為，進而掌握餐飲業的發展趨勢。

一、餐飲服務業特性

餐飲業愈來愈競爭也愈來愈專業，相對的也提升此產業的動能及發展性。因此作者也期望目前或未來想投入餐飲業的業者除了重視經營管理實務面，也更須瞭解學理上的知識（如產業研究面、消費者心理學），對於經營管理及決策上具有其綜效性。經營管理者愈能瞭解服務業之特性，根據其影響層面思考解決方案及措施，則愈有機會成功。**表**1-6列出餐飲服務業的特性、影響及其營運行銷的因應措施。

二、消費者行為與餐飲業發展趨勢

業者需要隨時掌握消費者及市場動態，以利因應調整經營策略與永續發展。以下提出相關消費變化與趨勢：

1.國人重視食安問題，食品安全控管的加強為首要營運重點。
2.由於二十歲以上年輕人的消費能力增強，會成為最大的消費群。
3.現代人對吃已不只是吃飽而已，還要講求吃出健康，店家需特別開發新的養生餐點，吸引愛好養生的族群。食安事件頻傳更是讓消費者注意到餐廳物料取得來源，對於選擇餐點也就更加謹慎。現今國內外餐飲市場紛紛開設新鮮、自然與健康食材取向的餐廳，落實綠色行銷概念，例如雄獅的新餐飲品牌Gonna Eat。
4.高齡化：餐館須主動調整餐飲質量以迎合高齡人口的需求。
5.網路興起促成家中經濟學新概念：國內單身族群增多，工作時數也長，在吃飽、方便與省時的需求下，消費者外購熟食（如家庭代餐，Home Meal Replacement）或外送訂餐在家食用的頻率將大幅提高（如Foodpanda等的興起）。此外便利商店切入消費者早中晚、宵夜等餐食，便利商店熟食區的新業態必將日趨繁榮，也就相對地影響到餐飲業。

表1-6 餐飲服務業的特性、影響與營運行銷因應措施

特性	影響	營運行銷措施
無法儲存性	1.顧客需求波動大，較難掌控。 2.一旦時間及空間沒有即時利用就會消失，營收也會因此受到影響。 3.生意好時，顧客可能必須擇日再來或需要排隊等候。生意不好時，設施、設備、物料及人力的生產力就會產生問題。	1.營運可透過資訊系統，如POS系統紀錄、統計及分析消費資訊。 2.根據資訊及報表規劃促銷、預約或制定彈性價格（如Happy Hour, Early Bird）調節需求。 3.製作符合實際營運需求之餐點及規劃服務人力。 4.因應無法儲存性的服務特質，業者可透過外送服務調節內部產能，如結合Foodpanda、Uber Eats等。 5.有效的桌況管理也可解決無法儲存性之狀況，業者要根據需求，規劃妥善的桌況服務。
無形性	1.主要價值來自無形元素，且顧客無法品嚐、聞、碰，且看不見與聽不到。因此消費者難以判斷產品與服務之好壞。 2.服務難以視覺化與瞭解，因此顧客會感受風險與不確定性。	消費者對於無形性的狀況，會有相關認知的風險，如功能性（餐點是否好吃）、財務風險（價格是否適當）、時間風險（等候或服務速度問題）、實體風險（食品安全衛生問題）、心理風險（產品及服務品質、滿意度）、社會風險（品牌知名度）及感官風險（整體氛圍）。因此業者須強調有形線索，建立制度化的經營管理模式，讓服務更具體。例如業者可以讓顧客感受到正確的出菜時間、標準化的服務流程、優秀員工遴選、廁所清潔表、網路口碑、食品安全檢驗及獲獎（內部或外部）等表現來降低或消除消費者的認知風險。
同時性	1.顧客參與生產過程，服務時間掌控尚需配合顧客及內部營運流程。 2.服務的生產和顧客消費同時發生，因此品質無像實體商品可以事先檢查控管。 3.因顧客不喜歡等待，會要求服務配合自己的時間，因此會降低業者的生產力。	1.菜單餐點服務設計流程要標準化，使消費者能正確選擇喜愛的餐點及餐點的服務模式。對員工來說，也可正確快速地提供服務給顧客。 2.業者可自行開發網路訂位系統（或與EZTable合作），讓消費者可以根據自身的需要，不受地點及時間的限制隨時訂位。業者也可利用訂位資訊提前準備相關服務，提升主動生產力。 3.業者可開發App預訂餐點或自行點餐服務及行動支付。換言之，業者要將同時性產生之被動狀況改善為主動性，以提升生產力。
異質性	1.服務因顧客的不同或服務人員的不同而有所變動，造成難以達成一致性及可靠性的服務品質，也難以透過高生產力降低成本。 2.服務人員與其他顧客的態度及行為亦會影響整體服務，因此難以避免服務失敗。顧客感受之服務品質也會因當日營運狀況不同，而有差異。	1.上述提出之相關因應措施也可解決其服務業之異質性。業者未來須利用資訊科技來提升生產力及降低勞務成本。科技可簡化服務流程，避免失敗，取代人為服務之各種限制。業者透過資訊科技，蒐集瞭解顧客期望及實際消費行為，訂定品質標準，提供創新服務流程，提升可靠及一致的服務品質。 2.業者要能執行其SOP，更須注重其人力資源管理，要有一套招募、訓練及獎勵員工之措施，以強化員工服務導向之概念。 3.業者宜制訂抱怨處理及服務補救程序，瞭解消費者心理學，消費者抱怨行為不外下列四個目的：(1)獲得補償；(2)發洩不滿；(3)同理心之故；(4)協助改善服務。此外，業者亦需瞭解消費者對於服務補救在心理上期望在處理的程序上有程序公平、互動公平及結果公平。

6.薪資低與物價上揚：消費者重視機能與時間性，餐飲業者需開發新經營型態餐飲，例如快速休閒餐飲（Fast Casual Restaurant），此類型餐廳是介於速食店（Fast Food）與休閒餐廳（Casual Dining）；以及美國知名墨西哥料理（Chipotle）與比薩（Blaze Pizza）等品牌漸漸受到消費者喜愛。

7.國內外餐飲市場活絡：消費者除了出國觀光體驗到不同的餐飲業態，也可透過網路查詢更多的多元型態的餐館，因此未來業者需致力於開發更多創意式的料理。

8.雖因為國內房租與油電價格等上揚造成業者利潤壓縮，餐飲業者應以價值定價而非價格訂價。

9.M型化社會，餐飲業可藉由差異化的產品競爭力搶占市場。在多元品牌與多型態餐飲業態充斥下，消費者要得更多，市場也更細分。因此餐飲業者要開始思考更多元的經營模式以滿足不同的消費者。業者除了提供平價奢華餐飲外，也可提供奢華時尚的餐飲。傳統餐飲的「大而全」將逐漸向「小而精」發展，精細分類的餐飲品牌將愈來愈受歡迎。品牌的最大特點就是可以傳承價值，因為品牌的附加價值可以讓人忽略價格和渠道，餐飲業的利潤也隨之愈來愈高。

10.消費網路時代的來臨：隨著智慧型手機普及，業者需經營網路社群或Line等，與消費者作即時訊息推播，俾利網路行銷，凝聚品牌向心力。

11.網路時代改變消費者行為：消費者會從網路查詢與比較消費資訊。智慧型手機與社群媒體的普及，餐飲業者需開發各式的App及運用更多資訊科技，提供線上訂位服務及線上訂餐，創造更多商機及服務。

12.手機行動支付日趨普及：消費者重視時間，業者應提供更多快速結帳的方式，且可以結合消費集點等行銷模式。

第六節　餐廳籌備與開發管理

　　餐飲業在經營上面臨很多困境，如市場競爭激烈、進貨成本增加、景氣不佳、勞動成本提高、營業用地價格或房屋租金過高、消費者偏好變動大、缺乏專業人才、商業創新活動難以提升、商品壽命週期縮短與科技應用能力欠缺等。餐飲行業的經營模式正在發生改變，尤其是網際網路及科技創新服務對餐

飲業的改變尤其明顯。因應以上市場挑戰，餐廳經營業者的管理知識及經驗，必須要能掌握以下幾點主軸：

一、建立特色和競爭力

飲食是生活不可或缺的一部分，從顧客吃得飽，吃得好，到吃得巧，民眾對於高品質食物、環境以及健康等訴求愈趨重視。而近年來隨著全球化外來食物不斷的引進，使得各類型態小吃、咖啡廳、茶餐廳、義式、日式料理、鐵板燒、泰式、拉麵、法式等各類餐廳不斷增加，導致餐飲業愈趨競爭。餐飲業者為了持續經營，須要不斷改變經營模式，提供多元產品與服務，及發展多品牌創造競爭力。

目前市場上餐廳的型態千變萬化，消費者的選擇愈來愈多。沒有一家餐廳可以滿足所有市場與消費者的需求，因此餐館定位要清楚，才能滿足目標顧客群。首要工作就是要先調查市場的概況才能確認要開發什麼料理型態的餐廳。餐飲市場根據**市場區隔**（如**圖1-3**）可以從產品、價位（高或低），或裝潢（豪華與舒適）等來做**市場定位**（如**圖1-4**、**圖1-5**）。另外一方面，業者要對產品的流程、技術有一定的掌握，且能保持產品品質的穩定度。再加上優質的顧客服務導向的企業文化及完整的人資培訓制度，進而提供創造感動顧客的服務。經營管理者也需透過行銷將其產品特色、創新服務、裝潢特色、市場定位、價值與經營理念等傳遞給目標客群。各式餐飲類型的經營管理者都須找出其核心競爭力，方能在市場上獲得消費者的喜愛與認同。

二、慎選開店地點

有價值的店面一定位在人氣匯集的商圈，不過近年臺灣因為交通動線改變，許多主要商圈都出現變化，想投資店面一定要選對開店地點。近年來新型交通工具（如捷運）的誕生已讓人潮出沒的傳統區域產生大幅度變化，要選擇與產品定位相同的商圈來設點開店，才能吸引預定的顧客群。各式餐飲要根據產品價格定位慎選開店地點，強化品牌形象。

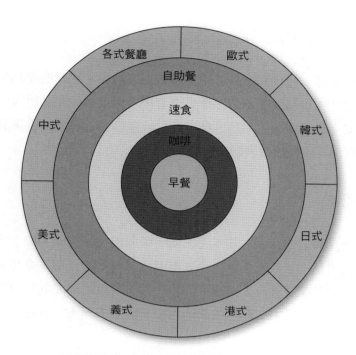

圖1-3　餐飲市場（根據市場區隔）

資料來源：作者整理繪製。

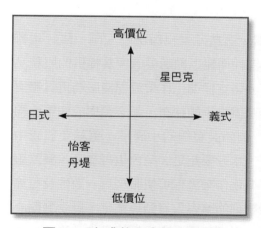

圖1-4　咖啡飲品市場定位圖

資料來源：作者整理繪製。

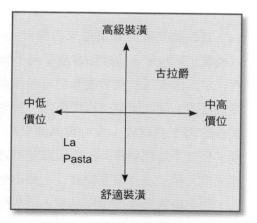

圖1-5　義式麵食市場定位圖

資料來源：作者整理繪製。

三、產品價格定位要正確

除了有好產品、好地點之外，使目標市場客群接受的對的產品價格策略也相形重要。這樣才能為餐廳創造出最具經濟規模與效益的產品組合模式。現今的臺灣餐飲業者已能根據生活型態與M型化社會結構，思考提供更高品質的產品與服務，來滿足現代消費者對美食的需求。

四、嚴控成本

開店只要具備上述三者，基本上人氣、營收已經沒問題，接下來要考慮的是成本控管的問題。有效降低租金、人事與食材成本的比率，是賺錢多寡的關鍵。減少用人，考慮將部分人力改用機器代勞，或改用現成的半成品，或改採外包作業，並改以租賃方式取得設備亦可節省成本的開支。直接食材及人事費用必須低於營業額的六成。

有效的成本控制需要制度化的採購與食物製備流程規劃、廚房流程規劃與服務流程來控管。

五、建立標準化作業流程

餐飲服務的主要價值來自無形元素，這些元素沒辦法嚐、聞、碰，也難以視覺化與瞭解，造成顧客感受到不確定性而難以判斷業者與其提供的服務品質好壞。因此餐飲業者要強調有形線索，建立標準化作業流程使服務更具體與提供保證。例如服務流程標準化，鼎泰豐擦桌子的抹布，都必須摺成像軍中棉被般的方正豆腐乾；食材製備標準化，例如裝薑絲的小碟子，薑絲要放正中間、長度不能超過碟外、不能參差不齊、水分要飽足、顏色也得漂亮。餐飲服務的投入與產出具有高變異性，藉由標準化作業流程可使服務具一致性及可靠性，也可維護及保障服務品質。這些服物細節讓客人看到專業化，感受到貼心服務。大型餐飲集團為了維持產品品質，需要建置中央廚房提供完整物流供應鏈。此外食品衛生安全亦是經營管理者要重視的企業社會責任與道德標準。

六、建置餐飲資訊系統

餐飲業在服務上具有不可儲存性、無形性、同時性及異質性等特性，在生產方面具有個別化生產、生產過程時間短、銷售量預估不易、產品不易儲存，且在銷售方面，銷售量跟餐廳規模、時間限制、餐廳設備與服務流程有關。這些餐飲服務特性需要資訊管理系統來進行各項營運資訊的蒐集、整理、歸納與分析。餐廳需要瞭解每日來客數來進行食材採購與服務人力安排。一般餐飲業要守住123原則，即店租占營業額10%、人力成本占20%至25%、食材成本控制在30%至35%。然而因為各項營運成本均愈來愈高，影響到餐飲業者的獲利，其中尤以吃到飽餐廳的獲利更需要有效控管，也就需要更多的營運報表資訊，提供業者相關績效指標，以利有效的管理與控制。

七、線上（網路與社群）線下（實體店面）整合

未來餐飲實體店面發展將需結合「網際網路與社群媒體」。現代人的生活已離不開社群媒體，因此經營管理者需在臉書或Instagram建立及經營粉絲專業，透過此平台與消費者進行互動，建立品牌意識，提高產品與服務之推播口碑行銷。

電子商務時代改變了消費者的消費模式，社群媒體也成為另一個廣告及創立即時活動的管道，可影響消費者的消費行為與決策，最終是希望透過此平台與消費者建立關係。這種行銷方式，也可因應服務業之無形性與同時性。智慧型行動裝置的普及正衝擊著餐飲業，智慧型行動裝置使消費者在外尋找餐廳時變得更加便利，也更容易獲取餐廳的相關評價，消費者的決策除了以品牌知名度為考量，更重視網路上的口碑；故餐飲業必須改變行銷策略，加強網路口碑與社群的經營。科技的快速發展、競爭的日益激烈以及顧客需求的提高，傳統的餐飲管理方式已經不能滿足餐飲企業需求與用戶標準，未來個性化、便捷化、智能化的智慧餐飲新生態的網際網路+餐飲的運營模式也就應運而生。未來餐飲業甚至可能出現完全以人工智慧代替人工的全智能化及無人化。因此，餐飲業的經營與發展不得不關注資訊科技的動態。

八、導入資訊科技服務

科技對餐飲業的影響愈來愈大。上文中提到的餐飲服務業具有不可儲存性、無形性、同時性及異質性，再加上勞基法的問題，都深深影響著餐飲業者的經營管理。以人為營運思考的經營管理者一定會有經營管理上的限制，唯有漸進式導入資訊科技的管理思維，才可解決其限制與挑戰。餐飲經營管理是要以最低的人力／物料成本來創造產品與服務品質，因此生產力是關鍵績效指標，而生產的定義是衡量「相對於投入組織所能生產的產出」，因此想要改善生產力就需要增加產出對投入的比率。餐飲業的投入包含勞力、原物料、能力、設備、坪效及財務資產等，雖然企業本質不太一樣，但產出的服務績效要求卻是一樣的，如營收、服務品質（滿意度）等。餐飲業的人力成本是計算生產力的一環，例如人力成本（薪資）÷營收＝人力成本百分比（生產力）。生產力的衡量不能夠忽略服務品質與價值，如果業者仍以人力作業作為管理思維，那就惟有提高勞務成本才能提高服務品質，進而提升營收。只是不斷提高的人力成本（例如勞基法一例一休的影響）反而使業者很難利用人力來提高生產力，因為服務績效也具無形性及高變異性。

要解決上述服務業生產力特性的挑戰，經營管理者需導入資訊科技服務（整合內外場服務流程）。「科技」服務是改善及增進服務流程的利器，它是一個介面或平台，例如EZTable線上訂位、App點餐、Kiosk自助點餐，或未來也可以直接在餐桌桌面點餐。「資訊」服務是在科技介入的過程中，同步蒐集資料及分析產生的資訊，這樣就可具有有形性及可預測性的消費者行為，進而執行顧客關係管理（Customer Relationship Management）。例如過去顧客要餐廳訂位都是透過電話溝通，員工需一一詢問顧客的資料，如訂位大名、來客數、時間、連絡電話、消費目的（如慶生、家庭聚餐）。如果不導入資訊科技服務，傳統的營運服務管理上就有很多生產力的問題，如在同一時間點上，接聽電話的服務人數、訂位電話數量、接通數（夜間無法接聽）、通話時間、資訊紀錄多寡，及後續資料統計分析上都會有影響。這些在資訊科技服務系統上都可以輕鬆解決，最重要的是資訊數據分析。未來餐飲經營管理者如有多品牌經營，亦可利用科技App集點服務，一來增加其忠誠度及品牌意識，也可利用集點設計多元行銷模式，增加與顧客的互動性。中國麥當勞也宣布要升級其營運模式，整合數字化、個性化和人性化的軟硬體，包括雙點式櫃檯、觸控自主

點餐機、動態電子菜單及行動支付等，全面提升顧客的用餐體驗。未來餐廳也可以利用機器人執行送餐服務，讓餐飲企業可以降低人員培訓與管理上的人力成本。

註釋

[1] 行政院主計總處（2016/01）。行業名稱及定義（含參考經濟活動）（第十次修訂）https://www.dgbas.gov.tw/public/Attachment/9916134443W75YTOW0.pdf。

[2] 經濟部統計處（2019）。批發、零售及餐飲業營業額統計，https://dmz26.moea.gov.tw/GMWeb/investigate/InvestigateEA.aspx。

[3] 經濟部統計處（2018/08/15）。經濟部統計簡訊，https://www.moea.gov.tw/Mns/dos/bulletin/Bulletin.aspx?kind=9&html=1&menu_id=18808。

[4] 經濟部統計處（2019/06/17）。經濟部統計簡訊，https://www.moea.gov.tw/Mns/dos/bulletin/Bulletin.aspx?kind=9&html=1&menu_id=18808。

Chapter 2

餐廳型態與商圈地點選定

本章綱要

1. 前言
2. 經營型態的確認
3. 餐點產品的確認
4. 價格策略的確認
5. 地點的評估
6. 租金與租約要點的掌控
7.【模擬案例】Pasta Paradise餐廳

本章重點

1. 探討餐飲事業具體落實並具備競爭力的主要架構
2. 第一步，瞭解每一種經營型態的特色
3. 第二步，思考應該「銷售什麼樣的料理餐點」與裝潢氛圍
4. 第三步，確立餐廳能否在所在商圈屹立不搖的重要步驟——設定價格帶
5. 第四步，認識地點的重要性，瞭解商圈的特性和所在人口的消費行為模式，並充分運用「123」法則
6. 瞭解店面租約要點與租金的計算，掌握好對於餐廳利潤有益的立足點
7. 個案討論與練習：以Pasta Paradise義大利麵餐廳作為餐廳開發規劃的模擬案例進行探討

第一節　前言

在創業的過程裡，除了籌備過程中一切事必躬親、辛苦勞累的那段過程外，最令人懷念也感到興奮甚至有趣的階段，莫過於是憑空幻想的那段時日了。在這個概念發想的階段，業主可以盡情的發揮自己的創意，到處拜訪各式的店家，參考對方的菜單、欣賞對方整個餐廳氛圍的創造，並且用心感受主廚透過巧手傳達他對美食的熱情。不管你想開的是讓客人有一個非常悠閒的午茶時光的咖啡廳，或是開一家擁有輕鬆道地美式風格的餐廳，賣著令人垂涎三尺的大漢堡以及週末早午餐，亦或是在郊區開一間有著廣闊海景，視野散發濃郁Basanova氣息的簡餐廳，這些發想都能讓你啟發無限的動力和想像力，盡力去創造屬於自己風格的餐飲事業。這就是概念發想的絕妙之處！上述這些似乎聽來籠統，但卻是餐廳規劃所必經的過程。有了籠統的畫面在心中，進而才能夠逐一的確認細節並加以具體化，再搭配事前的市場調查、細密的財務規劃等，才能夠將餐廳的產品主軸和市場策略擬訂出來。

臺灣首屆《2018臺北米其林指南》（*Michelin Guide Taipei 2018*）已正式登場，全臺共一百十間餐廳入選，囊括三十三種料理風格，二十間獲得星級評價。其中，君品酒店的頤宮中餐廳（粵菜）成為唯一摘下最高榮譽的三星評鑑餐廳；二星有兩間，分別為祥雲龍吟（日本菜）、臺北喜來登大飯店的請客樓（中式）；一星則有十七間，臺菜有金蓬萊遵古臺菜、明福臺菜海產、西式料理有侯布雄（法式料理）、La cocotte by Fabien Vergé（時尚法國菜）、Longtail（歐洲菜）、MUME（歐洲菜）、RAW（創新菜），日本料理有謙安和（日本菜）、鮨野村（壽司）、鮨隆（壽司）、吉兆割烹壽司、Taïrroir（創新菜），粵菜有大三元（粵菜）、臺北文華東方酒店雅閣（粵菜），江浙菜為臺北亞都麗緻大飯店天香樓（杭州菜），燒烤類為燒肉專門店大腕，及牛排類的教父牛排。另外，「必比登推介」（Bib Gourmand）是米其林評審員頒給餐飲業者的一項殊榮，這些餐廳供應物超所值的美味佳餚。必比登的美食餐廳推薦名單共三十六間，餐廳料理型態多元，有臺菜、滬菜、粵菜、京菜、江浙菜、創新菜、日本菜、印度菜、麵食料理、素菜、點心類，及小吃（如**表2-1**）。指南中也推薦了七十家「米其林餐盤」，代表該餐廳食材新鮮、細心準備，是美味佳餚。《2019臺北米其林指南》（*Michelin Guide Taipei 2019*）也公布了最新米其

表2-1 《2018臺北米其林指南》必比登推介名單

餐廳名稱（中文）	料理風格	地址	聯絡電話
點水樓（松山）	江浙菜	臺北市松山區南京東路四段61號	02-87126689
鼎泰豐（信義路）	滬菜	臺北市大安區信義路二段194號	02-23218928
阜杭豆漿	點心	臺北市中正區忠孝東路一段108號	02-23922175
清真中國牛肉麵食館	麵食	臺北市大安區延吉街137巷7弄1號	02-27214771
濱松屋	日本菜	臺北市中山區林森北路119巷12號	02-25675705
杭州小籠湯包（大安）	點心	臺北市大安區杭州南路二段19號	02-23931757
好公道金雞園	滬菜	臺北市大安區永康路28-1號	02-23416980
建宏牛肉麵	麵食	臺北市萬華區西寧南路7號	02-23712747
想想廚房	印度菜	臺北市中山區松江路69巷13號	02-25081329
老山東牛肉家常麵店	麵食	臺北市萬華區西寧南路70號地下室	02-23891216
廖家牛肉麵	麵食	臺北市大安區金華街98號	02-23517065
林東芳牛肉麵	麵食	臺北市中山區安東街4-3號	02-27522556
劉山東牛肉麵	麵食	臺北市中正區開封街一段14巷2號	02-23113581
茂園	臺灣菜	臺北市中山區長安東路二段185號	02-27528587
美麗餐廳	臺灣菜	臺北市中山區錦州街146號	02-25210698
My灶	臺灣菜	臺北市中山區松江路100巷9-1號	02-25222697
我家小廚房	臺灣菜	臺北市松山區延壽街115號	0966-558669
牛店精燉牛肉麵	麵食	臺北市萬華區昆明街91號	02-23895577
一號糧倉	創新菜	臺北市松山區八德路二段346巷3弄2號	02-27751689
彭家園	粵菜	臺北市大安區東豐街60號	02-27045152
祥和蔬菜	素菜	臺北市中正區鎮江街1巷1號	02-23570377
雙月食品	臺灣菜	臺北市中正區青島東路6-2號	02-33938953
宋廚菜館	京菜	臺北市信義區忠孝東路五段15巷14號	02-27644788
北平陶然亭	京菜	臺北市松山區復興北路86號	02-27787805
永康牛肉麵	麵食	臺北市大安區金山南路二段31巷17號	02-23511051
醉楓園小館	粵菜	臺北市松山區八德路三段8巷5號	02-25779528
阿男麻油雞	小吃	臺北市中正區中華路二段311巷34號	0955-572506
臭老闆　現蒸臭豆腐	小吃	臺北市中正區中華路二段313巷6號	02-23052078
劉芋仔	小吃	臺北市大同區寧夏路34號夜市內	0920-091595
豬肝榮仔	小吃	臺北市大同區寧夏路66號（010攤位）	0932-007229
陳董藥燉排骨	小吃	臺北市松山區饒河街160號	0910-901933
福州世祖胡椒餅	小吃	臺北市松山區饒河街249號	0958-126223
施老闆　麻辣臭豆腐	小吃	臺北市松山區饒河街189號	0910-163404
海友十全排骨	小吃	臺北市士林區大東路49號	02-28881959
梁記滷味	小吃	臺北市大安區通化街39巷50弄33號	02-27385052
駱記小炒	小吃	臺北市大安區通化街39巷50弄27號	02-27081027

資料來源：米其林官網（2018）。必比登推介完整名單，https://guide.michelin.com/tw/
taipei。

林指南，共計二十四家摘星及五十八家必比登推介，並新增夜市小吃店家。此評鑑相信可帶動臺灣餐飲業水準的提升，也可將臺灣美食推向國際化。（如**表2-2**）官網並有詳細地址與價格，以及米其林的米其林指南的觀點角度❶。

接下來討論在概念發想的過程中所必須考量到的各個層面，這是一個餐飲事業要能具體落實，並且在市場上能夠具備競爭力的主要架構。架構完備，後續的細節自然比較容易水到渠成，讓事業能夠有競爭力以及獲利能力。

表2-2　2019臺北米其林指南星級評鑑及必比登推介名單

餐廳名稱（中文）	料理風格	地址	聯絡電話
三星評鑑餐廳			
君品酒店頤宮中餐廳	粵菜	臺北市大同區承德路一段3號17樓	02-21819985
二星評鑑餐廳			
RAW[I]	創新菜	臺北市中山區樂群三路301號	02-85015800
鮨天本[II]	壽司	臺北市大安區仁愛路四段371號	02-27751239
Taïrroir（態芮）[I]	創新菜	臺北市中山區樂群三路299號	02-85015500
祥雲龍吟	日本菜	臺北市中山區樂群三路301號	02-85015808
喜來登大飯店請客樓	川揚菜	臺北市中正區忠孝東路一段12號	02-23211818
一星評鑑餐廳			
晶華酒店Impromptu by Paul Lee[II]	創新菜	臺北市中山區中山北路二段39巷3號B1	02-25212518
logy[II]	亞洲菜	臺北市大安區安和路一段109巷6號	02-27000509
山海樓[II]	臺菜	臺北市中正區仁愛路二段94號	02-23513345
臺南担仔麵[II]	臺菜	臺北市萬華區華西街31號	02-23081123
大三元	粵菜	臺北市中正區衡陽路46號	02-23817180
大腕	燒烤	臺北市大安區敦化南路一段177巷22號	02-27110179
教父牛排	牛排	臺北市中山區樂群三路58號	02-85011838
金蓬萊遵古臺菜	臺菜	臺北市士林區天母東路101號	02-28711517
謙安和	日本菜	臺北市大安區安和路一段107巷4號	02-27008128
吉兆割烹壽司	壽司	臺北市大安區忠孝東路四段181巷48號	02-27711020
侯布雄（L'ATELIER de Joël Robuchon）	法國菜	臺北市信義區松仁路28號5樓	02-87292628
Longtail	歐洲菜	臺北市大安區敦化南路二段174號	02-27326616
明福臺菜海產	臺菜	臺北市中山區中山北路二段137巷18-1號	02-25629287
MUME	歐洲菜	臺北市大安區四維路28號	02-27000901
鮨野村	壽司	臺北市大安區仁愛路四段300巷19弄4號	02-27077518
鮨隆	壽司	臺北市中山區新生北路二段60-5號	02-25818380
天香樓	杭州菜	臺北市中山區民權東路二段41號	02-25971234
雅閣	粵菜	臺北市松山區敦化北路158號	02-27186788

（續）表2-2　2019臺北米其林指南星級評鑑及必比登推介名單

餐廳名稱（中文）	地址	聯絡電話
必比登推介名單		
阿城鵝肉[II]	臺北市中山區吉林路105號	02-25415238
阿國切仔麵[II]	臺北市大同區民生西路81號	02-25578705
四川吳抄手[II]	臺北市大安區忠孝東路四段250-3號	02-27721707
都一處[II]	臺北市信義區仁愛路四段506號	02-27206417
人和園[II]	臺北市中山區錦州街16號	02-25682587
賣麵炎仔[II]	臺北市大同區安西街106號	02-25577087
女娘的店[II]	臺北市士林區天母東路97號	02-28741981
榮榮園[II]	臺北市大安區信義路四段25號	02-27038822
番紅花	臺北市士林區天母東路38-6號	02-28714842
欣葉小聚今品[II]	臺北市南港區經貿二路166號	02-27851819
天下三絕[II]	臺北市大安區仁愛路四段27巷3號	02-27416299
義興樓[II]	臺北市文山區景文街121號	02-29313966

必比登推介夜市小吃名單			
餐廳名稱（中文）	夜市小吃區	地址	聯絡電話
阿男麻油雞	南機場夜市	臺北市中正區中華路二段311巷34號	0955-572506
臭老闆　現蒸臭豆腐	南機場夜市	臺北市中正區中華路二段313巷6號	02-23052078
松青潤餅[II]	南機場夜市	臺北市中正區中華路二段311巷4號	0955-572506
無名推車燒餅（無固定攤位）[II]	南機場夜市	臺北市萬華區中華路二段311巷	無
方家雞肉飯[II]	寧夏夜市	臺北市大同區寧夏路44-2號	02-37000008
劉芋仔（攤販）	寧夏夜市	臺北市大同區寧夏路34號	0920-091505
豬肝榮仔	寧夏夜市	臺北市大同區寧夏路66號（010攤位）	0932-007229
阿國滷味[II]	饒河夜市	臺北市松山區八德路四段759號	02-89818517
紅燒牛肉麵牛雜湯（攤販）[II]	饒河夜市	臺北市松山區饒河街44號	無
陳董藥燉排骨	饒河夜市	臺北市松山區饒河街160號	0910-901933
福州世祖胡椒餅	饒河夜市	臺北市松山區饒河街249號	0958-126223
鍾家原上海生煎包[II]	士林夜市	臺北市士林區小東街38號	02-88612713
好朋友涼麵	士林夜市	臺北市士林區大南路31號	02-28811197
海友十全排骨	士林夜市	臺北市士林區大東路49號	02-28881959
梁記滷味	臨江街夜市	臺北市大安區通化街39巷50弄33號	02-27385052
駱記小炒	臨江街夜市	臺北市大安區通化街39巷50弄27號	02-27081027
天香臭豆腐[II]	臨江街夜市	臺北市大安區臨江街21號	02-27040289
御品元冰火湯圓[II]	臨江街夜市	臺北市大安區通化街39巷50弄31號	0955-861816
雄記蔥抓餅[II]	公館夜市	臺北市中正區羅斯福路四段108巷2號	0932-948003
藍家割包[II]	公館夜市	臺北市中正區羅斯福路三段316巷8弄3號	02-23682060

（續）表2-2　2019臺北米其林指南星級評鑑及必比登推介名單

餐廳名稱（中文）	夜市小吃區	地址	聯絡電話
高麗菜飯　原汁排骨湯[II]	延三夜市	臺北市大同區延平北路三段41號	無
大橋牌老牌筒仔子糕[II]	延三夜市	臺北市大同區延平北路三段41號	02-25944685
施家鮮肉湯圓[II]	延三夜市	臺北市大同區延平北路三段17-4號	02-25857655
小王清湯瓜仔肉[II]	華西街夜市	臺北市萬華區華西街17-4號	02-23707118

註：I. 2018年為一星評鑑餐廳。
　　II. 2019年新進榜餐廳。

第二節　經營型態的確認

　　餐廳的型態會直接影響到創業的資金需求、開業後的價格策略與獲利能力，而確認型態並瞭解每一種型態的特色是非常重要的一個步驟。（如**表2-3**）

一、餐廳

　　餐廳是讀者最為熟悉的餐飲型態之一。若用最簡單的字句去定義它，餐廳就是一種提供場所讓人享用餐飲的店鋪，然而這樣的解釋稍嫌籠統。如果加以補充說明則是，**餐廳**（Restaurant）是一個以提供舒適的用餐環境和餐點的營利場所，並且兼具社交、親友團聚、商務、娛樂等單一或多重功能的企業。

　　餐廳通常提供較具體定義的餐點料理（如川菜餐廳、義大利菜餐廳），整體的定位清楚，光看招牌或是菜單即可輕易分辨餐廳的料理種類；再者，在用

表2-3　各種餐飲型態的比較

	Restaurant	Buffet	Cafe	Fastfood	Deli
投入資金多寡	★★★★★	★★★★	★★★	★★★	★★
坪數需求大小	★★★	★★★★★	★★★	★★★	★
週轉效率高低	★★	★★	★★	★★★	★★★★★
營運複雜難易度	★★★★★	★★★★★	★★★	★★★	★★★
用餐氛圍強弱	★★★★★	★★★	★★★★	★★★	★★
廚房設備多寡	★★★★	★★★★★	★★★	★★★	★★
食物成本高低	★★	★★★★★	★★★	★★★	★★★

資料來源：作者整理製表。

餐過程中所享受到的服務亦需完整。從進門後由領檯人員帶位、服務人員寒暄招呼、點餐、上菜服務、確認用餐滿意度、桌面整理、結帳、送客等，都應能一一把這些動作落實完成。

　　餐廳硬體及氛圍雖然隨著餐廳的價格定位和目標客層而有所不同，但是對於餐廳內場所需具備的完整料理設備，都應該完成規劃配置，廚房所占面積也能保持在合理的一個範圍內，讓外場座席的空間能夠充分的發揮，使餐廳有潛力能夠創造更好的業績和利潤。而對於餐廳的裝潢和氛圍則多能一一到位，並且不論在視覺（裝置藝術、燈光運用）、聽覺（音樂風格呈現）都能恰到好處，並且互相呼應，搭配不致突兀。

二、自助餐

　　本書將**自助餐**（Buffet）定義為，坊間常見以人頭計價、採無限量供應的餐飲型態。常見的有：(1)麻辣火鍋店，如天外天麻辣火鍋連鎖餐廳；(2)壽喜燒店，如鋤燒；(3)日式燒肉店，如臺北市東區巷弄裡便有很多此種型態的餐廳；(4)日本料理，如欣葉日式料理自助餐廳；(5)無國界料理，如上閣屋、饗食天堂、各大飯店內的自助餐廳等等。此種類型的餐飲企業的特色如下所述。

(一)服務

　　採自助式服務型態的餐廳近年來一直是餐飲市場上的一個重要選項，對於預算有限的消費者而言，只要確認了消費單價就可以盡情的享用餐點，無需顧慮預算的超出，吃起來更是盡興。目前市場上採自助型態的餐廳主要有幾個選項：

1. 五星級大飯店的無國界料理自助餐廳，通常自助式早餐是供應給住房的客人免費享用，另外也對於一般消費大眾收費營業。至於午餐、下午茶時段及晚餐時段則有不同的價位和菜式，提供給一般消費者付費享用。
2. 日式自助餐廳，例如上閣屋、欣葉日式料理。
3. 其他各式料理，例如日式燒烤店、麻辣火鍋店，近兩年也在市場上如雨後春筍般開立。這類型餐廳消費型態採人頭計價，並搭配不同的時段有不同的價格，已產生人潮分流的效益。

(二)食物成本高，薄利多銷

自助餐廳最大的特色就是在每個餐期開始之初，就必須把所有的菜色料理和飲料都完善備妥呈現並加以保溫，讓進來用餐的客人能夠有強烈的視覺感受，進而提升用餐慾望。因此，菜色選項的多寡、豐盛程度、美味的口感和食材的好壞挑選會直接影響客人進到餐廳後的第一印象。如果餐廳為節省開銷將餐檯上的食物縮減選項，只會造成客人的反感，進而對業績有惡性循環的效應產生。

自助服務餐廳最大的風險莫過於即使一個客人都尚未上門，餐廳還是必須備妥一百人份甚至更多的豐盛餐點在檯面上，來的用餐人數夠多食物還可以隨時增加補充；反之，如果來店用餐過少則會形成食物成本的浪費。所以在行銷和營運策略上，自助餐廳多半會採薄利多銷的方式，吸引大量客人上門。

(三)座席數多且限制用餐時間

為能薄利多銷以創造業績，將座位數極大化是此種型態餐廳的必須手段。因此坪數過小、座位數不足的餐廳空間，並不適合採用自助餐型態的營運模式，以免因為來客量的不足或座席不夠，讓等候用餐的客人無法入座而造成潛在業績的流失。為了加速客人的流動量，「限時兩個小時用餐」已成為這類型餐廳的潛規則，藉以收納更多的來客量。在坪數有限的餐廳若仍執意走「吃到飽」的型態，為避免餐檯上食材的浪費或避免可觀性不夠，也可評估是否考慮同樣是吃到飽以人頭計價，但是在出餐的型態上則改採現點現做的方式。市面上很多南洋料理採吃到飽以人頭計價方式經營，就是採用現點現做的方式，一來容易控制食物成本，不會有餐檯上多於食材的浪費，二來又可強調「現點現做」的新鮮感。

(四)時段價格差異性

多數的自助餐廳會將午餐、下午茶，以及晚餐甚至宵夜時段做價格上的區隔。午餐和晚餐多半在菜色上是相同的陳列，但是為因應商業午餐市場的需求和客人實際能夠用餐的時間有限（約一至一個半小時），因此在價格上約為晚餐價位的七至八五折不等。

而下午茶時段營運的目的主要在於消化午餐時段餐檯上的過多食物。業者只要將餐檯略做調整和整理，並且取消部分較昂貴的餐點，即能以非常友善

的價格（通常約是晚餐價格的五折）做營運，一來讓員工的業績生產力能夠維持，二來也可以吸收下午茶客群的市場，是一個相當值得經營的時段。再者，對於某些沒有時間壓力的客人來說，以較便宜的價格在離峰時間用餐，可以更加物超所值，用餐的步調也更悠閒。所以這類下午茶的市場也有一定的規模存在。而宵夜場的時段營運的原理和下午茶時段大致相同。

晚餐時段可以說是一天營運的重點時段。一來用餐客人時間較為充裕，二來用餐的預算也較多。自助型態的餐廳為能充分拉高來客數以衝高業績，甚至會規劃場次時段讓用餐客人配合場次時間，提高座位的效能。並且在餐桌的配置上也多半會以兩人方桌為主流，隨著用餐人數的不同隨時可以調整併桌，讓餐桌的業績產能極大化，以避免有六人圓桌卻只有四人入座的情況發生。採用兩人方桌去併桌最多只會產生一個座席的浪費。

三、簡餐

根據*Cambridge Advanced Learner's Dictionary*對**簡餐**（Café）字義解釋為，一間只提供小餐點和非酒精性飲料的餐廳。[2]這個字詞的用法對於多數人來說稍嫌陌生，也容易和餐廳的定義產生混淆，在此將Café的中文以「簡餐廳」來作為詮釋，顧名思義就是餐廳的簡化版；即餐點的選項有限、酒精性飲料不在此銷售，附帶的意義就是空間規模比餐廳小、廚房設備較為簡易。然而在臺灣已被業者略為混淆了，目前也有些相當具規模，且單價不貲的餐廳也以Café自稱。

目前市場上Café的主流多半是提供簡易的義大利麵、各式飯類，還有各式飲料的小餐館。各大都會區的巷弄裡面、學校周邊的商圈，還有風景區，例如北海岸金山、石門、三芝、淡水一帶，或是桃園國際機場、高雄小港機場附近，也有些標榜視野廣闊可近距離欣賞飛機起降的戶外餐廳，都是典型的Café型態。在餐點食材的選擇上，常會搭配即食料理包、保溫及加熱設備、簡易烤箱，來完成燴飯、咖哩飯、義大利麵、鬆餅等簡易餐點；而餐包和甜點則多半來自其他專業廠商的訂購和配送，Café只需現場加熱、擺盤和裝飾即可。

四、速食

速食（Fastfood）型態可說是大家最熟悉的餐飲業型態。從最具指標性的

國際品牌，例如麥當勞、肯德基、摩斯漢堡、吉野家，乃至於國內一些自創的小品牌等，同樣賣著各式各樣經典的西式速食。

五、餐坊

　　根據*Cambridge Advanced Learner's Dictionary*對**餐坊**（Deli，Delicatessen的簡稱）字義的解釋為，一間銷售進口高品質食物的小店，例如起司或冷藏可即食的肉品，如火腿、香腸等的小店。❸餐坊在臺灣常見於臺北市天母生活圈或大都會辦公商圈的巷弄內，多半還會兼售盒裝沙拉、多款歐式麵包以及新鮮果汁等；有些店家甚至提供極少數的座位，方便客人購買後可以自行就座食用餐點。此種型態小餐坊的價格相對於餐廳便宜許多，且主要以外帶為主，即使客人要在店內享用餐點也不再額外收取服務費，但會提供簡單的塑膠餐具和餐巾紙，是屬於零售型態成分較重的飲食店。

第三節　餐點產品的確認

一、料理形式與市場需求的確認

　　在確認所要開立的餐飲型態後，接著要思考的是「銷售什麼樣的料理餐點」，如：

1. 中式料理：川菜、湘菜、粵菜、臺菜、上海菜、江浙寧波菜等。
2. 日式料理：是要鎖定簡單的壽司專賣店、拉麵專賣店、丼專賣店、鰻魚飯專賣店，或是正統且具備多樣餐點的日式料理餐廳。
3. 異國料理：常見的有義大利餐廳、義大利麵專賣店、德國料理、美式料理、印度料理、泰式料理、南洋菜、西班牙菜、法國料理、地中海料理等。

　　料理的選擇首先攸關的是市場的期待，這直接關係到日後營運的發展和永續經營的機會多寡。臺灣是一個相當特別的市場，消費者對於新鮮的產品多半會抱著好奇的心態趨之若鶩，如果再加上媒體的過度報導便足以在極短時間內

形成一股炫風,然而這往往也造成了餐飲的流行趨勢,一旦過了流行趨勢,想要能夠繼續生存確實相當具挑戰性。例如近幾年流行著日式拉麵,接著是日式炸豬排,各家下午茶餐廳則瘋狂流行著蜜糖吐司,然後是可麗露蛋糕,接著又流行著紙杯蛋糕(Cup Cake),而杯裝飲料的流行起落更是明顯,光是看清玉的黃金比例在市場上暴起暴落,就不免令人覺得臺灣餐飲市場有多麼的喜新厭舊!❹

中式的料理畢竟有其歷史背景和文化情感,在市場上的接受度通常不差。而日式料理也因為臺灣曾經被殖民的影響,老一輩人對於日本料理、日本品牌總有特殊的情感和忠誠度,接受度自然也高。而時下年輕人也相當喜愛東洋文化,這當然也包含了飲食文化,因此日式料理在餐飲市場上可說是僅次於中式料理以外,最容易被接受的口味路線。

至於異國風味料理,多年來各式異國風味料理都曾在臺灣市場裡出現過,起起落落間也多少能看出市場的接受度仍以美式料理、義式料理,以及泰式南洋料理較具市場性。分析其原因除了口味上迎合臺灣市場消費者的喜好外,價格平實以及大型連鎖餐飲的用心經營與持續的行銷推廣,也功不可沒。例如美式料理有 "TGI FRIDAY'S" 做市場領導者的角色,深耕臺灣市場近三十年,再加上麥當勞等大型連鎖速食店雖然賣的是速食,卻也是不折不扣的美式料理;泰式南洋料理則有「瓦城」深耕市場多年;義式料理雖無大型連鎖品牌遍布各縣市,然而平實的價格,以及非常迎合臺灣人口味的義大利麵(如杜蘭朵餐廳),確實有相當高的市場性,是一個餐飲料理中不可或缺的產品線。

二、技術及營運層面的考量

不同型態的餐廳或是不同料理的餐廳,會直接影響營運面的複雜度和其投資金額的多寡。例如一家壽司專賣店和一家南洋料理餐廳所需的廚房設備就大不相同。壽司專賣店需要的主要是工作檯面、冷藏／凍冰箱,和其他簡單的烹調設備(如煮飯鍋),而南洋料理餐廳相對上就複雜多了,除了熱炒的灶臺之外、蒸爐、炸爐、烤架、冷凍冷藏設備都不可或缺。當然,南洋料理餐廳用於採購烹飪設備的投資金額也比日式壽司店大了許多。

另外,營運的複雜度也是重要的考量。速食、餐坊屬於櫃檯服務(Counter Service)的型態,也就是說點餐、結帳、取餐都是服務人員和客人在櫃檯所共

同完成。這類簡餐廳通常廚房的設備相對簡單,空間也小,所販售的餐點種類也不如餐廳。當然,在售價的部分毛利率也不如餐廳來得高,整體的營運複雜度也因為少了為客人安排座位、收拾桌面、基本用餐服務等流程,比起正規餐廳或自助餐廳也相對簡單許多。

再者,速食店和餐坊型態的餐飲企業對於專業廚師的依賴度也小了許多。簡單的菜色內容可以透過標準化的食譜來規範,並且訓練非專業的廚師來製作餐點,有些簡餐廳甚至會搭配調理包等半成品來簡化製作餐點的手續。這種對專業廚師依賴度低的餐飲企業,因為技術門檻低很容易吸引非本業的投資人進入創業;相對的,此種型態的餐飲企業也容易被複製,致使自身失去差異化和競爭性。

三、裝潢氛圍的確認

在確認了營運的型態以及料理的走向後,接著要構思的就是餐廳整體氛圍的創造。對許多有意創業的人來說,在整個開店計畫最開始之際最感興奮的階段莫過於這範疇了!每個創業主在心中總會有自己的藍圖,希望把自己夢想中的餐廳透過和設計師的密切溝通,最後藉由裝潢設計和周邊的環境完整規劃,呈現給消費者。同時,這也是一個把自己的餐飲企業形塑成具有濃烈主題氛圍、讓客人能夠輕易感受到的重要環節。(如**圖2-1**)

圖2-1 真的好頂級海鮮餐廳

資料來源:69攝影工作室提供。

以西餐廳為例，它可以是一個具有紐約普普風，用色大膽、線條簡單的時尚餐廳，也可以是以六〇年代為背景，擺上許多年代相符的裝置藝術，讓餐廳充滿瑪麗蓮夢露風格的餐廳；當然也可以是更古早仿歐式典雅藝術風格的餐廳，店內大量使用壁紙、地毯、窗簾、藝術水晶燈，再擺上一些油畫、雕像，配合服務人員穿著三〇年代家僕或侍女造型的服裝，就能把整體的歐式古風展現出來。（如圖2-2）

而郊區的農場型態餐廳，除了店內氛圍創造之外，獨棟具有特殊造型的建物，以及經過縝密規劃，戶外的池塘、草皮，甚至遊憩區也是很重要的裝潢元素，不可忽略。（如圖2-3）

圖2-2　穿著歐洲30年代傳統女僕裝的服務人員

資料來源：勞瑞斯牛肋排餐廳提供。

圖2-3　薰衣草森林農場風格餐廳

資料來源：取自薰衣草森林官網（2009）。網址：www.lavendercottage.com.tw。

第四節　價格策略的確認

在擬定好餐廳營運的型態、產品以及裝潢氛圍之後，接下來可以考慮的就是希望設定的價格帶。價格帶是餐廳能否在所在商圈屹立不搖的重要因素之一，決定了價格帶就等於決定了目標客層和客人上門消費用餐的頻率。也直接決定了餐廳的競爭力。

一、常見的訂價方式

(一)成本導向定價法

成本導向定價法的訂價精神就是依照每一道餐點的成本價格，再去乘以一個特定的倍數（通常是三至四倍），得到一個理想的售價，再斟酌取捨尾數就成了菜單上的定價。此種訂價方式最大的好處是能夠確保食物成本保持在一個被控制的範圍內，讓餐廳在財務結構上能夠保持一定比例的毛利率。

例：倍數設定為三倍，某道餐點食物成本為六十七元，則定價為$67×3＝201，斟酌去除尾數後，定價為二百元。

(二)業績導向定價法

業績導向定價法的方式必須經過仔細的推算，再設定好餐廳希望客人進來消費的平均消費後，再試著以客人的角度來點餐，並且嘗試不同的人數組合、大人小孩組合，甚至部分餐點共享的組合，試算用餐的消費金額再除以用餐人數，確認平均消費額是否能如原先所預期，如有誤差，再藉由調整餐點價格來達到所要的平均消費額。

此種定價法必須同時留意食物成本是否過高或過低、餐點相對於售價是否具有賣相、競爭力、平均消費額對於消費者而言是否值得等，這包含了餐點本身、餐廳裝潢氛圍、餐具選擇、服務精緻度及其他周邊附加價值，例如品牌價值、餐廳所在地點、交通及停車設施等等。

(三)市場導向定價法

市場導向定價法可說是目前市場上最普遍被採用的定價方式，究其原因為

臺灣餐飲業高度競爭，同類型、同商圈內的競爭者頗多，彼此間鎖定的目標客層幾乎完全相同，為求餐廳永續生存，除了在餐點口味上多做琢磨之外，制定出一個和同業有競爭力或接近的價格，也是很重要的一個環節。畢竟消費者對於餐廳的價格敏感，尤其對於商圈內的固定人口，如居民、上班族、學生等，每天在周邊區域外食用餐，對於價格可說是錙銖必較。因此，參考同商圈中同業的定價，再作為自身菜單價格的調整依據，就成了多數餐廳業者喜歡採用的方式，甚至在相同的餐點質量上，於價格上再做些微的調降，或是相同的價格中所提供的餐點質量更好，藉以贏取消費者信賴進而願意消費。此種定價法與餐廳採購議價能力有很重要的關係。因為相同的售價和餐點，若能以更低的成本來完成，毛利空間自然變大。

(四)價格破壞定價法

價格破壞定價法的方式是在參考同商圈、同業的價格和產品質量組合後，以相當程度的差異來取得市場的青睞。如果餐廳本身有其它的優勢條件，使其能比同業更有能力操作這種價格破壞的定價方式，不妨善用之。讓自身餐廳長期賦予市場較平價卻質量不打折的形象，經由長期的薄利多銷加上消費者的消費忠誠度，絕對可以在市場上占有一定的市占率與商譽。以臺北出現的「50元便當連鎖店」就是一個相當好的範例，店家標榜著「老闆做功德賺工錢，全民拼經濟」的醒目訴求，藉由自身是菜販出身，現今是果菜大亨的優勢條件，免去了層層的廠商剝削，將省下的成本反映給消費者，因此幾乎是以六五折的五十元低價，提供市價八十至九十元的便當，足足讓消費者省了不少荷包。（如**圖2-4**）再者，為吸引媒體和消費者注意，店家一律選擇三角窗店面搭配醒目的招牌，並且打出「貧戶經所在地里長開立證明可以免費吃」的公益活動，來爭取更多消費者的認同與肯定。

圖2-4　成本與餐飲品質雙贏的價格破壞定價法

資料來源：蔡毓峰剪報資料。蔡佳玲（2009/05/11）。〈菜販翻身　變50元便當大王〉，《蘋果日報·財經版》。

此例不失為價格破壞定價法的最佳典範。

二、價格策略與目標客層的關聯

重要的是，不管採用何種方式來作為訂價依據，徹底的市場商圈調查、精準的商圈消費力評估、消費人口統計、消費客層分析、消費行為評估等，都是規劃餐廳之初所不能省略的一門功課。

第五節　地點的評估

市場上流行著一種說法，要想成功的開一家店有三個重要的條件，第一是Location，第二是Location，第三還是Location。這句話聽來莞爾有趣，姑且不論其正確性有多高，但也多少點出地點對於開店有多麼的重要。（Jerome E. McCarthy, 1960）。行銷學上，McCarthy提出的著名的4P理論[5]中的Place，點出了地點的重要性。在地點的選擇上通常創業主選擇的地點多半與自身有地緣關係，例如自家附近、上班工作場所附近，或是其他因為個人生活習慣常經過的一些特定商圈，進而有機會瞭解商圈的特性和所在人口的消費行為模式。地點的選擇看似簡單其實要評估的面向相當多樣，以下僅就幾個重要的面向做介紹。

一、商圈

在選擇開店的地點初期首先要選擇的是商圈。唯有先從商圈做決定，才能針對商圈中再去做細部的分析和比較，進而找到適合的地點。以臺北市為例，可以先翻出地圖，針對不同的行政區做考量和區分。例如大同區、萬華區屬於臺北市早期最繁華的區域，隨著都市開發計畫以及交通便捷度提高，進而逐漸往東區移動到了臺北市忠孝東路，而近年來更持續東移到信義計畫區。最近隨著捷運板南線的通車，更東延至南港展覽館站，並且與內湖線在展覽館相接，再者南港展覽館的啟用和軟體園區廠商的持續進駐，商圈似乎又將更形東移。因此在選擇商圈的同時不妨也考量所規劃餐廳的屬性、規模、目標市場、價格帶等因素，作為決定商圈的參考。

二、地點

　　再好的商圈也有其最差的地點，反之，再差的商圈也同樣可以找到最適合的地點。選擇大馬路邊的店面除了有較多的車潮和人潮之外，也代表著餐廳更能夠吸引更多人的認識和注意，對於品牌的知名度有正面的幫助。然而在巷弄裡開餐廳不表示就沒有人潮車潮，許多學校商圈、辦公商圈，甚至像是臺北市東區商圈附近的巷弄，往往更是人聲鼎沸，消費者進入這些巷弄往往有柳暗花明又一村的感覺。在選擇地點時不妨考慮以下幾點：

(一)留意廣闊的馬路

　　廣闊的馬路兩側店家生意往往有很大的落差，大馬路的十字路口四個轉角區塊也往往有不同的表現。因此在考量人潮時，必須留意店面所在位置的實際人潮流量，避免被對街的人潮所影響而誤導了自身的判斷。這也是為什麼有些便利商店不惜在十字路口的其中兩個角落都開店的原因，因為人們往往貪圖方便，連過馬路都免了。

(二)留意車流方向

　　住宅區或是交通樞紐周邊的人潮或車潮，一般會讓人有特別明顯的差異感受。以臺北市公館商圈為例，早上上班時間多數的車潮人潮都是位在屬於進城的方向，這些人潮多半居住於木柵、景美、深坑或中永和一帶，會在早上時間進到市區上學、上班，也就是說大家等公車時上車或下車多半會在羅斯福路的馬路的同一側；相對的到了下班時間，來到公館商圈轉乘的人潮也會來到馬路的另一側，也就是出城的方向。（如圖2-5）這情況在各線捷運站尤其容易感受到，例如捷運板南線的昆陽站屬於東端的重要轉乘站，在上班時間與進城方向同側的早餐店就明顯比對街的早餐店多了許多人潮，而下班時間與出城方向同側的各式餐飲店家，人潮就比對街的多。（如圖2-6）

　　由圖2-5可知，臺北市羅斯福路四段捷運公館站上下班車流人潮，行進方向明顯相反，下班時段人潮車潮往中永和及木柵、景美方向移動，在時間上因較為充裕而步調悠閒；而圖2-6則顯示，捷運板南線昆陽站的下班時間車流人潮明顯相反，下班時段人潮往南港、汐止、基隆方向返家因時間充裕而步調優閒，因此忠孝東路南側往東方向的商圈其店面較為熱鬧多了。

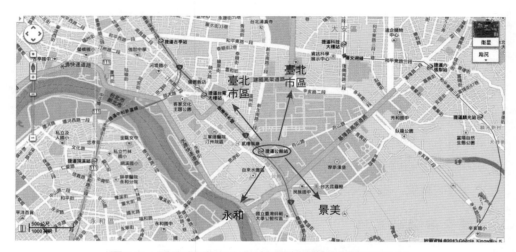

圖2-5　羅斯福路西南側商圈熱鬧程度優於東北側

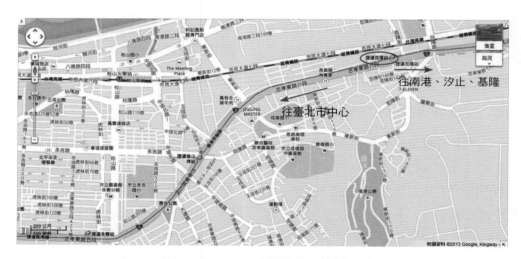

圖2-6　臺北市忠孝東路七段捷運板南線昆陽站

(三)留意群聚效應

　　對自己即將規劃籌備的餐廳無論在價格、餐點品質各方面只要有充分的信心，那麼在選擇地點時不妨可以考慮和其他同業店家相鄰，發揮**群聚效應**（Critical Mass）。同業的群聚可以提高消費者前去選擇消費的動力。學校商圈或夜市是群聚效果最典型的成功案例。

(四)留意周邊附加價值

周邊的交通機能是否便利，步行距離內是否有公車站牌、捷運站、停車場等交通設施等，都是必須加以留意的事項。其他附加價值，如周邊是否有明顯地標，方便消費者容易找到餐廳；是否有學校、大型辦公大樓造成大量的人潮流量；所選地點本身如果為住宅大樓，則開設的餐廳是否能夠符合大樓鄰居的期待或是造成反感；垃圾、廚餘、排煙、噪音是否能夠克服不致叨擾鄰居住戶；餐廳若非一樓店面而是在其他樓層又是否能夠有便利的動線，方便消費者和送貨廠商進出，並且不過度影響其他樓層鄰居或公司商家；如果所在地點為風景區，則須評估是否能抵擋非假日時段或陰雨季節的慘澹經營。

接下來要討論的是關於地點與自身餐廳型態的微妙關係。上述提到地點考量的幾個要素，其實多半都是以餐廳周邊的人潮為潛在客戶，他們可能因為地緣關係成為餐廳開幕後首批嚐試的客人，將來的主要顧客群也多半由此建立起。這些人包含了居民、附近辦公大樓內的上班族、逛街人潮（到餐廳附近看電影、逛街購物，甚至是就醫、就學），或是旅客（附近飯店的住客），總之餐廳業績與地緣關係濃厚。

反之，也有很多主題明顯善於營造自身的企業文化和品牌操作，並且能夠提供優質的餐點和服務。這種型態的餐廳對於地點的要求就和上述不同，與其在最熱鬧的商圈去和同業做競爭，甚至造成價格戰，還不如另覓地點，透過良好的宣傳廣告，搭配自身的良好競爭力，形成一個以目的型消費為主的餐廳。

三、「123」法則──1級商圈、2級地點、3級房租

商圈地點的評估與選擇搭配合理的租金契約，在餐廳規劃初期是非常重要的一個環節，直接或間接影響到日後的營運績效和利潤的多寡。業界常有人說這是一個123法則。也就是說，在商圈地點的選擇與房租的策略（詳參第六節）上必須符合「**在1級商圈裡挑選2級的地點，進而以3級的房租來承租營業場所**」。當然，這中間的意義並不是指所有的餐廳都必須開立在最頂級或最熱門的商圈裡，而是在選擇開設餐廳的商圈後，可以迴避商圈裡的最精華地點或是馬路邊的一樓店面，退而求其次地在這商圈裡尋找合適的巷弄，同樣可以吸取商圈裡的消費人潮，這就是2級地點的意義所在。另外，還可以與房東談判，如利用地點屬於巷弄等作為藉口，爭取更合理、更輕鬆的房租負擔，也就

是所謂的3級房租的道理。

第六節　租金與租約要點的掌控

　　店面租約要點與租金對於餐廳利潤的創造能力有很絕對的影響。因為絕大多數的租賃都是採用固定式租金來做計算，也就是說每個月必須有一筆固定的房租開銷需要去支付。生意好的時候，支付合理的租金是不會構成營運以及現金流動上的問題，然而一旦生意不好，沉重的租金支出往往會成為餐廳決定結束營業時，壓死駱駝的最後一根稻草。以2003年為例，當年因為社會上發生SARS這個前所未有的危機，造成國內經濟的巨額損失。許多餐廳也因此做了許多減少開銷支出的動作，以期能夠撐過這段低潮。例如和房東協商降低租金支出就成了許多業者的普遍做法。所幸多數房東也能體恤整體環境造成餐廳經營不易的現象，而首肯降租協助業者度過難關。2008年底起的世界性經濟風暴，也同樣有類似的情況產生。

一、租金

　　在雙方議定好租金金額時，同時必須言明租金金額是否為含稅價格。依據我國稅制法的規定，房東在每年5月申報個人綜合所得稅時，須就房租收入繳交10%的房屋租賃所得稅。而房租支出對於餐廳業者來說也是個非常主要的成本之一，在申報營利事業所得稅時，可將房租支出作為會計報稅的主要費用支出。而這10%的稅金為內含或外加，對雙方都有不小的影響和差異，不可不慎。

　　此外，在合約中也可以預先議定好日後房租調漲的幅度，是採固定房租直至合約期滿或是逐年調整。建議可以到各家房仲業的相關網站，查詢周邊行情作為簽約參考。以下是常見的租約型式。

(一)固定月租制

　　對於有意開餐廳的業者通常會建議自行審慎評估未來的營業額為多少？又若洽談的租金採**固定月租制**，則必須試算租金占營業額的百分比為何？一般認為，15%以內為理想租金占比，較不致因為業績衰退而造成此一固定開銷過度

拖累餐廳的現金流量管理。

(二)包底抽成制

另一種租金計算方式是**包底抽成制**，百貨公司商場或商業辦公大樓通常以包底抽成制為主流。業者大多須和房東簽訂以包底抽成為租金計算方式的租約（計算方式如**表2-4**）。此種租金計算方式對於經營不善的餐廳會有非常巨大的影響，因為業績低於保障營業額時，高占比的租金開銷會讓餐廳的現金流量產生危機。相對地，若餐廳能夠營運良善，讓實際營業額高於保障營業額時，租金占比除了能穩定的維持之外，對於現金流量也會愈形寬鬆。

(三)抽成未包底制

抽成未包底制的收租模式較常發生於聚客力較差的商場，或餐廳本身品牌知名度強且業績表現良好的案例，或者是透過高度的談判技巧讓抽成卻未包底的租案得以簽訂（計算方式如**表2-5**）。

表2-4　包底抽成制的租金計算方式

實際營業額	保障營業額	計算公式	實際支付租金	實際租金百分比
120萬	200萬 低於保障營業額時， 以此金額計算	200萬×12%	24萬	20%
150萬		200萬×12%	24萬	16%
200萬		200萬×12%	24萬	12%
260萬		260萬×12%	31.2萬	12%
300萬		300萬×12%	36萬	12%

註：此例係以租約條件：保障營業額=200萬、抽成百分比=12%作為計算基準，進行運算所得出的結果。

資料來源：作者整理製表。

表2-5　抽成未包底制的租金計算方式

實際營業額	計算公式	實際支付租金	實際租金百分比
120萬	120萬×12%	14.4萬	12%
150萬	150萬×12%	18萬	12%
200萬	200萬×12%	24萬	12%
260萬	260萬×12%	31.2萬	12%
300萬	300萬×12%	36萬	12%

註：此例係以租約條件：以實際營業額計算、抽成百分比設定為12%作為計算基準，進行運算所得出的結果。

資料來源：作者整理製表。

抽成未包底的租金計算方式對餐廳而言可以說是較為友善的方式，雙方只要在談判簽約時議定合理的抽成百分比，對於餐廳日後的營運會比較沒有負擔。餐廳業主如果在餐廳開發規劃之初，確認可以以此種方式簽訂租約，並且在開店預算充足之餘，不妨考慮在百貨商場內儘量爭取更大的營業坪數。在開店費用上雖說因為坪數加大而須多編列裝潢／裝修預算，但是將來在營運時則可以在淡季和旺季上有更好的營運彈性。例如淡季時雖然業績稍差但是實際付出的租金也因為是採抽成制，而付出較便宜的房租。相對的，到了旺季生意暢旺之際，雖然必須依抽成百分比付出較多的租金，但是也因為坪數爭取得夠大，使得座席可以更多，讓業績能夠飆高，業績好對於房租的負擔自然顯得輕鬆無礙。

二、租約要點

(一)租約的兩造身分

在確認了合適的商圈、地點和店面租金後，接下來的工作就是就租賃店面的斡旋和簽署。出租人（房東）可能是一般身分的自然人，如果是則有必要請房東提示身分證、房屋稅單、房屋所有權狀，以及土地所有人權狀。如果土地所有權狀和房屋所有權狀非同一人，則務必要確認所有權人同意分租或轉租，並且在租約中載明，也請土地所有權人簽章以保護自身權益。

房屋所有權人如果是法人（如公司、社團等），則必須請法人代表提供公文及公司登記事項卡。

同時為了日後稅務需求，出租人如為自然人則請出租人提供身分證件和房屋土地稅單影本；反之，如為法人則務必向出租法人索取繳付租金的統一發票。

此外也須將二代健保補充保險費的規定考量在內，如果每次繳納超過五千元的租金，則承租人必須主動代為扣繳2%二代健保補充保險費，如果每次繳納超過兩萬元租金時，則必須代為扣繳10%二代健保補充保險費。

(二)租賃範圍

租約中應詳細記載「所有權狀的範圍」以及「實際可以使用的範圍」，通常租賃範圍會大於實際使用範圍，也就是所謂的公共區域設施（以下簡稱公設）。一般而言，公寓大廈老舊住宅商辦大樓因為起造當年的法規較為寬鬆，

公設比可能在15%以下，但是現今大樓則多半高達30%甚至更高，這對餐廳業者而言是比較沉重的負擔。**公設**泛指大廈的公共區域，例如樓梯間、逃生梯、電梯、空地、法定開放空間、法定避難空間等；這些公共區域，屬於大廈公共空間，全體住戶應共同負擔房屋稅及管理開銷。以本書模擬案例（如**圖2-9**，第62頁）為例，Pasta Paradise餐廳的實際店面可使用面積為二百十七‧二八平方公尺（六十五‧七坪），但因該大廈的公設比為30%，相關的算式如下：

> 65.7坪÷70%＝93.9坪（含公共區域後的租賃面積）
> 每坪租金1,400元×93.9坪＝131,460元（實際應付房租金額）
> 131,460元÷65.7坪＝2,000元（每淨坪實際使用租金）

　　因此，租賃合約中應詳細載明租賃坪數及實際使用坪數（淨坪），並且將範圍以圖面標示清楚，這中間又包含了一些較模糊而常讓人產生爭議的區塊，例如騎樓、周邊空地、前後陽臺、頂樓陽臺（如有空調冷卻水塔及廢氣環保設施可能需設置於此）、防火巷、樓梯間等。而上述地方如果是合約中載明可以使用的地區，卻已經遭到占用或阻擋，則簽約前應請房東設法排除。

(三)租期

　　租期長短對於租約雙方而言都是很重要的約定，對於投資大筆金額裝潢的餐廳業者來說，當然希望裝潢成本既已投入就必須拉長租約年限，讓裝潢費用能夠在帳面上逐年做折舊攤提，因為攤提完之後才是加速創造利潤的時候。故建議一般餐廳可以考慮以三年為租期，而對於大筆裝潢投資的餐廳，更是希望租約能拉長到五年，以增加創造利潤的時間。

　　此外，在租約中載明合約到期後能保有「優先承租權」也是對餐廳業主的一個保障。另外，在租約進行當中卻發生房東欲出售店面的情事也時有所聞。但受民法第四百二十五條「買賣不破租賃」的保障，產權移轉並不會影響承租方權益，但1999年修正後的民法，已將未定期限的租約，以及五年以上未經公證的定期租約，排除在「買賣不破租賃」的保障範圍外。因此，店面租約不論租期長短，經法院公證仍是保障雙方權益最好的方式。

(四)爭取免租期

　　承租方在簽約前應極力向房東爭取合理或更長的免租期。所謂免租期就是簽約點交房屋後到開始支付租金的這段時間，短則數週，長則三個月。承租方可善加利用這段時間來進行裝潢工程，避免開始付房租了卻還裝潢施工，只有租金不斷支出卻沒有餐廳營業收入的窘境。此外，簽約時必須注意房東是否要求在解約時房客必須將店面「回復原狀」，或須拆除清掃完畢。由於店面租期通常長達數年，且店面裝潢範圍大，要恢復原狀其實非常困難，為避免解約時增加店面拆除，以及清運打掃等額外支出，房客簽約時，應儘量避免契約內出現類似條文，或可主動向房東爭取租約終止時，除將生財器具設備及所有物料帶走之外，固定式裝潢則採「現況交屋」方式辦理。此外，在簽約前盡可能向房東取得平面圖或讓設計師先行丈量設計，以爭取時效，盡可能在免租期內完成裝潢工程。

(五)中途解約條款

　　創業有其風險，租約仍未期滿前若因某些因素不得不歇業或搬遷時，往往會造成房東的困擾。為了維護雙方權益，在租約中應該載明中途解約的規定，例如必須在解約日前六十天通知房東，並且在解約日前完成搬遷，但是通常必須支付一個月的租金作為對房東的補償。

三、簽約前注意事項

　　在簽約前除了需和房東就租約細節完成協議之外，也必須就店面本身或所在大樓公共區域、周邊環境做細部的瞭解。以下針對這些課題做說明：

(一)管線銜接

　　在都會區不論是自來水、電、瓦斯、電話、第四台系統業者等所架設的管線，通常都相當的綿密，在申請時遇到困難的機率較低；但是對郊區而言，就有可能必須對自來水或瓦斯公司進行部分管線負擔，才能得到這些所需能源。弱電部分（電話通訊線路、網際網路）則通常會與大樓其他用戶合併在大廈的某個電信箱內，電信公司的訊號也僅止於提供到此，再由餐廳委託的水電人員或通訊行做內部的連接。因此，事先瞭解各種管線的走向，以及日後如何作銜

接是必要的。

(二)水電瓦斯獨立申請或採用分表

水電瓦斯採用分表的方式多半發生在百貨賣場內，以便於百貨公司控管。通常的做法是由百貨賣場統籌向公共事業（電力公司、自來水公司及瓦斯公司）申請使用，並由百貨賣場統籌支付費用，而百貨賣場再為賣場內的每個營業單位安裝分表，作為使用量的紀錄，據以按月由百貨賣場開立發票向各使用店家收取費用。

(三)空調

對於身處辦公大樓或百貨賣場的店家，或許不需要自行建構完整的空調系統，但如需架設空調系統可大致分為：

1. 傳統氣冷式冷氣：餐廳業者依照現場的需要購置窗型或分離式冷氣。如果營業坪數過大則可考慮採用商用冷氣組，搭配冷卻水塔以提高效能。
2. 冰水式冷氣系統：透過冰水機組將水管內的水降溫至十度左右，並且繞經餐廳多個出風口，再由出風口內建置好的送風機把風吹過冰水管，藉以降低風的溫度，之後送出出風口外形成冷氣。現今大型辦公大樓或百貨賣場多採用此種冷氣系統。

(四)廢棄物處理

餐廳的廢棄物多且雜，常成為周邊鄰居店家指責的對象。若是身處百貨賣場，餐廳僅需在規定的時間地點，依照規定分類放置廢棄物即可。

餐廳如果身處在辦公大樓則比較複雜。一般的廢棄物所包含的資源回收垃圾尚可由大樓的清潔單位協助處理，但是對於廚餘或是截油槽所清出的廢油，則仍得自費委託專業環保公司定時、定點前來收取，以避免造成周邊環境髒亂或管線堵塞。

(五)其他環保議題（噪音、廢氣）

噪音產生、廢棄油煙排放是開設餐廳時，最容易引起周遭鄰居反感的主要因素之一。這類新聞事件時有所聞，如何有效又能徹底避免問題發生，得在一開始進行工程規劃設計時，和設計師及廚房設備廠商做商討及預防性的工法，

才是關鍵所在。

(六)蟲鼠防治

蟲鼠問題可說是餐廳最頭痛的問題，簽租約之前不妨順道在附近走動，觀察是否有許多餐飲店家、路邊攤、市場、食品加工廠等業態，如果有也需順道觀察大家的清潔衛生習慣是否良好、周遭環境是否還算清潔，這對於日後餐廳蟲鼠問題的防治不無影響。當然，可協調設計師和包商在餐廳工程規劃時將蟲鼠防患的問題考慮在內，如有木作工程也應確實做好封板的動作，避免造成許多隱蔽空間，而管線也必須以塑膠或金屬管包覆，避免日後蟲鼠破壞。

(七)公共設施使用（廁所）

多數餐廳大都有自己規劃客人的化妝室，但也有少數餐廳有不同的考量與想法，通常選擇使用所在賣場或大樓的公共洗手間的情況有：

1.坪數已稍嫌不足，不想再浪費空間建造洗手間，使坪效更形降低。
2.沒有適當的管線連結，因此作罷。
3.在同一個樓地板面要興建洗手間，必須把整個洗手間的地板高度墊高，才能利用水平落差原理讓污水流入大廈的公共污水管，因此在建造化妝室的成本上，光是泥作成本就所費不貲了，而且日後化妝室的清潔和維護成本對餐廳而言也是一筆開銷（例如洗手乳、衛生紙、擦手紙等）。

餐廳業主如果不打算在餐廳內建造客人專用的化妝室，應事先與百貨賣場或辦公大樓的管委會商討，是否能讓用餐客人使用大樓的公用洗手間？如果可以，動線該如何規劃讓客人容易找到，並事先議定日後清潔維護和備品消耗的成本分攤。如須自行在餐廳建造化妝室，應與設計師討論日後污水管走向，避免簽約後發生無法彌補的遺憾。

(八)停車

都會區域普遍都有停車不易的問題，雖然客人不會因為停車困難而抱怨餐廳，但是如果餐廳周邊停車方便的話絕對會對業績有加分的效果。建議餐廳業主不妨在附近晃晃，如有私人停車場（塔）不妨主動拜訪尋找合作機會，例如用餐停車有優惠，而停車場也可代放餐廳名片或簡介，並且提供月租戶用餐優

惠。另外，附近如有餐廳同業或其他業種，如三溫暖、視聽理容等，通常會有代客泊車的服務，不妨主動拜訪代客泊車業主，尋求日後代客泊車的合作。再者，如果餐廳是在辦公大樓，也可和管委會協調利用晚上下班時間，地下停車場如有閒置車位，能否有計時停車的可能性，此舉也能幫大樓管委會增加額外收入。

(九)建物外牆招牌懸掛

簽約前必須和房東以及大廈外牆的管理單位，如管委會或是賣場的物業管理部門確認外牆懸掛招牌的相關規定，最好能附上圖面，標示確實的使用範圍，並且取得管理單位的書面認可，以利日後糾紛產生時能有憑據。同時也可試著爭取其他的店招豎立場所，例如頂樓陽臺。而且優先施工、優先啟用招牌可以帶來廣告效益！

第七節 【模擬案例】Pasta Paradise餐廳

本節以一模擬案例Pasta Paradise義大利麵餐廳來作為餐廳開發規劃範例，讓讀者能有一個案例來做印證，與作為個案討論的練習對象。本案例將以上述所討論過的議題作為架構，逐一進行探討。

經營型態：義大利麵餐廳

在Pasta Paradise案例中，為求案例逼真並且較能符合多數餐飲業者的案例，故以「餐廳」作為假想的營業型態，原因為：

1. 餐廳仍屬於餐飲業中的主流，在整體的餐飲市場中仍擁有最大占比的型態，因此以餐廳型態作為本書模擬案例中的營業型態探討較具代表性，也更能貼近教學主題與目的。
2. 如第二節所述，餐廳的經營管理相較於其他營業型態，如自助餐、簡餐坊或速食餐廳等，在成本控制、開店成本、菜單規劃、價格及行銷策略等面向上仍有所差異，在難易度或複雜度上也多有區別。以餐廳來作為模擬的案例更能導入教學的功能。

(一)餐點產品確認：以義大利麵為核心產品的餐廳

以義大利麵作為本書模擬案例中的餐點產品有以下原因：

■市場夠大

東方人雖以米飯為主食，對於麵食的接受度也很高，北方人食用麵食甚至多過於米飯，因此義大利麵在臺灣市場有相當大的接受度和潛在市場。以義大利麵為主要餐點來經營餐廳，在餐飲市場中並不會被定位為流行，其產品生命週期自然不用擔心受到壓迫。只要本身夠特色、餐點夠好吃、價格合理友善，要想在市場上存活不會是太大的問題。

■從業人員多

市面上販售義大利麵的餐廳、簡餐坊何其之多，言下之意就是說從事以義大利麵／餐點的廚房從業人員也多。從業人口多了，技術門檻相對上就不高，比起其他正統的歐式料理，在研發、烹飪的難度上都比較簡單些。因此，開設義大利麵餐廳對於業主來講也較能夠切入，對於主廚及其他廚房師傅的聘用在選擇上也較多，薪資成本也較能趨於合理。

■餐點口味大眾化

義大利麵是國人不分性別、年齡、職業，除了本國料理以外較能被接受的料理型態之一。口味的多變化，如番茄口味、奶油起司口味、羅勒青醬口味，或是符合輕食主義要求的清炒橄欖油大蒜的口味，甚至對於素食者也可以輕易變化出可口多樣的義大利麵。

■價格友善

一盤義大利麵在各種不同類型的餐廳或美食街價差極大，九十九元到上千元都有餐廳業者提供，如果只是針對一般的消費大眾，走平價路線則價格約略在二百至五百元間，在午餐時段同樣的價錢甚至可以享用到全套商業午餐，除了以義大利麵當主餐之外，多半還能附有餐前麵包、沙拉／湯、甜品及飲料。如此友善的價格自然對於廣大的一般消費者產生吸引力，對於餐廳所在商圈的上班族、居民，甚至學生也不會是過重的負擔。因此，義大利麵餐廳可說是在市場上相當有市占率的一種飲食料理。

■廚房設備不複雜

餐廳廚房的硬體設備投資通常在餐廳全部的裝潢投資中占有相當大的比重。進口的烹飪設備和本地生產的設備，價格往往可以有倍數的差距，而這些進口設備的價格也反映在運費、關稅、行銷、本身的品牌價值，還有烹飪效率的品質。義式餐廳（尤其是以義大利麵為主的餐廳）在設備上的需求，瓦斯爐是最基本、使用也最頻繁的主要設備之一。雖然進口和國產品牌的知名度或後續維修服務上有些差異，但是不妨優先考慮國產品牌，讓整體的設備投資成本下降。以廚房設備而言，瓦斯爐的故障機率遠小於烤箱、油炸爐甚至冷凍冷藏設備，在考量投資預算及日後的故障機率和維修服務，國產品是值得採購的項目。畢竟瓦斯爐具本身就是個設備原理簡單、不易故障，並且保養容易的設備。其他義大利餐廳所需的廚房設備，則多半屬於西餐廚房普遍所需的設備，例如一般烤箱（可以是瓦斯六口爐下方內建的烤箱）、冷凍冷藏冰箱工作臺、油炸爐、炭烤爐等，這些並沒有特殊的規格要求。

(二)訂價策略的確認：以市場導向定價法作為訂價策略

在本書的模擬案例裡將餐廳設定開設在臺北市的辦公大樓，搭配鄰近有住宅的住辦混和區，如果附近能有高中職以上的學校則更有加分效果。這個地點選項無非是希望能利用辦公商圈的人潮，讓週間的午餐時段能夠有廣大的午餐消費人潮，晚餐時段則以附近住宅居民、辦公商圈的加班人口，或是同事間下班後的聚餐人口為主。而假日則考量能以家庭為主力，提供週末早午餐，甚至可以視情況規劃半自助型態作為營業選項。

綜合上述簡單扼要的營業策略，不難觀察出將來的客層將以餐廳周邊商圈為主，顧客的消費頻率不能太低，以保持餐廳能維持良好的來客數，因此在價格策略上必須友善、具競爭力，訂價的同時也必須稍微保留日後規劃行銷活動的折扣空間。綜觀本章前述的四種訂價策略，選擇上以市場導向定價法為宜。

(三)商圈的決選原因

■傳統商圈過度飽和，Pasta Paradise餐廳仍有潛在市場空間足供開發

內湖科技園區經政府核定規劃為科技園區之後，無論在道路拓寬、都市

更新計畫、交通資源等各方面，在近十年來有長足的進步，許多科技產業之企業總部均設立於此。此區快速成長的高科技產業就業人口，一度讓周邊的交通設施（道路面積、停車空間）、民生企業（餐飲、超商）無法跟上，直至近年來才陸續有各家連鎖超商、超市、各類型餐廳、咖啡廳、小吃店陸續成立以滿足此區人口的需求。綜觀全區消費人口數及其實質購買力，相對於餐廳店家的座位數以及餐飲業型態種類，仍有潛在市場足供開發。而臺北市幾個成熟商圈的店面租金多半昂貴，相較之下位處內湖瑞光路之店面租金僅約每坪一千七百元（如圖2-7，月租金十三萬八千元，登記坪數七十八‧七六坪，則每坪租金一千五百七十二元）堪稱合理。

■消費人口收入及背景雷同

本商圈既屬內湖科技園區，自然產業別及就業人口屬性，以及消費行為也趨於一致。從事科技業之從業人口平均教育程度、收入都偏高，對於西式餐點

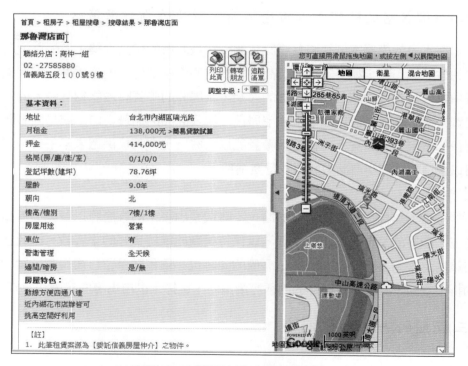

圖2-7　內湖瑞光路出租店面案例

資料來源：檢索自信義房屋（2009/05/31）。http://www.sinyi.com.tw/rent/rent-search/rent-search-commercial.aspx。

的接受度不差。此外，鄰近住宅區屬中高階層居民，多數居住於透天或雙拼別墅，經濟能力及飲食品味有一定水平，故在此區開設義大利麵餐廳能符合消費族群的期待。

(四)地點確認

經確認選擇臺北市內湖區瑞光路臨馬路區段，店面近一一二巷口（如**圖2-8**）作為本模擬案例的設立地點，評估原因如下：

1.**停車便利**：經實地勘查，本地點本身為六層場辦建築大樓之一樓店面，鄰近巷道內劃設有公有路邊收費停車格；此外，大樓及鄰近大樓本身皆備有收費地下停車場，再者此路段路邊除公車站牌及消防栓附近，多半劃設有收費停車格，甚至有可於特定時段免費停車之黃線區域。消費者開車到本地點來消費，停車堪稱方便。

2.**臨大馬路，店面寬度佳**：本物件面臨瑞光路且鄰近大臺北市公車「公館山」站，除有多線公車停靠，內湖科技園區的通勤專車也設站於此。再者，店面寬度達九‧八米，超過一般店面許多，對於店面招牌的能見度有絕對的幫助，店內用餐情形及裝潢也能透過寬敞的門面，吸引過往行

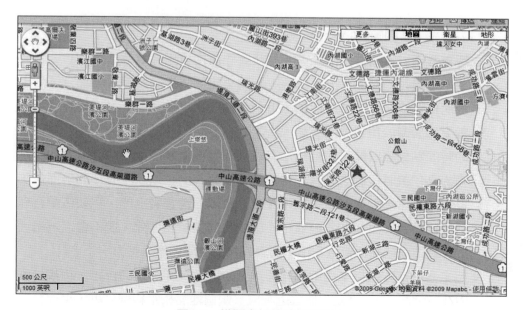

圖2-8 模擬案例地點標示如★

資料來源：Google Maps (2009), http://maps.google.com。

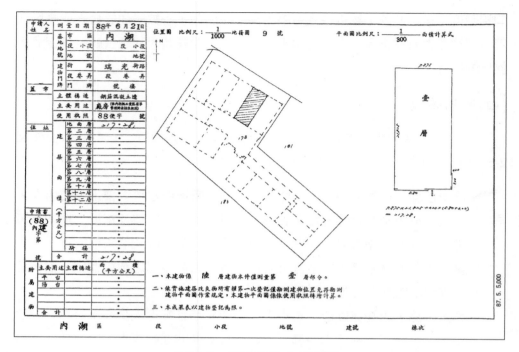

圖2-9　模擬物件之平面圖

資料來源：本筆土地為某地主所提供之地籍圖。

人目光。（如**圖2-9**）

3. 坪數合適：本物件扣除公共設施後實際店內使用面積為二百十七‧二八平方公尺（約為六十五‧七坪），將來規劃時扣除廚房內場部分，外場仍能保有約三分之二的面積，近一百個座席。在商業午餐用餐時段，多數上班族礙於用餐時間有限，多半會在短時間內湧進餐廳，並且在接近的時間點相繼離開，而且無法有過高的翻桌率，因此唯有靠充足的座席來提高午餐時段的來客量。相較於本模擬案例，以六十五坪的店面規劃近百個座席，如果能在午餐時段有九成滿的消費者上門，只要搭配合理的平均消費客單價即能創造令人出滿意的業績和坪效，並不會因為過大的坪數造成過高的租金支出，而對餐廳資金運作產生壓力。

4. 租金合理：本模擬案例地點經與屋主洽談為每坪一千四百元，相較於**圖2-7**的每坪一千七百元，便宜近兩成，兩個地點相距約兩公里，車程約三分鐘。不可諱言的，**圖2-7**之地點確實為內湖科技園區之精華地段，但整

個園區科技廠辦林立，人潮川流不息，本模擬案例地點以稍微偏離精華地段來節省兩成房租是理想的選擇。本地點也符合了前述「123法則」的精神，在內湖科技商圈中選取了2級地點進而取得了3級房租。

5. 住辦混合符合期待：本模擬案例除位在內湖科技園區內，坐享眾多科技上班族群市場；瑞光路一一二巷及一二二巷間有大片的住宅區，包含各式集合住宅及獨棟或雙拼透天別墅區，反映本區居民為數眾多，且以目前臺北市此區房價換算，本區居民經濟條件佳，是典型且優質的住辦混合商圈。

註 釋

❶米其林官網（2019）。探索米其林指南，https://guide.michelin.com/tw/taipei。

❷café, noun [C] (UK INFORMAL caff): a restaurant where only small meals and drinks that usually do not contain alcohol are served. http://dictionary.cambridge.org/

❸delicatessen noun [C] (INFORMAL deli): a small shop that sells high quality foods, such as types of cheese and cold cooked meat, which often come from other countries. http://dictionary.cambridge.org/

❹請參閱Sean Huang（2013）。《商業週刊》，〈清玉業績慘跌：笨蛋，問題真的不在甜度！〉。2013/09/03，http://www.businessweekly.com.tw/KBlogArticle.aspx?id=4523，線上檢索日期：2014年4月11日。

❺Jerome E. McCarthy（1960）所提出的4P行銷組合為：Product（產品）、Price（價格）、Place（地點）、Promotion（促銷）。

Chapter

內外場空間規劃與工程概述

本章重點

1. 認識消防法規與各類場所消防安全設備設置標準
2. 瞭解裝修工程細節與日後營運流暢度的緊密關係
3. 瞭解餐廳籌備初期其他常見的籌備事項
4. 瞭解如何利用妥善的空間、空調、燈光等廚房空間配置的規劃，創造一個安全良好的工作環境
5. 介紹廚房設備乃至格局的基本原則，以利生產流程的控制
6. 個案討論與練習：以Pasta Paradise義大利麵餐廳之廚房設計進行探討
7. 瞭解顧客的感受，營造符合餐廳訴求的設計概念
8. 個案討論與練習：探討餐廳的初期規劃事項與工程的設計及施工事項

餐廳籌備之初所要洽談處理的事情如千頭萬緒，在前一章我們除了探討餐廳型態、商圈選擇、地點確認和租約簽訂之外，其他諸如法令的瞭解、工程的發包施工、許多營業設備器具的配套、企業識別標章（CI）的設計，以至於後續的設計招牌、店卡、名片等也會於後續章節相繼加以介紹。當然，人事規章的訂立、餐廳內各式表單、標準作業手冊的建立和人力招募，也必須如火如荼的展開，以期能在預定的開幕日前完成全部事項。過程雖然忙碌卻令人期待，並且讓人興奮的期待開業那一天的到來！

第一節　瞭解相關法令及執照的申請

一、消防法規概述

由於餐廳多半位在人口稠密的大樓內，平時出入人數眾多，如再遇上百貨公司週年慶等大型活動時，往往會超過安全流量標準，得動員保全人員管制人員進出。再者，餐廳無論在瓦斯、電力、火力各方面都有高程度的依賴，而這些對於消防安全或是一些意外的產生，都是潛在的危險因子。因此，政府多年來不斷地更新相關法規，迫使餐廳業者全面提升消防警報及滅火等多項設備及訓練，以期讓消費者既吃得愉快和安全，同時也讓業者及工作人員有多一層保障。

消防單位及民意機關近年陸續修訂了包含「消防法」、「建築技術法規」、「公寓大廈管理條例」等，如實施公共場所必須使用防火建材，逃生通道必須保持暢通，餐飲業強制投保公共意外險等的改革。此外更從制度面著手修改，將消防事務自警察機關中獨立出來，並成立消防署，落實警消分離制度。

二、各類場所消防安全設備設置標準

目前業者開設餐廳時所依據的最新消防法規為2018年10月17日所修定的「**各類場所消防安全設備設置標準**」，這個法案內容多達二百三十九條，內容鉅細靡遺，舉凡各種營業場所的分類分級、各種消防設施的規格說明等都有詳加訂定，讓建築業者能有明確的法律規範，藉以協助餐廳業者導入符合法令標

準的各種消防設備。其中不外乎滅火器、逃生避難指示燈、緊急照明燈、室內消防栓、自動灑水設備、火警自動警報設備、手動警報設備、緊急廣播系統、避難器具（如緩降機）、耐燃防焰建材等。依據這些法令規定加以彙整之後，可將餐廳所需的消防設備做以下簡潔的比較，如**表3-1**：

表3-1　餐廳規模與消防設備配置一覽表

	<300m² 且10樓以下建物（本書之模擬案例為217.28m²）	<300m² 且11樓以上建物	>300m² 且5樓以下建物	>300m² 且5樓以上10樓以下建物	>300m² 且11樓以上建物
滅火器	○	○	○	○	○
照明燈	○	○	○	○	○
出口標示燈	○	○ 外加避難方向指示燈	○	○	○
避難器具如緩降機[1]	○		○	○	
火警自動警報設備		○	○	○	○
自動灑水設備或室內消防栓		○	超過500㎡設室內消防栓 超過1,500㎡設自動灑水設備		
手動報警設備				○	○
緊急廣播設備		○	○	○	○

註：1. 1樓及地下樓不需要配置。
資料來源：整理自「各類場所消防安全設備設置標準」及「消防法及消防法施行細則」。

三、公司登記概述

行政院於民國98年3月12日院臺經字第0980006249D號令核定：營利事業統一發證制度之施行期限至98年4月12日止，亦即自98年4月13日起，公司組織依公司法辦理公司登記；獨資、合夥之商業，依商業登記法辦理商業登記後，毋須再辦理「營利事業登記」及取得「營利事業登記證」，公司執照一併廢除。建議找專業會計師事務所代為申請公司登記，並取得公司登記卡及公司設立許可公文即可。

第二節　工程裝潢概述

多數的餐廳業者在籌備規劃餐廳時，都只對外場的設計裝潢風格型態表現高度的興趣和參與感，沒有豐富的實務經驗者對於外場的營運規劃、動線、生財設備的擺放和周邊需求，通常會興趣缺缺，或是不那麼重視，內場的空間規劃就更不用說了，通常都直接丟給對餐廳營運不甚瞭解的設計師憑空想像規劃，或是交給廚房設備廠商代勞。如此實非明智之舉，因為這些裝修工程細節事關日後營運的流暢度、維修保養難易度，甚至也間接影響樓面人力的安排和工作效率的高低，不可不慎。

一、工程裝潢事前作業要點

如果不是已經有開餐廳經驗的業主，大部分的人對於和設計師打交道的經驗可說是相當缺乏，有的話也頂多是自用住宅的設計裝潢。然而，找到好的設計師並且把自己想要的概念透過文字或圖片來溝通，進而讓設計師延續業主的風格，把設計圖規劃出來而風格調性又不失真，確實是件不容易的事情，更遑論將設計圖在預算範圍內付諸實現，以下就裝潢工程前和設計師間該注意的幾個要點做說明：

(一)慎選設計師

多打聽或透過親友介紹，並且參考設計師的實際案例圖片，或直接到現場觀摩。設計師口碑好壞非常重要，業主可請設計師提供他過去的案例照片作為參考。

(二)自己多方觀察

建議多參觀其他餐廳同業，甚至各式賣場展售店的裝潢風格，遇有喜歡的型態不妨拍照下來提供設計師參考，有圖面的溝通遠勝於無圖面溝通，若能與業者交流經驗將會更棒。

(三)面談與報價費用

和設計師洽談溝通是否必須付費，在估價上也是一個重點。有些設計師會

以免費服務的型態和業主做面談溝通，並且親赴現場實地討論，之後再規劃出一個簡單的草圖，並提出一個很簡單的報價給業主參考。這種初步的服務，有部分設計公司因礙於公司營運成本，必須酌收簡單的車馬服務費，但是有些個人設計工作室則可以省去這項費用。估價的部分，由於建材、設備都未定案，僅能以最粗略的方式進行估價，例如裝潢費用為每坪五至七萬元並且保留一定比例的上下調整空間，如此業主就大概可以粗略知道裝潢的整體預算。當然，設計師的監工設計服務費也必須事先議定，通常這筆費用占總工程款的10%左右。

二、工程裝潢的統包設計與施工工程

當確認搭配的設計師之後，接下來就要面對設計師統包設計與施工工程，或者把設計和施工分開發包，再委請設計師代為監工。通常，大多數的業者一旦選定了設計師會比較偏愛由設計師來統包一切，讓設計師轉將工程發包給長年配合的包商，一來省事，二來藉由設計師與包商長年的配合默契，較能完整呈現設計師的概念，而且礙於情誼遇有臨時更改設計或加班趕工時，包商的配合度也較高。

對於設計師的接案流程大致可分為以下步驟：

(一)現場丈量

設計師必須至現場進行丈量作業，從平面立面的基礎丈量，到住家環境評估、屋齡屋況結構、視野採光勘察，以及舊有的設備狀況、計畫改善要點等做詳盡的瞭解。現在的丈量設備比起以前用傳統捲尺要進步甚多，多數的設計師會攜帶紅外線的測距儀精準又好攜帶，對於天花板高度的丈量更是方便，無需再使用任何梯子或鷹架就可以輕易又精準的完成丈量。（如圖3-1）

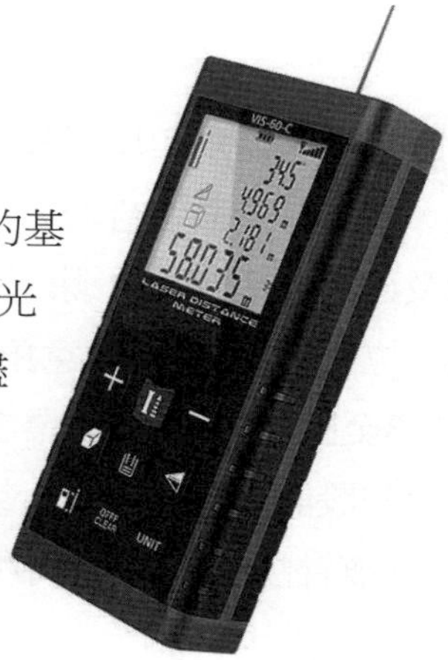

圖3-1　紅外線測距儀

(二)設計繪圖

依據現場丈量的資料，繪製詳盡的平面丈量圖（如圖3-2），然後針對您

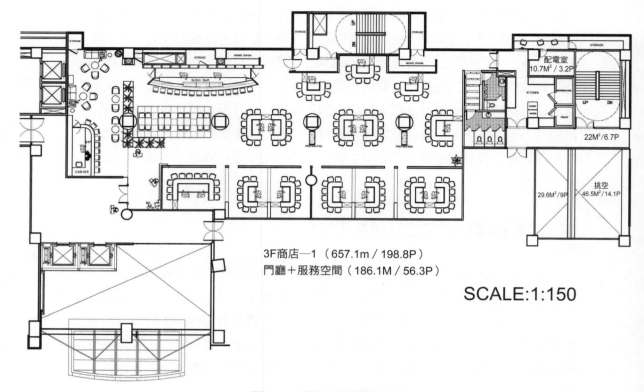

3F商店—1（657.1m / 198.8P）
門廳＋服務空間（186.1M / 56.3P）

SCALE:1:150

圖3-2　鐵板燒餐廳平面圖

的設計裝潢需求與現況分析，從空間機能、安全考量、設計裝潢預算到風格營造，量身打造最適合的方案。設計師在這個階段會提出整體空間概念、用色概念及建材材質概念，除了平面圖外，還會提出天花板燈具圖、各式水電配置圖、立面圖、3D設計意象圖，強化餐廳業主的感受，避免有誤會產生。（如**圖3-3**至**圖3-5**）而餐廳業主也必須在這個階段盡可能提出日後營運上的需求，避免和設計圖造成衝突，或發生裝潢好了才發現無法追加或必須拆掉重做的困擾，此時往往拖延工程時程又傷荷包。

(三)設計討論

在設計圖定案前往往會經過幾次修改，設計師必須準備建材樣品和多種色系，提供給業主審視。一旦確認後也必須就使用的各項裝潢五金、壁紙等明細表提報業主，以利後續報價和日後驗收。（如**圖3-6**）

圖3-3　餐廳包廂3D設計意象圖

資料來源：勞瑞斯牛肋排餐廳提供。

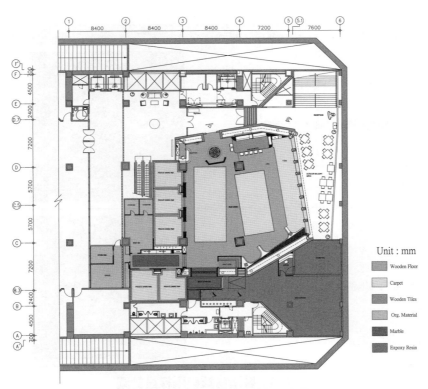

圖3-4　地板規格材質規劃設計圖

資料來源：勞瑞斯牛肋排餐廳提供。

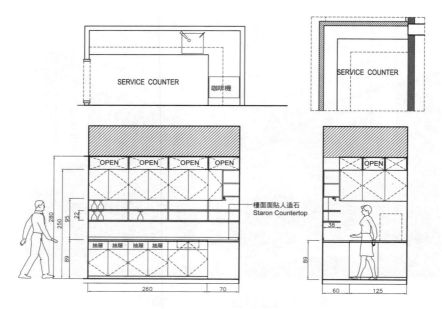

圖3-5　酒水區立面設計圖

資料來源：勞瑞斯牛肋排餐廳提供。

代號	說明	規格	樣品
--	用餐區與大廳地毯樣本	地毯型號	
--	包廂1至6地毯樣本	地毯型號	

圖3-6　裝潢材質與圖樣設計圖

(四)提報估價單與簽約定案

依照雙方確認之設計裝潢提案與估價，簽立正式的設計裝潢工程合約，明定工程內容、施工日期、使用材料、付款期別、付款方式，以及後續驗收標準及保固條款，以確實保障餐廳業主的權益。

(五)工程施工

依據契約內容的施工計畫由專業的工務人員依預定工程作業，並隨時掌握施工的品質與進度（詳細的工程進度表如**圖3-7**）。在這個階段設計師多半會應管委會要求提出施工裝潢保證金，作為對大廈全體住（用）戶的保障。而為了善盡敦親睦鄰的責任，事先張貼公告提醒住（用）戶以取得諒解，甚至預告開店後提供住（用）戶試吃或用餐優惠等，都是可以避免施工時因為噪音粉塵所引起的抱怨和糾紛。

(六)竣工驗收

依據工程施工的進度與合約規範，一直到最後工程階段均需由專員陪同業主逐步驗收各項工程施工結果。在這階段可以邀請具經驗的餐廳同業朋友，及具餐廳開發經驗的主管人員協助驗收，而對於事涉大樓或百貨賣場部分的裝修，也可委請管理部門一同驗收。

(七)工程保固

驗收後必須請設計師或工程公司提供工程保固服務（如機電、水電、木作油漆、其他設備等不同的保固年限），及後續的修繕與變更維護等，以擁有完整的保障。

三、營運需求的提出與執行

在設計師提出設計圖前，餐廳業主應盡可能預先告知日後營運時內外場的營運需求，讓設計師在繪圖設計時就能一併考量融入其中，避免日後的困擾。

以外場而言，常見的營運需求如下：

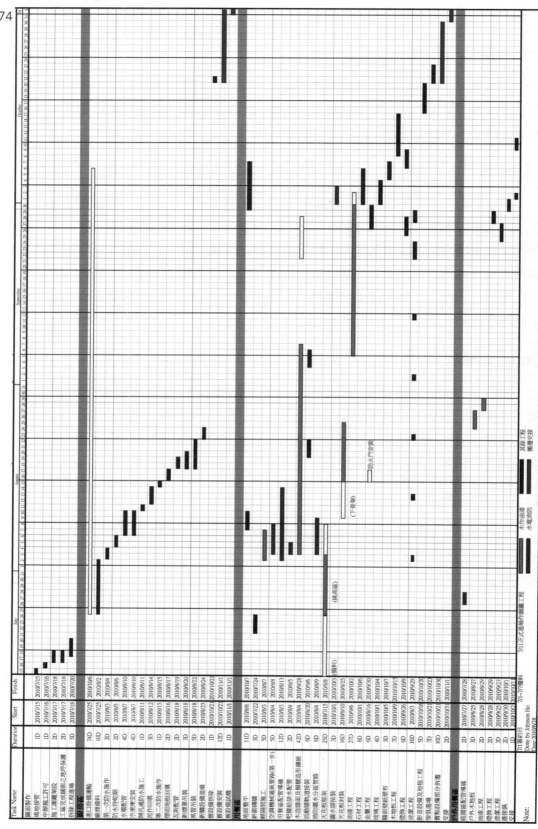

圖3-7　外場工程進度流程圖

資料來源：芬瑞斯牛助排餐廳提供。

(一)工作站數量、位置與規劃

設計師絕對不會比在現場參與營運的主管瞭解所需工作站的數量和位置，以及工作站內的配置設計。各式餐具、消耗品、調味料、桌巾桌布的收納之外，甚至是水杯、酒杯、生飲水系統、冰塊都應能方便取得。因此一個兼具功能性與收納性的工作站該如何規劃，絕對是由餐廳主管來指導設計師，才能在有效的空間裡容納必須的物品。

(二)弱電設施需求

餐廳弱電設施的需求如：

1. 餐廳日後需要幾線電話？是否需要建置自動交換機（總機）？
2. 是否設置傳真專線或是與電話號碼共用？（建議申請專用門號供傳真使用）
3. 是否申請網路節費電話取代傳統語音電話？
4. 是否申請網際網路？申請固定IP網路位址？（可搭配監視系統做錄影及遠端監控）
5. 是否申請信用卡刷卡機？近幾年刷卡機也逐步從傳統電話線路改為網際線路，但是為了配合金融資訊安全，銀行端多會要求餐廳提供一條專屬的固定IP作為刷卡機訊號傳輸使用，以避免資訊被駭，造成消費者的金融風險。但無論是走傳統電話線路或網際線路，都必須申請專線，以加快刷卡速度，避免消費者久候。
6. 是否架構POS資訊系統（須架設網路線在餐廳內形成內部網路）？餐廳除了可以考慮添購POS機整套系統作為設備外，也可以找廠商洽談租借方式，除了部分設備（通常是POS主機電腦）由餐廳購置外，其他無論是帳單印表機、廚房出單印表機、POS點餐機或平板電腦都可以由廠商提供，餐廳只要每月支付固定金額月費即可。好處是避免創業初期的巨額投資，更重要的是可以免除設備保固或軟體更新的困擾，全由出租的廠商提供服務即可。
7. 是否申請有線電視或有線音樂？不論是申請有線電視或有線音樂均必須遵守智慧財產權，可以找授權的廠商洽談支付月費取得公開播放權，以避免觸法。

8.施工初期要先和設計師溝通並提出需求,方便設計師預先規劃安排水電人員及木作人員,在天花板封板前把線路預先拉好,並在主機擺設的地方預留網路線的管道與電源供給,以及預留擺放主機的空間與散熱的空間。

(三)生飲水系統需求

目前市面上生飲水系統相當多樣,有逆滲透系統、電解水系統,或是一般的五道濾心系統,每種都有業者裝設。餐廳業主不妨多比較每種的優缺點、維護成本和所需空間作為選擇。定案後告知設計師日後安裝生飲水系統的位置,讓設計師規劃供水和排水系統,甚至水槽或冰槽的空間亦規劃進去。除了吧檯,通常外場的工作站也會視情況配備生飲水系統,方便服務人員在第一時間提供客人飲用水。

(四)插座需求

多數的餐廳在規劃接待櫃檯、結帳出納甚至吧檯、廚房等各個區域時,往往低估日後對於電源插座的需求,形成營運之後插座不夠使用的窘況,而必須另行購置多邊插座或延長線來應急,既影響美觀也影響用電安全。解決之道就是在規劃初期就透過餐廳主管仔細考量,日後會用到的電源設備有哪些,再多預留幾個插座以備不時之需,且清楚告知這些需要插電的設備是哪些,讓設計師評估所需的耗電安培數,進而裝設對應合適安培數的電磁開關,避免日後發生跳電或其他用電上超載的潛在危險。常見的內外場所需配備的設備、用電、網路需求規範如**表3-2**。

🍲 第三節　其他初期籌備事宜

在餐廳籌備初期,除了和設計師的溝通以及現場施工之外,還是有很多籌備事項可以在事前著手處理。若不希望受餐廳店面施工影響,可以另覓他處作為籌備處,常見的籌備事宜如下:

1.公司登記及執照申請:完成公司登記取得了公司統一編號,接下來的所有相關開銷都可請廠商開立有鍵入統一編號的發票,作為報稅抵扣憑單。

2.企業識別系統的設計(Corporate Identity System, CIS):除了包含餐廳招

表3-2　餐廳營運管線需求一覽表

設備	出納結帳櫃檯 網路孔/電話孔	出納結帳櫃檯 電源插座	接待櫃檯 網路孔/電話孔	接待櫃檯 電源插座	工作站A 網路孔/電話孔	工作站A 電源插座	工作站B 網路孔/電話孔	工作站B 電源插座	冷廚 網路孔/電話孔	冷廚 電源插座	熱廚 網路孔/電話孔	熱廚 電源插座
POS機	●	●	●	●	●	●	●	●				
POS Printer	●	●			●	●	●	●	●	●	●	●
POS專用電腦主機	●											
發票機		●										
刷卡機	●	●										
音樂擴大機		●										
音樂撥放器或有線音樂選台器		●										
監視系統主機		●										
事務用電腦	●	●										
事務用印表機		●										
事務用電腦螢幕		●										
電話機	●		●	●	●				●	●	●	●
傳真機	●	●										
電話總機	●	●										
電解生飲水						●		●				●
咖啡機						●						
咖啡保溫座						●						
檯燈		●		●								
冰槽					1				1			
水槽							1		1		1	
自來水							1		1		1	

註：本表範例僅侷限一般事務及營運設備，專業大型廚房設備不在此範例中說明。
資料來源：作者整理製表。

牌上的名稱，招牌名稱可以不等於公司登記名稱，例如「臺灣麥當勞股份有限公司」其店家招牌及店卡等企業識別標章為"McDonald's"，商標則為大家所熟悉的金色M型拱門。唯有及早設計完成企業識別標章，才能著手後續的工作，例如名片、招牌、制服的設計。所有的視覺設計包含招牌的形態、制服的顏色、餐具、裝潢的材質和顏色選擇等都必須相搭配，形成一個完整的企業形象。

3.菜單內容確認並且完成試菜，確認口味及價格：菜單內容由主廚設計，

並且可以尋找其他廚房完成試作和試吃，以確認呈現的形式以及菜單價格。完成了這個動作搭配前項的企業識別系統設計，就可以發包設計印製菜單。

4. 餐具初步選擇及報價：依照菜單內容和餐廳設計圖所規劃的座位數和桌數，就可以著手挑選合適的餐具做搭配，並且向餐具廠商瞭解欲採購的餐具的庫存量、市場供貨穩定度與價格，方便日後下單訂貨後請廠商在約定的時間送達餐廳。

5. 內部文書的起草撰寫：諸如員工手冊、公司組織章程、員工工作職掌、到勤規定、標準作業程序手冊（Standard Operation Procedure, SOP）、標準食譜手冊，以及公司各式表單表格製作，如訂位表、履歷表、班表、請假單、人員薪資職務異動單、人員考核表、離職單、聘僱契約書、設備維修卡、廁所清潔檢查表等等。

第四節　廚房空間配置規劃要點

一、廚房規劃設計的首要目標

廚房規劃設計的首要目標是：

1. 降低廚房人力成本：透過良好動線規劃和菜單設計，提高人員生產力。
2. 節省能源成本：透過選購設計優良設備和合適的能源來節省能源成本。
3. 建構安全良好的工作環境：透過慎選設計優良的設備器具與建材，再輔以良善的空間、空調、燈光規劃，完成一個安全良好的工作環境。

在整體廚房的規劃上，務必請餐廳設計師、廚房設備廠商的廚房規劃人員、業主、主廚或負責籌備的主管等人，一起搭配合作完成。廚房的規劃設計要考慮到餐廳的料理形式、菜單內容、營業運作的量體、廚房空間大小、餐廳客席規模和營業時間長短等事宜。大體而言，廚房籌劃必須能使現場人員擁有最大的方便性，進而提高工作效率，加速出菜的速度並兼顧菜色品質。

廚房每日的運作流程為食材採購、驗收、儲藏（冷凍、冷藏、乾倉）、發貨、準備、製作、上菜和洗滌的工作循環。因此，為了使廚房設備與工作

人員做有效的安排、食物製備過程能簡化、廚房空間能做有效利用，規劃設計時應要：

1. 業主、主廚、設計師、建築師與餐廳經理人協助完成廚房內部作業流程細節的計畫。
2. 瞭解現在與將來對膳食作業的需要，如經營目標、方式、供應份數、菜單設計內容與產能等。
3. 詳細估計廚房設計計畫成本。
4. 繪製廚房初步設計圖，包含：(1)確認建築平面圖與現場勘察；(2)依比例完成初步規劃；(3)建立設備清單並排定設備擺放位置，繪製平面及立面圖；(4)業主確認清單項目、擺放位置；(5)繪製給水、排水、電源、瓦斯、蒸汽、空調風管走勢圖；(6)確認廚房相較於外場，為一負壓環境。
5. 分析發生於廚房的各種作業：(1)營業場所中適當的廚房位置，如考量現場空間、動線、進貨路徑、相關法規等；(2)國內設備材質及製作規範選定。
6. 各種作業的相關性與決定工作流動的效果。
7. 工程進度掌握：從丈量、放樣、施工、設備進場、安裝試車、教育訓練與驗收等，都應事先設定並掌握完成日期，才不會讓開店營運遙遙無期。

二、影響廚房規劃的因素

進行廚房空間規劃設計時，應考慮廚房位置、廚房大小、廚房氣流壓力、廚房設備、廚房作業活動、廚房布局與其他基本設施的安排，才能恰當地協調整合設備、食物與人員間的運作，以最有效率的廚房作業流程，節省人力和食物成本，並以供應高品質的食物為考量。

(一)廚房位置的安排

廚房位置從環境觀點來看，通風、採光、排水設施、貨物進出的通行路線，及設備運作所需之周邊用品的置放，皆須縝密考量。如果餐廳位於百貨公司或賣場，則通常會由賣場預先規劃廚房的概略位置，如此每家餐廳的管路，例如廢水管、空調、消防等都更能有效率的規劃。

(二)廚房大小的安排

就多數業主的立場而言,多半希望廚房不要占據過多的整體面積,讓所有的空間都能儘量保留給外場,設置座席以創造更多的利潤。然而,內部的環境不僅直接影響工作人員的生活、健康狀態,更影響工作效率和情緒。唯有合理適當的空間能夠兼顧工作人員營運操作、走動,並讓設備能夠有效率的規劃擺放,才是最好的做法。因此工作環境的面積大小,是讓廚房產能效率提升的重要因素。

一般而言,廚房面積的大小通常會在廚房設計人員與業主的討論下擬定,再與實際使用者共同討論來做適度的調整。餐廳廚房的面積約為營業場所面積的三分之一是較為恰當的。廚房空間占10%至15%比例則適用於半成品較多的速簡餐廳(咖啡廳)。

(三)廚房氣流的壓力規劃

一間規劃良好的餐廳在空氣壓力上必須要有所規劃,以避免餐廳廚房的油煙廢氣飄到用餐區域來,同時也應該避免馬路街道上的粉塵廢氣或室外高溫流進餐廳的用餐區域。要達到這種目標,就必須在餐廳的內外場做空氣壓力的適度規劃。對於一個餐廳外場用餐區域的空氣來說,一定要是最乾淨的,因此外場氣流壓力必須一直保持正壓,也就是說,「當開啟廚房門時,外場的乾淨空氣會流入廚房」,亦即:**餐廳外場的氣壓>餐廳廚房的氣壓**。

另外,「當開啟餐廳大門時,餐廳大門外會感受到冷氣由餐廳往外吹出」,此時室外的灰塵才不至於吹入餐廳內,也就是:**餐廳外場的氣壓>餐廳室外的氣壓**。

餐廳外場保持正壓會有以下的優點:

1.給予客人涼快舒適的感受。
2.防止灰塵、蚊蟲等由戶外飛入。
3.調節廚房的室內溫度。
4.調節廚房污濁的空氣。

此外,空氣流通對於廚房所產生的助益有:

1.氣體流通:就氣體力學而言,當風速為每秒一公尺時會使室內溫度下降

攝氏一度，雖然人們在室內不易感覺出氣體在流動，但實際上適度的風速會使人感到舒適。

2.**換氣**：由於工作人員的呼吸、流汗，及工作時所產生的氣味、二氧化碳、熱度及水蒸氣、油煙等，都會降低廚房的空氣品質。因此必須適時將廚房空氣排出，進而導入新鮮空氣以進行換氣，而換氣量的多寡會影響到室內溫度、溼度、氣流速度、空氣的清潔度。雖然這四項並無特別規定，但一般理想的環境是在溫度二十至二十五度之間，相對溼度六十五度左右，二氧化碳在〇‧一個百分比以下。

(四)廚房設備

在規劃廚房工作時所需使用的設備與器具等物件時，應將該空間所能容納的所有機械設備、器具、工作人員數及迴轉空間考慮在內。例如：(1)所使用的工具需能置於方便拿取之處；(2)所有工作上所需使用物品須在容易拿取到的距離內；(3)原物料、半成品、已製備完成的食物，需有適當的儲存空間等。

(五)廚房作業活動

廚房設計是以廚房活動為主，所有廚房作業的進行，是以處理各類食物為主體，而衍生出其他與處理和製作食物有關的工作。因此相同功能的作業內容應設在同一區，且各工作區的工具設備配置在作業上應有關聯，例如驗收區要設置磅秤和溫度計等器具。

動線流程的設計關係到廚房作業效率的高低，當廚房內設備規格、數量已訂定完成，接下來需考慮細部動線設計以及工作人員的行走動線，以免影響生產成本、生產速度及生產品質。

(六)其他基本設施

■牆壁與天花板

廚房的牆壁及天花板甚至門窗都應該考慮以白色或淺色系的防火防水建材作為材質的選擇依據。表面平滑有助於日常的擦拭，也有利於保持清潔、減少油脂和水氣的吸收，同時也有助於使用年限的延長和日常的清潔保養。尤其因為靠近瓦斯爐、烤爐等高溫火源，更應該選擇耐熱防焰材質。

■ 地板

　　廚房全區無論是烹飪區、儲藏室、清潔區、化妝室、更衣室的地板都應以耐用、無吸附性，及容易洗滌的地磚來鋪設，或以環氧樹脂（Epoxy）來作為地板的塗漆，並搭配適量的排水口，方便頻繁的沖刷及排水。烹飪區、清潔區的地板更需注意，宜使用不易使人滑倒的材質。容易受到食品濺液或油污污染的區域，地板的使用應該使用抗油脂材料；此外，工作人員應搭配專業的鞋具，使安全效果更能夠提升，或是考慮穿著鋼頭型式的工作鞋，除了兼具防滑、防潑水、抗酸鹼的功能外，一旦有重物或刀具不慎掉落時也具有保護腳部的作用。

■ 排水

　　廚房地板因為沖刷頻繁的緣故，對於壁面的防水措施和地面排水都要有審慎的規劃。一般來說，壁面的防水措施應以達三十公分高為宜，可避免因為長期的水分滲透，導致壁面潮濕或是樓面地板滲水等的問題。

　　廚房的地面水平在鋪設時應考量良好的排水性，通常往排水口或排水溝傾斜弧度約在1%（每一百公分長度傾斜一公分），而排水溝的設置距離牆壁須達一公尺，水溝與水溝間的間距為六公尺。因應設備的位置需求，排水溝位置若需調整需注意其地板坡度的修正，勿因而導致排水不順暢。設備本身下方則通常有可調整水平的旋鈕，以因應地板傾斜的問題，讓設備仍能保持水平。

　　排水溝的寬度須達二十公分以上，深度需要十五公分以上，排水溝底部的坡度應在2%至4%。而為了便利清潔排水溝，防止細小殘渣附著殘留，水溝必須以不鏽鋼板材質一體成型的方式製作，並且讓底板與側板間的折角呈現一個半徑五公分的圓弧。（如圖3-8）

　　同時，排水溝的設計應儘量避免過度彎曲，以免影響水流順暢度，排水口應設置防止蟲媒、老鼠的侵入，及食品菜渣流出的設施，例如濾網。排水溝末端須設置油脂截油槽，具有三段式過濾油脂及廢水的處理功能。一般而言，排水溝的設計多採開放式朝天溝，並搭配有溝蓋，避免物品掉落溝中。（如圖3-9）

■ 採光

　　廚房是食物製備的場所，需有光亮的環境才能將食物做最佳的呈現。規劃照明設備時需考量整體的照明及演色效果。光源的顏色（即燈具的色溫）、照明方向、亮度及穩定性，都必須確保工作人員可以清楚看見食物中有無其他異

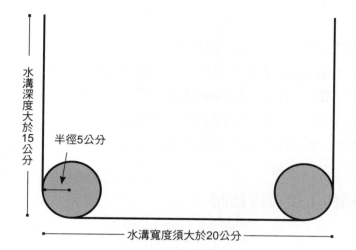

圖3-8 廚房排水溝規格示意圖

資料來源：作者整理繪製。

**圖3-9 防水措施和地面排水
須審慎規劃**

物混入，以保障用餐客人的飲食安全。足夠的照明設備方能提供足夠的亮度。依據我國「**食品良好衛生規範**」（Good Hygiene Practices, GHP）規定：「光線應達到一百米燭光以上，工作檯面或調理檯面應保持二百米燭光以上；使用之燈具色溫宜採白晝色（色溫為五千至六千，為白色的光線）不致於改變食品之顏色；照明設備應保持清潔，以避免污染食品。」[1]而熱食烹飪區上方油煙罩內的燈具，也應考慮搭配防爆燈罩，以保護人員及食物的安全。（如**圖3-10**）

圖3-10 熱食烹飪區上方的油煙罩

■ 洗手設備

　　洗手設備應充足並置於適當位置，廚房內可多處設置，方便作業人員在更換不同食材作業或必要時，隨時可以洗淨雙手，以避免交叉污染或細菌污染食物。洗手臺所採用的建材應為不透水、易洗、不納垢之材料，例如不鏽鋼。水龍頭應可考慮採用紅外線感應給水方式，避免洗淨的手又因關閉水龍頭而再次遭受污染。此外，自動感應給水水龍頭應同時兼具省水功能。

第五節　廚房格局與生產流程控制

　　廚房的格局設計必須根據廚房本身實際工作負荷量來設計，依其性質與工作量大小作為決定所需設備種類、數量之依據，最後方能決定擺設的位置，以發揮最大的工作效率為原則。現今科技技術發達，足以滿足各項工作所需，因此規劃設計上更加富有彈性變化。目前廚房設計規劃主要為四種基本型態：

1. **背對背平行排列**：也有人將此種形式的廚房稱之為**島嶼排列**，其主要特點是將廚房的烹飪設備以一道小矮牆分隔為前後兩部分，如此可將廚房主要設備作業區集中。也因為設備集中，通風設備使用量相對較低。主廚在營運尖峰時對於廚房所有人員設備能更有效控制全體的作業程序，並可使廚房有關單位相互支援密切配合。

2. **直線式排列**：此型式排列適合各式大小不同的廚房，也最為業界所廣泛使用。廚房的排煙設備也可以沿著牆壁一路延伸，在安裝成本上也較為經濟，使用效率也較高。

3. **排列式**：L型廚房之所以被規劃出來，通常是礙於廚房整體長度不足，而必須沿著牆壁轉彎形成**L型廚房**。在規劃時通常會將轉角的兩邊廚房設施做大方向上的分類，例如一邊是冷廚負責沙拉、生食或甜點的製作；另一邊則為熱食烹飪區，舉凡蒸、煎、炒、煮、炸、烤都集中於此區。如此在管線規劃及空調配置上，也較好做配合。

4. **面對面平行排列**：這種形式的廚房通常用於員工餐廳、學生餐廳等大型團膳廚房。特點是將作業區的工作臺集中橫放在廚房中央，兩工作臺中間留有走道供人員通行。作業人員則採面對面的方式進行工作。

另外，**開放式廚房**是指顧客可看見廚房，廚師也可以面對用餐區域。至於與用餐區完全被隔離即是所謂的**封閉式廚房**。廚房格局的不同與設備排列的不同取決於需要及氣氛的營造。但是開放式廚房除了和一般廚房功能相同之外，更得留意噪音和油煙的預防，避免干擾到用餐的客人。（如**圖3-11**）

圖3-11　經過外觀裝飾（烤爐）呈現給顧客觀賞的開放式廚房

一、廚房設備的基本原則

1. 選用的設備應該是商用型，在正常使用的情況下，所有的設備應能有良好的使用效率、使用年限、抗磨損、腐蝕，日常的清潔無死角，並可以有效率的執行。

2. 維護或操作簡單：設備的置放不一定是固定式的，以易於操作、清洗、維護分解與拆解為主要的思考方向。

3. 與食品接觸的設備表面必須是平滑的，且最好選用表面有抗菌處理的。表面不能有破損與裂痕，使不易割手；摺角、死角都應容易洗刷，使污垢不易殘留。

4. 與食品的接觸面應選擇無吸附性、無毒、無臭，且不會影響食品及清潔劑的材質。

5. 有毒金屬（汞、鉛或是有毒金屬合金類）均會影響食品的安全性，絕對嚴禁使用；劣質的塑膠製品亦然。

6. 如果是電器設備，也必須選擇具有防潑水功能、自動感應漏電的斷電功能，並接妥接地線以免發生危險。

二、廚房設備的安裝與固定

在初始的圖面確認無誤，並且經過放樣現地勘查後，即可進行後續的設備進場和安裝。一般而言，放置在工作臺或是桌面的設備除了要能隨時挪動、方便使用，並有效彈性使用空間外，對於必須固定的設備，則必須確認至少離地

面四吋（一吋為二・五四公分）以上的高度，以利於清洗。

　　地面上的設備，除了可以迅速移動外，應把它固定在地板上或裝置於水泥台上，並且以電焊或鑽孔方式與地面固定。通常這樣的安裝適用於重型的設備，可避免滑動或地震時造成危害。安裝時應注意其左右兩側與在後方預留適當空間，方便人員平日的清洗擦拭，或撿拾掉落的物品或食材。

　　設備的不同其固定方式亦有所不同，由於高度、重量等因素會產生部分設備無法如預期的安裝，因此須明確瞭解各種安裝方式及設備的相互搭配性。

三、人體工學

　　設備設計應符合人體特性，如人體的高度（身高、坐高）、手伸直的寬度等。任何工作人員，坐著或站立工作時數不宜超過最大工作範圍，若絕大多數的動作在正常工作範圍之內，則員工較省時省力；設備或貯存架等的高度、寬度亦應考量是否在員工的最大工作範圍之內。在身體不自然的彎曲且重複同樣的動作時，背部肌肉會產生酸痛感。因此工作臺的高度比較實際的做法是，能夠適度地調整工作臺的高度，以符合工作者的身高。一般東方人士所適用的高度在七十五至八十五公分。（如圖3-12）

　　另外，大型的儲物櫃或冷凍櫃，其置放商品應將常使用的物品存放在水平視線及腰線之間的高度，將工作人員受到傷害的危險減到最小。如果必須使用活動梯、臺階、梯子等攀高器材，其設備必須加裝扶手欄杆等安全措施。

圖3-12　工作臺的高度應符合人體工學原理

四、清潔衛生與安全

廚房地板的潮溼、油污會影響到工作人員的安全。地板的鋪設種類繁多，只有幾種適用於廚房。無釉地磚不像其他類型的磁磚，粗糙的陶瓷表面比較可以防滑，而且表面摻雜許多金鋼砂，即使長期使用磨損後亦有防滑的效果。另外，地板若增加鋪設軟墊，具有提升防滑效應，對於商品意外摔落打破的情形亦能降低，並可降低工作人員長期站立的疲勞度。必須注意的是防滑墊必須每日清洗，以維護工作環境的清潔（如圖3-13）。

圖3-13　增加鋪設軟墊可提升防滑效應，並舒緩長期站立的疲勞度

資料來源：寬友股份有限公司（2009）。網址：www.expan.tw/download/mat.pdf

第六節　【模擬案例】Pasta Paradise餐廳之廚房設計

圖3-14、3-15是不同形式的廚房規劃，設計中的良好動線規劃、區域配置能讓整體廚房效率提升。無論廚房的大小為何，皆有一定的流程順序，且每個環節必須緊緊相連，才能減少作業的時間及人員的浪費，在規劃這些生產區域間的關係時，一定要考慮其動線和流程。一般標準的廚房作業程序（生產動線區域）如下：

進貨與驗貨區→冷凍冷藏貯存區→生鮮／蔬果清洗區→調理區→中央烹調區→分裝／配膳區→油污餐具回收清洗區

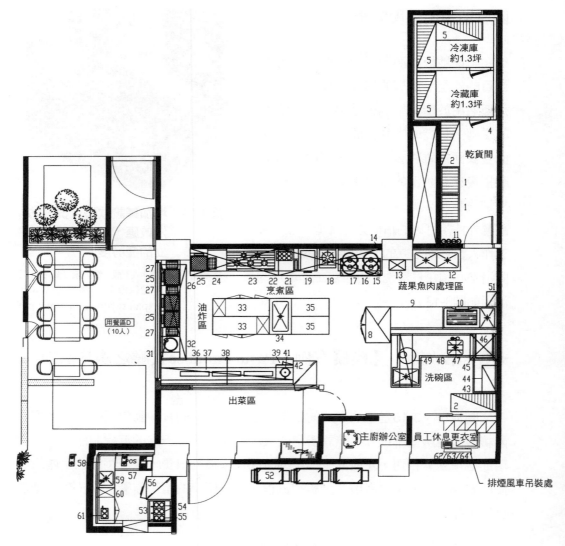

圖3-14　廚房平面圖

資料來源：作者規劃位置，泓陞藝術設計股份有限公司繪製。

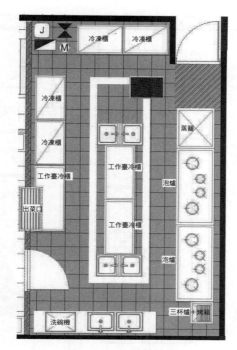

圖3-15　廚房平面圖

資料來源：作者規劃位置，泓陞藝術設計股份有限公司繪製。

Pasta Paradise餐廳的廚房及吧檯係根據生產動線進行區域配置的規劃，茲說明如下（數字標記之對照請詳參**圖3-16**）：

一、廚房區域

(一)進貨與驗貨區的設置

係指負責廠商送貨與卸貨、冷凍與冷藏或乾貨等物料分類與清點的地方。餐廳業者應根據餐廳的菜單服務內容，採購所需驗貨設備，如磅秤、溫度計、美工刀、開罐器、推車、水槽及補蟲燈。

(二)貯存區的設置

④冷藏冷凍櫃的電力需求屬於常態性不關電的設備，因此在規劃上置放於同一區，對於電力的配置有其助益，並備有各自獨立的開關，才不致於在維修

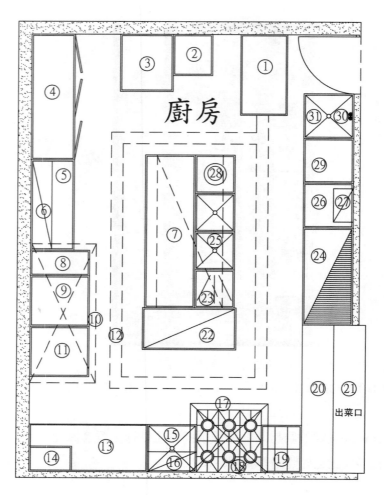

①油脂截流槽
　W127*D71*H94
②平頭湯爐
　W60*D65*H45
③義大利麵煮麵機
　W80*D90*H85
④立式冷藏冷凍庫
　W198*D66*H189
⑤工作臺冰箱
　W142*D66*H85
⑥不鏽鋼上架
　W142*D30
⑦工作臺 (上為不鏽鋼吊櫃)
　W240*D76*H85

⑧油炸機
　W40*D90*H85
⑨煎板爐
　W80*D90*H85
⑩排油煙機
⑪碳烤爐
　W80*D90*H85
⑫排水溝
⑬工作臺冰箱
　W190*D75*H85
⑭明火烤箱
　W65*D40*H46.5
⑮工作水槽
　W75*D60*H85

⑯不鏽鋼上架
　W75*D30
⑰排油煙機
⑱六口爐
　W98*D99*HgO
⑲醬料保溫槽
　W61*D75*H85
⑳工作臺
　W234*D75*H85
㉑出菜口
㉒工作臺冰箱(上為不鏽鋼吊櫃)
　W142*D66*H85
㉓不鏽鋼工作平台 (上為不鏽鋼吊櫃)
　W60*D60*H85

㉔四層組合棚架
　W153*D76*H189
㉕不鏽鋼工作水槽
　W60*D60*H85
㉖不鏽鋼完成工作平台
　W70*D76*H155
㉗不鏽鋼上架
　W52*D30
㉘殘菜收集孔
　W60*D60*H85
㉙高溫掀門式洗碗機
　W70*D76*H155
㉚高壓清洗噴槍
㉛不鏽鋼工作水槽
　W70*D76*H85

圖3-16　Pasta Paradise餐廳廚房平面圖

資料來源：作者規劃位置，泓陞藝術設計股份有限公司繪製。

關閉電源時，其他正常運作的冷凍冷藏設備也跟著被關閉。冷藏冷凍櫃應置放在靠近進貨動線的開端，以利商品存放，並避免與熱食區共置，以利設備散熱效應順暢。此外，良好的排水規劃須利於沖刷及除霜時溶水的排出。

(三)準備區的設置

準備區應鄰近冷藏櫃、冷凍櫃、乾貨儲藏（放置於工作臺上方的不鏽鋼吊櫃），存取方便。各式原物料集中處理，利於食材管理達到良好的成本管理。該區域的工作亦負責食物初步之清洗、整理，所需設備為工作臺（橄欖油可置放於工作臺下層）、工作臺冰箱（半成品的擺放）及不鏽鋼吊架。

該準備區亦是蔬菜、魚肉類，及配料準備細切之處。若供餐量大，空間足夠時，可將各類食物分開處理。此區所需的主要器具設備包括：②平頭湯爐、③義大利麵煮麵機、㉕不鏽鋼工作水槽及⑦工作臺。工作臺上可置放切肉片機、絞肉機及小型器皿，如量匙和起酥輪刀等，可置放於不鏽鋼吊架或工作臺下方層架。

(四)烹調區的設置

規劃烹調區設備時的應注意事項為：

1.排煙罩整體統一規劃。

2.排煙量須利於計算，如排煙馬達馬力或每小時排風量多少立方米。

3.壁面隔熱效應整體統一規劃，如水泥壁面、磚塊壁面的耐熱度與隔熱效果要好，其壁面若有壁磚的設置，便不易脫落。

4.消防系統整體統一規劃利於排煙罩內的簡易型消防系統、防爆燈泡等的設置。

5.大型爐火的設備能量大致以瓦斯為原則，較小型的設備則偏向以電力為其供應能量，如此電力管線、瓦斯管線、水力管線方能做整體規劃。

主要烹調區域，所需設備如下：

1.⑧油炸機。

2.⑨煎板爐。

3.⑪碳烤爐。

4.⑭明火烤箱。

5. ⑱六口爐。

6. ⑩、⑰排油煙機。

配合廚房運作效率，該區域亦需配置以下設備器具：

1. ⑬、㉒工作臺冰箱。

2. ⑮工作水槽。

3. ⑯不鏽鋼上架。

4. ⑲醬料保溫槽。

5. ⑳工作臺。

(五)出菜口的設置

㉑出菜口的設置應緊鄰烹調區，使食物能在最快的時間組合並送給客人食用。出菜口是廚房人員與外場服務生做內部溝通和各桌餐點確認的地方。出菜口可裝設保溫燈具，以維持食物的溫度。餐點集中於出菜口時，注意不可因餐點數量過大而有重疊之狀況，或將餐點擠落出菜口，以免造成食物浪費、員工受傷及顧客抱怨等後續問題。另一方面，出菜口的位置建議加裝消防連動閘門，以維持消防安全區塊的完整性。

(六)廚餘、垃圾存放區的設置

一般而言，㉘殘菜收集孔區域的設置會鄰近調理區與餐具回收的位置。垃圾分類設備必須明確，且應設計獨立的空間以能夠確實處置垃圾與廚餘，避免病媒的孳生。

(七)洗滌區的設置

洗滌區（如㉖、㉗、㉙、㉚、㉛）應注意地板的防滑設施，可放置止滑墊。該區域大小的設置，不因廚房其他設備的設置而使整體洗滌區過小。餐具暫存區（如㉔）應保持清潔，其位置宜搭配動線的規劃，以利工作人員流暢而安全地將已清潔的餐具，置放在正確的位置。

洗滌及餐具回收區的使用設備包括：污餐具和殘菜回收車（營運前放置於外場）、殘菜絞碎榨乾機（選擇性）、污餐具處理臺、預洗噴槍、高溫全自動洗碗機（視人數多寡設計）、餐具整理臺、高溫餐具消毒櫃（可採蒸汽或電熱

	9 X 9 豎盤架	9 X 9 豎盤架 帶一個擴展架	5 X 9 豎盤架	5 X 9 豎盤架 帶一個擴展架	末端開放式 托盤架
型號	PR314	PR500	PR59314	PR59500	OETR314*
內側架高	6.7 cm	10.8 cm	6.7 cm	10.8 cm	6.7 cm
外側架高	10.1 cm	14.3 cm	10.1 cm	14.3 cm	10.1 cm
件裝	6	5	6	5	6
件重 KG (體積 M³)	9.99 (0.1582)	8.29 (0.194)	9.99 (0.1582)	8.29 (0.194)	8.4 (0.1582)

顏色：淺灰色 (151)。標準擴展架顏色：淺灰色 (151)。任選擴展架顏色：米色 (184)。提供貨主標識服務。
* 無法添加擴展架。

	標準平餐具架	半號平餐具架	8 格 半號平餐具籃	8 格 半號平餐具籃
型號	FR258	HFR258	8FB434* 帶把手	8FBNH434* 無把手
內側架高	6.7 cm	6.7 cm	11.1 cm	11.1 cm
外側架高	10.1 cm	10.1 cm	18.4 cm	18.4 cm
件裝	6	6	6	6
件重 KG (體積 M³)	9.08 (0.1582)	7.15 (0.0776)	8.17 (0.105)	8.16 (0.105)

顏色：淺灰色 (151)。標準擴展架顏色：淺灰色 (151)。任選擴展架顏色：米色 (184)。提供貨主標識服務。* 無法添加擴展架。

圖3-17　各式餐盤、餐具專用洗滌架

資料來源：Cambro產品目錄。網址：www.cambro.com。

式加熱）、熱水鍋爐（供應廚房內及洗碗機所需之熱水）、污餐具輸送帶（量大可考慮設置）。另外，因熱水器的能源來自於瓦斯或電能，所以環境的通風狀況和排放廢氣狀況須良好，以防通風不佳導致中毒現象產生。此外，壁面的導水性、防水性也須良好。

依模擬餐廳的營運需要，該區域的布局動線為員工將外場收取的餐具／盤，放置於㉛不鏽鋼工作水槽上的洗滌架（如圖3-17、3-18），以㉚高壓清洗噴槍（如圖3-19）先將食物殘渣沖洗後，再推入㉙高溫掀門式洗碗機洗滌乾淨（如圖3-20）。待清洗完畢後將各式餐具分類疊放於㉔四層組合棚架，空的洗

9 分格

最大直徑 **14.8 cm**

最大高度	9 cm	13.2 cm	17.4 cm	21.6 cm	25.8 cm	30 cm
型號	9S318	9S434	9S638	9S800	9S958	9S1114
件裝	5	4	3	2	2	2
件重 KG (體積 M³)	10.67 (0.19)	11.35 (0.19)	10.67 (0.178)	8.63 (0.143)	9.99 (0.164)	11.35 (0.191)
擴展架高度	14.3 cm	18.4 cm	22.5 cm	26.7 cm	30.8 cm	34.9 cm

16 分格

最大直徑 **10.9 cm**

最大高度	9 cm	11 cm	13.2 cm	15.2 cm	17.4 cm	19.4 cm
型號	16S318	16S418	16S434	16S534	16S638	16S738
件裝	5	5	4	4	3	3
件重 KG (體積 M³)	12.7 (0.191)	13.4 (0.191)	13.15 (0.191)	13.83 (0.191)	12.25 (0.178)	12.92 (0.178)
擴展架高度	14.3 cm	14.3 cm	18.4 cm	18.4 cm	22.5 cm	22.5 cm
最大高度	21.6 cm	23.8 cm	25.8 cm	27.8 cm	30 cm	32 cm
型號	16S800	16S900	16S958	16S1058	16S1114	16S1214
件裝	2	2	2	2	2	2
件重 KG (體積 M³)	9.97 (0.143)	10.55 (0.143)	11.34 (0.164)	11.9 (0.164)	13.15 (0.191)	13.38 (0.191)
擴展架高度	26.7 cm	26.7 cm	30.8 cm	30.8 cm	34.9 cm	34.9 cm

圖3-18　各式杯具專用杯架

資料來源：Cambro產品目錄。網址：www.cambro.com。

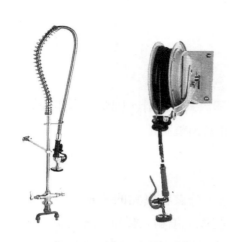

圖3-19　直立式與壁掛式噴槍

資料來源：詮揚股份有限公司提供（2009）。

圖3-20　掀門式洗碗機

資料來源：詮揚股份有限公司提供（2009）。

滌架可以擺放在㉗不鏽鋼上架備用。

(八)餐具置放的設置

　　直立式空間的運用方面，可將輕而占空間的餐具（如外帶用餐具）置放於上層。常態型店內消費者使用之餐具宜置放於易取、易整理之處。㉔四層組合棚架的下層可擺放一些廚房的大型鍋具。此外，廚房員工應隨時可以拿取補充各工作站需要的餐盤；餐具的擺放、收藏，須具備防塵、防病媒的功能；若面積許可，應考慮獨立設置餐具存放室，內設存放架及櫥櫃。

(九)環境清潔設備

1. 抽油煙機：含自動清洗式抽煙罩、循環水箱、控制箱，如風車、油煙淨化器、循環水箱、煙罩防爆燈之控制開關。
2. 自動消防滅火系統：通常加裝於爐灶上方（抽油煙罩內），當失火時，可自動感應噴灑消防劑滅火。
3. 瓦斯漏氣自動遮斷系統及瓦斯漏氣警報受信監視系統。
4. ①油脂截油槽：設置於廚房水溝末端，可過濾廚餘處理過程中所產生的油水，與洗滌鍋盤餐具所產生之油脂與廢水分離，方便清理。
5. 排水溝不鏽鋼水溝、鋁鑄溝蓋⑫。

二、吧檯區域

(一)乾貨儲存區的設置

　　Pasta Paradise餐廳的吧檯（如**圖3-21**）是開放式的設計，因此①木作高櫃可用於存放餐廳的營運物料，並提供視覺美化和營造整體感。

(二)冷藏及準備區的設置

　　冷藏與準備區為吧檯人員清洗生菜和水果、分裝各餐點的份量，和保存生鮮蔬果美味的區域。故各種生菜沙拉醬料的製作，須獨立製作，避免相互受到病菌的感染。該區域所需的基本設備器具為②不鏽鋼上架、③不鏽鋼雙連水槽、④工作臺，及⑤立式冷藏冰箱等。另外，萬能切菜機、蔬菜處理機，及各式的保存盒，也是準備區的基本設備器具。

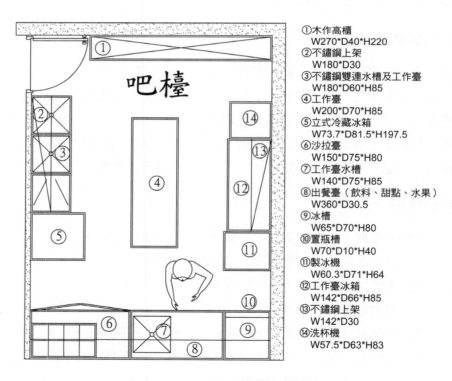

①木作高櫃
　W270*D40*H220
②不鏽鋼上架
　W180*D30
③不鏽鋼雙連水槽及工作臺
　W180*D60*H85
④工作臺
　W200*D70*H85
⑤立式冷藏冰箱
　W73.7*D81.5*H197.5
⑥沙拉臺
　W150*D75*H80
⑦工作臺水槽
　W140*D75*H85
⑧出餐臺（飲料、甜點、水果）
　W360*D30.5
⑨冰槽
　W65*D70*H80
⑩置瓶槽
　W70*D10*H40
⑪製冰機
　W60.3*D71*H64
⑫工作臺冰箱
　W142*D66*H85
⑬不鏽鋼上架
　W142*D30
⑭洗杯機
　W57.5*D63*H83

圖3-21　Pasta Paradise餐廳吧檯平面圖

資料來源：作者規劃位置，泓陞藝術設計股份有限公司繪製。

蔬果需徹底清洗,且不可與魚、肉等置於同一水槽清洗。**Pasta Paradise**餐廳根據實際面積和營運的狀況,將廚房和吧檯分開設置,因此不會發生上述交叉污染的問題。清洗時將損傷及腐爛部分去除,葉菜類根部土壤多可先切除再洗。在工作臺處理食物時要隨時注意手部、刀具、砧板及檯面的清潔。潛在危險的蔬果切開後未馬上使用者需冷藏。清洗處理分裝後,將不同產品分類放入保存盒,並盡速放置於冷藏保鮮。不鏽鋼上架可擺放砧板、盆子、夾子等器皿。

(三)沙拉及點心區的設置

基於安全衛生的考量,沙拉、水果糕點類等的製作,應以不易受污染規劃為其重點。故提供該區域冷藏的設備(⑤、⑥)切忌與熱食商品共用,同時也建議將冰存水果、蛋糕西點的冰箱,與蔬菜甚至肉品的冷藏冰箱區分開來,除可避免食物交叉污染之外,也能避免異味互相影響,進而破壞水果及西點蛋糕的風味。

沙拉臺檯面依營運需求放置盛裝生菜沙拉、水果,及甜點的瓷盤。沙拉臺檯面可擺放碗盤,方便組合各式生菜沙拉,沙拉臺下層冰箱則可保存準備區處理分裝好的備料。製備沙拉食材應遵守各類食材處理原則,例如處理好的食材要冷藏,待所有食材處理好再擺盤。隨時注意溫度的變化,若超過四小時即應丟棄。

(四)飲料區的設置

飲料區使用設備包括:⑦工作臺水槽、⑨冰槽、⑩置瓶槽、⑪製冰機、⑫工作臺冰箱、⑬不鏽鋼上架,及⑭洗杯機。工作臺水槽搭配沙拉臺和冰槽的運作布局可使出餐順利,並且只需一名吧檯人員操作。配合模擬餐廳飲料的製作,工作臺水槽的檯面擺放各種型式的杯子;冰槽內可擺設果汁保存和倒入容器(Store and Pour),以便於製作飲料。

製冰機的配置可供應餐廳飲料製作,要使用符合飲用水水質做成的冰塊。取冰時要用冰杓,且是清洗消毒過的,盛裝冰的容器必須是潔淨過的。工作臺冰箱是保存製作飲料所需的水果或配料,檯面可擺放果汁機、砧板、量匙、量杯器及洗杯機清洗後的杯子。不鏽鋼上架可放杯具洗滌架。洗杯機旁的位置是規劃擺放外場人員回收杯子推車的地方。假如餐廳有提供氣體飲料,其高壓瓶需統一置放(依餐廳飲料單規劃設置)。

第七節　餐廳外場氛圍創造與布局規劃

氛圍創造

在充滿競爭的餐飲市場中，一家頗受顧客喜歡的餐廳除了美味的餐點吸引人之外，餐廳整體的用餐環境設計也是影響顧客選擇餐廳的重要關鍵。因此，餐廳內部的實體裝潢和氛圍環境的表現，會深深影響客人整體的用餐經驗和情緒。餐廳經營者可透過氛圍營造來呈現業者的經營理念。當顧客進入餐廳時，顧客可從裝潢的氣氛感受到快樂家庭的溫馨感、藝術空間的浪漫風、英式古典的別緻，或是舒適輕鬆的慵懶情境等等。另外，餐廳的裝潢可搭配裝飾物和充滿綠意盎然的盆栽點綴布置，這類巧思都可以使客人感受到餐廳業者迎合顧客的用心，讓顧客用餐時盈溢著愉悅的情緒。

(一)設計概念

國外的「主題餐廳」如Hard Rock Café與Planet Hollywood曾經在臺灣蔚成風潮，它們以炫麗前衛的空間設計、具有明星名模身分的老闆，與一群由高密度的明星、名模、名流時尚圈人士組成的主顧客群，短時間炒熱話題，成為國際間媒體上炙手可熱的時髦新據點。

在臺北，人稱牛排教父的鄧有葵師傅也在大直地區開設了「教父牛排館」（如圖3-22），對於頂級餐館氣氛的營造可謂是著力頗深，官網上關於其內部裝潢氛圍的介紹文字如下：

> 空間設計大師林州民，以「臺北的國際風格」、「國際的臺北風格」為「教父牛排」的空間風格定調，他利用臺灣原生建材與元素，為這個空間打造出屬於臺北的

圖3-22　教父牛排館的「高山雙蝴蝶」意象設計

國際面貌。首先在餐廳入口處安置一處大型，讓賓客一進餐廳即能感受愉悅輕鬆的心情；在這五米高的酒吧上方，有一座以彩繪玻璃裝置成的一大型吊燈，這是以臺灣中央山脈大雪山上的原生植物「高山雙蝴蝶」為意象而設計的，是餐廳中最搶眼的亮點。餐廳兩側的包廂空間，則以兩百片玻璃裝置牆面和包廂拉門，這是直接取材自南臺灣古厝的原生玻璃，是臺灣第一代自製的建築材料，新舊相互融合出協調而優雅的空間感。在這個高度五公尺的用餐空間可說是臺北的傲視國際；原生的設計意象（臺灣中央山脈的高山雙蝴蝶），以及傳統的光明景象（南臺灣古厝原生玻璃）則型塑了「國際的高調臺北」。❷

而國賓飯店在臺北市西門町開立的「臺北西門町amba意舍」則以年輕背包客為訴求，分別為其飯店設置不同的主題，如「吃吧」、「聽吧」、「甜吧」、「往吧」、「聚吧」、「住吧」。（如圖3-23）這家飯店的餐廳標榜輕

(a)以黑膠唱片作裝飾物凸顯音樂主題餐廳的「聽吧」

(b)以本地新鮮蔬果點綴的開放式廚房，凸顯沒有　(c)以明亮簡潔的趣味空間環境，凸顯暢快歡聚主
　國界的多元文化餐廳的「吃吧」　　　　　　　　題餐廳的「聚吧」

圖3-23　國賓的臺北西門町amba意舍酒店主打年輕背包客群

資料來源：69攝影工作室提供。

鬆休閒的現場音樂演唱，搭配可口的餐飲，全區無線網路與免費充電，吸引消費者前往。同樣對於餐廳氣氛的營造不遺餘力，其官網上的介紹文字如下：

> 趣味餐飲新體驗，發現西門町全新的餐飲風格，享受輕鬆、暢快的美食新體驗……來到意舍，除了新鮮、健康的餐點、創意飲品以及最新的音樂之外，明亮簡潔的趣味空間環境更為聚餐（會）增添了有趣又輕鬆的氛圍。來「吃吧！」享用全日供應的現做美食，或者是來「聽吧！」享受下班後的歡樂時光；又或者到「甜吧！」坐坐，滿足想吃甜食的嘴巴吧！❸

(二)顧客感受

一家餐廳的食物和服務固然是影響顧客對餐廳印象的重要因素，只是顧客們對於視覺、氣氛等感官心理層面的追求，不僅是愈來愈執著重視，有時甚至可以超越味覺與口腹之欲的飽足。顧客在餐廳內用餐的整體感受是藉由視覺、觸覺、聽覺、嗅覺、味覺，和溫度等所有感覺而產生。

■視覺

一家餐廳的外觀扮演著吸引顧客進入店裡的重要關鍵，餐廳外部的招牌首先影響客人對餐廳的印象和識別。即使客人原本不是要到這家餐廳用餐，但餐廳外部的設計是可以加深路過客人的印象的，這個印象往往可以觸發顧客將餐廳列入其口袋名單進而上網搜尋更多的資訊，作為下次選擇餐廳用餐時的參考。

客人一旦進入餐廳後，映入眼簾的一切人事物都是構成餐廳整體氣氛的重要元素。餐廳的整體環境包括空間、照明程度、色系的採用、樣式形狀、天花板的高度、裝飾物、藝術品、鏡子和隔間、服務生的儀表和制服，及餐具／桌／口布的陳列方式等項目，無不緊緊扣住空間氛圍。這有賴設計師和業主的密切溝通，再透過平面設計圖、立面圖、3D意象圖來確認設計風格，進而付諸實現。（如圖3-24）

以下另外為讀者介紹各具不同視覺風格特色的餐廳，讓讀者瞭解映入眼簾的一切人事物，都是構成餐廳整體氣氛的重要元素，有興趣的讀者也可進入他們的官網欣賞各異其趣的特色餐廳：

1.2011鐵板燒餐廳：引用大量不鏽鋼元素搭建挑高設計的吧檯，並輔以藍

圖3-24　餐廳整體氣氛的掌握有賴設計師和業主的密切溝通

資料來源：勞瑞斯牛肋排餐廳提供。圖右及左上為勞瑞斯牛肋排餐廳臺北店；左下為新加坡店。

色LED冷色系燈光，創造前衛科技的時尚感。（http://www.2011teppan-wine.com/home/，如**圖3-25**）

2.俏江南：位處信義商圈透過玻璃窗景可近觀臺北101大樓，時尚現代的空間設計，搭配中餐西吃的服務型態，卻在桌上以一把傳統摺扇輔以「俏江南」毛筆書寫展現在顧客面前，讓中國風味在此有畫龍點睛的效果。（http://www.southbeauty.com/，如**圖3-26**）

3.絲路宴餐廳：臺北威斯汀六福皇宮飯店的絲路宴餐廳則具另一獨創特色，從歐洲、非洲、中東、印度和中國，精選絲路行上各國香料與新鮮健康食材，揮灑結合創意與傳統道地的多國料理，演繹「店中店」飲品與自助美饌的新饗食體驗。（http://www.westin-taipei.com/01_text.asp?sn=27，如**圖3-27**）

4.燈燈庵日式料理：燈燈庵標榜將茶藝、花藝、陶藝、廚藝作完美結合，並以「和靜清寂」、「一期一會」的日本料理精神來服務消費者，店名

圖3-26　俏江南

資料來源：69攝影工作室提供。

圖3-25　2011鐵板燒

資料來源：69攝影工作室提供。

圖3-27　臺北威斯汀六福皇宮絲路宴餐廳

資料來源：69攝影工作室提供。

取自「維摩經」的燈燈無盡、代代相傳的經營理念來命名，餐廳內充滿著濃濃的禪意，並利用盞盞的和式燈具作為主題的延伸。（http://www.toutouan.com.tw/menu_03_about.php，如圖3-28）

5.韓式燒肉店：位在首爾江南區的韓式燒肉店，以懷舊風格、簡易裝潢、木頭板凳、鐵桶桌腳（具取暖效果）等搭配韓國特有的抽風管設計概念，呈現最正統的韓式燒肉店風格。（如圖3-29）

6.北京鼎泰豐：北京東四環區鼎泰豐分店以明亮舒適簡約的裝潢，提供客人一個舒適的用餐環境。沒有過多的裝置藝術或複雜燈具，僅以線條簡單的家具桌椅、線條簡潔的天花板搭配崁燈、靠窗區加裝的簡單筒狀燈具作點綴，整個餐廳看來舒服雅緻不會帶給消費者壓力。（如圖3-30）

7.北京蘭會所：北京蘭會所為俏江南餐飲集團最頂級的會所，以創辦人張蘭女士的名字作為命名。內部設計元素及色彩大膽強烈，如選用名家畫

圖3-28　燈燈庵日式料理

資料來源：69攝影工作室提供。

圖3-29　首爾江南區燒肉店

圖3-30　北京東四環鼎泰豐

圖3-31　北京蘭會所

圖3-32　北京前門店全聚德烤鴨

　　作當作天花板的元素，高背餐椅則凸顯尊榮奢華感受，用色大膽且不一
致花色的展示盤，令饕客相當驚艷。（如**圖3-31**）

8.北京全聚德烤鴨店：享譽國際的北京全聚德烤鴨，雖然沒有創意的設計
　感和裝潢，傳統不做作的開放式廚房，讓所有饕客把視線全放在老師傅
　吊掛烤鴨時專注的眼神，不失為一個非常成功的賣點。（如**圖3-32**）

9.侯布雄米其林餐廳：米其林星級侯布雄餐廳位在臺北BellaVita百貨，內部裝潢簡約卻用色大膽。甜點的區域巧妙的利用女生最愛的馬卡龍甜點，由天花板吊掛垂下，各式顏色繽紛，相當有吸睛效果，同時也強化了甜點甜蜜的氛圍。（如圖3-33）

10.十二廚自助餐廳：臺北喜來登飯店一樓的十二廚自助餐廳，善用其建物本身的天井採光和通透的挑高，直接在用餐大廳擺放巨型植栽，讓整個用餐環境視覺上相當舒服又不壓迫；此外，更輔以由天井照射進來的日光，讓饗客感覺相當舒適。（http://www.sheraton-taipei.com/，如圖3-34）

11.凱菲屋自助餐廳：全新裝修的臺北君悅酒店令人耳目一新，位在一樓的凱菲屋自助餐廳的靠窗區域，利用自然採光搭配百葉窗來控制光線進入餐廳的亮度，擺上一瓶瓶清澈黃澄澄的橄欖油瓶作為裝飾物，讓義大利風格的元素又多了一個強而有力的支撐。（http://www.grandhyatttaipei.com.tw/clubhyatt/Club_cafe.htm，如圖3-35）

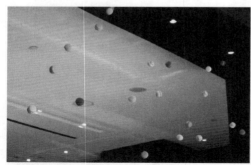

圖3-33　侯布雄米其林餐廳

圖3-34　十二廚自助餐廳

資料來源：69攝影工作室提供。

圖3-35　臺北君悅酒店凱菲屋

資料來源：69攝影工作室提供。

12.三燔美麗華：晶華麗晶酒店集團在其
飯店內有家出名的三燔本家，是一間
以提供日式炭火料理為主的餐廳。近
年隨著集團餐飲品牌不斷向館外擴
張，三燔又在臺北市內湖區的美麗華
百樂園成立了「三燔美麗華」，以吃
到飽的壽喜鍋、涮涮鍋和握壽司的銷
售型態呈現。餐廳裝潢同樣延續著三
燔的風格，以日本京都的簡潔懷舊為
基調，餐桌和裝潢線條簡潔，餐具樸
實懷舊，深受消費大眾所喜歡。（如
圖3-36）

圖3-36　臺北晶華酒店三燔美麗華

■ 觸覺

　　餐廳各種物品的材質觸覺亦可發揮與視
覺一樣的異曲同工之處。舉例來說，餐廳椅子
的樣式不管是現代、古典或新古典、透氣皮、
真皮，或布料的觸感亦可以反應等級和舒適
度；木質、大理石或是地毯的地板材質可以呈現出不同的觸感；各種不同的玻
璃杯（水晶、強化）、餐具（塑膠、不鏽鋼、銀製）、瓷器（陶瓷、骨瓷）與
布料（棉、亞麻、人造纖維、尼龍、聚酯纖維）等材質，均可給人以獨特的觸
覺與感受。

■ 聽覺

　　餐廳客人說話的音調大小、音樂播放的類型（抒情、爵士）、餐具與桌子
碰觸的聲音、客人的對話聲音、餐具掉落於地板的噪音、廚房發出的噪音，及
服務生講話的音調等，都會影響客人用餐的情緒和感受。因此餐廳業者需做最
好的音量控制和調節。餐廳音樂播放的音量也應調整到客人能以正常的音量對
談，並且以不會聽到其他鄰桌客人的對話為原則，讓客人感受到音樂的播放而
不是其他的吵雜聲。

■ 嗅覺

餐廳廚房烹調菜餚的香味會刺激顧客的味蕾，縈繞咖啡廳內的咖啡香味會

讓顧客享受放鬆的情境,這些香味都會提高顧客點餐的意願。此外,餐廳業者應避免一些事項,例如開放式廚房的規劃應注意油煙的排放,或廚房排水溝的氣味不要從廚房發出,服務生過濃的香水味和廁所芳香劑的味道,都應該謹慎挑選及使用。

■室內溫度

業者也需注意餐廳內部的適溫控制。冷氣排風設計上應避免直接吹到顧客的身上,提醒員工不要任意調低空調溫度,造成客人感覺過冷的不舒適感;餐廳在中午西曬時應記得拉下窗簾或其他遮蔽物。隨時依天氣季節的變化來調整餐廳內的最佳溫度,必要時提供顧客冰或溫水來調節體溫。

以上的餐廳氣氛環境的創造重視的是顧客心理層面,然而餐廳業主、經理和設計師在規劃設計上亦需考慮功能性的層面。若設計師只偏重美學的想法,可能會造成重看不重用或維修上困難的設計。因此好的設計應兼具功能性和象徵性,讓餐廳業者在營運功能正常的環境下提供顧客舒適享受的用餐氣氛。

🍲 第八節 【模擬案例】Pasta Paradise餐廳之立地開發與工程評估

關於租約要點,本節模擬案例依前述所議定之租金金額每坪一千四百元作為租金計算基礎,考量裝潢成本及折舊攤提,和商圈經營所需的時間,雙方議定租約為四年。並且為節省開支,爭取免租期為一個月。雙方於敲定相關細節後簽定房屋租賃契約書(如**表3-3**)。

一、設計與施工工程監測事項

(一)水電瓦斯管線

Pasta Paradise案例設計為位在辦公大樓一樓之店面,不似百貨賣場統籌管理水電瓦斯等營業能源,而須自行申請自來水、電力及瓦斯。因原先承租戶已完成自來水及電力的申請,在本案中僅需辦理名稱變更即可,瓦斯則向商圈所

表3-3 模擬案例之房屋租賃契約書

房屋租賃契約書

出租人：＿＿＿＿＿＿＿＿＿＿＿＿＿＿（以下簡稱甲方）

承租人：＿＿＿＿＿＿＿＿＿＿＿＿＿＿（以下簡稱乙方）

乙方連帶保證人：＿＿＿＿＿＿＿＿＿＿＿＿＿（以下簡稱丙方）

茲因房屋租賃事件，經雙方協議訂立房屋租賃契約，並約定條款如下：

第一條 房屋所在地及使用範圍：

一、臺北 市 內湖 區 瑞光 路＿＿段＿＿巷＿＿弄＿＿號 1 樓

二、使用範圍：■全部；□部分，如附圖斜線部分。

三、承租面積：__65.7__坪（扣除公設比30%後的實際使用面積）

四、承租用途：義大利麵餐廳（申請執照為小吃店）＿＿＿＿＿＿＿＿＿＿

第二條 租賃期限：

自民國__98__年__5__月__1__日起至民國__102__年__4__月__30__日止，計__4__年__0__月。

租金計收日期自民國__98__年__6__月__1__日起至民國__102__年__4__月__30__日止。免租期為__1__個月。

第三條 租金與擔保金：

一、含稅租金每個月新臺幣__131,400__元整，乙方應於每月 10 日以前繳納。每次應繳納 1 個月份，並不得藉任何理由拖延或拒繳。

二、擔保金新臺幣__250,000__元整。

（一）交付：乙方應於本租賃契約成立同時交付甲方。

（二）返還：甲方應於本租賃契約終止或期限屆滿，乙方騰空並交還房屋時，扣除因乙方使用所必須繳納之費用後，無息返還。

第四條 使用租賃標的物之限制：

一、未經甲方同意，乙方不得將租賃房屋全部或一部轉租、出借、頂讓，或以其他變相方法由他人使用房屋。

二、乙方於本租賃契約終止或租賃期滿，應將房屋生財設備器具及食材全數清空，建物裝潢部分則可依契約終止時之現況交屋，乙方不得藉詞推諉或主張任何權利，且不得向甲方請求遷移費或任何費用。

三、房屋之使用應依法為之，不得供非法使用，或存放危險物品影響公共安全。

四、房屋有裝潢或修繕之必要時，乙方應取得甲方之同意使得為之，但不得損害原有建築結構安全，並不得違反建築法令。

五、乙方應遵守租賃標的物之住戶規約。

第五條 危險負擔：

一、因乙方之故意、過失致房屋有任何毀損滅失時，責以乙方負責修繕或損害賠償之責。

二、凡因非可歸責於乙方之事由致房屋有毀損時，甲方應負責修繕。如修繕不能或修善後不合使用目的時，乙方得終止本租賃契約。

三、乙方如有積欠租金或房屋之不當使用應負賠償責任時，該積欠租金及損害金額，甲方得由擔保金優先扣抵之。

第六條 相關約定事項：

一、房屋稅由甲方負擔，水電費、瓦斯費、管理費、電話費等因使用必須繳納之費用，責由乙方自行負擔。

（續）表3-3　模擬案例之房屋租賃契約書

二、租賃契約期限屆滿或終止時，乙方願依約將未付之費用向甲方結清或由甲方在擔保金內優先扣除。

三、乙方遷出時或租賃期限屆滿後，如遺留家具、雜物不搬出時，視同放棄，並由甲方自行處理，乙方不得異議。若因此所生之費用，由乙方支付並依前款處理。

四、本租賃契約租賃期限未滿，一方擬解約時，需得他方之同意。若乙方提前遷離他處時，乙方應提前 60 天前通知甲方。如於 60 天內始通知，乙方需支付甲方 1 個月租金。如甲方擬提前收回房屋，亦應比照相同條件或賠償乙方 1 個月租金之損害。

五、租賃期限內如另有收益產生時，其收益權利為甲方所有，乙方不得異議。

六、本租賃契約應經法院公正始生效力。

七、甲方不擬續出租本約標的物時，應於租賃期滿 60 日前，以存證信函通知乙方，否則視為同意以原租賃契約條件內容續租之表示。

第七條　違約處罰：

一、乙方違反約定使用房屋，並經甲方催告及限期改正，而仍未改正或改正不完全時，甲方得終止本租賃契約。

二、乙方於本租賃契約終止或期限屆滿之翌日起，應即將租賃標的物回復原狀騰空遷讓交還乙方，不得藉詞推諉或主張任何權益，如不及時騰空遷讓交還房屋時，甲方得向乙方請求按照房租增加1倍之違約金至遷讓之日止。

三、任一方若有違約情事致損害他方權益時，願賠償他方之損害及支付因涉及之訴訟費、律師費（稅捐機關核定之最低收費標準）或其他相關費用。

四、乙方如有違反本租賃契約各條款或損害租賃房屋等情事時，丙方應連帶負損害賠償責任。

五、乙方如未按期繳納租金達2個月時，視為違約。

六、甲、乙雙方如有違約時，他方得終止本租賃契約，如有損害，並得請求賠償。

第八條　應受強制執行之事項：

期限屆滿，乙方給付租金、違約金及交還租賃物，或甲方返還保證金，如不履行時，應逕受強制執行。

前述條款均為立租契約人同意，恐口無憑，爰立本租賃契約書一式二份，各執一份存執，以昭信守。

出租人（甲方）：＿＿＿＿＿＿＿＿＿＿＿＿＿＿＿

身分證字號：＿＿＿＿＿＿＿＿＿＿＿＿＿＿＿＿＿

戶籍地址：＿＿＿＿＿＿＿＿＿＿＿＿＿＿＿＿＿＿＿＿

承租人（乙方）：＿＿＿＿＿＿＿＿＿＿＿＿＿＿＿

身分證字號：＿＿＿＿＿＿＿＿＿＿＿＿＿＿＿＿＿

戶籍地址：＿＿＿＿＿＿＿＿＿＿＿＿＿＿＿＿＿＿＿＿

乙方連帶保證人（丙方）：＿＿＿＿＿＿＿＿＿＿

身分證字號：＿＿＿＿＿＿＿＿＿＿＿＿＿＿＿＿＿

戶籍地址：＿＿＿＿＿＿＿＿＿＿＿＿＿＿＿＿＿＿＿＿

中華民國＿＿＿＿＿＿年＿＿＿月＿＿＿＿日

資料來源：整理修改自法院版房屋租賃契約書（2009）。

在的○○天然氣股份有限公司申請。上述水電瓦斯均採餐廳獨立計表，逐由公共事業公司按月抄表計費。電話、網路、有線音樂等設施也由餐廳自行獨立申請，與本棟辦公大樓沒有關聯，電話及網路訊號則須經由電信公司將訊號送至大樓建置的統一授信機房內，再由設計師委託水電包商把訊號線拉到餐廳來做後端的配線和裝機，而電話設備及總機的報價費用經議價後為二萬二千元（含稅），報價單如**表3-4**。

(二) 空調

本棟大樓統一採用中央冰水系統，由大廈管委會建置中央冰水主幹管、冷卻塔、冰水主機，提供各公司辦公室及一樓餐廳空調所需之冰水，餐廳則負責

表3-4　電話系統報價單範例

資料來源：作者存檔資料。

建置餐廳內部的冰水管線、風管，以及送風機和集水盤（如圖3-37），水費用則由所有使用單位按坪數支付，單價為每坪三百五十元。換算下來餐廳每月須支出三萬二千八百五十元（65.7坪÷0.7×\$350＝\$32,850）的空調冰水費用。

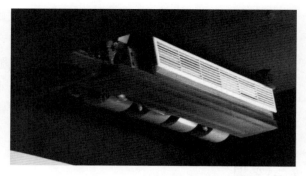

圖3-37　冰水式空調送風機下方附集水盤及排水管

(三)廢棄物處理

餐廳因位於辦公大樓之一樓店面，大廈一般廢棄物屬性與餐廳多所不同，經與管委會協議後，餐廳的可資源回收之廢棄物（塑膠、鋁罐、廢紙、玻璃），可直接在規定時間內攜至地下室的資源回收處，交由大廈清潔人員做處理。但是對於一般廢棄物、廢油及廚餘，則必須由餐廳自行委外處理。經過訪價後議定由臺北市政府環保局登記在案合法之「○○廢棄物清潔股份有限公司」，以每噸含稅價三千元，承攬收集Pasta Paradise餐廳的一般事業廢棄物（如**表3-5**）。

(四)噪音廢氣

本餐廳因非中式餐廳故並未建置風鼓炒爐，餐廳餐點型態又以義大利麵為大宗，所產生的排煙量比起其他餐飲業者來得少了許多，因此廚房的環保設備主要是截油槽及水幕式排油煙機。

(五)蟲鼠防治

Pasta Paradise餐廳是所在大廈中唯一的餐飲業者，其他多屬科技公司辦公室，因此在蟲鼠防治上，較之一般的百貨賣場或設有多種餐飲業型態的商場大樓，簡單許多。除了開店初期審慎規劃好防蟲鼠的設施，例如線纜以金屬管包覆，避免過多木作裝潢所產生的空隙死角，再加上每日徹底刷洗和清運垃圾。蟲鼠問題在Pasta Paradise餐廳可說是相對簡單，但為保持極佳狀態，仍按月委請專業環保消毒公司進行消毒，費用報價如**表3-6**。

表3-5　○○廢棄物清潔公司報價單範例

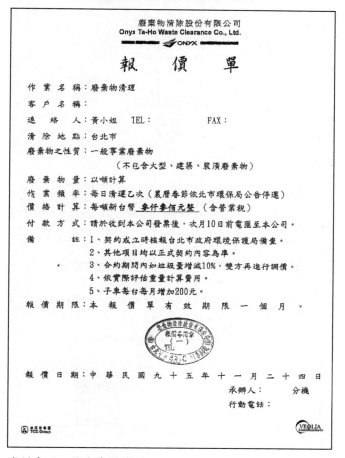

資料來源：作者存檔資料。

(六)廁所

Pasta Paradise因本身營業面積不大，加上大廈一樓公共廁所距離餐廳後門僅十公尺，考量餐廳日後營業業績坪效和建置成本，決定和大廈管委會協商日後將導引客人前往使用一樓的公共廁所。同時，餐廳也願意額外支付每月五百元的公共廁所消耗品補助款（購買水、衛生紙、擦手紙、洗手乳等支出），廁所的清潔維護和備品補充工作則由大廈雇請的清潔人員負責。

(七)停車

當初選擇本地點作為Pasta Paradise餐廳地點，停車確實為考量之一。餐廳

表3-6　○○環保公司蟲鼠問題報價單

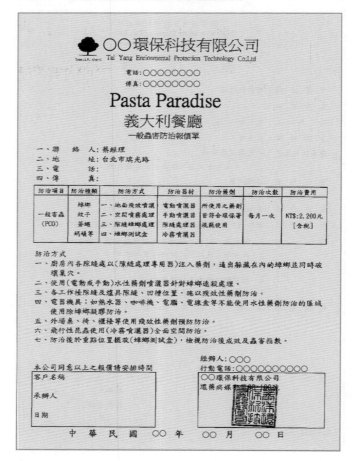

附近瑞光路七十六巷至一百十二巷規劃有數百個公有機車停車格，而餐廳所在大廈及隔鄰大廈均備有對外開放的計時停車場，再者餐廳對面有近百公尺路邊黃線路段均可免費路邊停車。整體停車資源便利，因此不規劃代客泊車服務（如**圖3-38**）。

(八)消防變更

Pasta Paradise餐廳因實際營業使用面積僅二百十七‧二八平方公尺，符合**表3-1**裡的第一欄項目（滅火器），又餐廳因位在大廈一樓，因此在消防設備上僅需配備滅火器、緊急照明指示燈及出口指示燈等三項簡易設備。再者，餐廳因未滿法定的三百平方公尺，室內裝修得免依「建築物室內裝修管理辦法」申

(a)餐廳對面有可免費停車的黃線路段　　　　(b)餐廳附近有機車停車格與計時收費地下停車場

圖3-38　停車問題也是規劃時應考量的項目

請審查許可，且符合「一定規模以下免辦理變更使用執照管理辦法」之規定，故不需建築師實施簽證請照之行為，僅需申請辦理營利事業登記證。消防執照辦理變更的工作，在Pasta Paradise案例中可不需理會，僅需配備法定的基礎消防設備即可。

(九)建物外牆招牌懸掛

本案例經與房東及大廈管委會瞭解後，遵循大廈規定，僅能在自有店面的正面置放招牌，店面寬度為九百八十公分，故招牌規格為九百八十公分寬、九十公分高；立面招牌則為二百七十公分高、六十公分寬。招牌開關採電子式自動定時開關。

二、室內裝潢設計與施工

經過多方搜尋並尋求推薦，Pasta Paradise案例選定「泓陞藝術設計公司」為本餐廳就外場部分進行設計、統包施工、家具及裝置藝術的規劃。廚房則另外找尋專業的廚房設備廠商，除購買設備外，也由廠商代為規劃繪圖、放樣、安裝施工及後續保固維修。

一般而言，在確認與設計師及施工包商的合作關係後，為保障雙方的權益，簽訂一份合約書範例如**表3-7**，合約中除載明雙方的權利義務、施工期限、金額等細項外，也以附件方式附上工程報價書及設計平面圖（如**圖3-39**），簡略摘錄如**表3-8**。

表3-7　室內設計裝修工程委託契約書

室內設計裝修工程委託契約書

委託人：蔡毓峰（以下簡稱甲方）

受委人：泓陞藝術設計股份有限公司（以下簡稱乙方）

茲由甲方委託乙方擔任Pasta Paradise餐廳之設計裝修工程，經雙方合意訂立本契約書，議定條款如下：

第一條　工程標示及委託室內設計裝修工程內容：

　　　　一、工程名稱：Pasta Paradise餐廳設計規劃裝潢工程。
　　　　　　工程地點：臺北市瑞光路。

　　　　二、工程內容：

　　　　　　（一）擬定草圖：平面配置及設計草案。

　　　　　　（二）繪製正式施工圖樣：包括水、電、照明、牆面、天花板等，並建議所需材料及色彩等。

　　　　　　（三）編定工程預算，經甲方同意後，依所列工程項目進行施作。

　　　　　　（四）供給工程上需要之施工詳圖。

　　　　　　（五）以上工程誤差在法定誤差2%以內時，不計加減帳。若超過或不足依每坪平均工程委建單價相互貼補。

　　　　　　（六）甲方變更設計或追加部分另外計價。

　　　　　　（七）施工期間乙方提供甲方電話諮詢與建議。

第二條　工程總價：

　　　　一、本工程為總價承攬，其總價款為新臺幣 3,200,000 元整（不含稅）。

　　　　二、本總價包括工程管理費、工程營造費、工程材料費、工程設計及監造費，乙方負責完成本契約內室內設計裝修工程所需之工程費用。

　　　　三、其他非關工程或以甲方名義申請之各項規費皆不在委建價格內，由甲方自行負擔。

第三條　付款辦法：（請以現金或匯款方式支付之）

　　　　一、付款進度：

　　　　　　（一）簽訂契約書之時，甲方支付乙方工程款計新臺幣 200,000 元整。

　　　　　　（二）工程完成50%時，甲方支付乙方工程款計新臺幣 1,800,000 元整。

　　　　　　（三）整體工程完竣時，甲方支付乙方工程尾款計新臺幣 1,200,000 元整。

　　　　二、本工程若甲方未依約繳付工程期款，乙方得逕行停工。

第四條　完工及變更工程（設計）：

　　　　一、本工程之完工標準，依本約所附之施工圖說及估價表為準。施工期間，甲方如欲變更設計時，由甲、乙雙方另行協議變更所需之設計及施作費用。

　　　　二、如雙方對變更之工程不能達成協議，乙方可逕行按原契約圖樣及單價施作，甲方絕無異議。

第五條　工程期限：

　　　　本工程於簽約後15天內開工，開工後於50個工作天內完成本裝修工程。但因不可抗拒之因素，或不能歸責於乙方之理由導致之拖延，皆可不計入工作天。

第六條　違約罰責：

　　　　一、逾期罰款：如工程未能按期完成，乙方應按日以工程總價千分之一償還甲方，乙

（續）表3-7　室內設計裝修工程委託契約書

> 　　　方不得異議（總扣款不得超出總價5%）。
> 二、如甲方未依約定階段付款時，乙方得停工，待甲方付款後再行復工，其停工之日
> 　　數不得計入工作天。甲方因故逾期繳款，經乙方催繳三次不繳，視同甲方違約。
> 　　除中止工程外，應賠償乙方工程損失。
>
> 第七條　工程保固：
> 　　　本工程自正式驗收之日起保固1年，在保固期內如確因工作不良、材料不佳，而有損壞
> 　　　者，乙方應負免費修理之責，但因甲方私自行為或天然災害不可抗拒之原因而造成之
> 　　　損壞，不在此限。
>
> 第八條　契約效力：
> 　　　一、本工程契約之約定以本約明文為限，雙方口頭承諾皆屬無效。本契約條文未盡事
> 　　　　宜，雙方得以誠實合理之協議補充之。
> 　　　二、本工程契約自訂立之日起生效至工程完竣驗收，雙方結清工程價款後失效。
> 　　　三、本契約書正本一式二份（無副本），由甲乙雙方各執乙份以資信守，契約之相關
> 　　　　附件視為契約之一部分，有關本工程委任之權利義務關係，均以本契約書為唯一
> 　　　　之依據。
>
> 前述條款均為立租契約人同意，恐口無憑，爰立本裝修工程委託契約書一式二份，各執一份存
> 執，以昭信守。
>
>
> 委託人（甲方）：＿＿＿＿＿＿＿＿＿＿＿＿＿＿＿＿＿＿＿＿＿
> 地址：＿＿＿＿＿＿＿＿＿＿＿＿＿＿＿＿＿＿＿＿＿＿＿＿＿＿＿
> 聯絡電話：＿＿＿＿＿＿＿＿＿＿＿＿＿＿＿＿＿＿＿＿＿＿＿＿＿
> 受託人（乙方）：＿＿＿＿＿＿＿＿＿＿＿＿＿＿＿＿＿＿＿＿＿
> 地址：＿＿＿＿＿＿＿＿＿＿＿＿＿＿＿＿＿＿＿＿＿＿＿＿＿＿＿
> 聯絡電話：＿＿＿＿＿＿＿＿＿＿＿＿＿＿＿＿＿＿＿＿＿＿＿＿＿
>
> 　　　　　　　　立契約日：中華民國＿＿＿＿＿年＿＿＿月＿＿＿日

資料來源：轉引自築靖室內裝修有限公司（2009）。網址：http://tw.myblog.yahoo.com/ch-y。

表3-8　工程合約明細單範例

工程總表						
項次	項目及說明	單位	數量	單價	覆價	備註
1	裝修工程小計	式	1	2,294,240	2,294,240	
2	工程監工管理費5%	式	1	114,712	114,712	
3	工程折讓	坪	-1	228,952	-228,952	
※	裝修工程總計				2,180,000	
總價	2,180,000		元整	N.T$	2,180,000	

（續）表3-8　工程合約明細單範例

工程小計						
項次	項目及說明	單位	數量	單價	覆價	備註
1	拆除工程	式	1	25,000	25,000	
2	木作工程	式	1	1,522,193	1,522,193	
3	油漆工程	式	1	432,587	432,587	
4	水電工程	式	1	133,500	133,500	
5	燈具工程	式	1	22,100	41,700	
6	玻璃工程	式	1	93,260	93,260	
7	壁紙工程	式	1	16,000	16,000	
8	石材工程	式	1	12,000	12,000	
9	清潔工程	式	1	18,000	18,000	
※	裝修工程小計				2,294,240	
⋮	⋮	⋮	⋮	⋮	⋮	⋮
工程明細						
1	廚房門左側、廚房天花板及走道燈箱預留孔	式	1	20,000	20,000	
2	垃圾清除	式	1	6,500	5,000	
※	小計				25,000	
⋮	⋮	⋮	⋮	⋮	⋮	⋮

註：本表僅摘錄工程總表與工程小計2項，其餘細目省略不列。

資料來源：作者整理製表。

三、營運需求提出

(一)工作站數量與規劃

在Pasta Paradise案例餐廳中，預計需要兩個外場服務人員所使用的工作站，在外場的左右兩側靠牆建構，配備有工作檯面、電源、生飲水、層板放置營運物料。弱電方面則備有網路線供POS機使用。營運物料主要擺放有水杯、酒杯、刀叉餐具、桌墊紙、餐巾紙、番茄醬、工作抹布。（如圖3-39）

(二)弱電需求

1.預計共申請四線電話（二線營運使用、一線傳真專線、另一線專供EDC

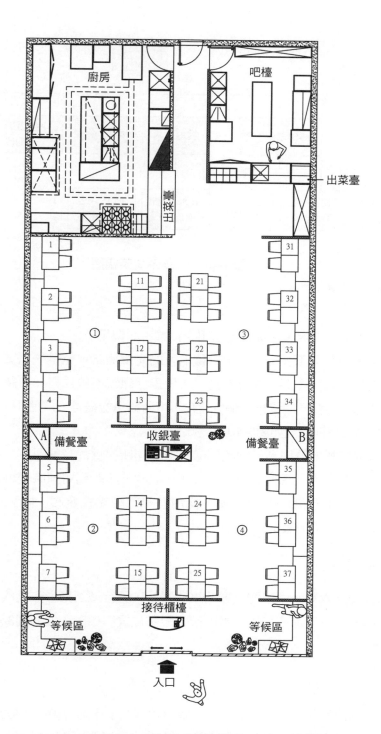

圖3-39　Pasta Paradise餐廳服務分區與桌號平面圖

資料來源：作者規劃位置，泓陞藝術設計股份有限公司繪製。

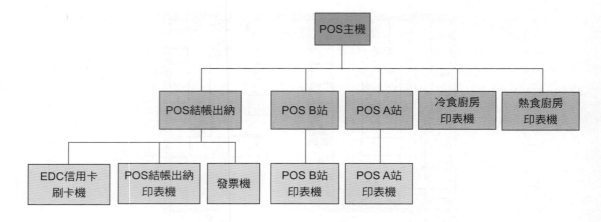

圖3-40　POS系統架構圖

資料來源：作者整理繪製。

　　信用卡刷卡機，連接聯合信用卡授權中心使用）。

2.網際網路則預計申請「中華電信」的光纖網路，充足的頻寬足以因應日後監視系統（即時遠端監控），使畫面訊號不致停格。申請光纖網路中華電信亦會同時提供一個固定IP，可留給遠端監控系統使用。

3.POS架構則規劃如**圖3-40**。

4.有線音樂部分則預計申請○○科技公司所提供的音樂訊號，如此不但可以確認不違反音樂著作權及公開播放權外，廠商可同時提供超過三十個各式音樂型態的音樂，並且採用有線電視光纖寬頻，讓訊號能穩定發送。（報價如**表3-9**）

(三)監視系統

　　預計安裝六顆鏡頭搭配餐廳的事務電腦，另行灌製錄影監控軟體，並加掛一顆硬碟專用畫面存取使用。監視鏡頭規劃位置與攝影角度如**圖3-41**，報價單如**表3-10**。

(四)生飲水系統

　　為能即時提供客人衛生的飲水，餐廳預計在工作站規劃一組RO逆滲透生飲水系統，含六支濾心、三‧二加侖儲水桶及一支桌面水龍頭。

表3-9　**有線音樂頻道報價單**

○○科技股份有限公司
新北市○○區○○路○○○號○樓之○
TEL：02-0000-0000　　FAX：02-0000-0000
○○有線音樂頻道【報價單】108年11月15

客戶名稱		聯絡人		電話	
地　　址	臺北市○○區○○路○○段○○○號○樓之三			傳真	

有線音樂收聽費	價格	備　註
	NT$800元／月	----
硬體設備	NT$3,000（押金）	押金免收，改以協議書證明
安裝費用	NT$2,000 元／台	此為合法線路掛牌費及工程安裝施工費用

備註：
有線電視光纖網路利用7C.5C傳輸數位接收，且線路架設均符合新聞局、工務局等各政府單位
認證合法，目前為臺灣最穩定接受的方式，提供30個音樂頻道，專人編排歌曲。線路無法到達
可裝設衛星、IP接收器，提供全省24小時內到修服務，擁有完善之免費機器維修及升等服務。
本價格僅適用於 ○○ 餐廳

確認後請簽回：　　　　　　○○科技股份有限公司

請簽回本報價單　　　　　　　　經辦人：○○○（視為正式訂購單）
　　　　　　　　　　　　　　　電話：

(五)插座需求

　　Pasta Paradise餐廳外場插座的需求經過評估規劃後，實際需求如**表3-11**，
另委請設計師協調水電人員在用餐區牆面找尋合適位置，預留若干數量插座，
以備日後不時之需，例如客人借用插座為手機進行充電。

四、其他初期籌備事宜

(一)執照申請

　　執照之申請可委託會計師代辦。詳細申請辦法可向臺北市政府商業處，或
餐廳所在地之縣市政府查詢。

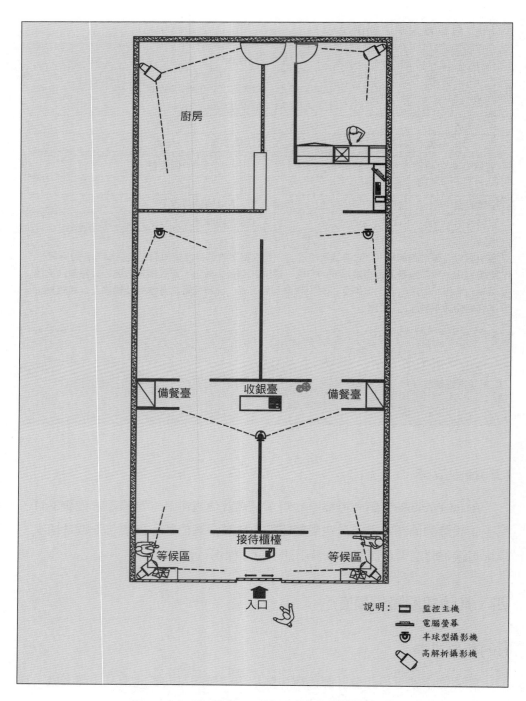

圖3-41　餐廳監視設備鏡頭安裝角度示意圖

資料來源：作者規劃位置，泓陞藝術設計股份有限公司繪製。

表3-10　監視系統報價單範例

聯絡人：Tony　　　　　　　　　　　　　　　　保固期：1年
電　話：　　　　　　　　　　　　　　　　　　傳　真：

項次	產品名稱	數量	單價	金額
1	TYCC P4 System	1	24,900	24,900
	PD-3.4GHz CPU/fsb800/LGA775/2M L2 * 2 雙核心			0
	華碩P5PL2主機板			0
	1GB DDR2 667記憶體／創見（512*2）			0
	3.5"軟碟機			0
	250GB/7200rpm SATA 硬碟機			0
	ASUS DRW-1608P DVD燒錄器			0
	網路卡、音效卡 On-Board			0
	KeyBoard & Mouse			0
	直立式電腦外殼			0
	300W ATX POWER			0
	華碩EAX300SE-X/TD/128MB			0
				0
				0
2	Windows XP Home	1	3,200	3,200
3	影像擷取卡（4Port）	2	3,200	6,400
4	吸頂式監視錄影鏡頭	6	1,500	9,000
5	線材10米（含電源及訊號）	1	160	160
6	線材20米（含電源及訊號）	1	250	250
7	線材30米（含電源及訊號）	1	320	320
8	NUSWITCH：QL-120 2對1 KVM PS2	1	1,200	1,200
9	線路施工費（2人／天）	1	6,500	6,500
				0
				0
	**含到府安裝			0
	**硬體含1年保固及到府維修			0

付款方式：貨到30天	未稅總價：	$51,930
附註：報價單有效日期7天	5%稅金：	$2,597
承辦人：○○○	完稅總價：	$54,527

表3-11　Pasta Paradise餐廳營運管線需求一覽表範例

	出納結帳櫃檯		接待櫃檯		工作站A		工作站B		冷廚		熱廚	
	網路孔/電話孔	電源插座	網路孔/電話孔	電源插座	網路孔/電話孔	電源插座	網路孔/電話孔	電源插座	網路孔/電話孔	電源插座	網路孔/電話孔	電源插座
POS機	●	●	●	●	●	●	●	●				
POS Printer	●	●			●	●	●	●	●	●	●	●
POS專用電腦主機	●	●										
發票機		●										
刷卡機	●	●										
音樂擴大機		●										
音樂撥放器或有線音樂選台器	●	●										
監視系統主機	●	●										
事務用電腦	●	●										
事務用印表機		●										
事務用電腦螢幕		●										
電話機	●	●	●	●	●				●		●	
傳真機	●	●										
電話總機	●	●										
RO逆滲透生飲水					●							●
檯燈		●		●								

資料來源：作者整理製表。

(二)企業識別系統、店招名稱命名與設計、網址註冊

　　公司名稱可自行命名，商標也可自行設計，或是委請專業商標設計公司代為設計。無論是自行設計或是委外，一旦在商標及店名都確認之後，除了辦理營利事業登記證之外，也可以視需要向經濟部智慧財產局申請註冊商標，詳細申請流程如圖3-42。

　　一般而言，商標多半在圖形上會賦予特定的意義，例如麥當勞以餐廳名稱

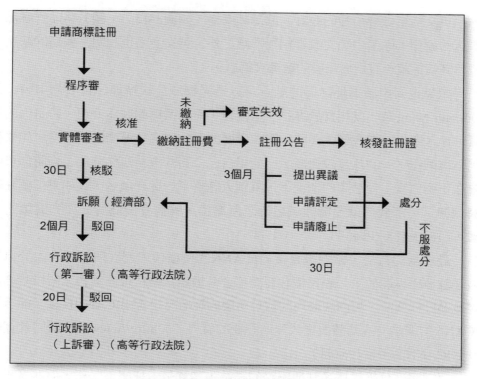

圖3-42　商標申請註冊流程圖

資料來源：商標註冊達人（2009）。網址：http://jiasingchang.myweb.hinet.net。

麥當勞商標以金色M型拱門行銷全球

圖3-43　麥當勞的商標設計

圖3-44　鼎鮮麻辣火鍋店的商標設計

資料來源：鼎鮮麻辣火鍋店提供（2009）。

的中英文名字做藝術性的設計，成為其商標（如圖3-43）。圖3-44鼎鮮麻辣火鍋店的商標，除了中英文發音相互呼應之外，英文全名也說明了餐廳的基調，標榜其精緻服務有別於一般的麻辣火鍋店。

　　如果也要申請網址註冊的話，可以透過網域公司辦理。當我們申請一個Domain Name時，就相當於進行一項投資，而你選擇的註冊公司，將是你的投資夥伴。所以，在我們選擇時，第一考慮的是此域名註冊商的誠信度。如果我們不慎選擇了一間無良註冊商，而他用自己公司的資料幫你註冊，到時你可能會在不明白發生什麼事的情況下，幫別人註冊了一個好域名。又如果這個註冊商倒閉了，那我們就要辦理域名確認所屬權，轉換登記商等一系列麻煩的手續，白白浪費不少時間。

　　最安全的方法，當然是直接向ICANN的授權代理商註冊最好。由於目前域名註冊市場開放，一般授權註冊商都會分散給二級代理商銷售。所以我們選擇域名註冊商時，可向註冊商問清楚所屬的註冊商是否由ICANN授權，能否在ICANN的網站內找到該授權代理商註冊的資料（如http://www.tnet.hk時代互聯就是ICANN的授權註冊商）。

　　目前有部分提供域名註冊服務的網站，其實是一種轉售服務，而非真正的代理。他們向代理商以低價批量註冊待定域名，然後再提供給直接使用者，價格可能很低，但他們提供服務的期限，會依據該批量的銷售情況而定。因此選擇一間好的域名註冊公司，不但可以提供長期的合作保證，在其經驗豐富的前提下，也可以從他們那裡得到一些域名管理及升值的建議。

　　最後一點，我們註冊一個域名必須要注意的一個事項，就是我們是否對此域名有擁有權，否則在你為此域名建設網站時，它正被某個拍賣網站出示銷售也說不定。一間好的域名註冊公司必會以你的證明文件為你登記域名，你一定是域名的擁有人。這提醒了我們在與註冊服務商簽訂合作合同時，要明確地表明域名的擁有者是哪方，並在申請域名時要求註冊商出示相關證明。

(三)菜單內容確認與設計

　　餐廳籌備之初，或許仍有許多事項尚未確認，但只要先確認餐廳的型態與將來要經營的餐點料理路線，就可以請主廚及早做市調與菜單內容設計。尋找認識的餐廳，或利用自家的廚房先行試作、試吃，大家集思廣益調整菜色口味、份量，再就價格的訂定做意見的討論。（菜單設計請詳見第七章）

(四)餐具的選擇

餐具選擇也可以在籌備初期就針對將來可能需要的餐具種類列出清單,並尋找市面上可靠的專業餐具及餐廳器具供應商,請它們提供型錄讓餐廳業者及早著手挑選。在**Pasta Paradise**餐廳中,我們經過評比選定「俊欣行」❹為採購對象,並由其專案業務員提供一本該公司2009年度的彩色型錄,作為採購參考(器材設備的採購要點請詳見第九章)。

(五)內部文書表單的建立

這項前置工作可由餐廳主管依其過往經驗,如藉由其個人電腦所保留的舊有文件表格,依照Pasta Paradise餐廳的實際需求做調整。

註　釋

❶食品衛生管理法(2009/09/06)。全國法規資料庫,http://law.moj.gov.tw/LawClass/LawAll.aspx?PCode=L0040001。

❷教父牛排館(2014/04/14)。教父牛排館內裝氛圍,http://dannyssteakhouse.com.tw/design.php。

❸臺北精品酒店│臺北西門町amba意舍酒店官方網站(2014/04/14)。amba意舍酒店,http://www.amba-hotels.com/tc/ximending/。

❹俊欣行創立於1976年,為臺北市著名的餐具器皿供應商,代理包含WEDGWOOD等國外多家知名餐具品牌。2005年於內湖成立iuse門市零售通路,成功轉型成為兼顧商業及零售通路的餐具器皿供應商。其網址參見http://www.justshine.com.tw/。

PART 2

財務規劃與行銷策略篇

Chapter 4

行銷廣告策略
擬定與執行

本章綱要

1. SWOT分析
2. 產品組合
3. 促銷策略
4. 活動式行銷
5. 媒體公關
6. 廣告策略
7. 【模擬案例】Pasta Paradise餐廳之行銷策略

本章重點

1. 瞭解SWOT分析
2. 認識產品組合設計調整要點
3. 介紹促銷策略考慮的時機點、活動目地與活動成本,以創造出具吸引力和附加價值的方案
4. 介紹何謂活動式行銷
5. 瞭解如何運用媒體公關策略建立良好的公共關係
6. 介紹餐廳經營業者可以利用的廣告策略
7. 個案討論與練習:探討行銷廣告策略的擬定與執行

　　本章的重點在於闡述現今餐飲業界普遍採行的一些行銷策略，並提出一些餐飲業界的實際案例做分享。同時也會在本章的最後一節列舉Pasta Paradise模擬案例餐廳，為讀者進行SWOT分析、產品組合結構，及如何在有限的預算資源下進行媒體公關，以及合適的廣告與促銷活動設計等的介紹。

第一節　SWOT分析

　　SWOT分析是一個企業在進行籌備之初就必須開始著手的一項分析，不僅如此，在企業經營的任何一個時間點，或是任何一個策略的決定前，都可隨時再重新檢視SWOT分析的結果。它可以指引企業往一個正確的方向思考，避免企業迷失在紛亂的市場競爭當中，或是受到對手的影響而做出錯誤的決策或判斷。

　　優勢（Strength），泛指一個企業的優勢強度，可以說是企業本身的競爭核心所在。一家企業愈是能夠提高自身的優勢強度，就愈能提高自身的競爭門檻，讓競爭者無法追上，保有市場中的不被取代性。

　　劣勢（Weakness），泛指一個企業（餐廳）的弱點。有些弱點是與生俱來或是已經無法改變的事實。例如企業創辦初期身處一個繁華商圈，占盡地利優勢。然而隨著時光變遷，商圈隨之改變挪移，如果自身未能隨著商圈轉移而考慮遷移地點，就必須隨著商圈的生態改變自身的產品結構、價格策略乃至於行銷活動，以免讓企業（餐廳）一蹶不振。

　　雖然如此，有許多的弱點仍是可以透過自身的檢討和改善來提高競爭力。例如餐點內容不符合消費者期待、價格相對於餐點品質或用餐品質偏高，乃至於裝潢氛圍是不恰當的等等，讓客人覺得沒有物超所值或是把錢花在刀口上。這些都可以透過細心的觀察，或從消費者的互動過程中瞭解問題所在，進而及時改善、強化自身的競爭力和市場期待。

　　機會（Opportunity），泛指企業（餐廳）的一些潛在商機。企業可以透過管理團隊的腦力激盪或是和消費者的互動中，意外發現一些先前未發現的商機。它可能是一個新產品的開發，卻是客人期待已久的產品；又或是一個潛在市場未曾被發覺，值得餐廳前往開發耕耘，以增加自身的市占率。又或是在餐廳內透過更多貼心的設計，讓消費者願意提高上門用餐的意願。例如增設免費無線上網的基地臺，吸引下午茶客人的青睞；添購兒童蠟筆和畫紙，提供家庭

客層小朋友的喜愛等，這些都是很務實又不花大錢的做法。

威脅（Threats）泛指企業（餐廳）所面臨的威脅。這些威脅可能是附近商圈或環境所造成，而非餐廳所能控制，也有可能是餐廳本身造成的錯誤，應盡速改善彌補。例如因捷運施工沿線的圍籬堵住了餐廳的進門通道，增加客人步行或開車到達餐廳的困難度；再加上施工的粉塵和噪音影響餐廳的用餐環境品質等。當然，商圈裡競爭者林立、商圈消費人口結構改變也可視為威脅之一。

第二節　產品組合

產品組合是個非常微妙的企業策略，產品組合設計的好壞可以直接影響客人上門的消費意願；價格訂定是否合理消費者永遠感受在心頭。一個良好的產品組合規劃，可以有效控制消費量達到餐廳所想要的平均客單價，也因為產品設計的關係可以影響到客人用餐的時間，進而影響到餐廳的翻桌率。

每家餐廳的產品組合都可以視情況隨時調整，主要需注意的幾個要點有：

1. 隨時檢視產品的銷售組合：瞭解客人點餐的喜好。哪些類別、哪些食材或哪些作法是迎合消費者的喜好，可以適時的投其所好開發類似商品。

2. 留意食材的共通性：避免過度開發新產品。新產品是需要訂購新食材的，最好是能夠善用現有的食材做變化，例如形體的變化（去骨、絞肉、改變切塊方式）、口味的變化（醃漬、煎炒煮炸等）。如此一來，既可以加速既有食材的流通率，讓食材可以更新鮮，同時也因為進貨量提高，增加和廠商議價的空間，或提高驗收品質的門檻。

3. 留意廚房設備的生產力：在規劃新菜時也必須考量是否會因此增加某項特定的廚房設備負擔，而讓其他設備閒置率提高或產能降低，這會間接影響出菜速度，應留意避免讓客人過度久候餐點上桌。

第三節　促銷策略

促銷活動幾乎是每個企業（餐廳）都免不了的行銷工作，不同的活動設計也會帶出不同的活動效果，如「普羅旺斯香草特餐」（見第133頁）。因此在

規劃每個促銷活動時，都必須考慮時機點、活動目地、活動成本，以及創造出的吸引力和附加價值。一般來說，可大致將促銷活動做以下分類。

一、以促銷方式分類

1. 贈品：如點主菜送開胃菜、六人同行送紅酒一瓶、母親節點套餐送蛋糕、點戰斧牛排贈送紀念木質砧板（如**圖4-1**）、消費滿千送百元優惠券、消費滿一定金額贈送典藏精品等等。

2. 折扣優惠：如四人同行一人免費（七五折）、刷銀行信用卡享九五折優惠、憑○○公司員工證可享九折優惠、限定餐點折扣優惠、第二杯半價（如**圖4-2**、**4-3**）、甚至針對老人家特定族群提供優惠（如**圖4-4**）等等。

3. 產品接觸：如新菜試吃活動、新菜優惠推廣、參與美食展活動等等。

4. 氛圍活動：如萬聖節之夜、跨年星光餐、情人節套餐、謝師宴（如**圖4-5**）、時裝走秀、產品發表會等等。

5. 主題餐飲：東港鮪魚季作鮪魚料理、香草或咖哩料理（如**圖4-6**）、地中海美食節、紅酒餐會（如**圖4-7**）、雪茄餐會，或是有些飯店會重金禮聘國外米其林星級主廚來到臺灣做米其林主題餐點，吸引金字塔尖端客層，如：

「臺北晶華酒店與長榮桂冠酒坊聯手邀請法國米其林一星主廚Bruno d'Angelis和麥非酒廠侍酒師Anthony Taylor來臺獻藝，除了有名廚好菜外，尚有空運自麥非酒廠的七款酒，這七款酒也是這場南法饗宴的焦點之一。

圖4-1 點餐送贈品的促銷方式

圖4-2　Mister Donut第2杯半價優惠券

圖4-3　伯朗分享日買1送1優惠卡

圖4-4　Mo-Mo-Paradise新店開幕
　　　敬老特惠活動

圖4-5　謝師宴特惠活動

圖4-6　以咖哩為主題的用餐訴求

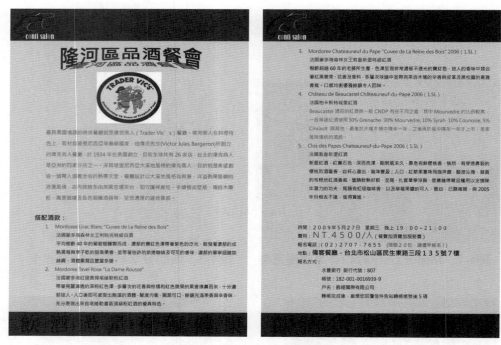

圖4-7　偉克商人紅酒晚宴活動

　　來自法國的主廚Bruno d'Angelis三十歲時便獲得米其林一星的肯定，是法國廚師界相當耀眼的後起之秀。善用季節性食材與藝術排盤手法是這位師傅手藝獨到之處。Bruno為晶華酒店準備了十款單點南法佳餚，另有二款套餐，內容包含普羅旺斯花園、馬賽魚湯、羊菲力附青醬燉洋薊、香烤小牛胸腺、松露香菜比目魚、普羅旺斯乳酪等等。Bruno除了在晶華酒店推出南法酒餚饗宴之外，也將走訪科技新貴薈萃之地新竹老爺飯店，推出一千五百元套餐，菜單內容包括開胃菜普羅旺斯田園時蔬佐百里香番茄凍、香煎紅魴排配香脆薄餅佐普羅旺斯醬汁、小羊里肌佐普羅旺斯香草菊薊、大茴香杏仁餅佐檸檬百里香冰淇淋，及迷迭香醬汁與一口吃甜點。」❶

【專案介紹】一場由勞瑞斯與香草集聯手打造的普羅旺斯香草特餐

　　每年到了五月，就是為人子女們為辛苦一整年的媽媽構思母親節活動的時候。勞瑞斯餐廳便與花草茶的市場第一品牌「香草集」做了前所未有的結合，希望能利用這些尊崇大自然耕植法所培育出的各式口味花草，結合勞瑞斯餐廳精緻的廚藝、內斂奢華的裝潢，以及最膾炙人口的頂級桌邊服務，為媽媽們帶來兼具身心SPA、體內環保的普羅旺斯香草特餐。

　　普羅旺斯，法國南部的城市，帶給人們所聯想到的是薰衣草花田、古堡、紅酒、美食佳餚和SPA精油等等的意境與畫面，而這就是勞瑞斯餐廳想在母親節帶給媽媽們的一種感受。

　　一到餐廳，格局的縱深及高度襯出氣質不凡的高挑酒吧及用餐大廳。璀璨絢麗的水晶映照出柔和的燈光，讓媽媽們宛如置身三〇年代的宮廷或城堡。入座後，迎面而來的女侍者貼心地為媽媽點燃餐桌上的精油蠟燭，她的穿著就像是英式管家，棕紅色的洋裝搭配潔淨的白帽、白衣領、白袖口和小小的白圍裙，既親切又不失專業。

　　餐點的部分更是精采！餐前先讓媽媽輕輕綴飲精選的紅酒，不僅舒緩心神，更是今晚佳餚所不能省略的角色。瑞士香料麵包所散發出濃郁大茴香的香氣，同樣令人怡神開胃。緊接著端上桌的開胃菜是以蟹腿肉、干貝和鮮蝦為主題，輕拌橄欖油醋及菩提葉（Linden）汁，讓海鮮不但不失原有的鮮美，更因為菩提的淡淡清香，讓海鮮的原味得以昇華。相傳在歐洲，母親們總是喜歡以菩提葉泡茶給小孩子喝，它的芬芳香味有助於安撫小孩子焦躁不安的情緒，因此在德國又被稱作「母親茶」。菩提葉內含的生物類黃酮，對於心血管的預防也有所幫助。

　　第二道菜是勞瑞斯著名的冰旋翡翠沙拉，搭配可口開胃的法式葡萄酒沙拉醬。服務員在桌邊熟練地把沙拉拌勻，並遞上冰鎮過的餐叉給媽媽，除了

可以品嚐到清爽不膩的沙拉之外，更能感
受到勞瑞斯對上菜的用心。

重頭戲來了！穿著一身潔白的專業師
傅，搭配紅色絲絨繫著閃耀的金牌，帶著
價值百萬、純手工打造的銀色餐車來到桌
邊。現場依照媽媽所需的熟度與份量，呈
上鮮嫩多汁的牛肋排搭配著勞瑞斯特調的
肉汁，旁邊還附上香滑順口的鮮調馬鈴薯
泥及勞瑞斯的經典配菜。

對於不食用牛肉的媽媽們，另外準備
了鮮魚創意餐，主廚將會選取最新鮮美味
的圓鱈魚排，香煎過後配上如意波斯奶油
醬汁。如意波斯（Rooibos）是歐洲人傳說中的長壽花草茶原料，產自南非好
旺角高原上，終日接受著和煦陽光和清新空氣的洗禮，富含著豐富的鈣質及
維他命C。主廚別具巧思地將如意波斯，搭配紅蔥頭及奶油，調煮成高雅琥
珀色，口味輕淡微酸，搭配鮮魚吃來特別清爽滑口，別具風味。

餐後，一道巧奪天工又酸甜好吃的甜點正式上桌。鬆軟綿密的海綿蛋糕
夾著水蜜桃果，再淋上用優格和玫瑰果（Rosehip）調製成的醬汁，相當令人
動心！玫瑰果含有時下最IN的茄紅素、維他命A、B、E，以及相較於檸檬有
超過二十倍的維他命C，再搭配上優格所富含的益菌，有助於養顏美容。搭
配著由杜松果、茴香、玫瑰花、蒲公英、金盞花等多種花草所調配的複方花
草茶，能讓媽媽在優雅的用餐環境和清幽的花草香中，度過一個別具特色的
母親節。

離開勞瑞斯之前，桌邊服務人員還會為你送上價值一千元的BEING SPA
體驗券，以及香草集的優惠券，讓媽媽們可以在這屬於自己的節日裡，好好
犒賞自己，度過一個輕鬆的母親節。

資料來源：圖文由勞瑞斯牛肋排餐廳提供。

二、以目的分類

(一)提高知名度

　　提高知名度除了用最直接的廣告活動之外，藉由**破壞性的價格策略**來吸引媒體報導、透過傳單及網站的發放，或是藉由當今具**話題性**的娛樂活動或社會事件，如利用電影、職棒等活動與餐廳作異業的合作，讓來過的客人願意再次前來消費，而沒來過甚至沒聽過這家餐廳的客人，也會因為接收到訊息，而願意嘗試性的前來消費，這對於餐廳的知名度大有幫助。新聞媒體偶有報導一元牛排或是開幕當天從高樓灑現金的案例，就是為提高知名度而籌辦的最典型活動。這類活動不見得花費大額成本，因為活動手段是以提高知名度的各式手法作為噱頭，對於業績提升或食物成本飆高倒是不以為意，就當做是行銷成本，如「哈囉，你姓什麼？」活動：

　　「經濟不景氣，許多店家相繼推出『買一送一』的促銷戰，有家知名的潛艇堡連鎖業者，在西門町的專賣店就推出了，星期一姓陳、星期二姓林、星期三姓蔡……，每天有不同的姓氏可以買一送一的活動，這不但沒賠錢，反而還讓店裡一個月就增加了十五萬的營收。

　　『哈囉，你姓什麼？』姓陳、姓林、還是姓黃？只要挑對日子，知名潛艇堡就能買一送一，真的是超划算。

　　這個活動是由在西門町鬧區的潛艇堡連鎖店的店長想出來的，這個專屬姓氏配合日期的促銷活動，只要消費者能拿出身分證證明，就買一送一，一個月下來，不但沒賠錢，還因為薄利多銷，至少增加十五萬的月營收。

　　店長周小姐指出：『平均一天大概會增加到三十至四十個左右。其實就是增加話題性，讓大家覺得還滿新鮮的。』事實上，景氣差消費者荷包盯得緊、算盤打得精，業者用買一送一的噱頭，即便少賺一點，至少不會落得最後清倉大拍賣，是相當不錯的促銷噱頭。」❷

(二)提高來客數

　　提高來客數的目的除了增加業績之外，有些時候是為了讓餐廳藉著人氣形成一股排隊人潮，或是增加額外的消費力。為達到提高來客人數的目的，通常

圖4-8　饌巴黎的2人同行超值999禮券（正反面）

得搭配降價優惠或是其他的配套，鼓勵消費者結伴前來用餐，最典型的例子莫過於是多人同行的優惠券（如**圖4-8**）。這對於餐廳坪效或是每張餐桌的業績生產力也大有幫助。

最經典的案例是每逢情人節時，餐廳總會推出比平常客單價略高的情人節套餐來吸引消費者。在這種節日從不用擔心餐廳的客單價過低，有些餐廳甚至會在情人節當晚停售所有菜單餐點，僅提供情人節套餐藉以保障平均消費額能如餐廳所預設。然而，情人節的促銷方案縱使能讓餐廳客滿，卻難免會有餐桌只坐兩位客人的慘狀。假如這家餐廳的餐桌原本就是以兩人小方桌（65x45cm）為主，遇有三人以上的客人則採用併桌的方式因應。在這種節日時，餐廳自然會將所有餐桌獨立拆開成兩人餐桌，以增加桌數提高營業額。但是有些餐廳可能有配置一些圓桌（∮120cm）或四人座的方桌（90x90cm）時，就會形成一張圓桌六個位置卻只坐一對情侶的情況，餐廳損失的是空下的四個座位的潛在業績。但是又不能學路邊攤讓不同組、互不相識的客人坐在同一桌，只能望著空位子嘆息。於是有的餐廳業者就規劃了在情人節當天提高來客數的活動，在餐廳從不做優惠折扣的情人節裡做「四人同行七折優惠」活動，吸引那些老夫老妻帶小孩一同前往慶祝情人節，或是年輕夫妻和公婆兩代一同慶祝情人節的族群。餐廳雖然下殺至七折優惠，但是也讓餐桌能坐下更多用餐客人，提高來客人數，整體計算下來對於業績還是大有幫助。

(三)提高客單價

提高客單價型態的活動多半是因為餐廳在座位有限，且來客數已經達到一個理想水準的情況下，想藉由不同形式的活動，提升客人願意消費的動機，進而使平均消費單價拉高，讓有限的座位數及來客數能夠增加更多的業績，拉高整體的業績坪效。

　　最常見的方式例如設計套餐，透過套餐菜單豐富的餐點內容，讓客人可以用比逐項單點更划算的價格，享受完整的套餐餐點。一來加速營運的效率，二來也可避免客人因為顧忌預算超支而僅點用少數的餐點。根據餐廳經驗分析，通常餐廳點用套餐的客人其平均客單價約比單點的客人高出約10％至15％，足見點用套餐對餐廳的來客單價幫助甚大。

　　另外一種提高客單價的方式，是類似「加價購」的方式（如圖4-9），通常活動設計於客人多半點用套餐的餐廳，如速食店為了再增加客人的消費金額所額外設計其他「加價購」餐點活動，以滿足大食量或嘴饞的客人。此種活動方式約可增加10％至25％左右的平均單價。值得一提的是，此種加購價的方式在活動內容設計上，應留意避免因為加購而造成過多的分量，如誘使客人點用加價購餐點後再兩人同享一份套餐，此舉反而會讓促銷活動效果適得其反。

圖4-9　加價99元嚐龍蝦

(四)提高顧客忠誠度

　　維持一個既有客戶的忠誠度，讓他能夠再次回到餐廳來消費所需的成本遠低於開發一個全新的客人。既有客人對餐廳已有既定印象，對於菜單內容、用餐環境氛圍、消費預算都有了大致的概念，只要前次的消費整體經驗不要太差，要讓客人再次回來消費的難度並不高。但是對於一個全新的客戶，就必須花許多的時間精神去獲得他對餐廳的初步接受度，除了廣告傳單，親友的口碑對一個陌生的消費者來說是一個重要的參考指標。最後的臨門一腳則是，如果有個優惠活動讓消費者願意用較低的預算前來嘗試，才可能成為餐廳的初次體驗者。因此，多數的餐廳經營者都深切的瞭解到一個重要的道理，就是要負責讓每個上門用餐的客人喜歡這家餐廳，不論是餐點口味或是價位都要是客人所能接受的，甚至是物超所值的，如此客人就會重複上門。讓餐廳能夠有一群忠實客戶，這對於餐廳能否永續經營有很大的幫助。

　　在用心經營餐廳每個細節的同時，為了提高顧客的忠誠度、提高顧客的消費頻率，很多的餐廳都會推出各式各樣的活動，鼓勵客人再次消費。常見的有會員卡，如為VIP客人所提供的折扣（如圖4-10）；集點卡（如圖4-11），如買

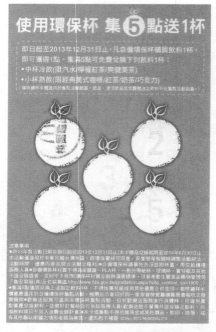

圖4-11　麥當勞環保杯集點卡

圖4-10　為VIP客人所提供的折扣優惠

五送一或兌換贈品；信用聯名卡、美食主題信用卡（如**圖4-12**），如在網站上登入會員後便可不定期收到折價券或生日優惠券，以及消費滿額時會贈送優惠券，讓顧客能在下次用餐時折抵使用。

(五)新產品測試市場

　　更換菜單對於餐廳來說是非常頻繁的事情，通常是市場的因素誘

圖4-12　荷蘭銀行Shop & Dine美食主題卡
資料來源：雜誌廣告頁面，《壹週刊》第214期。

使餐廳提供更受歡迎或更流行的餐點，或是季節因素提供當令食材的餐點或應景的餐點。例如義大利麵也可以是冷麵，在夏天的季節可以考慮推出，冬天時可以增加湯品的選項；或是因應季節，如某種海鮮或是蔬菜盛產的時節推出系列的餐點，常見的有海鮮店秋季推出螃蟹、山產店推出筍子大餐、頂級餐廳推出生蠔等等，這些都和季節有明顯的關聯。當然，也有可能純粹是餐廳主廚的

創意料理，或是菜單的重新調整而有了這些新菜。

　　新菜上市對於餐廳來說是很好發揮的行銷活動，可以利用桌卡（如圖4-13）、海報（如圖4-14）、布條（如圖4-15）、發放傳單（如圖4-16），大型連鎖餐廳或速食店，甚至會採用強打電視廣告和公車車廂廣告來告知大眾。除了以特價的方式吸引消費者的點用之外，也可利用這個時機詢問顧客的滿意度，作為日後調整菜單的參考。當然也可以在適當時機之後，依照餐點受歡迎的程度，將價格作調整（通常是調高），成為菜單定價，進而取消新菜上市的嚐鮮價優惠活動。

(六)新價格帶測試市場

　　有些時候餐廳可能礙於市場的競爭而失去獲利能力，進一步考慮調整價格策略，藉以和競爭者做出區隔，這不失為一個好辦法。透過重新裝潢、產品組合、食材品質調整來改變價格帶，讓自己脫離高度競爭的市場，避免持續打價格戰，改以更優質的餐點服務來提升自己的定位和重新定位價格帶。在調整初期，不妨先以新品、新價格的方式來觀察消費者的接受度和反應，作為日後策略調整的參考。畢竟多數消費者在找尋便宜餐點的同時，也會瞭解整體用餐是

圖4-13　Bellini Pasta Pasta新品上市桌卡範例　　圖4-14　夏季新菜上市海報範例

圖4-15　新品上市布條範例

圖4-16　新品上市傳單範例

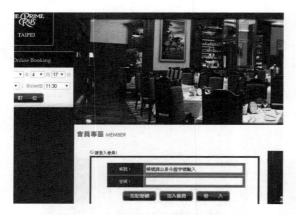

圖4-17　產品組合的價格帶測試

否物超所值（如圖4-17）。這間接說明了消費者並不是消費不起，而是他會評估是否值得消費。

三、以時段分類

　　以時段分類的行銷活動適用於餐廳在尖峰用餐期間座位不敷使用，而在離峰時間卻又門可羅雀的情況。餐廳可以透過離峰時間用餐的各種優惠，把人潮分散，讓餐廳業績能夠持盈保泰，並且兼顧用餐的服務品質和工作人員的工作士氣。現今很多飯店都規劃了以人頭計價的無國界自助餐廳，或是像欣葉日式自助餐廳、上閣屋日式自助餐廳等，是另一種以時段分類的吃到飽餐廳。這類

餐廳會在餐檯上擺滿數十種、甚至上百種各類餐點,在午餐尖峰用餐過後,餐檯上仍會有食物未能被客人取食,就可利用下午茶時段繼續營運,以較低廉的價格吸引客人持續進場用餐,唯廚房仍應保持菜色的新鮮度和足夠的分量來滿足下午茶時段用餐客人的需求。當然,因為價格有所差異,餐廳也可以自行斟酌在下午茶優惠時段停止供應部分高成本的餐點。

　　以時段作為促銷的活動常見的有指定日期,例如每週二、早鳥優惠(Early Bird)、下午茶優惠、歡樂時光(Happy Hour)優惠、晚場優惠(Late Dinner)。早鳥優惠指的是在用餐尖峰時間前到餐廳用餐可以享有特定優惠,例如中午十一點四十分前進場,或是晚餐下午五點三十分前進場。這些客人通常可以在尖峰時間完成用餐離開,加速餐桌的翻桌率。

　　歡樂時光的優惠概念源自於國外,外國人用餐前通常喜歡先在吧檯喝點小酒社交一番,約一個小時後才入座用餐。餐廳為了讓客人能在用餐前多消費,通常會主動免費提供一些小點心或下酒菜,例如薯片、起司、小塊炸雞,讓客人可以喝酒配點小菜。這個時段除了有免費小餐點之外,為了鼓勵客人多消費飲料,通常會在特定的時段,例如下午五點三十分至七點用飲料買一送一,目的是為了讓客人更願意消費。

四、以對象分類

　　以對象作為分類的行銷優惠概念也常見於餐飲業界。最常見的就是餐廳針對周遭商圈的特性,為特定的對象進行專屬優惠,讓受惠對象更有意願前往消費。像是學校附近商家會提供學生憑證或穿著制服可享優惠,或是辦公商圈裡的餐廳為特定的公司上班族所設定的優惠,如憑公司識別證可享用用餐折扣。當然,公司福委會也可主動出擊到各餐廳拜訪,爭取同事的用餐優惠;此外,夜店也慣用此種行銷手法,如把星期三定為Lady's Night,讓女性消費者可以免費入場,藉以吸引更多的女性在當天到夜店娛樂,男生也會因為當天有許多女生會入場,而願意花錢購票入場,讓星期三的業績大好。夜店則因男生當天的門票收入高,足以彌補女生的門票損失,而有更好的商機。現在很多餐廳也有類似的做法,在特定的時日針對生日壽星或限定某種信用卡持卡人、性別、職業,甚至姓氏作為優惠。

第四節　活動式行銷

　　什麼是活動式行銷呢？以英文來說就是Event Marketing，**活動行銷**從字面上解讀就是透過舉辦各式各樣的活動，讓品牌或產品得以走進消費者的心中，以致於消費者在下次有機會消費時，會選擇這個他曾經參與過活動的品牌。使用時機相當多元，可以是例行性的活動，讓消費者一年接一年的參加或聽聞。當傳統的廣告行為、或各式手段、或目的的促銷行為都已經被消費者所忽略，甚至無法喚起消費者注意時，活動行銷未嘗不是一種好選擇。此種活動的目的較著重於品牌知名度的提升、品牌忠誠度的鞏固，也可說是對未來五年甚至十年的營業額有播種的意味，對於短期的業績成長幫助不大。最經典、同時也最為大家熟悉的活動行銷案例，莫過於各個運動品牌所舉辦或贊助的路跑活動了。最近這兩、三年的路跑活動、迷你馬拉松甚至鐵人比賽等，都吸引了眾多的民眾報名參加，在路跑的起點、沿途乃至於終點，處處充滿著置入性行銷的影子，參加者穿的運動服、喝的運動飲料、帶回家的各式各樣琳瑯滿目贈品，全都是廠商免費贊助，起跑點和終點站的舞臺與帳棚更是充斥著所有贊助商的商標，以強化品牌對於消費者的印象。活動行銷的特色如下：

1. 吸引目光具視覺張力：不管是產品本身或是商標，甚至活動場地的搭建，吉祥物在現場與消費者的互動等，都讓消費者印象深刻，而且在活動後持續透過參與者和友人分享，來繼續活動的發酵度。（如**圖**4-18）
2. 培養未來的真正消費者：餐飲業想要永續經營，除了環境的維護或定期

(a)贊助2012 Color Run臺北場彩色路跑活動　　(b)在信義商圈舉辦的美國牛肉試吃，搭配美牛吉
　　　　　　　　　　　　　　　　　　　　　　　祥物和民眾互動

圖4-18　活動行銷極具視覺張力效果

重新裝潢之外，產品也必須跟上潮流，迎合消費者的喜好。例如知名臺菜品牌欣葉雖是數十年品牌老店，但是為了能讓品牌永續經營，讓年輕消費者也樂於走進這個他們父執輩所熟悉的品牌，欣葉不斷調整腳步讓餐點設計更年輕化、餐具更具設計感，服務除了精緻也訴求中餐西式的型態。此外，在品牌名稱甚至視覺商標、員工制服上也都多所用心，為的就是拉攏年輕族群的市場。旗下的品牌如位在臺北101的食藝軒、蔥花臺菜，以及欣葉小聚都能看出集團對於品牌的永續經營和年輕化相當努力。又如麥當勞為了培養小朋友從小認識這個品牌，也透過麥當勞姐姐、麥當勞叔叔定期或不定期地舉辦小朋友慶生，或舉辦說故事活動來爭取更多小朋友的認同。此外，配合知名餐廳為小朋友舉辦小小烘焙師傅活動等，也都是欣葉為了提高知名度、媒體能見度，與企圖掌握未來的消費群所做的行銷活動。（如**圖4-19**）

(a)麥當勞的品牌故事活動——故事屋　　(b)勞瑞斯牛肋排餐廳的品牌企圖心——小廚師活動

圖4-19　活動行銷對於品牌形象的加深與凝聚

第五節　媒體公關

再小的餐廳就算沒有行銷廣告預算，也不能因此不做**媒體公關**。公關，指的是餐廳對外公共關係的建立，對象可以是客人、廠商、街坊鄰居、附近住戶、學生、上班族及所有過路行人，而不只是狹隘的把對象解釋為媒體記者或

公關公司。**媒體**則可泛指電視、平面媒體、網際網路,如報章雜誌以及所有可以提升自身知名度的廣告媒介。

一、公共關係

就公關業務來說,小規模餐廳的**公共關係**可以從四個面向思考。

(一)來者是客

試想,你可能在逛街時因為想上廁所,而進到一家餐廳或速食店,完全沒有消費就直接走到化妝室。而你可能感受到廁所的潔淨、餐廳裡的氛圍、音樂、食物香氣,還有冷氣空調,縱使當下你沒有任何的消費行為,但這家餐廳卻可能因此在你的腦海裡產生好的印象,成為日後的潛在客人之一。離開時,餐廳服務人員明知你只是進來借個廁所,仍然笑臉相對並且親切問候,服務人員成了很好的公共關係創造者,因為你覺得在這裡感受到親切和受尊重,更加提升你對這家餐廳的好印象。

(二)敦親睦鄰

既然來者是客,那麼餐廳也可以像是個好鄰居。除了平時維護好餐廳的清潔衛生,偶爾發動員工幫社區的公共設施做打掃,或是認養花臺、騎樓等,都是公共關係很好的範例。

適時贊助鄰里活動也是個很好的辦法。大型的社區偶爾會舉辦住戶們的登山郊遊活動,可適時提供簡單的茶點作為餽贈。大廈管委會開會時,也可以利用下午茶時間主動提供場地和簡單的茶點。鄰近鄰里辦公室或是學校偶爾舉辦園遊會,或是跳蚤市場,也可以主動爭取參與,把餐點用特價的方式在園遊會中販售,或是把餐廳擱置不用的餐具、器具當作拍賣品等,都是公共關係建立的方式,同時也讓自身的知名度在鄰近商圈住戶中顯著提高。當然,常態性給予街坊鄰居用餐優惠,則是最實際的方式。

(三)小額贊助

現今很多學校社團會因為想舉辦活動,而尋求廠商的贊助。筆者曾經在臺中市霧峰區的傳統市場附近看到一個實例:一家賣著牛肉麵、水餃、魯肉飯等再平凡不過的傳統小吃店,小小的店裡牆上竟掛著附近技術學院學生社團的感

謝狀。細問老闆才知道原來是因為社團想辦活動又缺經費，就在附近各式店家拜訪，尋求老闆的小額贊助（如五百元），換得的是小吃店上的感謝狀，以及學生在社團刊物上的感謝報導。根據老闆的說法，此後學生來客人數確實有提升的現象。雖然有點類似廣告交換的手法，卻也讓老闆的慷慨贊助贏得了學生的感謝，在同學當中多少會有些好評價。

(四)網路平台

網路是一個讓人又愛又恨的平台，餐廳一方面希望網路上有很多的部落格文章或討論區，給餐廳多點曝光的機會，而且是正面的報導。另一方面，又偶爾因為餐廳的餐點或服務品質不好，再加上網友情緒上過度的反應，很容易讓餐廳陷入危機當中。因此，提供一致性且穩定的餐飲及服務品質，是餐廳最重要的工作之一。以下是餐廳在網路平台上的幾種呈現方式的分類：

■ 官方網站

對於預算充足的餐廳，不妨委請專業的網路設計公司代為設計網站，並簽約做常態性的維護。餐廳可以把菜單、用餐環境、餐廳的背景做詳細的圖文介紹，並利用計數器瞭解網友瀏覽的人數，這可說是網站最基本的功能。其他的附加功能則有：

1. 提供電子優惠券自行下載列印：最具代表性的莫過於肯德基（KFC）了，除了常態性的提供電子優惠券列印功能之外，還可以讓網友自行組合點選，列印優惠餐點種類以及數量。讀者可以自行上網參考瀏覽：http://www.kfcclub.com.tw/

2. 網路會員自行登錄資料，並且訂閱電子報：願意自行在餐廳網站上填寫個人基本資料並且訂閱電子報的網友，對餐廳來說是極有可能成為潛在消費群。餐廳可以透過小小的優惠來吸引網友登入成為會員。好處是客人願意留下個人基本資料，就為餐廳多了一筆顧客資料，而且省去了餐廳自行鍵入顧客資料的時間和人力。（如**圖4-20**）

圖4-20　勞瑞斯官網線上會員頁面

3.優惠活動的隨時更新：餐廳每次遇到新菜上市或任何促銷活動，都可立即將圖文上傳到網站上讓網友瀏覽，同時搭配自動發信軟體，將活動訊息傳送給有訂閱電子報的顧客。而網站也可以配合促銷活動的展開，啟動自動跳出視窗或是跑馬燈的功能，提供瀏覽網友的點擊率。

■ 專業美食網站

專業美食網站在網路世界的平台已有相當久的歷史。這些專業的美食網站多半會將加入的餐廳做各種不同形式的分類，方便網友搜尋，例如依料理分類、地區分類、消費金額分類……。網站裡除了有基本的餐廳資訊介紹，提供適當篇幅的圖文空間之外，也可以和餐廳官方網站做連結，讓有興趣的網友能點擊得到餐廳更詳細的資訊。此外，美食網站多半還有以下功能：

1.網友評比功能：讓有實際前往餐廳消費經驗的網友，留下對餐廳的評語。餐廳如果能夠確保口味及服務的一致性，並且讓消費者覺得物超所值，多半會因良好的評語讓餐廳生意大幅成長，反之則可能導致餐廳經營每況愈下，甚至歇業。這個評比功能可說是餐廳業者對美食網站又愛又怕的主要原因之一。（可參考愛評網：http://www.ipeen.com.tw/reputation/）

2.列印優惠券：美食網站為吸引更多網友前往瀏覽，在答應為餐廳刊登訊息時，多半會為網友爭取優惠，讓網友可以自行在美食網站中下載列印。（可參考芝麻開門優惠網：https://www.facebook.com/calldoorfans?fref=ts）

3.網路訂位功能：這可說是目前美食網站提供給網友的最新功能之一。透過事前與餐廳的協定及簽約，讓網友可以直接透過美食網站向餐廳訂位，並且取得某種程度的優惠，餐廳則必須支付給美食網站服務費用。（可參考EZTABLE易訂網；http://www.eztable.com/）

二、媒體往來

媒體業務對多數的小餐廳來講是甚少去經營或是根本完全不碰，除了偶爾因為美食雜誌或節目的採訪報導之外，根本不會有機會上媒體。預算是個問題，專人（公關人員或新聞聯絡人）負責也是有預算和編制的考量，不是一般

小餐廳所能夠負荷的。飯店或大型的連鎖餐廳，每每有機會可以上媒體宣傳最新的活動訊息，除了有預算之外，更多是因為長期培養和媒體的良好關係，以及本身品牌知名度的效應。不過小餐廳也不是完全沒有機會和媒體打交道。首先，可以把媒體的定義做重新的省思，有全國性的報章雜誌或電視台報導固然是好事，卻可遇不可求，不妨先把媒體重心放在較屬於地區性的，或是大量報導餐飲訊息的媒體，若想爭取免費報導或是想付費刊登廣告都比較有可行性。

圖4-21　信用卡聯名卡的優惠促銷範例

　　另外，不妨透過其他的異業結合提升曝光度。例如和專業的酒商合作推出葡萄酒晚宴（Wine Dinner），可利用酒商的廣告，或是酒商寄發活動訊息給其資料庫裡的顧客，來提升餐廳的知名度，或是利用信用卡的優惠活動，藉由銀行的活動廣告來提升餐廳知名度。（如圖4-21）

　　餐廳經營者或是主廚可以利用自身的人脈，或是曾經接受過媒體的訪問報導，來得到媒體記者的名片及連絡方式。建議善加維護和對方的互動關係，定期或不定期的邀約用餐敘舊，除向記者說明最新的菜單內容及活動訊息之外，也可以利用閒聊的方式，從媒體記者口中知道同業的活動訊息和最新的餐飲趨勢，即使事後沒能即時有免費的報導，但日子久了總會有在媒體曝光的機會。

三、新聞稿撰寫

　　新聞稿撰寫是每個餐廳經營者或管理者必須的工作內容之一。當餐廳自行發想出具有創意的活動時，就可以透過新聞稿發送給媒體。內容除了破題性的讓收到新聞稿的媒體立刻瞭解活動主體之外，也必須詳細寫明相關的典故方案、活動內容或菜單內容、價格，以及最重要的是餐廳的基本資料，如店名、地址電話及網站，還有發出新聞稿的署名，也就是新聞聯絡人，讓對活動有其他問題或想做進一步深度採訪的媒體，能夠知道餐廳的聯絡人是誰（如圖4-22）。

〔新聞稿〕

璀璨倒數·炫麗煙火，近在咫呎
勞瑞斯與您一同迎接 2013

還在煩惱觀賞跨年煙火的絕佳場地嗎？
勞瑞斯餐廳為您準備了優質的用餐環境及最佳觀賞煙火的場地，讓您不用人擠人，並且可以輕鬆地喝著香檳與好友一同迎接光輝2013年的到來！
準備好享受勞瑞斯為您精心所安排的一切嗎？
這將會是您從未體驗過的貴賓禮遇，勞瑞斯餐廳與您一起倒數迎接2013，近距離觀賞台北 101 煙火！

尊榮待遇
當晚所有用餐的貴賓均可在 23:00 經查驗後進入克緹大樓前萬坪廣場
尊榮 1. 享受寬廣空間，近距離欣賞台北 101 不用人擠人
尊榮 2. 免費獲得暖暖包、並提供戶外暖爐取暖
尊榮 3. 免費享用一杯香檳氣泡酒或約翰走路 12 年威士忌或伯爵熱茶等飲品
尊榮 4. 免費獲得專業攝影為您拍照，並與台北 101 煙火背景照片合成輸出
　　　 6x9" 後裝框，寄到府上作為留念

尊榮 5. 2014 跨年用餐享有優先訂位權！

專屬待遇，在松仁路 105 號克緹大樓前萬坪廣場欣賞迎接2013 台北 101 煙火秀！

供餐時間:
勞瑞斯跨年倒數星光餐
Dec.31 17:30pm~20:30pm

2013 迎新宵夜餐（首場迎新宵夜餐）
Jan.1, 2013 00:30~02:30

Tony /行銷業務經理 Marketing and Sales Manager
勞瑞斯牛肋排餐廳 Lawry's The Prime Rib Taipei
台北市信義區松仁路105號B1 (全豐盛105大樓)
TEL.02-2729-8555 FAX.02-2729-2766
www.lawrys.com.tw
tony@lawrys.com.tw

圖4-22　跨年星光餐與迎新餐之新聞稿撰寫範例
資料來源：勞瑞斯牛肋排餐廳提供。

　　對於一般常見的節日菜單，如母親節、情人節、除夕圍爐等，可以用更簡單的方式將菜單內容價格及相關訊息，以條列或是表格的方式簡潔清楚的呈現並提供給媒體。因為這種大型的節日每家餐廳都會有相同主題的套餐，媒體在

報導時，為了平衡報導或是方便讀者閱讀，習慣以列表的方式將多家餐廳的餐點內容及價格一起呈現。此時，新聞稿上多餘的文字，只會讓媒體無暇閱讀，甚至抓不到重點，簡易的條列或表格反而有助媒體輕鬆掌握訊息內容，更能得到媒體的青睞而刊登。當然，最重要的餐廳基本資料及新聞聯絡人的資訊等，也要一併附在新聞稿裡才不失專業。

四、場地租借

對於裝潢具有主題及特色的餐廳而言，有人上門拜訪尋求場地租借是常有的事情。這通常發生於電視電影劇組人員拍戲取景用，或是新人拍攝婚紗借用餐廳取景。建議餐廳業者及主管在不過度妨礙餐廳營運的前提下，不妨大方出借或酌收場租及餐點費用，一來可以增加人氣，二來這些影劇將來播出時也多半會在節目結束時打上餐廳店名作為感謝，藉此可以增加餐廳的知名度。有些偶像劇播出後，甚至會因此招來大批粉絲前來用餐朝聖，對於餐飲業績也不無小補。2008年度最熱門的國片《海角七號》就是個非常好的例子。片中除了主要的場景，墾丁夏都沙灘酒店深受影迷喜好前往入住之外，整個恆春半島周邊多處場景、民宅、餐廳，也都成了追星族前往的地標。

第六節　廣告策略

一、有線電視託播廣告

對於廣告預算有限的餐廳而言，附近社區的有線電視業者，無論是有線頻道的廣告插播，或是在每月、每季寄給第四台訂戶的節目冊裡，做廣告刊登是可行性的廣告策略之一。廣告託播業主（餐廳）可以選擇對餐廳較具潛在消費力的族群偏好的頻道，並且篩選合適的時段做廣告託播。

廣告內容中除非有特別的優惠促銷活動刺激買氣，否則一般的品牌形象廣告對於業績的直接幫助並不容易檢視。餐廳業者如果選擇做品牌形象廣告，則必須做定期且長期的廣告託播，以確保餐廳周邊區域收視戶都能認識餐廳，並且在未來成為實際的消費者，而不能奢望廣告立即帶動業績成長。

二、小型廣告媒體

餐廳附近的學校校刊或社團刊物多少會有尋找廣告贊助商的機會,值得一試。這類媒體固然發行量小、地域性也小,但是對於有地緣關係的一般餐飲業者來說,讀者正好就是有地緣關係的潛在消費者。另外,社區型巴士的車廂內部廣告或車體廣告,也是個不錯的廣告媒介。小餐廳如果礙於現金預算的考量,建議不妨和這些廣告商或是地區性媒體做廣告交換,提供餐點或餐券來取代以現金支付相關的廣告費用。

街頭發送傳單或是廣告面紙,也是小規模餐廳可以考慮的廣告媒介。一來經費預算較能支應;二來在餐廳周邊街頭發放廣告傳單或面紙包,通常較能遇上具地緣關係的消費者。如果能在傳單上製作優惠截角則更能發揮效用,且容易去追蹤、評估廣告傳單的效益;面紙包是過往行人普遍願意收下的廣告物,故可以在塑膠包裝外印刷優惠訊息,或是在面紙包內部附上優惠券,作為廣告效益的檢視。

最後,餐廳店頭的廣告也是選項之一。例如在餐廳門口張貼海報、懸掛布幔、樹立廣告樹旗或人形立牌(如圖4-23),甚至在特定的節日,例如餐廳的周年慶或是有大型的優惠活動時,也可以考慮搭設氣球橋(如圖4-24)或充氣拱門等設施,吸引過往行人車輛的注目。

圖4-23　伯朗咖啡門口優惠活動的人形立牌

圖4-24　店頭活動以氣球拱門做視覺強化

第七節　【模擬案例】Pasta Paradise餐廳之行銷策略

一、Pasta Paradise餐廳的SWOT分析

如本章第一節所述，SWOT分析可以協助經營管理者隨時檢視自身企業的競爭力及潛在的危機，進而制定策略讓企業體質能夠更健全，有更好的獲利能力。**表4-1**為Pasta Paradise餐廳之SWOT分析表。

在審視完餐廳的SWOT分析後，接下來要做的就是一系列的行銷活動。首先，釐清行銷活動的目標為何？目標確認了才能針對行銷目標提出合適的活動或廣告。

每一個產品都有所謂的產品生命週期，隨著生命週期而有不同的行銷考量與策略，這也是規劃行銷活動時必須注意的要點。

(一)導入期

所謂導入期，係泛指新的產品（或新的企業、餐廳、門市）新進到一個新的市場的期間。在這個階段所必須做的事情主要有建立知名度、建立口碑。通常這時候會有一段時間的蜜月期，進而稍稍趨緩，但是仍有很不錯的業績成長。

表4-1　Pasta Paradise 餐廳的SWOT分析

Strength（優勢）	Weakness （劣勢）
1.新餐廳有賣點、有話題 2.有具競爭力的價格 3.停車方便 4.餐點多樣 5.午餐尖峰時段以套餐形式銷售，節省客人點餐時間 6.房租合理，不過度負擔	1.周邊商圈同業多、競爭大 2.無連鎖品牌的知名度 3.距離核心商圈稍有距離（1.5Km） 4.無設置包廂及商務設施
Opportunity（機會）	Threat（威脅）
1.鄰近住宅區可開發晚餐及假日商機 2.因和非核心商圈有距離，可開發次核心商圈 3.緊鄰各家知名品牌單車店可尋找機會點合作 4.方圓500公尺內無同性質餐廳，可獨享此範圍內市場	1.周邊路邊攤廉價，餐點多 2.餐廳技術門檻不高，容易被複製

　　這個時期的經營重點著力於維護產品及服務品質，以建立口碑。在行銷活動的規劃上，暫且不以流血價格做廝殺，而是以品牌知名度的提升、產品的曝光為首要，讓認識這項產品或企業的潛在消費者不斷累積。

(二)成長期

　　所謂**成長期**，指的是產品、企業進到市場，在經歷過導入期的高度成長後，整個業績歸於正常的狀態，且仍保有不錯的業績成長。此階段的產品或企業的口碑逐漸建立，許多已經知道卻仍未上門光顧的顧客也開始願意嘗試，消費者也有可能因為得到不錯的消費經驗，而願意在將來再次前來消費。

　　這個階段的行銷活動主要是針對前一階段中許多已經認識產品的潛在消費者，透過各種行銷或促銷活動，誘使消費者做出第一次嘗試性的消費，進而喜愛這些產品和服務，並且願意在短時間內再帶著其他人一起來消費。這個階段對餐廳來說也是快速累積顧客資料的一個時期，緊抓住消費者對產品的高度喜好及認同感，同時誘使消費者辦理會員登記，享受日後的各項優惠，提升消費者的忠誠度。

(三)成熟期

　　成熟期是產品生命週期的第三階段，這個時候產品或企業在市場上已經具有非常足夠的知名度了，擁有穩定且龐大的客源。在這個階段通常產品或企業應該留意的是聲譽的持續維護，謹慎用心地持續經營既有客戶，並且計畫性地執行各種行銷活動，讓消費者願意持續不斷上門消費。

　　在這個階段，產品或企業已經是在一個非常穩定的營運狀態，所需的行銷活動主要是維持既有客源的忠誠度，並且透過定期或不定期的優惠來吸引、刺激消費。

(四)衰退期

　　隨著進入市場的時間愈長，同類型的產品企業不斷推出，造成自身經營的困難，如果又沒有規劃良好的行銷活動或是在產品組合上做調整，很容易失去消費者的青睞，轉而邁向**衰退期**。這正是俗諺「創業維艱，守成不易」的道理。

　　產品或企業不應該讓自身停滯於這個階段，必須在步入成熟期後就不斷地創新產品、開發新客源，甚至在營業店面作裝潢調整，保持自身的競爭力。讓

產品或企業在步入成熟期後,因為這些改變而能在第二階段的成長期,和第三階段的成熟期中不斷重生。以**圖4-25**作說明,正常的產品生命週期應如圖中的虛線:

1.導入期時:虛線成高度的攀爬趨勢。
2.成長期時:虛線仍維持攀爬,但是波度略緩。
3.成熟期時:虛線僅小幅攀爬甚至近乎於持平。
4.衰退期時:虛線開始下滑,代表業績衰退。

在進入成熟期後,透過多樣的創意活動和產品調整,使曲線回復到成長期的攀爬幅度(如灰階曲線)。一波又一波的灰階曲線代表著不斷地創新和產品調整,終致使整體的趨勢線(如長期趨勢線)往上持續成長。

上述所提的四個產品生命週期並無一定的時間長度,可能是幾個月也可能是數十年,端賴經營者如何細心維護品牌和口碑,以及市場的競爭者如何搶食瓜分客源,也就是說每個週期的長度其實是依照產品本身的口碑,及經營者的智慧來決定的。

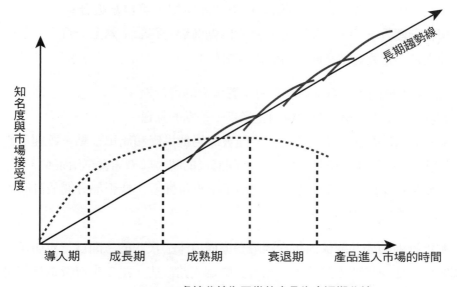

圖4-25 產品生命週期曲線示意圖

二、媒體公關分析

關於與媒體互動的部分，Pasta Paradise案例因屬小規模餐廳，自然不能與大型連鎖企業或是斥資千萬的餐廳一樣，能夠立即獲得媒體的青睞。但是仍應發布新聞稿通知媒體新餐廳開立的消息。

新聞稿裡除了介紹餐廳的基本資料、氛圍、菜單內容、餐廳主題之外，也可附上餐廳的內外景和餐點的照片，並建議媒體訴求重點可以是：

1. 臺北市內湖地區最物超所值的義大利餐廳。
2. 內湖地區上班族的首選餐廳。
3. 新餐廳開幕的消息。
4. 下午茶的好去處。

讓媒體朋友知道下次如果有類似主題的報導時，可以把Pasta Paradise餐廳列入選項之一，並歡迎媒體前來餐廳做深度報導。尤其是非凡美食節目或雜誌總會針對主題推出不同單元，想要獲得被報導的機會是有可能的。另外，許多雜誌也會為讀者附上各餐廳的優惠券，如Taipei Walker等。

至於公共關係的建立則是如本章第四節所提，可自鄰近社區、大樓、企業、學校社團等著手。大樓部分將針對內湖區瑞光路七十六至一百十二巷中間的幾棟大樓向管委會做拜訪，討論的重點有：

1. 提供大樓內企業員工憑證享有用餐優惠的可行性。
2. 願意以優惠價格承攬大樓內企業下午茶點的外送。
3. 主動與管委會洽談，提出日後開會的場地供應和簡單茶點，歡迎他們利用下午茶時間，或是晚餐尖峰時間過後的時段前來開會享用茶點。
4. 與管委會討論，夜間下班時間地下室車位閒置，能否部分開放計時停車給用餐客人的可行性。

鄰近社區的公共關係則包含距離餐廳僅五十公尺內的三間自行車店（美利達旗艦店、捷安特瑞光路分店、七號公園瑞光路分店，這三家自行車行都是販售品質價格具相當水準，甚至高達數十萬的單車店），近幾年因自行車熱潮，許多單車同好會常在店裡聚會聊單車，可以趁此和車行商洽談，提供優惠給車友到店裡用餐或喝下午茶，甚至在店裡利用下午茶時間舉辦單車的各種講座。

至於臨近巷內的別墅住宅區或社區居民，可以思考把他們的潛在消費力發揮在晚餐時段。餐廳本身由於地緣關係處在辦公大樓一樓店面，商業午餐時段本就不需操心，假日及晚餐才是需要著力的時段。

晚餐時段除了少數上班族下班後的聚餐之外，其實並沒有太多人潮，因此晚餐時段的業績開發，對餐廳來說是非常重要的工作，關係到業績效益。另外，到了假日也可能因為整天沒有主力消費族群（上班族），而對業績產生影響。因此透過傳單、店門口海報、桃太郎旗及布條等，將晚餐時段優惠活動訊息對外放送是必須嘗試的方法之一。讓附近居民出門或返家路過時，可以接受到這些訊息，誘發他們在平日晚餐及假日整天的時段，前來用餐並享受優惠。

汽車美容業者也是值得維護良好互動關係的對象之一。有開車的朋友多半都有這種經驗，就是需要停車時找不到車位，剛好車子也髒了就直接就近開去汽車美容店洗車打蠟，順便可以利用等候的空檔去辦事。Pasta Paradise案例中的餐廳雖然停車尚稱方便，鄰近有收費的地下停車場及路邊停車格，但仍不妨和鄰近的汽車美容業者洽談合作，在店裡的網站或名片上可以記載「來店用餐客人，享有洗車打蠟優惠」，如此用餐客人可以利用洗車打蠟的時間用餐，並且解決停車問題。

在汽車美容店裡也可以主動告知車主，可利用等待的空檔到餐廳來用餐或喝個下午茶，同時附上餐廳印製寄放在汽車美容業者的優惠券。這對餐廳和汽車美容業者來說都是有利可圖，並且也算是為自家的顧客提供另一種型式的服務，或提供爭取到的優惠權益。

學校的學生族群也是值得耕耘的一塊，可惜的是中午的商業午餐時段學生多半不能出校園用餐，但是只要細心經營和學生與社團的良好互動關係，對業績還是會有幫助。首先可以與鄰近的內湖高工、內湖高中、文德女中等學生活動中心接洽，歡迎學生社團舉辦聚餐，或是社團幹部開會時可以提供優惠的下午茶，也可以利用小額的社團經費贊助，換取社團刊物的免費報導或廣告。日後若學校師生有聚餐或是謝師宴，很有可能會被學生列入選項。

三、Pasta Paradise餐廳的廣告策略

廣告對於許多餐廳來說是個沉重的負擔，即使很多廣告商多半有提供廣告交換的方式，減輕廣告主的現金負擔，但是對許多小餐廳而言，仍是個沉重

的預算數字。因此，如果下定決心做廣告就必須謹慎小心地慎選所要刊登的媒體，以免花了錢卻得不到應有的效益。

(一)店頭廣告

店頭廣告最大的好處是，一旦過往車輛、行人看到廣告時，都已經在店門口了，行人可以直接駐足看餐廳的內部氛圍，甚至可以翻閱擺在餐廳門口的菜單價目表。訓練有素的餐廳接待人員在發覺門外有過往行人駐足停留時，可以主動上前問好，並且介紹餐廳的菜色和價位，即使客人沒跟隨進來用餐，多半也會對接待人員的親切介紹，留下不錯的印象，甚至帶走餐廳的名片店卡或簡介，方便下次用餐前電話訂位。這是一種最直接有效的人際互動廣告，缺點是廣告對象侷限於餐廳門口的過往行人車輛。路過車輛雖然不見得可以像行人般的直接進門瞭解，但至少已經產生印象，並知道餐廳的所在位置，對於餐廳的印象分數不無小補。

■廣告招牌燈

店頭的廣告招牌燈是最直接，也是最基本的廣告形式之一，小至路邊攤、大至餐廳，都會有大小規模不一的招牌豎立。形式上可以是傳統燈箱（如圖4-26）、簍空燈箱（如圖4-27）、霓虹燈（如圖4-28），或是以各種型式的字體貼在牆上再輔以投射燈（如圖4-29）。不論廣告招牌的形式或尺寸為何，有兩個最具廣告效益的重點必須留意：

圖4-26　傳統形式廣告招牌燈箱

圖4-27　簍空燈箱廣告招牌燈

圖4-28　霓虹燈廣告招牌燈

圖4-29　牆上的投射燈廣告招牌燈

1. 提早開燈與延後關燈：建議將廣告招牌燈搭配電子式的定時開關，於事前設定能讓廣告招牌在設定的時間自動開啟或關閉，避免因為人員的疏忽而遺漏。開燈的最黃金時間是在黃昏時刻，天色尚未完全黑暗時；這時候多數店家都還沒將廣告招牌燈開啟，如果在此刻提前開啟廣告招牌燈，醒目的程度會超乎想像（如**圖4-30**），遠比晚上八、九點時所有店家都開啟廣告招牌燈的效益大上許多。因此，建議參考中央氣象局網站上的日落時間，提前一個小時開啟，並隨著季節和日落時間的改變，不定期更改

圖4-30　黃昏開廣告燈廣告效果佳

   電子開關設定的時間。同樣地，餐廳也因為有電子開關而毋需在打烊時一併將廣告招牌燈熄滅，可以讓廣告招牌燈持續點亮至半夜，甚至清晨時分，此時多數店家早已打烊，開啟的廣告招牌燈也減少許多，如果能讓自家餐廳的廣告招牌燈持續點亮幾個小時，對夜間開車路過的駕駛也有不錯的醒目效果。

2. 將廣告招牌燈設定為工程規劃的首要工作，並立即完成：如第三章模擬案例中的初期籌備事宜所述（見第119頁），餐廳很多前置作業並不受限於餐廳地點是否已經確定，或是工程是否已經完成，即可另外找尋地

圖4-31　餐廳開幕前的前置廣告具有預告開幕及招募人才的功能

點進行多項的前置準備工作。而這些前置準備工作當然也包含了店名的確認、商標的設計與確認、整體用色形象的確認。如此，一旦完成餐廳地點的租約，並完成交屋手續後，隨即可以將預先設計好的招牌型式再依據店面實體的面寬和高度，做招牌尺寸的最後調整，然後迅速發包並掛上店門口啟動招牌的功能。

　　通常從這個前置準備階段到餐廳裝潢準備完成開幕，少說也要三個星期甚至數個月的時間，廣告招牌每天發揮廣告的功能，讓過往車輛行人知悉這裡將有一家餐廳即將開幕，讓他們對餐廳產生期待感。同時對於人員尚未招募完成的餐廳，多少也會有人自動上門詢問工作機會，可說是一舉兩得。（如**圖4-31**）

■布條、布旗

　　布條或**布旗**等廣告工具通常會搭配餐廳的促銷活動，或是有另外特別的目的而製作。以目前臺灣地區景氣不佳外加餐廳數目過度飽和、高度競爭的情況下，幾乎每家餐廳都不斷推出一波接著一波的優惠活動，而會搭配布條或布旗等廣告工具來刺激買氣。

　　這些廣告工具都有個共同特色，就是讓店頭看起來有旗正飄飄的感覺，隨著風搖曳擺動的布條或布旗，讓整個畫面看來生動活潑，有著如舉辦活動的喜悅氣氛。醒目的活動標題或是優惠內容，讓人路過一瞥即能大略抓住餐廳所要釋放出的訊息，確實有很高的訊息訴求效益。再者，這些廣告工具非常平價又可小量製作（如**表4-2**的報價單），為許多零售業餐飲業所愛用。

　　Pasta Paradise規劃了以「試賣期間　第二份只要九十九元」為主軸，製作六面布旗與一面廣告布條，掛在餐廳正面招牌下方，用來刺激買氣與提升知名度。

■建物包柱廣告

　　許多餐廳會利用大廈騎樓的柱子，訂作木板做美觀包覆，讓整體形象更趨一致，甚至利用木作包覆所產生的厚度，做一個展示燈箱，若環境許可，利用大型輸出貼滿柱子，讓活動廣告的能見度更高。

(二)海報與人形立牌

海報是最為普遍的一種廣告媒介，因其尺寸彈性、用色多樣，可以把餐廳所要釋放的訊息和圖片，透過美工設計完整的呈現出來。內容通常是希望能傳達餐廳內部的各種促銷活動訊息，而把海報貼在餐廳門口的落地窗上，或是利用海報架和畫框來做擺設。當然，也有些店家因為自身風格的不同，會改採以傳統黑板的方式呈現，請有美工專長的員工用傳統粉筆在黑板上作畫，或把活動訊息寫下來，呈現一種較樸實自然的感覺，這種方式未嘗不是種好辦法。此種廣告工具成本低、可調整性大，適合Pasta Paradise餐廳日後做行銷活動時採用（報價如**表4-2**）。

表4-2　印刷物報價單範例

印坊 design The Print Mall

印刷有限公司
報　價　單

台北縣汐止市新台五路○段○號
TEL:(02)○○○○○○○
FAX:(02)○○○○○○○
E-mail:○○○○○○○○

客戶名稱：＿＿＿＿　　統一編號：＿＿＿＿　　詢價日期：＿＿＿＿

連絡人：蔡先生　　電話：＿＿　部門(分機)：＿＿　傳真：＿＿

連絡地址：台北市內湖區瑞光路XX號1樓

序號	產品編號	產品名稱	規格、顏色	單位	數量	單價	金額	備　註
01		廣告面紙	6入/包	包	10000	1	10000	彩色印刷包裝
02		廣告傳單	14.8x21cm	張	10000	0.4	4000	單面彩色
03		大圖海報	60X90cm	張	2	400	800	
04		廣告帆布	60X300cm	條	1	1200	1200	
05		彩色旗幟	60X150cm	組	6	650	3900	含旗面,旗桿,旗座
06		人形立牌	60X150cm	組	1	3000	3000	含豪卡版噴畫,施工
07		美工設計	01~06	組	1	10000	10000	
小　計	32,900元	稅　金	1,645元	合計金額			34,545元	

產品製作敘述

1.以上產品報價依據客戶所提供範本或由本公司提供樣品。

1.本報價單經雙方於簽名處簽名或蓋章後始為有效。

2.客戶自簽章日起請於7日內匯入30%訂金，以利本公司安排前置作業及美工編排。

3.本報價單有效期限為30日。

4.

5.

6.

買方簽章：＿＿＿＿＿＿　　賣方簽章：＿＿＿＿＿＿

日　期：＿＿年＿＿月＿＿日　　日　期：＿＿年＿＿月＿＿日

(三)傳單與廣告面紙包

　　傳單或廣告面紙包同樣屬於花費較小的廣告工具之一，對於Pasta Paradise餐廳這樣的規模來說，是可以承受的廣告成本。（報價如**表4-2**）傳單和面紙包同樣必須經過美工設計後再發包印刷。如果預算有餘可以考慮委派專門的派報公司代為分發，或是可以直接利用餐廳非尖峰時間，派員工到餐廳附近的路口、公車站牌發放；同時，為了提升過往行人或車輛接收並保留廣告物的意願，建議在傳單上附上截角優惠券。由於面紙包的接受度較高，畢竟實用性比起單純的傳單是會高上許多，因此是個很不錯的廣告工具。傳單如需委託印刷廠代為進行對折，或是以其他方式折疊則另收費用（如**圖**4-32）。

摺紙費說明圖

（對摺）
A4對摺費用
每張0.15元
基本摺工：500元

（N字摺）
A4 N字摺紙費用
每張0.2元
基本摺工：500元

（平行對摺）

圖4-32　傳單摺紙說明範例

(四)公車或社區巴士

　　經過查訪，Pasta Paradise餐廳並無內湖地區的大型住宅社區巴士行駛經過，僅有內湖科技園區通勤專車及大臺北地區的公車路線行駛，並且在門口約三十公尺處設有站牌「公館山」站，行經公車則有27、286（副線）、645、902、紅29、紅31等路線。故初步鎖定僅以內湖科技園區通勤專車，作為公車車體廣告之可行性，評估原因為：

1.乘客與目標客群高度重疊：搭乘內科通勤專車的乘客多數為內湖科技園區上班的通勤族，在工作圈上有地緣關係，是商業午餐的潛在客群。
2.行駛路線具地緣關係：經過查詢，由各家公車業者所聯營的內湖科技園區通勤專車，共有二十條路線，起站來自新北市各區，終點站則多半在內湖科學園區一帶。❸其中七號通勤專車行駛路線來自汐止，行經汐止市區、南港展覽館、南港軟體園區，以及臺北市舊宗路、行善路、瑞光路等，沿線上車乘客也多半在南港內湖一帶，具有生活圈上的地緣關係，除了商業午餐之外，也是晚餐及假日的潛在客群。

　　查訪報價結果如**表4-3**，估計若要有明顯效益，取得商圈人潮對餐廳的認

表4-3 車體廣告報價單範例

	1個月			2個月			3個月		
	車數	單價	小計	車數	單價	小計	車數	單價	小計
刊登廣告費（每車每月5,000元）	10	5,000	50,000	10	10,000	100,000	10	15,000	150,000
貼工	10	550	5,500	10	550	5,500	10	550	5,500
印刷費用（以定價55折優惠）			63,800			63,800			63,800
總計			119,300			169,300			219,300
每車每月平均成本			11,830			8,415			7,277
刊登廣告費（每車每月5,000元）	15	5,000	75,000	15	10,000	150,000	15	15,000	225,000
貼工	15	450	6,750	15	450	6,750	15	450	6,750
印刷費用（以定價55折優惠）			67,100			67,100			67,100
總計			148,850			223,850			298,850
每車每月平均成本			9,923			7,462			6,641
刊登廣告費（每車每月5,000元）	20	5,000	100,000	20	10,000	200,000	20	15,000	300,000
貼工	20	450	9,000	20	450	9,000	20	450	9,000
印刷費用（以定價55折優惠）			70,455			70,455			70,455
總計			179,455			279,455			379,455
每車每月平均成本			8,972			6,986			6,324

說明：1.車廂廣告尺寸為3×30尺，貼於車廂右側。

2.建議刊登廣告時間為期2至3個月，於15輛公車張貼。

3.板橋線屬大臺北地區，因車體較長貼工工資為每輛車550元。

資料來源：修改自柏泓媒體股份有限公司提供之報價單。

識，至少得採「十個車廂進行兩個月」的常態形象廣告，所需預算不含設計費用就已高達十六萬九千三百元（未稅）。餐廳開創初期不建議在沒有充分現金流量前發包此項廣告預算，故決議不採用。

四、Pasta Paradise餐廳的促銷策略

以下所列為開店初期促銷策略上的預定規劃，會在開店時視情形予以斟酌。

(一)每日特價

預先規劃每日一道餐點進行特價優惠活動。這對餐飲業界而言是非常偏好規劃的活動之一，像是三商巧福牛肉麵、Subway潛艇堡專賣店等，都會常態性

的進行每日特餐活動。原因是：

1. 透過店頭海報、布條、傳單或網站散布訊息，將預先規劃好的七種套餐分配在週一到週日，每日逐一進行特價促銷（如原價九十九元，特價六十九元），提供顧客約7折的優惠，非常具有吸引力，可藉此吸引人氣和買氣。
2. 餐廳可以策略性的在餐點規劃時考量其中的食材，並且因為促銷活動需要比平日更多的進貨量，還可作為籌碼向廠商尋求折扣空間，藉以降低食物成本。
3. 每日特價活動可有效地吸引顧客點用當日的特餐，讓廚房方便提前預先準備充足的食材，而非當日特價的餐點則可以酌量減少製備量，藉以有效提高食物新鮮度和食材的庫管控制效率。

Pasta Paradise餐廳可規劃週一到週五的商業午餐時段裡，每日提供一道口味的義大利麵作為每日特價餐點，並長期在店頭製作海報懸掛，以取得顧客的認知與頻繁地消費。例如：

1. 商業午餐：包含餐前現烤大蒜麵包、沙拉或湯品（二擇一）。
2. 主餐如下：
    星期一　茄汁肉醬義大利麵
    星期二　奶油鮮蝦寬扁麵
    星期三　羅勒青醬細扁麵
    星期四　墨魚花枝細圓麵
    星期五　橄欖油清炒鯷魚蒜香天使麵
3. 附餐：水果及咖啡／茶。
4. 價格：二百四十九元加上一成的服務費。

因為每天規劃的義大利麵以醬汁口味作為區分的要素，正好可以吸引對特定醬汁義大利麵的喜好者，預先計畫在優惠日當天前來用餐。

(二)下午茶

針對下午茶時段，為刺激人氣並且提高外勤業務員來店消費的頻率，除了採下午茶組合以優惠方式供應之外，也考慮在下午茶供應的時段（下午兩點至

四點半），提供免費的無線上網訊號，讓有商務需求的業務員或上班族，可以利用自備的筆記型電腦上網。下午茶組合內容為：

　　1.當日創意蛋糕或手工餅乾。

　　2.搭配八十元飲料（咖啡可續杯、花草茶可回沖）。

　　3.價格：一百四十九元。

(三)早鳥優惠

　　Pasta Paradise餐廳因為所屬商圈及潛在客層性質上多屬上班族的關係，在商業午餐時段必須採物超所值的價格策略來吸引人氣。為了能在商業午餐時段發揮最大的業績效益，在有限的空間及座位數的前提下提高餐桌的周轉率成了最重要的工作之一。現今上班族用餐時間依每家公司的內規而有所不同，通常約定的午餐休息時間為九十分鐘，從十一點二十分至下午兩點，可自行調整休息時間，但須透過門禁打卡以作為時間控管。

　　為了能有效地在午餐時段規劃出兩次餐桌的翻轉率，除了在商業午餐的餐點內容規劃上能夠考量廚房出菜效率及客人用餐的速率外，利用適當的優惠來吸引客人能夠及早進來餐廳用餐，並且在規劃的時間結帳離開，就是「早鳥」優惠的精神。預計規劃的內容如下：

> 11:45前入席並且於12:50前結帳離席
>
> 另贈送開味菜
>
> 「莫札瑞拉起司佐新鮮番茄」或「酥炸花枝圈」

　　透過此項長期的活動可以讓消費者瞭解，到Pasta Paradise餐廳用餐若不能夠趕在十一點四十五分入席並享用，則可以考慮在下午一點來店用餐，因為在這個時段會有較多的餐桌客人完成買單離席。長時間下來可以自然培養餐廳在商業午餐時段有更高的餐桌周轉率。

　　而對於贈送的開胃菜規劃，之所以選擇「莫札瑞拉起司佐新鮮番茄」及「酥炸花枝圈」贈送的原因為：

　　1.成本不高且份量有彈性，讓客人有機會嚐試這兩道開胃菜，日後如果無法在「早鳥」優惠時段來用餐，也有可能因為先前嚐過，並且喜歡這道

開胃菜而自行付費加點，創造潛在業績。

2.這兩道開胃菜分屬冷盤料理（莫札瑞拉起司佐新鮮番茄），以及油炸料理（酥炸花枝圈），在廚房工作分配上不會集中於某項廚房設備或某位特定的廚師，因此不會造成營運上的負擔或不平衡。尤其「莫札瑞拉起司佐新鮮番茄」甚至可以預先製備好，放在冰箱冷藏，對於用餐尖峰時段，幾乎不會造成廚房額外的工作負擔。

(四)加價購

針對晚餐的時段，除了一系列的單點菜單之外，初期並不會規劃特別的套餐菜單，原因是為了提供客人更多的自主性和更超值的服務。餐廳將以加價購的方式讓客人自行點用主菜，再加價升級為套餐。

超值套餐加價購 $149	精緻套餐加價購 $199
餐前現烤麵包	餐前現烤麵包
水果沙拉或花園沙拉或今日湯品	水果沙拉或花園沙拉
--	主廚當日創意湯品
主菜	主菜
附餐水果	附餐水果或精緻甜點
咖啡／茶	咖啡／茶

Pasta Paradise餐廳裡以菜單的主菜平均價格估算，晚餐的平均客單價會因為客人以加價購的方式升級套餐，而落在約五百元左右。

註　釋

[1] 邵怡華（2009/03/19）。《大紀元》報導，。

[2] 簡至豪、廖芳潔（2009/05/28）。「您姓什麼？潛艇業者『買一送一』噱頭」，TVBS。

[3] 內科通勤專車（2014/04/14）。路線資訊，http://bigcancer.myweb.hinet.net/ntp_map/ntp.htm。

Chapter

5

餐飲與數位科技的結合

本章重點

1.陳述數位科技影響了消費者對於用餐的選擇，也改變了消費用餐的行為
2.瞭解關鍵技術如何將餐飲導入科技數位運用，有哪些科技改變了餐飲業生態
3.瞭解什麼是SoLoMo，及其如何成為行動數據行銷的核心觀念
4.瞭解網路科技技術之於餐飲業者的應用有哪些
5.瞭解移動設備運用軟體（Mobile Application, App）與認識美食評價網站

🍲 第一節　是科技撩了餐飲？還是餐飲去撩了科技？

　　曾幾何時，在我們的日常生活中數位行銷開始侵入了我們的日常生活周邊，舉凡手機、平板、電腦點閱新聞、收發郵件、以通訊軟體溝通、下載App、看影音追劇、打Game，過程中無不被各種產品廣告遮蔽畫面。甚至在下載App或影音時必須被迫在一長串我們從未閱讀的複雜繁瑣條款底下的「我同意」做打勾，把自己的個資出賣給廠商做日後行銷的名單，接續而來的是數不盡的廣告郵件或畫面推播。然而，在我們覺得困擾不堪的同時，其實我們也在無形中嘗遍了各種數位科技帶來的好處。像是在手機上搜尋某個診所，很快進入畫面的有地址、電話、營業時間、路線甚至導航。當我們搜尋某家餐廳時，除了地址、電話、營業時間、路線導航、甚至多了數百則的評論來供您參考過去前往消費的網友評價，最後還可以順勢進入「立刻訂位」，然後自然被導引到無論是開放式的訂位平台或是封閉式的訂位頁面，完成了訂位之後，又順勢地被導入預付訂金或線上刷卡享受優惠的行銷手法，避免訂位取消造成餐廳營業損失，在提高消費者權益的同時也因為提前刷卡付訂而享有用餐優惠，算是個雙贏的局面。

　　這些改變早已經漸漸進入到大家的消費行為中，成了無聲的革命。二十年前真的很難想像能有今天這般的局面。畢竟自動化、機械化、無人化在早期人們的印象中，不外乎是自動化生產，既能快速生展而且質量穩定，省卻大量勞工的高成本、低效率及高食安風險的困擾。而在餐廳這端的場景，自動化或機械化在早期也僅止於始自廚房的部分烹調設備，像是落地型攪拌機或自動切片機透過穩定力道、轉速或刻度來重複製造各項餐點所需的食材；在外場則是始自於點餐POS系統來進行帳務計算，餐點接單在內外場間的傳輸列印與銷售各項報表的製作，或是搭配電腦及網路進行資料傳輸、雲端備份、大數據累積進而計算統計等功能。

🍲 第二節　關鍵技術成就了餐飲導入科技數位運用

　　近十年來餐飲業與科技間產生了緊密聯繫，尤其在行銷、大數據、網路傳

播，甚至在餐飲服務上都有了長足的進步，直接影響消費者的用餐選擇，也改變了消費用餐的行為。然而究竟是哪些科技改變了餐飲業生態？

一、網際網路

這項無遠弗屆的科技技術，讓人類這三十年來的改變超越過去五千年，因為網際網路克服了城鄉、貧富的差距，也避免了知識的不對稱，使知識的傳播快捷又廣泛。

二、WiFi無線傳輸

WiFi（如**圖5-1**）這項無線傳輸雖然短距離，但是穩定方便。對於各項設備間的資料傳輸省卻了網路線的建置，避免了已經裝潢好的商業空間又得做改裝的困擾，省錢、省事安裝快速，且方便使用。WiFi除了是餐廳內部管理系統的傳輸依靠外，更是消費者除了餐飲之外最受歡迎的免費服務之一。多數的餐廳或咖啡廳都會免費提供WiFi給客人使用，滿足沒有購買

圖5-1　WiFi

吃到飽行動數據方案的學生族群，或平板及筆記型電腦使用者的上網需求。餐飲業者如此慷慨不外乎也是希望客人能夠多拍照，打卡上傳社群媒體，藉以打開餐廳的知名度。

三、藍芽無線傳輸

藍芽（如**圖5-2**）同樣是屬於短距離的無線傳輸通訊協定，也同樣穩定方便。讓使用者除了WiFi之外又多了一個無線傳輸的選擇。有些餐廳會為前來慶生用餐的客人拍照留念，餐廳使用手機為客人拍照以藍芽傳輸到餐廳設置的相片印表機進行列印後贈送給客人，是個相當貼心的舉動。早年的餐廳則是利用拍立得照片，但是成本高昂且拍攝畫質效果有限。現在有了藍芽傳輸印相機，既快速、方便又能省去記憶卡不斷插拔所造成的損壞。

圖5-2　藍芽

四、IR紅外線監視設備

IR紅外線（如**圖5-3**）可在軍事、工業、科學及醫學上廣泛運用，還可以在不被查覺的情形下觀察人或動物。IR紅外線常用於採用動作偵測啟動的監視設備，以減少耗電和大量記憶體的困擾，可以在只有偵測到人或動物行進移動時才啟動錄影功

圖5-3　IR紅外線

能。多數的餐飲店家也都會為了雙方的權益或防盜需求安裝監視設備，並且在夜間進行動態偵測錄影、錄音，然後利用無線傳輸和手機內下載的App，隨時隨地透過手機同步監看。此外，對於大型空間如百貨公司、賣場、體育館等人潮密集的場所為了有效控管人數並維護室內空氣品質，多半會做人流管制，在場地的出入口加裝紅外線攝影機，透過對人體的感應做人數計算的技術，也被普遍廣泛的使用。

五、RFID無線射頻辨識

RFID無線射頻辨識（Radio Frequency Identification, RFID）（如**圖5-4**）是一種無線通訊技術，可以通過無線電訊號識別特定目標並讀寫相關數據，而無需識別系統與特定目標之間建立機械或者光學接觸。這麼一長串看似複雜的話語其實簡單的說就是具有綁定身分的無線感測辨識，像是感應信用卡、有綁定身分的感應悠遊卡，或是門禁卡都屬於這種技術。

圖5-4　RFID無線射頻辨識器

六、智慧型手機

智慧型手機大概是所有人最熟悉不過的行動通訊設備了。有了智慧型手機就有了內建的WiFi和藍芽通訊協定。透過下載Line Pay App或是Android Pay、Apple Pay（如**圖5-5**），甚至國內自行開發的Taiwan Pay、Pi錢包等支付應用程

(3)Apple Pay

(4)Android Pay

(1)Line Pay

(2)Line Pay支付紀錄與Line Points紀錄

圖5-5　無線行動支付

式，再綁訂約定好的信用卡資料後，就可以在各大賣場零售通路使用無線行動支付，成了方便快速安全的支付工具。

　　此外，智慧型手機除了WiFi和藍芽之外，如果有付費電信公司使用行動數據功能，則又可以透過電信公司的基地台進行手機定位，知道自己所在的位置再搭配手機內的Google Map或其他地圖軟體則又成了導航的設備工具。

七、重力感測器

　　重力感測器（G-Sensor）這項設備被內建在所有的智慧型手機和平板電腦中，讓消費者可以輕鬆的在將直立的手機擺橫時，螢幕畫面雖之轉倒九十度，讓使用者更方便觀看較大的畫面，特別是在追劇或是打電玩時，使用者幾乎都是將手機打橫使用。這項功能憑藉的就是內建的重力感應器能夠感應手機現在的擺放狀態，進而啟動畫面跟隨。近幾年，重力感應器也被廠商包裝成供餐廳客人使用的服務需求工具，客人可以隨時將餐桌上的小方塊擺成特定的角度，讓重力感應器把所感受到的訊息傳輸到餐飲服務人員手腕上的智慧手環，服務人員可立即讀取手環上的訊息，得知哪個桌號的客人需要什麼樣的餐飲服務，有效提高服務效率。

【延伸閱讀】太神！Noodoe積木打造餐飲翻桌神器

　　小小積木方塊成為餐飲業翻桌神器！宏達電前行銷長王景弘成立的拓連科技Noodoe，繼先前智慧錶後，將以物聯網裝置「服務方塊」挺進餐飲業，只要讓積木翻個面，訊息透過藍牙、透過語音傳輸給服務生對講機，立即到桌服務，點菜、打包、倒水輕鬆搞定。最好的是，服務方塊還有防偷竊功能，連保全費都可省一點！

　　別小看這個3×5見方的長方形小積木，它具備藍牙傳輸、微處理器（MCU）、加速感應器等功能，王景弘稱之為「服務方塊」。這是他的設計魔法體驗（Designed Magic Experience），只要將積木上所代表的服務，像是茶水、打包、整理、叫人等翻面到桌上，就不用再大聲呼喊服務生。（如圖5-6）王景弘認為，「讓客人少等一下，用餐經驗服務會更為提升」，「因為讓客戶等待的那千分之一秒，就是你與競爭對手的差距」，是不少餐飲業者拉開與競爭對手的考量點。

(1)服務方塊在餐桌上的示意　　(2)服務方塊內置重力感應器　　(3)服務方塊會將訊號傳輸至服務
　　畫面　　　　　　　　　　　　　　　　　　　　　　　　　　人員的智慧手環

圖5-6　Noodoe開發的「積木型服務方塊」

資料來源：檢索自蘋果即時新聞網。

　　王景弘說明，目前已經有許多服務業者表示有高度興趣採用，包含五星級飯店、連鎖餐廳、高檔餐廳，橫跨中、西、日式餐飲服務性質。預估年底有一百家以上會採用。王景弘透露，這項設計從硬體打造到系統平台，都出自Noodoe之手，在「看到Apple Watch推出後，你如果還陷在Android陣營中，你很快就會被打死。」Noodoe平台是一個整體的概念，結合先前發表的智慧錶，加上布局十八個月的整體策略，未來將會有更大的躍進。

　　「服務方塊」由Noodoe開發，每套方案售價依照不同的營運規模大小進行調整，餐廳營運規模可達四十至五十桌不成問題，從服務方塊到系統建

置，整體收費約五、六位數以上。平均每桌次費用數千元以上，範圍很廣，也會提供客製化給業主。

　　王景弘的視野不侷限在臺灣，也不僅限於餐飲業，「不應該為物聯網IoT而IoT，像是計步器或睡眠偵測器都太刻意，真正的物聯網設計應該是不用反而會賠錢」，因此他鎖定全球各大都市餐飲名店，也透露會在零售和旅遊上有更多新穎的設計應用。

　　相關影片欣賞可掃描QR Code瀏覽YouTube影片，見圖5-7。

圖5-7　「積木型服務方塊」示範影片QR Code
資料來源：陳俐妏（2015/08/24）。蘋果即時新聞網，太神！Noodoe積木打造餐飲翻桌神器。https://tw.appledaily.com/new/realtime/20150824/676946/。

八、管理程式

　　有了行動通訊載具（通常是手機或平板）和其內建的各項傳輸技術之後，再搭配上電信公司的行動數據服務，接下來需要的就是管理軟體了，也就是我們常說的App行動應用程式（Mobile Application）做搭配使用了。這些App在旅遊界可以是Trivago、Booking.com、Agoda，在餐飲業可以是EZTABLE、Tripadvisor（貓途鷹）、愛食記、食在方便、Uber Eats……。

　　有了App程式才算完成了最後一哩路，因為透過App啟動手機的衛星定位可以規劃路線導航、綁定信用卡支付、以Google帳號或臉書帳號登入又綁定了使用者的身分，得知了Gmail、訂位自動匯入Google行事曆……。App有效的串連了手機內建的各項傳輸設備、搭配行動數據和支付，甚至影音後，等於彙整了資訊流（定位、Email帳號、行事曆、影音）和金流（網路銀行、信用卡綁定

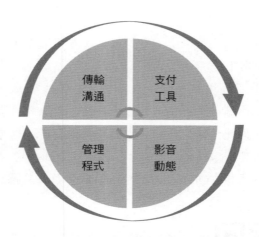

圖5-8　透過行動應用程式串流資訊
　　　　誘發消費

行動支付），成功讓管理程式整合了所有資訊之後，進而創造了行銷的無限可能。（如圖5-8）

🍲 第三節　SoLoMo概念成就了網路數位行銷的核心能力

　　SoLoMo是三種概念混合的產物，即Social（社交的）、Local（本地的）、Mobile（移動的），連起來就是SoLoMo，簡略的說就是「社交本地移動」，即社交+本地化+移動，它代表著未來互聯網發展的趨勢。（如圖5-9）

圖5-9　SoLoMo行動數據行銷的核心觀念

　　2011年2月，IT風險投資人約翰‧杜爾（John Doerr）首度提出了這個概念
"SoLoMo"。他把最熱的三個關鍵詞整合到了一起，隨後SoLoMo概念風靡全
球，被一致認為是互聯網未來的發展趨勢。更早之前，摩根斯坦利的分析師瑪
麗‧米克（Mary Meeker）就預言，移動互聯網將於五年內超過桌面互聯網。
人們用移動設備鍵結互聯網的時間將顯著上升，也就是說"LBS"（Location
Based Service，即基於用戶當時位置）的服務也將會呈蒸蒸日上之勢。

　　簡而言之，用現今的日常生活行為來解釋，就是消費者透過手機或平板
（Mobile）瀏覽各大美食網站、餐飲官網、餐廳臉書社群粉絲團（Social）來挑
選餐廳，前往消費。在搜索時消費者有可能利用手機（Mobile）的定位和導航
功能找到餐廳（Local），在進到餐廳後，拿起手機或平板電腦（Mobile）進入
社群網站（Social），進行打卡拍照上傳（Locate），後出示給服務人員，藉以
獲得店家所提供的優惠或免費餐點，而幾分鐘後又因為臉書上的朋友看到了消
費者塗鴉牆上的打卡或美食照片，回應朋友間的社群互動（Social）。整個從
消費前到消費中甚至消費後，所有的行為模式似乎不斷地在「So」、「Lo」、
「Mo」當中重複交替出現，SoLoMo也就成為了行動數據行銷的核心觀念。
（如**表5-1**）

　　而業者的腦筋更是動得快，為了強化自身的知名度吸引消費者上門，設計
了各種規則來鼓勵消費者和店家，更鼓勵消費者在其所有的人際圈中作互動，

表5-1　SoLoMo功能與工具說明表

SoLoMo		
Social	Location	Mobile
社群	地點、地標	智慧型行動上網裝置
常見工具／功能		
消費者個人臉書、Twitter	向Google Map登記地標	上網進入社群網站發表及回應
餐廳設立官方粉絲團	利用Google企業服務做店家環景攝影	拍照
餐廳設立行動裝置應用程式（App）	餐廳設置官方地標	打卡
餐廳建置QR Code方便消費者掃描瀏覽	餐廳在其他地點舉辦活動，建立臨時活動專用地標	導航
餐廳加入線上訂位平台		進行QR Code掃描
餐廳積極參與各家美食網站或評比網站		利用手機行動付費工具進行消費

以提升消費動機（來客量增加）、消費忠誠度（消費頻率提高），甚至拉高每次的消費金額（帳單價格提高）。業者採取的手段除了透過這些行動裝置、社群軟體本身的功能之外，適度的投資開發手機應用軟體（App）和社群網站上的各類外掛程式更是不可缺少。

第四節　網路科技技術的其他應用

一、臉書粉絲團

臉書（Facebook）大約自2008年起在臺灣開始風行。初期以個人社群功能為主，隨後則被大多數的餐飲企業所採用，尤其是在經營粉絲團這方面的功能上，各家餐廳可說是無不卯足全勁，想盡一切辦法衝高粉絲數量及打卡數量，並且在粉絲團裡不斷上傳餐點照片與優惠活動訊息，以刺激粉絲前來消費。綜觀來說，粉絲團對餐廳的行銷有下面幾項主要優點：

(一)話題多元且能引起共鳴

臉書粉絲團與官網不同的是，餐廳的臉書粉絲團除了也能辦到官網既有的所有功能，如「關於我們」、「菜單」、「最新活動訊息」、「基本資料地址電話」、「聯絡我們」等功能之外，餐廳業者同樣能在臉書粉絲團上附掛網路訂位的連結，讓粉絲團百分百擁有官網的功能，甚至提供更多額外的功能，超越了傳統官網給人死板的印象，如圖5-10的「勞瑞斯牛肋排餐廳粉絲團」頁面，就可以看得到粉絲數量、或是季節性的最新活動訊息（如情人節）、地圖、3D餐廳實景、線上訂位的地址、電話、基本資料、粉絲評價等。

粉絲團可以是以一個朋友的角度在和粉絲交朋友，粉絲團管理人甚至可以自稱「小編」，或是為自己取一個綽號

圖5-10　勞瑞斯牛肋排餐廳臉書粉絲團

來拉近與粉絲的距離。話題則比較建議是多元並且輕鬆的，逢年過節時記得給予問候，天冷、下雨或颱風時給予提醒叮嚀，或是po上即時性的社會上發生的任何溫馨小故事的分享等等，這些都可以是粉絲團上被提及的話題（如圖5-11）。這些話題可以輕鬆多元，因為臉書粉絲團比起官網要來得有趣又不失態。但要把握住的原則是話題不要涉及敏感性或具社會爭議性的議題，例如同性戀、政治、宗教等此類話題避免在粉絲團中提及，以免兩派粉絲在粉絲團上產生爭議，徒增餐廳困擾。

圖5-11　勞瑞斯牛肋排餐廳臉書粉絲團

(二)即時性快，能見度高

臉書粉絲團最大的好處就是免費而且及時，但前提是要能先讓消費者在餐廳粉絲團按讚。多數的臉書使用者慢則一天，多則幾乎每幾分鐘就會瀏覽臉書一次，粉絲管理者只要上傳任何一個新貼文都能很即時的被粉絲所看見。這能有效的避免傳統電子郵件被郵件伺服器灌入垃圾信箱的窘境。再者，根據新聞報導，臺灣人愛使用臉書上傳照片和打卡的意願、次數在全世界是出了名的瘋狂，這對具有競爭力的優質餐廳絕對有加分的效果：❶

> 臺灣人超級愛拍照，幾乎是人手一機，走到哪，拍到哪，還不忘要上傳網路分享。知名相簿分享平台統計公布全球最愛拍照標籤的前十大國家，臺灣人口雖然只有兩千三百多萬，但排名還在大陸和印度前面，位居全球第八。
> 不管是松露義大利麵還是香煎牛排，美食上桌沒有人拿起餐具，都是

先急著拍照上傳分享,臺灣人愛拍照,幾乎是人手一機,走到哪,就拍到哪,知名相簿分享平台統計,臺灣有52%的人口,愛拍照並會用網路分享,而調查最愛拍照標籤的國家,前三名是日本、美國及法國,臺灣則是排名全球第八,僅次於義大利、英國、德國及澳洲,人口眾多的大陸與印度,還排在臺灣後頭。

幾個大學畢業生,穿著學士服跑到武嶺,在要踏入人生新領域之際,留下特別回憶,先前美國旅遊網站也統計公布過,全世界最受歡迎的五十個臉書打卡地點,臺灣的桃園機場和臺北車站擠進十八和四十八名,其中桃園機場還有超過七十萬的打卡紀錄,可以看得出來臺灣人真的很愛打卡。❷

試想,客人來到餐廳用餐時對於餐廳的裝潢氛圍和精緻餐點拍照上傳後,可能立即得到該名顧客臉書朋友群的按讚、回應甚至分享,這些都是典型的口碑式行銷。只要餐廳的氛圍、餐點、服務品質都能到位,客人就是餐廳的最佳代言人,但是如果餐點品質差、環境髒污、服務傲慢,自然也會壞事傳千里,毀了餐廳的聲譽和業績。

(三)外掛程式提升互動性

粉絲團的另一個重要功能,是官方網站不能比擬的「互動性」。除了一般貼文引來粉絲的回應之外,各種免費或付費的外掛程式更是將與粉絲的互動加以提升,可說是建立粉絲對餐廳高忠誠度的重要工具。目前常見的外掛程式有上傳照片、領取優惠通知及票選的功能。

■上傳照片

臉書粉絲團提供外掛程式讓粉絲上傳照片,進而吸引親朋好友及其他粉絲朋友的投票,幫助上傳者贏得餐廳所提供的獎項。這是一個借力使力的策略,讓上傳者幫助餐廳帶來更多的粉絲。親朋好友在投票的同時,自然也就成了餐廳的新粉絲,是一個很典型的顧客資料挖掘方法(Data Mining)。照片上傳的臉書外掛程式有付費版及免費版,主要在於功能的完整性,粉絲團管理者可以多加研究,頗值得一試。(如圖5-12勞瑞斯牛肋排餐廳舉辦的粉絲照片上傳投票活動)

圖5-12　粉絲團照片票選活動

■ 領取優惠

　　臉書粉絲團上加掛領取優惠功能的界面，在亞洲始自於新加坡，在臺灣也有星巴克咖啡、君悅飯店、肯德基、勞瑞斯牛肋排餐廳、臺北威斯汀六福皇宮飯店使用過這項外掛程式。活動方式是在特定的時段於臉書粉絲團上提供領取優惠的訊息（如**圖5-13**），粉絲只要點選領取優惠的連結，隨即會在其個人信箱收到來自臉書粉絲團所寄出的優惠通知（如**圖5-14**）。粉絲們可以直接帶著手機、行動裝置，或是列印優惠通知，就可以到餐廳依照規定辦法，得到專屬的優惠。

圖5-13　臺北威斯汀六福皇宮飯店與臺北君悅酒店粉絲團優惠訊息活動

圖5-14　從粉絲的個人信箱所收到的優惠通知信函

■ 票選活動

　　粉絲團的另一個重要的外掛程式是票選活動。這個投票功能很多時候會被用在餐廳籌備行銷活動，或為了幫菜品、飲料取名，或為了一句行銷宣傳標語遲遲無法做出決定時。通常多數餐廳會直接把這個頭痛問題交給粉絲來投票表決，讓粉絲參與餐廳經營的過程，提升過程中的趣味性。當然，餐廳也必須提供適度的獎項或優惠給所有參與的粉絲。（如**圖5-15**）

圖5-15　夏日調酒和餐廳形象宣傳標語票選活動

(四)畫面生動活潑,影音皆可上傳

臉書粉絲團除了相片也提供影片上傳的功能,傳統的官網上如果要和消費者分享影片必須先將欲分享的影片上傳到YouTube之後,再把YouTube的連結掛在網站上。而臉書粉絲團則可以直接將影片上傳讓管理者更有效率!

(五)後台數據精確詳細

傳統在官網可以附掛一個計數器,只能隨時看到有多少人次曾經瀏覽過官網,但是對於官網的哪一個頁面被瀏覽則無從得知。但是在粉絲團的後台,則對於每一篇貼文都能有鉅細靡遺的分析報告,舉凡觸及率、觸及人數、互動率、回應筆數、按讚變化分析等等,都能讓管理者從中學到更有效率的貼文時間和粉絲喜好(如**圖5-16**)。

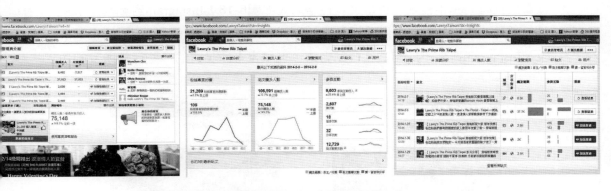

圖5-16　粉絲團的各種洞察報告數據

(六)廣告預算便宜

相較於傳統廣告媒體如報紙雜誌動輒數萬元起跳,臉書上的廣告顯然便宜很多。更重要的是刊登在報紙、雜誌等傳統媒體,沒有人有辦法得知該則廣告實際被看見的數據。而在臉書上做廣告的最大好處是不但便宜,而且還可用已被看到、被觸及來計費,餐廳的每一分錢可說都花得實在。再者,瀏覽者看到了廣告,因為喜歡而按讚,餐廳將多了一筆顧客資料,作為日後的宣傳和互動對象。

臉書廣告的另一個好處是它會判別臉書使用者的使用喜好,把對的廣告放在對的人的螢幕畫面上。以一個臉書使用者來說,如果他對美食有所偏好,按

讚的內容也多半和美食或餐廳有關,則他會常常看到的餐廳或美食的廣告。換句話說,廣告會自動選擇高度的潛在消費者來做宣傳。

　　廣告預算的確實掌握也是臉書廣告的一個重要優點。餐廳可以在後台決定登入廣告時也同時選擇欲花費的廣告預算,假設設定為二千元,則隨著被觸及點閱的人數愈多,這二千元預算也才逐筆開始被扣款,二千元扣完之後廣告自動結束,不會有超支預算的疑慮,預算用完也可隨時再增加預算重新刊登廣告。

二、Instagram強大的拍照與修圖功能

　　近二、三年來,Instagram成了一股完全無法忽視的社群軟體,強大的拍照和情境模式修圖功能、限時動態都是受到年輕人歡迎的主因。(如**圖5-17**)當然,加上名人偶像的使用加持,更加速催化了年輕人對Instagram的熱情。它比臉書更具時尚、年輕感,更富文青性格。(如**圖5-18**)Instagram對年輕人來說是一種社群認同,既可公開也可私密,同樣和臉書擁有私訊功能。對於企業來說,Instagram雖然不能小覷其行銷力道,但臉書上所具有的一些行銷所及的功

圖5-17　各式趣味餐點或人物照片爭取年輕人的好感

圖5-18　適度在文字串中穿插使用表情符號或圖案增添年輕感

能，在Instagram裡並不具備，例如在廣告上並無法外掛程式，也無法如臉書般
能讓網友在回應裡做更多的行銷使用，像是抽獎；而且在同一個頁面裡除非設定成分割畫面以合併多張照片，否則使用者如果不左右挪移，是無法看到完整的其他照片，甚是可惜。（如**圖5-19**）

Instagram在「#地標、#人名」，或各項名稱的功能甚是強大，透過適當的「#關鍵字詞」，能讓自己的po文獲得來自世界各地使用者的關注，對發文者來說也是一種成就感的滿足。（如**圖5-20**）但不可諱言的，當多數五、六十歲長者擅長使用臉書後，年輕一輩或是為了逃避長輩的關注，又或是覺得和長者使用同一社群軟體而有負面感受的原因，Instagram成了他們在同齡間社群的好選擇。企業為了能在Instagram裡和年輕人有正面的互動，以爭取對品牌的關注和喜好。即使在同一個宣傳主題下，在照片的運用上或文字的筆法上也會和臉書有所區隔，算是運用不同手法經營不同的市場。（如**圖5-20**）

圖5-19　多張照片有賴使用者左右滑動

圖5-20　文字結束後加上合適的「#關鍵字詞」增加點閱曝光率

三、網路訂位

網路訂位是近年來餐飲消費者向餐廳訂位的全新管道，也快速地在風行成長。國內目前有幾家專業的訂位系統平台，供餐廳選擇配合。網路訂位的特性如後。

(一)突破時間限制

傳統的訂位方式多半以電話為主，過了餐廳營業時間就沒人接聽電話，無法隨時訂位。有時候人在國外想預定返國後用餐的餐廳，又因為時差限制造成困擾。有了網路訂位，只要有網際網路隨時可以不受時間限制完成訂位手續。

(二)突破地域限制

如上所述，消費者可能因為在外地甚至國外，不願意以越洋電話打電話到餐廳訂位，選擇網際網路線上訂位完全不會有額外費用產生。

(三)流程快速，錯誤機率少

專業的線上訂位系統多半在流程上設計相當精良，讓使用者快速找到餐廳，點選日期時間、輸入姓名、電話、電子郵件等基本通訊資料，便快速完成訂位。而且可以在系統預設的選單裡點選用餐目的或常見的用餐要求（如靠窗、安靜桌位、慶生、指定包廂等等）。

(四)餐前提醒

常常有消費者訂位之後卻在用餐當天因為行程繁忙而遺忘，透過線上訂位系統最大的好處是可以在用餐前，由系統業者以簡訊或電子郵件加以提醒，避免消費者爽約，減少餐廳訂位No Show的比率，創造雙贏。

(五)享受優惠

線上訂位系統會不定期地和銀行信用卡合作或和餐廳合作，鼓勵消費者在網路上訂位並以特定的信用卡支付餐費，獲取用餐優惠。（如圖5-21為EZTABLE線上訂位業者提供會員刷特定信用卡支付餐費得以享有七五折優惠的頁面）。餐廳也會利用線上訂位業者銷售電子餐券，讓消費者在訂位時就直接透過線上刷卡預付餐費，以獲得優惠（如圖5-21）。對消費者來說省了荷包得

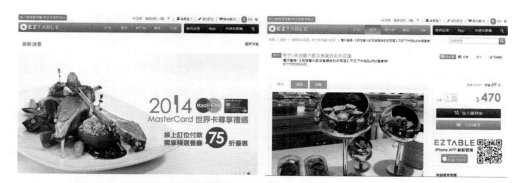

圖5-21　EZTABLE線上訂位與折扣優惠

到優惠，而對餐廳來說預付訂金可以有效減少客人爽約的機率，同時因為客人先前已經預付過餐費，用餐當天心態上會比較放鬆，透過桌邊服務人員的建議性銷售，客人往往會願意再加點其他餐點或飲料。

根據統計，預付訂金的客人最後的用餐金額比一般客人高出約10%。換句話說，透過線上訂位並且預付訂金創造了餐廳和消費者的雙贏局面。（如**圖5-22**為筆者接受商業發展研究院針對線上訂位的採訪影片說明[3]）

圖5-22　商業發展研究院針對線上訂位趨勢所做的採訪影片

(六)社群功能

線上訂位系統的社群功能乃是利用消費者以臉書帳號登入並完成訂位，在其個人的臉書塗鴉牆上出現他透過線上訂位，即將在某家餐廳用餐的消息。如果是聚餐，還可以在訂位時一併標籤訂位者臉書上的朋友，讓同行聚餐的朋友得知訂位已經確認。而用餐者的臉書塗鴉牆很容易帶來其他朋友的回應，形成一個討論區帶動餐廳知名度。這對於一個優質具有競爭力的餐廳有很大的廣告宣傳效果。

(七)網友評價參考

餐廳重要的行銷能量來自於消費者的口碑，尤其在網路發達的時代，任何一點讚美或指責都能立即在網路上展現令人驚訝的宣傳能量。這對於優質具競

爭力的餐廳而言當然是個很大的助力。線上訂位業者也會在每筆用餐結束後，經由系統發給消費者一個滿意度調查，並且將這些調查數據真實地擺在訂位網站上，讓消費者在選擇餐廳時作為重要的參考。餐廳的管理人員也會同步收到這些滿意度調查，作為改進的參考，並視情況主動與消費者聯繫，表示對消費者的尊重和感謝。（如**圖5-23**）

圖5-23　消費者滿意度線上訂位調查數據

(八)建立餐廳資料庫，強化數據分析

經由線上訂位系統業者引進的消費者，都會因為實際的消費行為，在餐廳留下個人資料及消費的相關資訊，這些經年累月的資料都能經由系統後台，轉換成有效的分析資訊，讓餐廳經營者在管理上更加得心應手，在行銷策略上也能更精準。（如**圖5-24**）

(九)迎合趨勢，提升餐廳形象

隨著網際網路、雲端科技以及行動裝置的不斷升級，人們對時間和空間的掌握就愈是精確而有效率，人們也就愈來愈習慣透過手機或平板電腦等行動上網裝置，向航空公司訂機票、向青年旅舍訂房間、向醫院預約網路掛號、向臺鐵預訂返鄉車票、向影城預訂電影票並指定座位、向購票系統預訂演唱會門票，同時人們也開始改變行為模式，利用網路在線上訂位平台搜尋餐廳，爬文

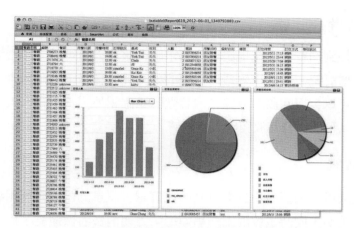

圖5-24　線上訂位系統提供的後台分析數據

看評比、觀察每家餐廳得到的評價分數，然後選定餐廳並訂位，甚至一併訂花、訂蛋糕。

當消費者習慣不斷改變，餐廳沒有理由坐視不管，應該洞察趨勢、迎合趨勢，讓餐廳得以跟上消費時代的腳步，才能繼續創造利潤進而永續經營。商人在商言商，將本求利，跟上這些網路科技的脈動，為的只是確保能夠繼續獲利，在臉書或官網掛上線上訂位功能，也是餐廳形象的提升。現在趨勢的發展就已如此，五年或十年後將更有可能成為主流中的主流，餐廳想要預見這些五年、十年後的消費者，現在勢必得急起直追，跟上網路科技腳步才行。

四、封閉式網路訂位軟體Inline

Inline是近幾年新推出的訂位管理軟體，相當熱門。有別於第三點所提及的開放式訂位平台提供成千上百餐廳供消費者選擇的經營模式，Inline屬於一個封閉型的訂位軟體工具。消費者透過餐廳的官網、粉絲團的導引進入訂位系統後，在沒有其他餐廳曝光干擾的情形下，在一個很簡潔的操作環境下，利用短短幾秒鐘完成訂位。當消費者完成訂位後，隨即會在手機簡訊收到訂位確認，便捷且讓消費者感受到安心。

對於一般電話進線的訂位，餐廳的服務人員能夠一邊接聽電話一邊快速的把訂位資料鍵入平板電腦的系統中，讓不論是透過網路或傳統方式的訂位資訊都能集中匯集在系統內。茲針對其特色敘述如下。

(一)電話錄音

當餐廳接到消費者來電提出訂位需求時,服務人員可以立刻透過平板電腦內的系統新增訂位,系統也會透過平板的麥克風收音錄下電話內容。除了有時候資訊混淆可以重複回放聽取錄音內容做資訊確認外,一旦和客人產生溝通誤會時,也可以利用錄音回放與客人做釐清。

(二)簡訊確認

訂位完成後,消費者會立即收到簡訊確認,訊息的內容會將用餐日期與時間做簡短的說明,同時也會附上一串連結,方便消費者做連結,以提前對餐廳的菜單、環境、最新活動訊息等有所瞭解,除了方便更是給消費者一個安心!

(三)用餐前一日的簡訊再確認

到了用餐前一日,簡訊會再發出。此次簡訊重要的目的是對消費者做提醒,避免遺忘。簡訊內容甚至做了保留訂位和取消訂位的選項確認,增加餐廳對訂位掌控的精準度,以有效掌控桌位,讓商機不消失。（如圖5-25、5-26）

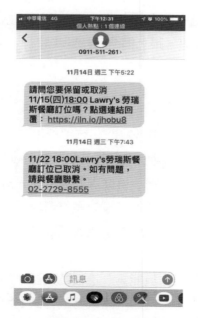

圖5-25　Inline訂位用餐日前再次確認頁面　　圖5-26　訂位取消後簡訊畫面

(四)黑名單

餐廳的每一筆訂位客人到達之後，餐廳人員也會在系統中註記到達，讓這筆訂位正式結束，進入系統中存檔。對於沒有按時出現的客人，餐廳人員最終會在系統中以「放鴿子」來將這筆訂位關閉，進入系統中存檔。餐廳可以隨時透過系統查閱有「放鴿子」習性的客人，並且自行決定要將哪些次數過多的客人移入「黑名單」中。爾後如果客人在進線訂位便會遭受到系統的阻擋，直到餐廳將客人從黑名單中除名才能恢復訂位權利。

(五)名單自動媒合

餐廳透過長時間的使用訂位系統，資料庫內自然會儲存大量的顧客資料。這對餐廳人員爾後在鍵入姓名或電話時，系統都會在第一時間立即啟動，比對媒合功能，直接跳出可能的名單，讓操作者點選帶入，省去完整的資料輸入，操作上更快速方便。

(六)避免重複訂位

透過系統管理設定的功能，餐廳可以自行決定讓同一筆顧客資料在一天內能夠做幾筆訂位，有效降低惡作劇或因重複訂位造成商機損失的風險。但是有時候難免有公司秘書同時幫不同主管在同一家餐廳、同一個餐期做訂位，並且都是以祕書的名字來做訂位，所以合情合理的開放同一個餐期、同一顧客資料的一筆以上訂位有其實際的需求。這個特色是餐廳能自行決定同餐廳、同顧客的訂位組數上限。

(七)商場附加功能

在附加功能方面的特色以新光三越為例，內部所有的餐飲美食專櫃或餐廳全部都經由百貨商場安排，全數導入Inline系統。在繁忙的假日尖峰時段，如果不是早就完成訂位，現場逛街人潮幾乎很難不面對排隊等著用餐的窘境。Inline系統帶來的好處是，透過所有店家統一使用同一套系統，消費者可以以一個相同的姓名、電話，同時在多家餐廳櫃位做排隊等候，然後利用等待的時間在百貨商場內逛街購物。當其中一家登記等候的餐廳有桌位開放時，系統會立即發送簡訊通知客人，要求客人利用簡訊內的功能連結進行「確認前往」或「放棄」。第一種情況是客人選擇「確認前往」，此時在同一時間內，這位客人在

系統內登記等待的其他餐廳會由系統自動代為取消，避免造成其他登記等候餐廳的困擾。第二種情況則是客人決定「放棄」繼續等候其登記排隊的其他餐廳，率先有桌位的餐廳就會把桌位讓給下一組等候的客人，而其他家餐廳則會繼續保留客人登記等候的權利。

(八)顧客關係管理

餐廳採用訂位系統除了無紙化，並且透過內建的錄音、簡訊功能提高訂位資料管理上的效率之外，很重要的就是藉由系統數位化做龐大資料的儲存、處理、篩選、統計等多項功能，讓原本平凡無奇的資料藉由電腦的計算能力轉換為資訊，進而成了管理知識和知識庫。

系統開放餐廳自行設計業者各自所需的快速鍵，讓操作者在第一時間能夠利用快速鍵很快的把訂位資料做完整的建立。餐廳常見的快速鍵像是「VIP」、「九折」、「靠窗需求」、「包廂」、「素食」……，或是各類的特殊用餐習慣。甚至在顧客資料內除了原本訂位就會鍵入的行動電話號碼外，也可以透過人工，後續逐漸增加顧客資料的內容，像是Email、地址、生日……，建立良好的**顧客關係管理**（Customer Relationship Management, CRM）。為日後篩選特定族群客人，做行銷或簡訊發送預做資料庫建立。相關Inline的完整介紹請掃描如**圖5-27**的QR Code。

圖5-27　Inline官網介紹

第五節　美食主題移動設備運用軟體與美食評價網站

在這節我們將一併討論以美食為主題的移動設備運用軟體（Mobile Application，簡稱App）和美食評價網站，這兩個原本看似不大相同的網路行銷工具，也因為SoLoMo的概念而變得界線模糊，索性一起來和讀者們做分享。

一、移動設備運用軟體與美食評論網站

所謂的「**移動設備運用軟體**」（App）說穿了就是一個可以被付費或免費

下載到手機或平板這類行動上網裝置的程式，有些程式設計上僅限蘋果手機或平板專屬的iOS系統下載使用，有些則僅限給Android系統的行動裝置使用；當然，也有更多程式在設計完成後會同時推出給iOS及Android兩個系統的使用者下載。App的共同特性就是貼近行動上網裝置的優勢來開發，例如：

1. 程式不大，避免占用過多裝置的內建記憶體。
2. 程式設計善用手機具有社群、通話、衛星定位、導航、拍照的功能，讓App更活潑、更實用，功能也極大化。
3. 設計使用上簡單活潑。

當然在使用這些App時也會有其缺點，有些App因屬免費下載（Android系統的App多屬免費下載），廠商為了開闢財源以維持運作，會在App裡掛上廣告，造成使用者在使用程式時多少產生困擾，不過多半都尚屬可忍受範圍，畢竟現代人都應該有使用者付費的觀念才是。

以美食App為例，在Android系統的Play商店裡少說有上百個（如圖5-28），這些介紹各大美食餐廳的App多半完全免費，因為設計廠商置入的餐廳有些會支付廣告費用給App廠商，以提升這家餐廳的能見度或更多完整的功能。例如網友在餐廳消費以手機拍照上傳在這些美食App並且留下評論，固然屬於最真實的消費評論，但是美食照片因手機的照相品質或個人拍照技巧，也會讓餐點的照片差異頗大。美食App可以在餐廳付費後自行提供專業攝影的餐點宣傳照，甚至藉由美食App的採訪員到餐廳進行簡單採訪，寫下較為完整且專業的評論，來吸引更多App使用者的青睞。

圖5-28　Android系統Play商店搜尋的美食主題App畫面

使用者有搜尋餐廳的需求時，可以依行政區域、捷運沿線、地圖搜尋、美食主題等，利用各式各樣的條件來搜尋適合的餐廳，便利性十足。社群的功能在美食App裡扮演的角色則是方便使用者瀏覽過去實際前往消費的其他App使用者所留下的意見回饋或評分（通常以星星數量多寡做簡易評等），作為自己是否前往消費的重要參考，從而避免踩到地雷餐廳，而覺得費力、傷財，又破壞了好心情。

選定好要前往消費的餐廳之後，行動裝置畫面上通常可以看到餐廳電話，有的會以電話圖案提醒消費者可以直接點選通話，或消費者可以選擇用傳統行動電話方式撥打，又或者以SKYPE或Line等網路免費電話，直接與餐廳通話進行訂位作業。

手機的全球衛星定位系統（Global Positioning System，以下簡稱GPS）是另一項移動設備運用功能，在App可以多了一個選項，稱之為「我附近的餐廳」。使用者點選後可以啟動GPS定位目前所在的位置，進而設定方圓一百、三百、五百公尺，甚至更遠的距離範圍內，然後開始搜尋範圍內的美食餐廳。接著啟動導航功能，帶領使用者快速地抵達餐廳消費。

到達餐廳當美食上桌後，總不免俗地會扮演低頭族的職責，打卡、拍照、上傳、評論、回覆朋友，最後用完餐後還得在App的評分功能勾選幾個星星……。在這一系列的網路活動中，App同樣因為使用者加入會員而得到會員資料，同時也因為使用者留下評論，讓App裡餐廳的評論更為豐富；另一方面則是因為使用者拍照上傳在個人臉書上，提升了餐廳的知名度等等；這些都是網路力量的表現，也是行銷的重要媒介和廣告宣傳的重要管道。

而美食評論網站，基本上就是電腦版的美食App，但是因為是電腦版所以少了行動裝置裡通話、衛星定位、導航、拍照的重要功能，而成了單純的美食評分網站。換個方式來說，把美食評論網站程式縮小放進行動裝置，搭配了行動裝置原本就有的通話、衛星定位、導航和拍照功能之後，就是個不折不扣的美食App了。

目前在國內網路界裡，美食評分網站相當多，其中又以愛評網（www.ipeen.com.tw）為目前較具指標性的網站。愛評網提供網友一個評分的平台，評分領域除了美食，更涵蓋休閒旅遊、影音藝文、美容美妝、3C商品等不同商品，而愛評網也隨著行動裝置的普及，建構了「愛評生活通」來滿足手機族的需求。這也是為什麼在本節一開始就指出美食評論網站和美食App界線模糊的原因了。

另一個不錯的App範例是以外送為主的Pizza外送店，同樣是透過App點選餐點後輸入送貨地址（通常是第一次輸入後即可自動儲存帶入欄位），並且進行線上支付訂餐（詳閱**圖5-29 QR Code**影片），就可

圖5-29　Pizza Tracker
　　　　影片介紹

以在家等著外送專員將熱呼呼的Pizza送到家。這類新開發的點餐App甚至能夠讓消費者隨時透過App掌握製作餐點及外送進度的相關資訊（如**圖5-30**）。摩斯漢堡同樣也開發了點餐App，並且內建摩斯卡做儲值的功能，消費者同樣可以利用手機的定位功能，開啟App進行訂餐時，系統能自動媒合最近的分店，然後進行線上點餐預約外帶的功能。如果適逢消費會員生日，系統也會自動推播優惠券到該會員的App內，供消費者優惠使用。（如**圖5-31**）

圖5-30　達美樂線上訂購製作進度追蹤

圖5-31　摩斯漢堡開發的手機App點餐通訊軟體

近年來始自國外、來勢洶洶的Uber Eats也在餐飲業界引起不小震撼。Uber Eats透過App平台提供簽約配合的各式餐廳店家，將所有餐點照片和價格完整呈現在手機頁面上，方便客人點選後快速送到消費者手中。Uber Eats同樣也會透過不定期的優惠活動或新增餐廳來吸引消費者的黏濁度。這樣的合作模式讓餐廳業者省卻了自行成立車隊、聘僱外送人員、交通車禍糾紛的潛在風險，將外送業務全數和外送業者合作，達到雙贏的局面。（如**圖5-32**）

圖5-32　　Uber Eats點餐App頁面

二、Google聯播廣告與關鍵字行銷

　　不可否認的，Google是全世界公認最大的搜尋引擎平台，在臺灣亦然。人們收發私人Email多半用Gmail帳戶，使用Android系統的手機也得用Google帳號登入，以便利Google Map、行事曆、瀏覽網頁的使用。Google搜尋引擎會加以記載存為書籤，透過不同的電腦、平板或手機只要登入Google帳號都能立刻匯入Email、行事曆及網頁書籤，長時間下來讓使用者對Google的黏著度極高。這當中還包含日常生活點閱YouTube影音，甚至是上傳自己的影音到YouTube平台。Google連播廣告就是利用使用者在收發信件、查詢地圖、觀賞YouTube影音、網路搜尋關鍵字詞或特定品牌、瀏覽新聞氣象或生活資訊時，曝光無意中被業者在Google聯播平台上所購買的廣告，甚至追隨著使用者的網路足跡不斷重複曝光，這就是Google聯播廣告厲害的地方。簡單來說，Google廣告擁有指定目標對象的功能，既能深耕維繫舊客戶，也能精準開發新客戶，透過強大的Google Analytics平台，隨時掌握廣告成效及相關的精準數據，方便廣告主隨時針對廣告策略做調整，讓廣告預算更能花在刀口上。

　　在發掘新客戶（潛在客戶）的策略上可以透過消費者的興趣與自家產品做連結，例如透過大數據分析出某位消費者常態追蹤瀏覽許多美食網站、新聞、

照片，就可以將美食相關的廣告盡量的出現在他所使用的瀏覽載具（電腦、平板或手機）上，這位消費者便會經常不經意的在他瀏覽網路時發現，出現在螢幕上的廣告產品「正好」都是他感興趣的產品。這種網路行銷手法在網路廣告術語裡我們稱之為**觸及**正是在這不經意的點擊廣告後，這位潛在客戶的身分就會從**觸及人數**被進階歸類到**點擊數**。而這兩個數字相除所得到的百分比，我們稱之為**點擊率**（Click Through Rate, CTR），「點擊」這個動作就代表著瀏覽者對產品是有興趣或好奇的。在資訊爆炸的今天，每個人停留在手機畫面的時間往往不到兩秒鐘就會往下滑，瀏覽者通常不會特地為了一個廣告進行點擊，所以點擊率一般來說如果能到達0.1%就算是維持在合理的水準。

操作網路廣告的行銷人員或委託代操公司的專業人員當然不會放過這0.1%進行點擊的潛在消費者，這些人會被列入**再行銷名單**，開始面對相同產品或類似產品的不斷洗版。比方說您在網路上搜尋了咖啡機，看了文章介紹、購物網站的進行比較之後，接下來幾天各式各樣的咖啡機廣告將接踵而來。一旦您已經被列入「再行銷名單」，您將會接收到更多的廣告誘發，刺激您產生消費行為，直到您經過一段時期的漠視或是確定下單購買，這種不斷出現在螢幕上的廣告才會停止。消費購買畢竟是廠商布置廣告的終極目標，每一次的網購消費，在網路廣告上都被視作為一次轉換，**轉換率**（Conversion Rate）因此成為行銷人員對網路廣告成效良窳的一個很重要衡量指標，其計算方式就是以成交筆數除以點擊數，而**轉換成本**（Conversion Cost）則是由該筆網路成交的金額除以廣告成本得出。（關鍵績效指標成本的計算方式與名稱請參閱**表5-2**）

廣告方式各有不同的手法，以下簡略介紹幾個網路廣告的主流。

(一)Adwords（關鍵字廣告）

利用預先埋設的關鍵字來媒合網路使用者的搜尋，這些字詞可以是自家的**品牌字**（例如麥當勞、海底撈、王品），也可以是**競品字**。以海底撈為例，他可以埋設的競品字可能是馬辣、老四川、鼎王、聚鍋，也可以是**關鍵字**，像是品牌的業種或是產品名稱或是用餐的場合，所以這些關鍵字可能會被埋設的有麻辣火鍋、火鍋、火鍋+吃到飽、川味、麻辣、聚餐、同學聚餐……。

以上這些字詞不論是品牌字、競品字、關鍵字，埋設的愈多當然廣告預算就會被更發散的消耗掉，因此透過Google Analytics後台可以隨時檢視這些字詞被搜尋的排名，刪除被少量搜尋的字詞，讓預算更集中火力在熱門字詞才是個

表5-2 關鍵績效指標（Key Performance Indicators, KPI）成本計算項目公式

項目名稱	計算方式
轉換率（Conversion Rate）	轉換量÷點擊量
轉換成本（Conversion Cost）	成交金額÷廣告成本
千次曝光成本（Cost Per Mille, CPM）	預算÷曝光量×1000
單次點擊成本（Cost Per Click, CPC）	預算÷點擊量
單次轉換成本（Cost Per Action, CPA）	預算÷轉換量
點擊率（Click-Through Rate, CTR）	點擊量÷曝光量
單次銷售付費（Cost Per Sale, CPS）	按照廣告點擊之後產生的實際銷售的提成付給廣告站點銷售提成費用。
單筆名單取得成本（Cost Per Lead, CPL）	平均獲取一筆名單的成本。
單次下載成本（Cost Per Install, CPI）	按下載量付費的計算成本，即每次安裝成本。

資料來源：整理修改自謝依恬（2014）。「數據行銷──數位廣告成效優化」（關鍵數位行銷）簡報。

表5-3 廣告預算相關成本與百分比

項目	數據
廣告總花費	$58,863
總曝光數	9,092,599
總點擊	15,801
單次轉換費用	449.33
整體平均點擊成本	3.73
定位完成	131
搜尋──點擊率	11.32%
搜尋──平均點擊成本	5.06
多媒體──點擊率	0.15%
多媒體──平均點擊成本	3.46
轉換總計	131

好策略。

　　表5-3說明在一筆廣告預算中所帶出的曝光數、點擊數及相關的成本與百分比，這對專業的廣告行銷人來說具有相當重要的指標意義，可以說是他花錢買廣告的成績單。

　　表5-4可以看出網路瀏覽者點閱廣告是因為他自身的興趣，或是搜尋品牌字、關鍵字亦或因競品字而間接看到了廣告的成效。至於從中產生了多少觸及、多少點擊、多少轉換，則是一個更細微的成績單，同時是提供廣告行銷人

表5-4　網路瀏覽者點閱廣告搜尋成效數據表

廣告群組	廣告活動	點擊	曝光	點閱率	平均單次點擊出價	費用	平均排名	轉換	單次轉換費用	轉換率
總計	--	15,801	9,092,599	0.17%	3.73	$58,863	1.3	131	$449	0.83%
總計—多媒體廣告聯播網		13,173	9,069,385	0.15%	3.46	$54,563	1.0	61	$747	0.46%
與趣—品牌型（GIF）	自訂興趣	5,238	4,537,279	0.12%	3.41	$17,843	1.0	27	$661	0.52%
○○—品牌型—GIF										
（競品字）	新客戶	4,464	2,392,983	0.19%	3.22	$14,364	1.0	15	$958	0.34%
○○—品牌型（競品字）	新客戶	1,940	1,519,801	0.13%	3.22	$6,245	1.0	8	$781	0.41%
○○—品牌型（GIF）	再行銷	1,531	619,322	0.25%	4.65	$7,112	1.0	11	$647	0.72%
總計—搜尋聯播網		2,628	23,214	11.32%	5.06	$13,360	1.3	70	$184	2.75%
品牌字	品牌字	522	3,370	15.49%	4.21	$2,197	1.0	29	$76	5.80%
競品字	競品字	1,709	14,885	11.48%	3.94	$9,742	1.5	36	$187	2.17%
餐廳推薦	餐廳推薦	397	4,959	8.01%	10.99	$4,362	1.2	5	$872	1.30%

表5-5　網路瀏覽者點閱廣告搜尋成效數據表

廣告活動	廣告群組	關鍵字	點擊	曝光	點閱率	平均單次點擊出價	費用	平均排名	轉換	單次轉換費用
總計	--	--	2,628	23,214	11.32%	5.06	$13,300	1.3	70	$184
競品字	競品字	[AA牛排]	252	2,323	10.85%	4.31	$1,086	1.3	3.0	$359
餐廳推薦	餐廳推薦	+牛排+餐廳	168	2,204	7.62%	10.88	$1,828	1.1	0.0	$1,097
競品字	競品字	"BBB"	264	2,015	13.10%	4.25	$1,121	1.7	1.0	$55
競品字	競品字	+CCC+DDD	259	1,661	15.59%	4.00	$1,036	1.1	18.0	$0
競品字	競品字	"BBB"	99	1,454	6.81%	4.37	$433	1.8	0.0	$467
餐廳推薦	餐廳推薦	"牛排餐廳"	129	1,377	9.37%	11.02	$1,422	1.1	3.0	$0
競品字	競品字	"EE"	37	932	3.97%	4.79	$177	2.3	0.0	$0
競品字	競品字	+AA+牛排	130	866	15.01%	4.00	$520	1.2	0.0	$0
餐廳推薦	餐廳推薦	+約會+餐廳	62	810	7.65%	11.28	$699	1.6	0.0	$260

做策略調整的重要依據。

　　表5-5則是說明了在被埋設的所有關鍵字、品牌字、競品字在廣告散播後的成效排名，進而提供廣告行銷人把成效排名較差的字詞刪掉，換別的新字詞

或是直接把預算濃縮在排名前端的字詞，讓預算有效的被使用，以達到更好的廣告效果。而**圖**5-33則是廣告受眾的年齡分布圖，這次的廣告是布置在農曆年除夕夜的團圓餐廣告，操刀的廣告行銷人認為決定全家年夜飯的地點不外乎是成年子女或一家之主，而不會是學齡兒童或是爺爺奶奶級的長輩，所以在廣告受眾的設定上就直接把預算留給可能的用餐地點決定者，而受眾年齡在十八至二十四及六十五歲以上的預算則為零元。

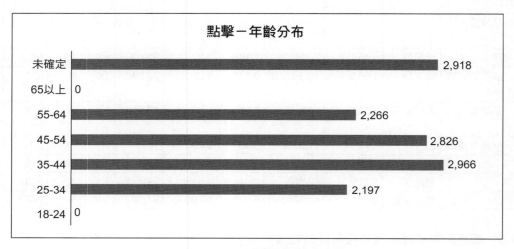

圖5-33　　廣告受眾年齡分布圖

(二)GDN（圖像廣告）

簡單來說就是透過一張照片，重複不斷的在網路上曝光，讓消費者對這張照片產生印象、記憶點，進而提高心占率。照片的選用是被點選機率高低的重要關鍵，除了主題清晰、訴求清楚之外，餐點不僅要誘人、可口，還必須是餐廳的招牌餐點。**多媒體廣告聯播網**（Google Display Network, GDN）的圖像廣告在網路廣告人的專業術語被稱之為**主視覺**，內容除了包含餐點本身，也包含了情境和色調，進而從主視覺再發展延伸出不同形狀（長方形、正方形）的一系列廣告圖像，以因應網路廣告的不同需求。（主視覺如**圖**5-34，系列設計如**圖**5-35）。

此外，為了有效吸引網頁瀏覽者的注意，也可以是採用多張照片在同一空間範圍內做類似幻燈片般的輪播，只要將多張照片選定組合好利用Gif檔案格式上傳作為廣告素材即可。

圖5-34　勞瑞斯牛肋排餐廳主視覺圖像

圖5-35　勞瑞斯牛肋排餐廳系列設計圖像

(三)DSK（受眾精準鎖定再行銷）

　　受眾精準鎖定再行銷（Display Select Keyword, DSK）簡單說就是曾經點擊閱覽廣告內容的網路瀏覽者會被系統抓取身分，之後列入再行銷名單，並且在接下來的一段時間內，在使用者瀏覽網際網路的各類頁面當中不斷重複出現廣告，可能是新聞畫面、網路文章、部落格文章、YouTube影音，以及任何和Google有簽約聯盟的平台裡都有可能出現廣告頁面。例如廣告被曝光在YouTube畫面（如**圖**5-36）、餐飲同業競品的新聞頁面旁（如**圖**5-37）或網路美食報導文章旁（如**圖**5-38）。

圖5-36　勞瑞斯牛肋排廣告被曝光在網路瀏覽者使用的YouTube畫面裡

圖5-37　勞瑞斯牛肋排廣告被曝光在餐飲同業競品的新　　圖5-38　勞瑞斯牛肋排廣告被曝光在網
　　　　聞頁面旁　　　　　　　　　　　　　　　　　　　　　　　　路美食報導文章旁

三、無人化餐廳

其實餐廳無人化這樣的概念早就存在，一直沒能真正落實不是技術層面問題，而是消費者的感受問題。一般來說無人化餐廳有幾個商業模式是比較能被消費者所接受：

1.中平價：價格低廉的餐飲場所，消費者講求的是性價比。餐點好吃分量足夠，價格平實才是消費者訴求的重點，服務有沒有到位反而比較不會被苛責，甚至可以是自助或半自助的型態。例如設置餐具臺，消費者點餐完自行找桌位入座，自己到餐具臺拿取自己需要的餐具甚至水杯、飲水及餐巾紙。

2.菜單設計簡單易懂：簡單的菜單設計可以避免消費者點餐時有過多的疑問卻不知道向誰詢問的窘境。不只餐點本身要是消費者廣泛瞭解的餐點，菜單／套餐的組合也要讓消費者一目了然。常見拉麵店門口設置的點餐付款機，就是很經典的案例。一碗單點拉麵一百二十元加五十元，可以任選一杯飲料和一道小菜，不會有太複雜的點餐規則，讓消費者快速點餐、簡潔思考，緊接著完成付款動作。除了拉麵，像是粥品、一般麵店、飲料店其實都適合採用這樣的自動點餐付款設備。

3.迴轉壽司：這種以盤計價的簡單營運模式以爭鮮迴轉壽司和藏壽司最具代表性。消費者於入座後可以自己拿取在軌道上行進的壽司享用，自己拿芥末醬、醬油、嫩薑、筷子、茶包、熱水，用完餐後也能透過人工，甚至是行動支付快速結帳，讓餐廳的座席迴轉率達到最高效率。

餐廳無人化的運動在日本和臺灣都愈來愈先進，除了消費者方便，餐廳也省卻了不少人事成本費用，和因為人為運作所造成的一些錯誤。由機器或電腦取代反而在營運上更具準確度，除了上述的餐廳可以利用機器或電腦取代外，**表5-6**裡的QR Code介紹各式無人化餐廳的運作和讀者分享。

表5-6　QR Code影片中各類餐廳無人化的運作與分享

四、Chatbot

Chatbot這個英文新詞其實是個複合字，它是Chat（聊天）和Robot（機器人）的複合縮寫字。以下引用維基百科的說明，簡略介紹何謂**聊天機器人**：

> 聊天機器人（Chatbot）是經由對話或文字進行交談的電腦程式。能夠模擬人類對話，通過圖靈測試[4]。聊天機器人可用於實用的目的，如客戶服務或資訊獲取。有些聊天機器人會搭載自然語言處理系統，但大多簡單的系統只會擷取輸入的關鍵字，再從資料庫中找尋最合適的應答句。聊天機器人是虛擬助理（如Google智能助理）的一部分，可以與許多組織的應用程式、網站，以及即時消息平台（Facebook Messenger）連接。[5]

一般常見的聊天機器人場景不外乎在網路購物平台、網路銀行、保險公司、餐廳、飯店、百貨商場的臉書粉絲團或購物平台裡的客服談話、發送訊息功能內。以餐廳粉絲團為例，粉絲團小編可以透過長期的觀察找出消費者，透過粉絲團Messenger得知消費者所詢問的常見問題有哪些，這些通常不外乎是索取菜單、洽詢訂位、詢問最新優惠、餐廳地址和停車訊息、大眾運輸站名等。因此粉絲團小編就可以在聊天機器人的功能中建立「菜單」、「訂位」、「優惠」、「地址」、「捷運站」……這些關鍵字，然後賦予一串網址連結到官網相對應的資訊頁面，或是連結Google Map的導航功能。設置完成後，只要有網友在Messenger裡鍵入這些關鍵字，系統就會自動帶出對應的網址，通常這些可以解決80%網友的問題。而剩下的20%自然就是網友所鍵入的訊息無法讓

圖5-39　聊天機器人自動回覆畫面

聊天機器人找到關鍵字並做回答。這種情況下聊天機器人會自動回覆預先設定好的答覆，例如「您好！稍後將有專人為您服務。」接著再由粉絲團小編人工回應這剩下的20%問題，以大幅節省在客服作業上的人工。（如圖5-39）。知名咖啡連鎖品牌路易莎咖啡在2018年推出黑卡給消費者，就是透過加入粉絲團後利用Messenger要求粉絲鍵入「黑卡」，聊天機器人讀取這個關鍵字後就會立即和粉絲有一串對話，協助消費者取得黑卡。這個活動可說是聊天機器人的一個成功案例！（如圖5-40）

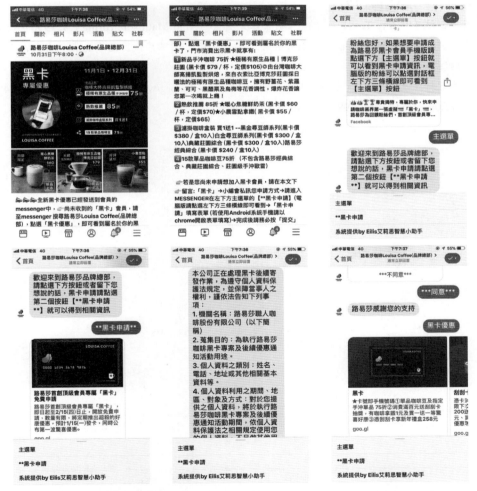

圖5-40　路易莎咖啡在2018年利用聊天機器人推出黑卡的成功案例

 註　釋

❶ 東森新聞（2013）。Yahoo奇摩新聞，臺灣人超愛拍　照片標籤全球第八，http://tw.news.yahoo.com/%E5%8F%B0%E7%81%A3%E4%BA%BA%E8%B6%85%E6%84%9B%E6%8B%8D-%E7%85%A7%E7%89%87%E6%A8%99%E7%B1%A4%E5%85%A8%E7%90%83%E7%AC%AC%E5%85%AB-070839602.htm。

❷ 同上註。

❸ CIIS電子報（2013）。「勞瑞斯牛肋排餐廳-蔡毓峰總經理」，http://www.YouTube.com/watch?v=5yMMyP4TjUQ。

❹ 圖靈測試（Turing Test）是艾倫‧麥席森‧圖靈（Alan Mathison Turing）於1950年提出的一個關於判斷機器是否能夠思考的著名思想實驗，測試某機器是否能表現出與人等價或無法區分的智慧型。

❺ 維基百科（2020）。聊天機器人，https://zh.wikipedia.org/wiki/%E8%81%8A%E5%A4%A9%E6%A9%9F%E5%99%A8%E4%BA%BA。

Chapter

6

餐廳籌備預算規劃

本章重點

1.理解開店前財務規劃預測的重要性,對餐廳的財務規劃有一個
  完整的概念
2.認識餐廳開發前置作業中的所有費用,評估參與餐廳開發前置
  期的所有籌備人員的薪資預算
3.個案討論與練習:探討餐廳開幕後所可能產生的收入、成本費
  用,藉以推算現金利潤及獲利能力大小

每家餐廳在成立之初,所有投資者除了要謹慎思考餐廳的風格走向、價格帶、料理屬性、菜單內容,做許多市場調查來確認整個案子的可行性外,更應該考慮餐廳本身是否具有長遠的發展性,以及是否能夠擁有不錯的獲利能力。

如果沒有獲利能力,就算有再多的想法和創意也是枉然。俗諺「在商言商,將本求利」、「創業維艱,守成不易」,簡單幾個字,道出了多少創業失敗業主的心聲。因此在餐廳規劃之初,仔細試算日後的開店成本,謹慎預估收入,並且能夠保留一筆資金預算作為周轉,就成了很重要的課題。

本章所要探討的話題就是關於餐廳初期的財務預測,內容包含了所有營業數據的預估,其中包括預計的客單價、來客量、周轉率、食物飲料成本、所有營業費用、人事開銷,乃至於稅金、保險及折舊攤提,讓讀者能夠對餐廳的財務規劃有一個完整的概念。

第一節　開店前財務規劃預測的重要性與目的

對於一個專業的管理人而言,精確的財務報表能夠幫助管理者從數字中發現潛在的問題,或是已經發生的問題,幫助企業做體質上的改善。就像是船長依賴羅盤和衛星定位系統一樣,務求順利將船隻駛向正確的方向。

財務規劃預測能將日後潛在可能發生的問題,提前在報表中呈現出來,對投資者而言,他最關心的是開店後,甚至是三、五年後餐廳的獲利能力,是否能夠如期回收所投資進去的成本。對貸款給創業主的債權銀行或是任何債權機構／自然人而言,最擔心的當然就是餐廳是否能夠獲利,並且有良好的現金周轉能力,以確保餐廳業主有足夠的償債能力,而不致造成債權人的損失。再者,對於員工及業主所聘請的餐廳主管而言,所關心的則是餐廳是否能有良好的獲利能力和遠景,而不致遭到積欠薪資,或因餐廳營業不善而失業,進而影響無數員工的生活家計。

🍲 第二節 財務規劃預測的基本架構與內容

一、重要預算報價

預算報價包含了餐廳開發前置作業中的所有費用，除了最重要的工程預算，例如泥作、木作、水電、機電空調外，還包含了設備預算、生財器具、家具、辦公設備、菜單開發試菜所需的食物成本、市場調查預算、差旅費、顧問費、執照申請、各類印刷品設計及印刷等多項費用，以及所有參與餐廳開發前置期的所有籌備人員薪資預算。

(一)內裝工程

內裝工程包含了基礎工程、機電工程、裝潢、音響燈光、視覺裝置藝術，這項費用可以在設計圖面完成後，同時由設計師和承包商提供正式的報價單。業者在檢視報價時，可以要求設計師提供立面圖、3D示意圖，並且清楚標示所有的建材材質、規格、產地，必要時甚至可以要求設計師帶來建材樣本。如果嫌建材材質報價過高，也可以要求設計師同時提供第二甚至第三種替代材質的相關資訊，並且提出每種建材的優缺點。當然，須要考慮的還包含建材的耐久度和維護難易度。

(二)開辦顧問費用

開辦顧問費用指的是業主籌備期間礙於自身專業度不足，聘請顧問或以自身有經驗的友人作為諮詢對象所支付的顧問費用，例如企管顧問公司或個人。為避免這部分的預算過度膨脹或無法掌握，除了尋找或請熟識的人代為介紹信譽佳的顧問團隊之外，也可以洽談統包的方式，以全案完成後的一口價作為依據，避免過度超支。

(三)廚房設備

廚房設備包含了廚房所有的營業設備資產，例如烹飪設備、環保設備、洗滌設備。這些預算費用可以在廚房的空間區隔及菜單大致確認後，由主廚和廚房設備廠商進行討論，並且開出所需設備的清單和規格，進而得到完整的報

價。影響設備價格主要的因素包含：

1. 品牌：愈知名、悠久的品牌，其品牌價值相對也高，直接影響其售價。
2. 產地：有些品牌雖貴為國際知名品牌，仍有因為不同國家產地而有不同的價格。
3. 規格：愈是通用的大眾規格，價格比起量身訂作的規格尺寸來得合理。
4. 機型：愈是新開發的嶄新款式，價格相對也高。在商言商，廚房是用來生產餐點產品的所在，設備講求實用、耐用，對於一些較具噱頭性的功能或設計，大可不必將錢花在這部分。
5. 售後服務／代理商：通常正式代理商所販售的設備價格會較高些。畢竟代理商除了販售及售後服務維修之外，還得花鉅額成本在品牌形象建立、廣告以及精美型錄的印製，而這些費用最後還是得轉嫁到產品的售價。亦即迅速而有效率的售後服務與維修會直接影響到設備的售價。

(四)餐具用品

餐具用品，泛指所有的餐具、餐盤及外場所有的營業生財器具。餐具價格隨著品牌及品質的不同，價格落差甚至可以高達近百倍。業主不妨考慮根據自身餐廳的形象、價格帶和訴求，選擇合適並且價格合理的餐具進行採購。近來也有許多國際知名的餐具／杯具廠牌，在墨西哥、越南、中國等地設廠生產，其價格遠比其品牌所在國生產的餐具產品來得便宜許多。例如法國、英國、美國、日本等產地，都會使餐具價格相對拉高。

(五)辦公設備

辦公設備，例如影印機、電腦設備、3C產品、電話傳真機等。近年來由於辦公事務設備的日新月異與市場的高度競爭，以往動輒數十萬的影印機採購，現在大可不必再當冤大頭，可以直接洽詢坊間的影印設備公司採租用的方式來省下大筆的採購預算。租用除了預算便宜（每月一千多元）之外，餐廳只需負擔購買影印紙和碳粉的費用，還能得到出租廠商的定期保養維護。目前市面上以A3尺寸影印、黑白／彩色傳真、掃描三機一體的事務機，最受歡迎。

(六)車輛

配有中央廚房並採物流配送的大型連鎖餐廳,有可能會採購車輛擔負配送任務。如果是建立有中央廚房並需做每日密集配送的連鎖餐廳,也可以先考慮將配送業務委外包給專業的物流貨運廠商,除了可省去大筆預算採購車輛、聘用司機之外,也省下了罰單、油料、保養維修以及保險的費用。讓專業的歸專業,也藉由專業的物流公司大量的車輛與駕駛人員的調度,發揮最大的生產力,其成本勢必比餐廳自行張羅這項業務來得划算。

(七)物料採購

物料採購,指籌備期間的所有試菜所需的食材,以及開店前採購營業所需食材、醬料、乾貨,達到所需的安全物料庫存量(Inventory Build up)。

(八)勞務費

勞務費,泛指外聘會計、稅務或法務人員等的費用。

(九)權利金

所謂**權利金**,在此係指加盟連鎖品牌所需支付的加盟權利金。除了一次性付出的加盟金,每月或每季的權利金也得仔細評估。

(十)開辦費用

開辦費用泛指:

1. 餐廳在未完成地點的確認、簽約,於交屋前利用其他地方作為籌備處所衍生的房租、水電,以及相關的辦公費用。
2. 籌備期間餐廳籌備人員的薪資及相關人事費用。
3. 籌備期間的其他雜項支出,如差旅費、市調費用、開幕期間的各項行銷相關費用。

(十一)保證金及押金

通常餐廳位在百貨賣場或社區辦公大樓,在施工期間都會被要求繳付一定金額的**押金或保證金**給予百貨賣場或大樓管委會,目的是為確保施工能如期完

成，並且不會造成公共設施的損壞。施工結束後，經確認沒有造成公共區域的損壞，這筆款項將會無息退還。

二、基本營業數字預估

關於**營業數字的預估**，在餐廳籌備初期是個非常重要的作業，也扮演著成敗關鍵非常重要的角色。因為錯估了數字就等於誤判了情勢，輕則造成開店後營業超乎預期，致使空間設備不敷使用，重則高估了數字，預期日後營業情況會非常良好，但是開了店之後卻門可羅雀，終致營運不敷成本而歇業。因此，對於營業數字的預估，最好能多方徵詢專業人士或同業業主，尤其必須針對所在商圈做分析討論，始能讓預估的營業數字更臻真實。通常必須預估的重要營業數據如下：

(一)營業收入方面

營業天數通常比較沒有爭議，餐飲業多半為天天營業。近年來隨著外食風氣大幅提升，甚至在農曆年除夕夜、大年初一等傳統休市的節日也都照常營業。對位於百貨公司的餐廳更是如此，甚至在颱風停課、停班的時候，才正是大發利市的時候。而對於小吃店而言則多半一個月會休二至四天，端看所在商圈的特性與業主本身的考量而定。

(二)直接成本

■食物成本

近年來因為景氣下滑再加上餐飲同業高度競爭，食物成本的百分比逐年攀高，由早年的28%逐步攀升到32%。有些高檔餐廳因為客平均單價較高相對毛利金額也比較大，會容許食物成本再更高些。

對於競爭激烈的商圈，或是部分以人頭計價的餐廳，例如麻辣火鍋、日式自助餐、燒烤等店家，其食物成本甚至高達45%以上。像這種仰賴座位數多、來客量高的餐飲業型態，可藉由薄利多銷及連鎖店的連鎖採購來壓低成本，創造有限的利潤。相對地，對消費者來說則是相當物超所值。

■飲料成本

對餐廳而言，酒水是非常高利潤的產品，尤其是自製的飲料，如雞尾酒或是桶裝的生啤酒，以單杯的方式計價販售。一般而言，果汁、蘇打飲料及雞尾酒的成本，相對於售價約在14%左右，而啤酒則約在25%至30%，紅白酒香檳約38%至50%不定。

無論是食物或是飲料，在成本及售價的結構上通常有個通則，就是高單價的餐點著眼於對業績的貢獻度高，相對的直接成本也高。以食物為例，餐廳平均食物成本若為33%，則高單價的餐點成本率可能高達40%，讓點餐的客人更覺得物超所值；而低單價的餐點相對的成本率也低，算是對業績貢獻度不高，但是對於壓低食物或飲料的百分比則有貢獻。

(三)薪資成本

餐廳日後營運是否有利潤空間，薪資成本扮演著重要的角色。因為薪資成本對於日後業績高低幅度的變動並不大，雖然有部分計時制的工讀生可因應生意量大小做調節，達到減少人事開銷的目的，但是成效畢竟有限。真正高薪的餐廳主管及主要的工作人員多為月薪制，且為固定成本的項目之一。所以在規劃初期就應該設定好薪資的預算，以及預計聘用的正職月薪職員和兼職時薪職員的人數。並且參考同業的薪資水準做適當的調整，再以預估的營業額做試算，決定薪資成本的可接受範圍。這幾年因為政府對於基本薪資調高的政策持續不變，而且真的落實在執行，建議業者在新創餐廳時，由於對未來的營運績效極具不確定性，最好將人事成本的固定金額盡量壓低。用最基本夠用的月薪制人員搭配多數的計時兼職人員會是比較安全的做法。況且，現在的正職月薪人員都應比照勞基法一例一休、二週彈性工時、加班費核實計算，加班雙薪計算、國定假日補休的問題。聘用愈多的正職月薪人員，所必須給的整體休假日同樣也變多，班表上不見得得以舒緩緊迫的人力和營運的需求。所以善用計時兼職的服務員會是比較安全的做法。

餐廳人事的薪資成本（含勞健保、獎金）通常以不超過35%為限，小吃店、簡餐店等則必須更低。目前餐廳正職的服務員薪資行情，在業界稍嫌混亂，從月薪二萬六千元到三萬二千元都有，而主管薪資依學經歷、領域及專業度的不同，從年薪四十萬到年薪超過兩百萬的都有，落差不小。

(四)營業成本

■房租成本

　　餐廳除了食材、飲料和薪資成本為大宗外，其他尚有多項營業成本。首要的大項目為房租。不論房租的計算方式是：(1)採月租固定金額；(2)以營業額抽取一定百分比作為租金的抽成方式；或是(3)採包底抽成的方式計算房租（見第二章，**表2-4**及**表2-5**）；不管是採取上述何種租金方式計算，租金成本最好控制在營業額的15%內。目前房租成本以10%至15%為普遍行情。

■水電瓦斯成本

　　水電瓦斯費用也是個重要的支出項目。對於有地下水的地區，有些餐廳會利用抽取地下水來作為一般清潔刷洗使用。電費方面，可考慮和臺電簽訂契約用電或離尖峰分離計價的方式，搭配餐廳的有效使用，可以降低用電成本。瓦斯方面，則和申請口徑有直接的關係，會影響到瓦斯的壓力和基本費用，建議申請時可多做考量。一般而言，餐廳的水電瓦斯費用以約占餐廳營業額的3.5%為基準評量。

■行銷廣告成本

　　行銷廣告費用也是常見的重要支出之一。舉凡餐廳舉辦活動所產生的開銷，例如廣告刊登、宣傳物印製（布條、旗幟、傳單）、簡訊發送，甚至因為優惠活動造成的食物成本等，都可以歸類在行銷廣告費用上。通常，行銷費用約占營業額的2%至5%不等。近年網路行銷成為主流，在廣告預算上也相對比較容易控制，在特別的廣告媒體上是可以撥入一筆預算進行廣告行為，透過點擊次數計費，預算用完為止。在廣告成本上比較不會超支，並且可以透過後臺實際檢視廣告成效。（詳參本書第五章）

■其他營業成本

　　其他常見的營業成本則有一般消耗性生財物料，如桌墊紙、餐巾紙、清潔劑、垃圾袋、印刷費用、辦公文具用品、電話傳真網路費用，細項多、費用也雜，有賴管理者仔細追蹤做好預估和掌控。

(五)其他成本

　　其他成本包含了折舊攤提、保險、專業諮詢（法律、會計）、利息支出等。

三、建立數據報表

(一)專案初期重要數據預估及設定

在完成了上述的「重要預算報價」的取得及「基本營業數字預估」之後，接下來就可以將這些數字整理成一個初步的報表（如**表6-1**），以作為後續損益表的相關依據。這些報表多半以Excel軟體作為架構，並利用軟體本身的功能製作表格與表格間的超連結，或是套用公式進行計算。

表6-1　專案初期重要數據預估及設定

Pasta Paradise專案成本預估

專案成本 *-

*- 　大約坪數65坪

　　　大約座數～100

		NT$	%
1.內裝：			
a	裝潢設備	2,000,000	41.97
b	家具	0	0.00
c	燈飾	0	0.00
d	油畫、裝飾品	30,000	0.63
e	機電空調設備	200,000	4.20
f	音響系統	0	0.00
g	招牌	20,000	0.42
	Sub Total	2,250,000	47.20

			%
2.開辦顧問			
a		0	0.00
b		0	0.00
c			
d			
e	顧問費用	50,000	1.05
	Sub Total	50,000	1.05

			%
3.廚房設備			
a	廚房設備	1,500,000	31.48
b	咖啡機	0	0.00
c	其他	0	0.00
	Sub Total	1,500,000	31.48

4.餐具用品			
a	餐具杯盤	400,000	8.39
b		0	0.00
c		0	0.00
d		0	0.00
e		0	0.00
f	廚房器具	30,000	0.63
	Sub Total	430,000	9.02

5.辦公設備			
a	電腦、印表機、影印機	50,000	1.05
b	辦公室家具	0	0.00
c	餐飲系統（POS）	150,000	3.15
d	考核軟體	0	0.00
e	其他	0	0.00
	Sub Total	200,000	4.20

6.車輛			
		0	0.00
		0	0.00

7.備料			
		NT$	%
a	一般其他材料	35,000	0.73
b	食材牛肉	0	0.00
c		0	0.00
d	飲料	10,000	0.21
e	其他	0	0.00
	Sub Total	45,000	0.94

8.勞務費	100,000	2.01

9.權利金	0	0.00

10.開辦費			
a	出差費	0	0.00
b	訓練費用（薪資）	80,000	1.68
c	旅費	0	0.00
d	廣告費用	50,000	1.05
e	交際費	0	0.00
f	制服	30,000	0.63

g	開幕費用	20,000	0.42
h	文具用品	10,000	0.21
	Sub Total	190,000	3.99

11.保證金及押金

a		0	0.00
b		0	0.00
c	建築師審圖費	0	0.00
d	電機審圖費	0	0.00
e	裝修期管理費	0	0.00
f		0	0.00
g	運費	0	0.00
h		0	0.00
I	其他	0	0.00
	Sub Total	0	0.00
	Total Project Costs	4,765,000	100

收入-成本

1.收入

			晚餐	午餐	
平均人數／天			120	170	*
平均人數／月			3,600	5,100	
人數／年			43,200	61,200	
座位數			100	100	
平均消費（人頭費）			550	260	
平均消費（餐點）	82%		451.00	213.20	
平均消費（飲料）	18%		99.00	46.80	
平均消費（其他）			0	0	

全年無休（一個禮拜營業7天）　　　　　　365 days a year

2.成本	(% of Sales)	晚餐	午餐
食品成本價		35.00%	40.00%
飲料成本價		18.00%	22.00%
其他		0%	0%

營運費用

薪資費用：

薪資費用	人數	每月薪資 NT$	每年薪資 NT$
總監	0	0	0
經理	2	66,000	792,000
外場	2	44,000	528,000
內場	8	184,000	2,208,000
吧檯及領檯	0	0	0
出納及會計	1	22,000	264,000
Total	24	446,000	5,352,000
Above numbers are Full Time Staff only.	in NT$	446,000	5,352,000

耗材

營業額：　　　　1.5%

餐盤／杯子／銀器
桌面物品／制服
紙張
保養維修
餐廳／吧檯用具
廚房用具
裝飾用品
運送
器具租用
其他

行銷

租金與公共設施費用　　12.4%

營業額：　　　　2%

廣告費
交際費
公關費用
促銷費用

清潔／維修

營業額：　　　　1%

	NT$/yr	NT$ /month
洗衣費用及清潔用品	60,000	5,000
維修	24,000	2,000
清潔／消毒	3,000	250
Total	NT$ 87,000	7,250

水電瓦斯

營業額： 2.5%

冷暖器
電力
瓦斯
水
油料
其他

差旅費

營業額： 0.08%

	NT$／年	NT$／年	NT$／月
總公司差旅費	12,000	12,000	1,000
區域差旅費	-	0	0
TOTAL	12,000	12,000	1,000

總管理費用

管理費用

營業額： 0%

銀行費用
信用卡貼現率
器材損耗費用
食材損耗
辦公室文具用品
郵電費
其他

保險

營業額： 0%

Description	NT$／年	NT$／年	NT$／月
意外險	2,000	2,000	167
營業中斷險	3,000	3,000	250
責任險	1,600	1,600	133
Total	6,600	6,600	550

折舊費用

營業額： 6%
年折舊　NT$ 886,000
生財器具折舊

折舊費用	
營業額：	0.4%
年折舊　NT$	58,000
固定資產折舊	

諮詢費用			
營業額：	0%		
	NT$／年	NT$／年	NT$／月
會計	10,000	10,000	833
法律	6,000	6,000	500
Total	16,000	16,000	1,333

利息支出			
營業額：	0%		
			NT$
貸款利息			0
貸款費用			0
Total			

投資報酬期		
回收期	2.8	年／月

註：本表係利用Excel軟體進行試算作業，讀者可自行製表運作。
資料來源：作者整理製表。

在整個報表的建立過程中，數據的來源有以下幾種方式：

1. 依所需採購的項目請廠商進行報價：包含工程、設備、餐具、各式生財器具等項目，由業主和設計師確認細項規格之後，就可以請相關廠商進行報價，予以彙整後再填入報表內。

2. 依照本身或餐廳主管業界經驗做預估：包含考量餐廳的座位數、商圈屬性、目標客層，進而預估出來的來客數、平均消費金額和周轉率，再參考營業天數後就可以預估出營業額。另外，像是行銷費用、水電瓦斯費用通常會依據經驗抓出營業額的百分比（行銷費用2%、水電瓦斯2.5%），再參考預估的營業額後，推算出實際預算金額，並且填入報表。

(二)薪資預估數據

薪資預估數據報表（如**表6-2**）必須依據以下幾個要素來進行預估：

表6-2　薪資預估數據

Pasta Paradise薪資預估損益表

薪資費用：

匯率：			NT$	NT$			
			1	1.00			

職位	人數	平均薪資 NT$	總薪資 NT$	NT$	NT$	Total Salary NT$
1.總經理	0	-	0		0	0
2.店經理、幹部	2	33,000	66,000	-	-	66,000
3.全職服務生	2	22,000	44,000	-	-	44,000
4.廚房人員	8	23,000	184,000	-	-	184,000
5.主廚	1	40,000	40,000	-	-	40,000
6.廚師	0	38,000	0	-	-	0
7.會計	1	22,000	22,000	-	-	22,000
8.計時人員	10	9,000	90,000	0	-	90,000
				0		0
Total	24			0	0	446,000
			446,000			
						NT$ 446,000

資料來源：作者整理製表。

1. **餐廳型態**：餐廳型態會直接決定餐廳服務要如何定位。如簡餐廳或咖啡廳販售的簡單餐點，在餐飲服務上相對地便不如正規餐廳來得嚴謹確實，在人力的安排規劃及聘用人數上自然比正規餐廳來得少，整體人事成本預算及個人薪資水準也稍低於正規餐廳。

2. **料理型態**：在餐飲業界中，無論是外場的主管或是廚房行政主廚、廚師，會因料理別的不同而有不同的薪資水準。以餐飲市場生態來說，同性質料理愈多的餐廳，相對地市場上人力的需求也愈大，人力資源的供應也跟著大。舉例來說，義大利料理的餐廳在市場上的數量就遠超過德國餐廳，因此在市場上對於會義大利菜的師傅的人力需求也大，進而造成西餐學徒為因應未來就業市場需求，而傾向選擇義大利菜作為工作學習的領域，讓自己將來找工作時機會多些。這種生態長期演變下來就會造成義大利菜廚師的普及性大，相對的薪資也會較為合理讓人接受。

3. **未來發展性**：餐廳在籌備之初如果有考慮到將來要做連鎖經營，甚至有興建中央廚房的想法，開店籌備之初就需找具有連鎖經營展店實務經驗

的外場主管,而行政主廚在遴選上則偏好具有規劃中央廚房實務經驗,有能力研發具有標準作業流程,並且適合物流配送冷凍再加熱特性的食材菜單的人選。當然,這些主管的經驗和實際薪資會比一般餐廳的樓面值班主管相對地要高許多。

4.聘任契約:聘任契約中除了詳細載明基本薪資之外,對於勞健保雇主部分負擔費用亦列為薪資成本之一。此外,是否有言明業績獎金、年終或三節獎金,及其他薪資福利也都必須一併納入考量,將相關的人事費用載明在薪資預估數據報表中。

(三)折舊攤提報表

餐廳開店初期所費不貲,尤其以工程裝潢及營業設備為大宗。這些東西多半具有昂貴及使用年限的特性。尤其工程裝潢更是無法在日後餐廳進行搬遷時隨之帶走,而只能完全報廢損失。因此對業主而言,總會關心初期的巨額投資能在多久後完全回收,並且開始獲利。在會計的概念上,這些開銷雖然在開店初期即已發生並且完成付款,但是在帳目上則會將這些鉅額費用分成三至五年不等的時間做攤提(如**表6-3**)。

第三節 【模擬案例】Pasta Paradise餐廳之財務規劃預測說明

綜上所述,本節依照Pasta Paradise案例將相關的報價與部分的預估數字放入如**表6-1**、**表6-2**及**表6-3**後,接下來的工作就是利用這些參數來試算一個模擬的損益表,進而瞭解模擬案例Pasta Paradise餐廳開幕後所可能產生的收入、成本費用,進而推算出現金利潤及獲利能力。**表6-4**為假設的2010年全年損益表。茲簡要說明如下:

一、每月總營業額（❸⓪）

首先,每月總消費人數(❷)這個數字的預估,主要是根據每月的天數(大小月天數不同),及預設餐廳營業全年無休而產生。可以發現每月的景氣

表6-3 折舊攤提

折舊攤提

Pasta Paradise生財器具及固定資產攤提折舊預估損益表

Item	期初費（NT$）		年	折舊費用（NT$）				
				1	2	3	4	5
裝潢費	2,250,000	2,250,000	5	450,000	450,000	450,000	450,000	450,000
設計費	50,000	50,000	5	10,000	10,000	10,000	10,000	10,000
								0
Sub Total	2,300,000	2,300,000	5	460,000	460,000	460,000	460,000	460,000
廚房設備	1,500,000	1,500,000	5	300,000	300,000	300,000	300,000	300,000
外場餐飲設備	430,000	430,000	5	86,000	86,000	86,000	86,000	86,000
辦公設備	200,000	200,000	5	40,000	40,000	40,000	40,000	40,000
車輛	0	0	5	0	0	0	0	0
	0	0	5	0	0	0	0	0
Sub Total	2,130,000	2,130,000	5	426,000	426,000	426,000	426,000	426,000
Total	4,430,000	4,430,000	5	886,000	886,000	886,000	886,000	886,000
								0
營運執照費	100,000	100,000	5	20,000	20,000	20,000	20,000	20,000
權利金	0	0	5	0	0	0	0	0
開辦費	190,000	190,000	5	38,000	38,000	38,000	38,000	38,000
Sub Total	290,000	290,000	5	58,000	58,000	58,000	58,000	58,000
Grand Total	4,720,000	4,720,000	5	944,000	944,000	944,000	944,000	944,000

資料來源：作者整理製表。

表6-4　2010年Pasta Paradise餐廳的損益預估表

	MONTH	Jan-2010		Feb-2010		……	Dec-2010		Total	
❶	MONTH	Jan-2010		Feb-2010		……	Dec-2010		Total	
❷	總消費人數	8990		8400		……	11160		113,355	
❸	每月增加百分比			0%		……	0%			
❹	每月幾天	31		28		……	31		365	
❺	午餐：每人平均消費額	260		260		……	160		160	
❻	每天人數	170		170		……	180		163	*Average
❼	每人平均消費：食物　82%	213.20		213.20		……	213.20		213.20	
❽	每人平均消費：飲料　18%	46.80		46.80		……	46.80		46.80	
❾	其他　　　　　　0%	0				……				
❿	食物成本	40.00%		40.00%		……	40.00%			
⓫	飲料成本	22.00%		22.00%		……	22.00%			
⓬	其他	0.0%		0		……	0			
⓭	晚餐：每人平均消費額	550		550		……	550		550	
⓮	每天人數	120		130		……	180		147	*Average
⓯	每人平均消費：食物　82%	451.00		451.00		……	451.00		451.00	
⓰	每人平均消息：飲料　18%	99.00		99.00		……	99.00		99.00	
⓱	其他　　　　　　0%	0		0		……	0			
⓲	食物成本	35.00%		35.00%		……	35.00%			
⓳	飲料成本	18.00%		18.00%		……	18.00%			
⓴	其他	0.0%		0		……	0			
㉑	銷售額業額	NT$	%	NT$	%	……	NT$	%	NT$	%
㉒	用餐食物	1,123,564	82.0	1,014,832	82	……	1,189,656	82	12,709,918	82.0
㉓	用餐飲料	246,636	18.0	222,768	18	……	261,144	18	2,789,982	18.0
㉔	其他	0	0	0	0	……	0	0	0	0
㉕	營業額（用餐區）	1,370,200	100.0	1,237,600	100.0	……	1,450,800	100	15,499,900	100
㉖	吧檯區食物銷售	-	0.0	-	0	……	-	0	0	0.0
㉗	吧檯區飲料銷售	-	0	-	0	……	-	0.0	0	0.0
㉘	其他	0	0	0	0	……	0	0	0	0
㉙	營業額（吧檯區）	0	0.0	0	0	……	0	0	0	0.0
㉚	總營業額	1,370,200	100	1,237,600	100	……	1,450,800	100	15,499,900	100
㉛	銷售成本					……				
㉜	（用餐）食物成本	449,426	32.8	405,933	32.8	……	475,862	32.8	5,083,967	32.8
㉝	（用餐）飲料成本	54,260	4.0	49,009	4.0	……	57,452	4.0	613,796	4.0
㉞	其他	0	0.0	0	0.0	……	0	0.0	0	0.0
㉟	用餐銷售成本	503,686	36.8	454,942	36.8	……	533,314	36.8	5,697,763	36.8
㊱	（吧檯）食物成本	0	0.0	0	0.0	……	0	0.0	0	0.0
㊲	（吧檯）飲料成本	0	0.0	0	0.0	……	0	0.0	0	0.0
㊳	其他	0	0.0	0	0.0	……	0	0.0	0	0.0
㊴	吧檯銷售成本	0	0.0	0	0.0	……	0	0.0	0	0.0

（續）表6-4　2010年Pasta Paradise餐廳的損益預估表

㊵	總銷售成本	503,686	36.8	454,942	36.8	……	533,314	36.8	5,697,763	36.8
㊶	毛利	866,515	63.2	782,658	63.2	……	917,486	63.2	9,802,137	63.2
㊷	營運費用					……				
㊸	薪資	**446,000**	**32.5**	446,000	36.0	……	446,000	30.7	5,352,000	34.5
㊹	營運器具	20,553	1.5	18,564	1.5	……	21,762	1.5	232,499	1.5
㊺	行銷廣告	27,404	**2.0**	24,752	2.0	……	29,016	2.0	309,998	2.0
㊻	清潔維修	7,250	0.5	7,250	0.6	……	7,250	0.5	87,000	0.6
㊼	租金	160,000	11.7	160,000	12.9	……	160,000	11.0	1,920,000	12.4
㊽	公共設施	0	0.0	0	0.0	……	0	0.0	0	0.0
㊾	水電瓦斯費	34,255	**2.5**	30,940	2.5	……	36,270	2.5	387,498	2.5
㊿	差旅費	**1,000**	0.1	1,000	0.1	……	1,000	0.1	12,000	0.1
51	總營運費用	**696,462**	**50.8**	688,506	55.6	……	701,298	48.3	8,300,994	53.6
52	營運現金利潤	**170,053**	**12.4**	94,152	7.6	……	216,188	14.9	1,501,143	9.7
53	總管理費					……				
54	管理費	0	0.0	0	0.0	……	0	0.0	0	0.0
55	保險	-	0.0	0	0.0	……	0	0.0	0	0.0
56	折舊（生財器具）	73,833	5.4	73,833	6.0	……	73,833	5.1	886,000	5.7
57	折舊（固定資產）	4,833	0.4	4,833	0.4	……	4,833	0.3	58,000	0.4
58	諮詢費（會計＆法律）	-	0.0	0	0.0	……	0	0.0	0	0.0
59	總管理費用	78,667	5.7	78,667	6.4	……	78,667	5.4	944,000	6.1
60	帳面扣除折舊後收入	91,386	6.7	15,486	1.3	……	137,521	9.5	557,143	3.6
61	諮詢費　　　　0%	-		-		……	-		0	0.0
62	0%	0	0.0	0	0.0	……	0	0.0	0	0.0
63	收入不含利息	91,386	6.7	15,486	1.3	……	137,521	9.5	557,143	3.6
64	稅金利息	-	0.0	-	0.0	……	-	0.0		
65	貸款費用	0	0.0	-	0.0	……	0	0.0	0	0.0
66	收入不含稅金	91,386	6.7	15,486	1.3	……	137,521	9.5	557,143	3.6
67	稅5%	68,510	5.0	61,880	5.0	……	72,540	5.0	774,995	5.0
68	淨收入	22,876	1.7	(46,394)	-3.7	……	64,981	4.5	(217,852)	-1.4
69	貸款	-	0.0	-	0.0	……		0.0	0	0.0
70	流動資金	101,543	7.4	32,272	2.6	……	143,648	9.9	726,148	4.7

* Grand Opening Jan 2010

資料來源：作者整理製表。

略有不同;以餐飲業而言,3、4、9、10月都是傳統的淡季,1、2、7、8、12月則為業績最好的月分;再者,午餐與晚餐每天人數(❻、⓮)的流動率也會有所不同。

以午餐為例,一百個座位的餐廳,到桌數客滿時,由於仍會有部分桌次未能完全坐滿,故僅推估約有九十位客人,假設周轉率約為1.9,則可創造約一百七十位來客數(90×1.9=171)。以此類推晚餐的來客數、周轉率及平均消費後,可得到2010年1月份估算的總營業額為1,370,200元(㉚)。

二、總銷售成本

總銷售成本(㊵)指的是食物及飲料的總成本。根據**表6-4**的預估客人消費結構為:食物占其花費的82%(㉒)、飲料占18%(㉓)。食物成本部分則是設定為:35%(⓲)、飲料成本為18%(⓳)。本案例以較保守的方式估計整體營業額,搭配午餐的食物成本率40%(❿),可以得知總體的食物成本;飲料成本也可以用相同的方式來試算,進而獲得整體的直接成本。

總體而言,在導入午餐及晚餐的成本結構、平均消費及來客人數後,可以算出整體的直接成本為36.8%(㉟),故推算出其直接成本的金額為503,686元(㉟)。

三、毛利

毛利(㊶)指的是,業績扣除直接成本(食物及飲料成本)後的利潤。此金額雖不包括所有的人事管銷費用,但卻有其管理上的意義存在。

景氣好時,餐廳的毛利率多能維持在72%以上。簡單地說,就是客人付了一百元的金額,實際上吃到、加上喝到的食物成本僅約二十八元。但是,隨著近年景氣下滑,餐廳不斷祭出優惠方案,實際的毛利率甚至掉到約65%。這顯示出目前多數的餐廳業者,以採行薄利多銷的方式經營。相對的,如果總體營業量不足時,毛利金額可能不足以支付其他薪資及管銷費用,使餐廳財務體質惡化。

四、營運費用

1. 薪資費用❹：依據**表6-2**的數據，每月薪資成本（含勞健保及相關人事開銷）為446,000元，占整體業績的32.5%。這個數字在營運上軌道後有再檢討的調降空間，因為餐廳開幕初期為求營運品質穩定，正職與新進人員在比例上會稍微拉高，待日後營運上軌道，各項工作純熟後，可以逐步拉高時薪制兼職工讀生的比例。如此一來，也能隨著業績的上下變化，機動調整人力，讓人事成本及營運服務品質均能兼顧。

2. 營運器具（❹）：泛指所有內外場人員工作上所使用的工具，包含廚房調理所需的各項小廚具工具；外場人員所使用的器皿，如托盤、開酒器等基本簡單配備；此外，消耗性的營運物料也屬這個項目，如餐巾紙、溼紙巾、牙籤、吸管、電腦報表紙、感熱紙捲、外帶餐盒、廚房用保鮮膜……。

3. 行銷廣告（❹）：在**表6-4**中僅占整體營業額的2%，以開幕期間各類促銷活動所衍生的各項費用而言，雖是稍嫌不足，但以全年度進行截長補短來說應是足夠的。

4. 清潔維修（❹）：在這個項目裡以維修而言其實並不會有太多花費。原因是所有設備都是全新採購，故障待修的機率本來就低，再者通常第一年都有廠商保固，因此這個項目的花費主要在於設備的定期保養合約所產生的費用，這包含了冷氣系統、冷凍冷藏設備的定期專業清洗、潤滑以及調校。餐廳的清潔部分由餐廳工作人員每日開店及閉店時自行做清潔工作，所以清潔費用僅包含相關的清潔工具、清潔劑的採購。

5. 租金（❹）：除了按月繳付的租金費用外，另還包含租金簽約前往法院公證的公證費用。而每月租金也必須由出租及承租雙方預先議定好租金是否包含出租人的房租收入所得稅，以避免產生爭議。

6. 公共設施（❹）：指的是餐廳如需繳交所在大樓的管理費用，或是公共區域的清潔費用，如需繳納則由此項目下支應。

7. 水電瓦斯（❹）：屬於公共事業費用。費用以占營業額的2.5%為合理範圍，但仍可透過教育，讓員工做好節能、節源的動作，也可採用節能照明，日積月累下來仍可省下為數可觀的金額。

8. 差旅費（❺）：以Pasta Paradise案例來說並無實際的差旅支出。在此每

月以一千元的預算估計，僅屬於應急的支應。例如餐廳欠缺物料時，臨時派人到附近超市或大賣場採購，在這當中往返所需的計程車資費。

上述營運費用在本報表中總金額為696,462元（**❺**），占營業額的50.8%。換句話說，每營收一百元就有超過一半的金額用來支應本項費用，是最大比重的成本開銷。而其中房租及人事費用多屬固定成本，和營運業績的高低沒有太多的影響。由此可以看出，房租及人事費用對於餐廳是否能夠順利營運良善，扮演著非常重要的角色。在選擇餐廳地點考量房租以及徵聘員工洽談薪資時，必須格外謹慎。

五、營運現金利潤

餐廳營業額扣除食物與飲料成本後，稱之為毛利，再扣除營業費用後，便可稱得上是餐廳不含折舊攤提的**營運現金利潤**了。以**表6-4**為例，現金利潤為170,053元（**❺**），僅約為營業額的12.4%，足見餐飲業的實際利潤並非如外界所想像的好。因此，對於有心從事餐飲事業的人來說，必須謹慎思量並做好財務風險控管，切忌樂觀高估事業開創後的快速投資回收以及高報酬率，以免造成資金周轉調度的問題，進而影響事業營運的順暢度，以及投資人和工作夥伴的信心。

有了上述的幾張示範附表，才能讓餐廳在開幕前有個較具清晰輪廓的財務方向，並且可以透過報表來仔細評估日後開店的獲利性，避免投注大筆資金、人力及時間後，換來血本無歸、慘澹經營的下場，有開業打算的投資人務必謹慎！

PART 3

餐廳規劃篇

Chapter 7

菜單架構規劃與設計

本章綱要

1. 導論
2. 何謂菜單
3. 菜單的重要性
4. 菜單的種類
5. 菜單規劃設計的評估
6. 餐廳菜單本之設計範例

本章重點

1. 介紹菜單的結構及其如何提供資訊讓顧客瞭解一家餐廳，以及其所供應的食物、飲料和服務內容
2. 瞭解菜單的重要性，並從餐廳的經營理念陳述飲食的訴求、成本與採購、廚房的設備規劃與外場的服務流程
3. 介紹各式菜單的種類與需求設計
4. 瞭解規劃和設計菜單時應考慮的重點
5. 個案討論與練習：菜單本設計之練習

第一節　導論

　　菜單對顧客而言是一份目錄,功能上提供顧客瞭解一家餐廳所供應的食物和飲料。然而對餐廳業者或經理來說,菜單是一份很重要的資料,它明確規範餐廳創立的目的和餐廳營運的層面。換句話說,菜單扮演兩種角色:其一,經理人可以依據菜單做組織的規劃與管理,並控制廚房的營運,菜單是採購的指標,也是廚房或吧檯運作的順序和餐廳各部門職責的依據(行銷、人事);其二,菜單是公司的產品目錄、價位表,提供顧客選擇餐點和作為餐廳各項服務的宣傳單。

第二節　何謂菜單

　　Menu(菜單)這個字眼來自於法國,其字面上的意義為"a detailed list"(一個細節的目錄)。由此定義,餐廳菜單應提供以下資訊給顧客:

一、餐廳的命名

　　一家餐廳的開發固然需先考慮餐點的主題(如火鍋、牛排、義大利麵等),餐廳的命名更是後續決策的重頭戲。因為名稱可以呼應一家餐廳經營的理念和型態,而且能讓消費者記住,因此餐廳的命名相形重要。另外,有些餐廳業者也會敘述其餐廳名稱的由來,除了讓顧客體認業者的經營理念外,尚能加深顧客的印象(如圖7-1)。如「小貳樓餐館」的命名讓消費者認知到這應該是一家小型的樓層餐廳,雖然顧客無法得知這家餐廳的型態,但這個名稱很特別、而且很好記(如圖7-2)。又如另外一家餐廳——「十二籃」,名稱的命名引自《聖經》的典故。根據「十二籃」的網站資料指出,該餐廳名稱的由來如下:❶

> 不確定的,紛擾的大環境裡,
> 在敦化北路二二二巷,十二籃
> 三位好朋友,互相扶持,攜手共創的用餐場所,

圖7-1　Words from Founder

資料來源：貳樓餐廳提供（2009）。

圖7-2　小貳樓餐館

資料來源：小貳樓餐館提供（2009）。

十二籃，是豐富又豐盛，吃也吃不完的意義，

十二籃，也代表著滿滿的，來自於上天的祝福，

源自於聖經的故事，因著一個小孩樂意提供的五餅二魚，

不但神奇地讓五千人飽食，並且還有餘十二籃，

這樣的信心激發，讓我們願意努力再度出發，

將用心的、健康的粥品呈現在你面前，

只願獲得您十二萬分的支持！

　　另外，有些命名的用字在餐飲市場已成為專指某種餐飲消費型態。如消費者已經將麥當勞的名稱跟速食店聯想在一起，一些相同型態的店家也會採用

「麥」字作為命名時的首字，如麥味登；又如「記」字則與中式飲食聯想在一起，如「高記」。

其次，字數的多寡也會影響顧客的印象。例如中西式速食店大多採用三個字，如麥當勞、肯德基、頂呱呱；咖啡廳則介於二至三個字之間，如怡客、丹堤、星巴克等。至於其它餐廳的命名詞意則需要與其料理相配合，如日式料理（銀座、三井）、日式火鍋（太將鍋、關東）、義式（西西里、古拉爵、貝里尼）或美式主題餐廳（T. G. I. Friday's、Rainforest Cafe、California Pizza Kitchen）。

命名的主要原則是要符合餐廳的經營型態，並須能加深顧客印象。例如覺旅咖啡（Journey Kaffe）的命名與菜單設計內容呈現輕鬆感，讓消費者想去享受餐廳的氛圍與產品。（如圖7-3）

二、菜單的結構

菜單的結構應讓消費者瞭解餐廳的飲食文化和用餐方式，各式餐廳的菜單類別亦應依餐廳經營規模而有變化：

1.中餐：冷盤、熱炒、大菜、點心、水果。（如圖7-4）
2.美式餐廳❷：開胃菜、湯、沙拉、漢堡、三明治、義大利麵、雞肉與海鮮、炭烤牛排、德墨餐點、甜點、飲料。
3.義式❸：湯、開胃菜、義大利麵、比薩、主菜、甜點、飲料。
4.日式❹：壽司、燒烤、生魚片、和風沙拉、手卷、鍋物與煮物、蒸物、炒物、炸物、酢物、飯類。

圖7-3　餐廳命名應符合經營型態且要能加深顧客印象

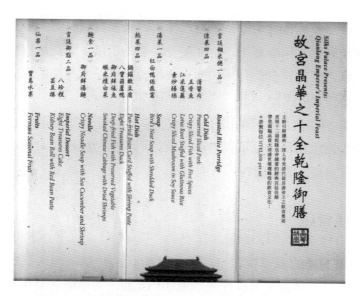

圖7-4　菜單的訴求應讓消費者瞭解餐廳的飲食文化

三、各種菜餚的名稱、食材、作法和口味

　　菜單為一家餐廳營運成功與否的要件。因此設計菜單的主廚必須對其工作領域有一定專業程度的知識涵養。廚師需對餐廳運作和潛在餐飲市場瞭若指掌。對於廚師來說，各項食材的特性、食材的搭配應用、食材的產地，以及食材的準備、擺盤與菜餚介紹等更是應備的工作技能。

　　餐廳業者除了表列出各種菜餚的名稱外，應該要說明每道菜主要的食材是搭配哪些配料和佐醬，利用何種烹調方式（炸、燴、燉、煮、煎、炒、烤、滷），哪種可以帶給消費者品嚐上的口感，如脆、嫩、綿密等。這些敘述可提供顧客在點菜搭配上的參考，以免客人最後點的菜都是同樣的味道與口感。當然，業者也可以使用圖片呈現菜餚的面貌，加快客人點菜的速度，使餐廳的運作更為順暢。

四、各式菜餚的價位

　　羅列於菜單上各式菜餚的價位應使客人不管在點菜或用餐後都可以感受到是值得的花費。換句話說，就是要讓顧客感覺到物超所質。餐廳業者在為每道

菜餚定價時，除了考慮食材成本外，亦需注重份量和品質。業者雖然可以將少份量的餐點價位調低，但顧客不一定能接受業者的定價；因此，餐廳業者的定價策略應與餐廳經營的定位符合，如此一來不論是第一次光臨的客人或熟客，都能對餐廳的價格有所認知。

至於菜單類別上的各項菜餚價位的順序編排則可依餐廳定位的高低來呈現，如套餐餐點價位由低至高呈現差別，或以平均價位標示，又或者以價位無太大起伏的方式呈現。（如**圖**7-5）

五、餐廳連絡資訊

菜單需列出餐廳的營業資訊，如地址、電話、營業時間和網址。現代網路及行動裝置普及，建議業者設立網址或QR Code，方便顧客使用手機即時掃描進入官網加入會員（有利於蒐集顧客資訊），後續亦可建立臉書、Line及

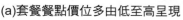

(a)套餐餐點價位多由低至高呈現

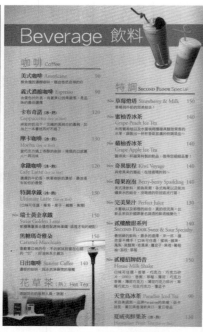

(b)平均價位多用在飲料單上

(c)主餐以價位無太大起伏的方式呈現

圖7-5　各項菜餚價位的定價原則

資料來源：貳樓餐廳（Second Floor Cafe）提供。

Instagram等粉絲專頁，提供顧客餐廳多項促銷資訊，建立更多與顧客接觸、互動的機會。

以上是菜單在基本功能上所應該列出的資訊。一份菜單設計缺少其中任何一項，均會造成餐廳營運和顧客的不便。

🍲 第三節　菜單的重要性

菜單的規劃與設計是開發一家餐廳最重要的課題，它牽涉到：(1)餐飲市場的飲食概念（健康、養生、烹煮方式）與餐廳的經營方針及定位；(2)食材的採購與成本考量；(3)菜餚研究的資料；(4)廚房的設備規劃；(5)服務生與消費者溝通的橋樑；(6)外場服務流程規劃。

一、飲食概念和經營理念

餐廳業者在規劃菜單前，要瞭解目標市場顧客群的需求和口味，同時也要注意現代人的飲食趨勢。例如天鼎—鍋の殿（前身為「健康煮」）❺餐廳的經營理念是考慮到消費大眾的健康飲食概念，設計出多元化的功能性菜單來滿足消費者的需求。「天鼎」所使用的穀類、蒟蒻、菠菜、低脂牛肉和蔬菜熬製的湯底等菜單內容，都能符合市場健康飲食概念和餐廳的健康經營理念。

餐廳的經營理念與定位會影響顧客的認知。以某家知名連鎖加盟品牌面對口蹄疫事件時的危機處理模式為例，由於其主要食材是豬肉，對這家連鎖餐廳來說是一重大挑戰。該連鎖餐廳的做法是大量推出「非豬肉系列」的商品，菜單上有牛腩、魚排、花枝捲、蝦捲、咖哩雞等多樣化產品，以應付口蹄疫危機。走多樣化策略確實讓該知名連鎖餐館安全度過了口蹄疫危機，但卻造成顧客對這間以專賣魯肉飯起家的店家，菜單上卻不是以魯肉飯為主力產品，對其核心主力產品產生失焦的經營危機。最後該餐館再度修正市場定位策略，重新定調修正菜單，再度以魯肉飯產品為店內主要核心競爭力，並為菜單上的配菜提供多樣化的變換，才又順利讓顧客再度認識到該餐廳的飲食概念和經營理念。

二、食材的採購與成本考量

食材採購的種類、數量、方式、通路與如何儲存材料的工作，都是依據菜單而定。餐廳多半會因應節令的變化或是特殊節日的到來，修改菜單上的菜色。例如情人節時餐廳多半會設計情人套餐；每年東港鮪魚季時，很多餐廳會推出生魚片及相關的鮪魚料理；盛夏芒果盛產期時，餐廳也會推出各式芒果沙拉、芒果醬汁的各色料理，甚至是芒果甜點或冰品。

藉由菜單的銷售數字可以發現某些食材的料理特別受到青睞，此時主廚不妨利用這些特別受到青睞的食材，另外開發出其他一系列的菜色；此舉不僅在食材的訂購上不會增加麻煩，也可以幫助食材做更有效率的流通，保持食材鮮美和易於掌控物料品質。特別節日時的菜單亦可斟酌使用既有的食材來作變化，並避免訂購平日無用的食材，以免節日過後剩餘的庫存造成食材處理不便。不僅浪費食材，也造成食物成本浪費，更使庫存食材產生資金上的壓力。

食材採購應注意時令，符合時令的食材在量的供應、價位、產品新鮮、品質穩定度等各方面，均是菜單規劃須考量的因素。因此，廚師應與相關人員（經理、採購）共同研究並設計菜單，按季節調整食令菜單。另外，亦需審核市場行情，制定菜餚的標準份量，控制成本。

餐廳的定位亦取決於食材的品質好壞與等級。消費者往往將高價位的產品與高品質聯想在一起，業者要開發一家定位高級的餐廳，就必須注意食材的等級和新鮮度。只要消費者認知到餐廳供應食材的高品質和美味時，消費者便不會在意價位；反之，不管餐點價位多低，消費者都會覺得沒有價值。另外，油炸物的餐點也是目前消費者所注重的問題。好的食材需要好的烹調方式才能呈現美味佳餚。業者尤須注意到油品本身的品質和管理的制度，才能在提供消費者美食的同時，也能兼顧消費者的飲食衛生安全和健康。建議餐廳業者在採購炸油產品時，除成本考量外，亦應特別注重供應商油的品質。以下舉例說明其重要性：

> 「麥當勞土城市金城店、中央店，與達美樂永和市中正店等三家門市油品，被驗出含重金屬砷。北縣衛生局昨天（2009年7月20日）依違反食品衛生管理法，裁罰三家門市各十五萬元罰鍰，創下未從最低罰金六萬元開罰的先例，而直接加重處分。

衛生局指出，炸過的油含有砷，而砷含量若超過人體每天的砷『容許攝取量』，就會對人體造成危害，依『食品衛生管理法』第十一條規定，食品製造業者『不得製造、加工、販賣有毒或含有害人體健康規定，違者得直接處以三萬以上、十五萬元以下的罰鍰，若一年內再次違反者，得廢止其營業或工廠登記證。』」[6]

由上例可知，在餐點的量與質方面，需特別予以注意，以免店家錢是賺了但商譽也賠了。另一方面，餐飲店在擬菜單時，若要採多樣化、多品項時應注意，好看多品項的菜單，貌似會增加營收，但實際上多樣化的採購食材，很可能反而讓店家賺不到錢。表面上所增加的營業額，未必會反映在獲利的增加上，而採購多樣化食材，卻會實際讓成本支出增加不少，結果往往是毛利明顯下降，減少獲利。

三、菜餚研究的資料

餐廳主管可以依菜單銷售的狀況，瞭解消費者喜歡的菜餚。假設某餐廳正決定將菜單做結構性的調整時，可以檢視開胃冷盤、開胃熱菜、沙拉、湯品、麵類、飯類、比薩、肉類、海鮮類……每一類別的銷售狀況；再依每一類別所受歡迎的程度來做增減，以迎合消費者的需求。又如季節變化時，開胃冷盤及開胃熱盤的銷售勢必有明顯的消長，然而餐廳多半不會因為進入冬季，而將開胃冷盤的產品全數刪除，此時即可觀察某幾項銷售度較差的產品，並將之剔除，依舊保留較受歡迎的幾道開胃冷盤，以顧及菜單的完整性。

因應節令變化所做的商品調整是每一家餐廳所必須投注心力的功課。如蔬菜水果類因季節因素造成產量的變化，某些魚類因季節洋流的變化，而有漁獲量差異，以及因為餐飲流行趨勢的改變，造成某些菜色大賣或是滯銷。如葡式蛋塔、牛奶麵包、加州料理、日式義大利麵、蒟蒻綠豆冰等，都曾有過程度不一的流行風潮，這些流行風潮都會對菜單上的各個餐點的銷售情況有明顯的影響。藉由實際菜單銷售統計的數據，能幫助管理者精確瞭解餐廳的每一項菜色銷售的情形，有些菜色銷售量佳，可惜因單價低對業績的幫助不大；有些菜色銷售平平，但是因為毛利相對上高於食物成本或食材的流通性，對業績反而有一定程度的幫助；也有些菜色雖然銷售量不大，但是因為單價高，對於業績的貢獻度遠超過其他菜色。上述的各種情形都有可能發生，也就是說這些情形對

於餐廳的營運均有一定程度的影響或幫助，何種菜色有留在菜單上的必要，就有賴管理者針對餐廳的客群消費力及餐廳本身的財務狀況，或是餐廳的主題訴求，採取不同的做法；而對於銷售差、成本高且單價低的菜色，盡速將其自菜單中刪除是無庸置疑的。

多數的餐廳（甚至是麵包烘培業者）對於銷售的產品都會做定期檢視，並設定產品刪除的標準，如將銷售量最差的20%的產品予以全數刪除，另行研發20%的新產品替補上市，待下次產品銷售檢討時再將銷售量最差的20%予以刪除。採行此種方式可持續將銷售數量差的產品替換掉，迎合市場需求，增加消費者新的選擇。

四、廚房設備需求

廚房設備的採購需求須考慮廚房工作人員的能力，如他們能否製作某些菜餚、食物製作區域的面積大小和製作各式餐點的設備種類。而廚房要根據菜單採購相關的器材設備，例如：

　　1.驗收材料的工具：溫度計、磅秤等。
　　2.儲存食材的容器：冷藏冰箱、立式雙門冰箱等。
　　3.準備區：三連式水槽、製冰機等。
　　4.炊具設備：六口爐、炸爐等。
　　5.盛裝菜餚的餐具：主菜盤、湯盅等。
　　6.洗滌的設備：洗碗機、洗滌架等。

以上所列的各式器具設備依不同餐廳型態和菜餚的烹煮方式而有變化，如日式料理餐廳餐點內的蒸物就需要使用到蒸爐。至於詳細的廚房設備規劃流程，會在第九章設備器材規劃做詳細解說。

五、店家、服務生與消費者溝通的橋樑

菜單是餐廳的產品目錄，也是餐廳行銷上主要的宣傳文宣。一份製作精美的菜單傳達著業者對經營的用心，也反應出餐廳的格調，還能提高顧客用餐的情緒和氣氛，最終可以使客人對餐廳的佳餚留下深刻印象。

　　菜單架構規劃的完整性可使顧客瞭解該餐廳所銷售的餐飲產品。服務生亦可透過菜單，介紹和推薦給顧客，加強顧客對該餐廳食物的品質認知，及減少菜單目錄與實際餐點的落差。菜單也是用來訓練餐廳服務生的教材，服務生透過菜單與顧客清楚的溝通，可以減少點單上的錯誤和加快服務的速度。對一些生意比較好的餐廳而言，點單的速度可以提高餐廳的轉桌率，讓等候的客人能盡快入座享受美食。

六、外場服務流程規劃

　　不僅菜單與餐廳廚房具有重要的關係，餐廳業者在規劃菜單的過程中，也要考量搭配哪種服務方式來供應餐飲（如**表7-1**）。

表7-1　各式餐廳型態與服務方式對照表

	速食店	早餐店	早午餐	Café	餐廳	火鍋店
櫃檯式	★	★	★	★	★	★
紙張點菜單		★			★	
餐桌點餐			★	★	★	★
全自助式					★	★
半自助式			★	★	★	★
外帶		★	★	★	★	★
外送		★	★	★	★	★
得來速	★			★		

(一)櫃檯式

　　櫃檯式（Counter Service）**服務方式**是客人以排隊方式從店家的菜單板上點購餐點，並由櫃檯人員將客人所選購的餐點集合到托盤上，然後客人自行拿取食物至餐桌。速食店和早餐店型態的店家大多採用此種服務方式。此種服務方式適用於單價不高的店家，目的是可以節省人力成本，並加快供應餐飲的速度。

(二)紙張點菜單

　　紙張點菜單（Order Sheet）**服務方式**，適用於一般餐館（鬍鬚張）或早午

餐（麥味登）型態的店家。採用這種點單方式是因為店家提供多種類的餐點搭配，本身的每項產品單價不高（如**圖7-6**），不適合雇請服務生幫顧客點菜（人力成本考量）。此種點單模式有其優缺點，如鬍鬚張魯肉飯的菜單供應飯、青菜、肉類、湯品、小菜、甜品等餐點類別，顧客可依個人的喜好自行在點菜單上勾選餐點後，再交給服務人員。接著餐點再由服務生送至顧客的座位。此種點單方式雖然可以節省人力成本，但是業者可能沒有辦法統計各種菜餚的銷售資料。

圖7-6　朱記中式紙張點菜單

　　紙張點菜單的另一項缺點是，當顧客要加點菜餚時，可能得再填寫另一張點菜單。此種點單方式容易發生客人先後點單的順序無法確認的情形，造成廚房工作人員上菜的先後順序亂成一團。此種店家的廚房人員需兼顧店內、外帶或外送的客人，如果生意忙的話，客人就得耐心等候了。一般採用這種點單服務的店家大多不會設定餐點類別的上菜順序。簡單來說，客人所點的餐食上菜順序沒有規定，服務生端上什麼菜，客人就只能先品嚐。換句話說，小菜的上菜時間有可能在主食之前或之後，湯品也可能會在還沒上主食之前就端上桌，使顧客無法享受用餐該有的節奏。

　　最後，服務生在結帳時要記得結算所有的點菜單，在過程中有可能會漏掉張數而誤算消費金額。此外，萬一客人事後發現消費金額有錯誤而回頭詢問店家時，服務生則有回去找尋單據等問題。還有可能的問題，是服務生有可能會將認識的客人所點的單據隱藏或銷毀，而造成營業額的損失。

　　為了防止以上所發生的營運問題，建議業者採用此種點單服務方式，要有系統的規劃設計點菜單和服務流程。

(三)餐桌點餐

　　餐桌點餐（Table Service）**服務方式**，適用於平均消費額稍高的餐廳經營型態。顧客在服務生帶位後參閱餐廳的菜單，服務生會在適當時機為客人點

菜。餐桌點餐服務基本上會有上菜的順序，所以服務生會依序將餐點上桌。此種服務方式讓客人可以在座位上輕鬆等候餐點和享受餐桌服務，客人有任何問題只要找負責的服務人員即可。當然，此種服務方式也有其缺點，如服務生可能會有點錯菜、上錯菜或上菜慢等問題。但是只要有良好的服務流程管理，便會降低服務不周的狀況。

採用此種點單服務方式的店家，需要做外場座位的服務分區，接待員要分區帶位，協調各區服務人員的服務品質，以避免將客人帶到同一服務生的工作區域。Pasta Paradise義大利餐廳開發案例即是採用此種點單服務方式。

(四)全自助式

全自助式（Buffet）**餐點服務方式**是客人在接待員帶至座位後，自行至餐廳規劃設立的餐點區拿取餐食。客人可依個人的飲食喜好自行挑選，夾取食物與選用飲料後，再端盤至座位上享用餐點。

此種餐點服務方式在餐廳規劃上，著重廚房製作餐食的整合性和外場擺設食物餐檯的美學，所提供的餐點在料理種類、食材、菜色、口味上普遍多樣化，能挑起顧客的食慾，吸引客人再度光臨。特別要注意的是，這種型態的餐廳在食物成本必須要做好規劃和控制，才能提高利潤。目前在餐飲市場上有很多各式餐廳採用全自助式的餐點供應服務，如中西式、日式、甜點下午茶和火鍋店等。

(五)半自助式

半自助式（Self-Buffet or Cafeteria）**餐點服務方式**有兩種。Self-Buffet，是指餐廳業者所供應的大多數餐點是採用全自助式的服務，只有一些食物成本比較高的食物是採用客人先點單，再依份數將食物送到客人的餐桌上（如圖7-7）。此種餐點的供應方式是考慮以食物成本的控制求取利潤；重要的是，餐廳業者如要採用此種供應方式，在設計菜單時就要考慮到廚房和外場的整體服務流程規劃。餐飲市場上很多餐廳採用全自助或半自助式的供餐服務，主要是顧客可以直接看到整個菜餚的樣式和口味，然後滿足地拿取佳餚食用（如圖7-8）。但這兩種餐點供應方式均容易造成顧客浪費食物的現象，業者也比較不容易控制食物成本。

圖7-7　Mo-Mo-Paradise半自助式點單價目表

圖7-8　IKEA半自助式餐廳

資料來源：Google網站圖片（2009）。

(六)外帶與外送

　　一般市面上的餐廳業者很少只有提供**外帶或外送**（To Go or Delivery）服**務方式**。大多數的餐飲業者除了有實體餐廳提供客人在店內用餐外，也會提供外帶或外送的服務。目前比較常看到的餐廳型態只有Pizza店（必勝客與達美樂），會採用一些店面提供外帶和外送之服務。採用此服務方式考量的是店租和投資。業者也會利用網路訂購的方式，提供客人快速和穩定的服務。網路訂購的點單服務方式，讓業者可以先確認訂單而製作餐點，客人可以在預定時間內拿取或接收訂單，減少等候的時間。（如**圖7-9**）

(七)得來速點單方式

　　得來速（Drive-through, Drive-thru）**點單服務方式**是顧客開車至店家的服務窗口（不需要找停車位），點餐後付錢拿取所點的餐點服務。這種點單服務方式的優點是提供客人快速且方便的供餐服務；缺點是客人取得餐點離開店家後，有可能會發生服務生少放餐點的狀況。

　　另外一種得來速（Drive-in）的點單服務方式是顧客開車到店家的停車場後不下車，服務生會走到顧客的車旁服務顧客，之後再拿取客人所點購的餐食到客人停車的地方，而客人可以停留在車上用餐。❼

　　簡單來說，Drive-through是鼓勵客人拿取餐食到他處用餐，而Drive-in則鼓勵顧客於停車點餐後，待在車上用餐。❽**圖7-10**是星巴克咖啡廳所提供的得來速服務。

(a)達美樂外帶外送菜單

(b)庫司庫司外送菜單

圖7-9　外帶外送點單

圖7-10　星巴克提供的得來速服務

第四節　菜單的種類

　　餐飲市場上有很多不同型態的餐廳，有些餐廳會將所有供應的餐食類別放在同一本菜單，也有的業者會將各類的餐食分別提供菜單。不管何種營運型態的餐廳，業者在設計菜單時需要考慮顧客的喜好、成本、餐廳識別和經營目標。菜單的種類可以依餐廳業者的經營型態、消費者飲食習慣和用餐目的等資訊來區分。

一、依餐廳營運需求設計

　　菜單可根據餐廳的經營運作需要進行設計，如單點菜單、當日特餐菜單、套餐菜單、自選搭配套餐菜單、合菜菜單及自助式菜單等，分述如下：

(一)單點菜單

　　單點菜單是提供多種菜餚且每項餐點都有不同的定價。顧客依菜單上的各類餐食自行選擇搭配喜歡的菜色。此種單點菜單的設計，會列出各式各樣不同口味的餐點，藉以提高顧客的平均消費額，餐廳業者可以從這種單點的菜單規劃獲得較多的利潤。（如**圖7-11**）

(二)當日特餐菜單

　　當日特餐菜單是餐廳業者希望顧客能嚐試不同的餐食種類，進而設計的單項或一組餐點。業者藉由每日採購的特價食材，並利用廚師的廚藝製作出不同於製式化的菜單，來滿足顧客的新鮮感和提高回客率。（如**圖7-12**）

圖7-11　單點菜單

圖7-12　當日特餐菜單

(三)套餐菜單

　　套餐菜單的設計模式是餐廳業者組合單點菜單上各式的菜餚，然後依不同的組合套餐種類（四至六個餐點）給予定價。此種的套餐菜單可迎合一些不熟悉該餐廳餐食的顧客。餐廳業者可藉由此套餐餐點，讓第一次光臨的客人瞭解該餐廳的美食，提高客人的滿意度和整體用餐經驗，讓客人能再度光顧。（如**圖7-13**）

(四)自選搭配套餐菜單

　　自選搭配套餐菜單的設計模式基本上與前一種類似。前項的套餐種類可能是餐廳業者將各式餐點固定，而無太多的選擇。自選搭配套餐的菜單比較有選擇性和彈性。消費者需先選購一項主食，然後依個人的口味和喜好，搭配各式的套餐種類。（如**圖7-14**）

(五)合菜菜單

　　合菜菜單設計的方式與套餐菜單的原則很類似（如**圖7-15**），都是根據菜

圖7-13　勝博殿的套餐菜單

單結構上組合出不同種類和口味的菜色提供給顧客。其中的差異是套餐菜單是
供應給個人,而合菜菜單是提供給多人或團體的餐點設計。合菜菜單設計的份
量基本上比套餐菜單來得大,才能使客人吃得飽,餐廳業者會根據人數多寡設
計合菜菜單。

(六)自助式菜單

自助式菜單型態的業者是根據菜餚的結構供應各式餐點給顧客,雖然客人
們通常不太清楚自助餐業者所供應的菜單內容有哪些,但這類型的自助餐菜單
在設計上是必須根據消費者的喜好,烹飪出多樣化的菜色,以訴求多數的消費
者青睞。(如圖7-16)

圖7-14　古拉爵自選搭配套餐菜單
資料來源：義式屋古拉爵傳單（2009）。

圖7-15　古拉爵合菜套餐菜單
資料來源：義式屋古拉爵傳單（2009）。

二、依消費者飲食需求設計

　　菜單可依消費者飲食習慣分類為早餐菜單、早午餐菜單、午餐菜單、下午茶菜單、晚餐菜單及宵夜菜單等，分述如下：

(一)早餐菜單

　　有些供應早餐的餐廳業者會將早餐菜單放入一般的菜單，或是分開獨立為單一本，但在菜單本的設計上仍需依據餐廳的經營方針和型態。例如有些業者如要讓顧客瞭解該餐廳全天供應早餐菜單的食物時，則建議將早餐菜單也列在正式的菜單本上；那麼，顧客也會根據菜單本上的餐點供應來識別該餐廳是單純的早餐店還是咖啡廳。這樣一來，顧客在用餐時間上的認知選擇也將會有所

● 中式	● 西式	● 日式	● 西點	素食
冷盤區 福利經典鹽焗雞 秘製醉元寶 紅油牛肚絲 **現炒區** 乾煸四季豆 五更腸旺 彎月甜白蝦 櫻花蝦高麗菜 甜在心地瓜 金沙中卷 **熱鍋區** 季節時蔬 櫻花蝦米糕 碳烤豚膝 芥菜蛤蜊雞湯 **小碟前菜區**梅 子紫蘇魚 麻香口水雞 **砂鍋區** 花雕雞板條 蟹黃蝦球 鮮蛤蜊清湯 **蒸台/燉湯區**和 風銀杏土瓶蒸菜 魚高湯茶碗蒸 **烤鴨區** 功夫紹興烤雞功 夫蜜汁叉燒自家 製餅皮 霸王櫻桃鴨	**沙拉區** 凱薩醬 千島醬 南洋鮮菇沙拉 和風醬 培根碎 小黃瓜條 彩椒牛肉沙拉 明太子海鮮沙拉 海帶芽 玉米粒 紅奶油萵苣生菜 紅橡萵苣生菜 紅球萵苣 紅菊苣生菜 紅蘿蔔條 紫高麗絲 經典凱薩沙拉 綠橡萵苣生菜 菌香玉米筍沙拉 蜂蜜 野莓醬 香培根洋芋沙拉 黑豆 **熱鍋區** 匈牙利奶油烤雞 南洋鮮蔬咖哩 松子蛤蜊寬麵 法式鄉村燉蔬菜 海鮮巧達濃湯 紅酒燴牛肉 蘿蔓子培根炒洋 芋 蝦仁菠菜鬆糕 西西里海鮮燉飯 **小碟前菜區** 松露肝醬酥盒 栗子雞肉捲 **鐵板區** 法式白醬煎魚 港式蘿蔔糕 迷迭香海鹽小里 肌 **現切肉區** 燒烤自然豬 自家香烤美國牛 **現做披薩區** 奶油玉米酥皮濃 湯 **水果區** 哈密瓜 芭樂 葡萄 葡萄柚 蘋果 西瓜	**壽司手捲區** 傳統海苔壽司 手工醃製小黃瓜 手工醃製牛蒡 手工醃製蘿蔔 旗魚壽司 炙燒旗魚壽司 炙燒牛肉壽司 炙燒鮭魚壽司 甜蝦握壽司 紫米壽司 芋香壽司 花壽司 蔥花鮪魚手捲 蘆筍手捲 虎皮壽司 蝦壽司 蝦手捲 豆皮壽司 鮪魚壽司 鮭魚卵手捲 鮭魚壽司 鯛魚壽司 **異國料理/碳烤區** 和風照燒雞腿 奶油杏鮑菇 香蒜醬烤豬 鮮烤魚下巴 鹽烤青甘魚柚庵燒 鹽烤鮭魚頭 **炸烤物區** 柳葉魚唐揚 櫻花蝦野菜揚-地瓜 櫻花蝦野菜揚-炸野 菜 草蝦天婦羅 藍帶豬排 酥炸牛蒡佐胡麻醬 鮮嫩唐揚雞 **生魚片區** 和風生牛肉 東港旗魚 沙梭魚 炙燒旗魚 生食花枝 軟絲 醋漬鯖魚 鮪魚 鮭魚 鯛魚 黃金魚 **小碟前菜區** 中捲佐胡麻醬 水晶珊瑚 紫穗花仙籽 韓風日月貝 頂級橄欖油拌蔬果 鮪魚醋味噌 鮭魚慕斯 **砂鍋區** 鮭魚味噌湯	**西點區** 原味鮮奶酪 巧克力塔 巧克力醬 手工草莓果醬 手工鳳梨果醬 榛果巧克力 檸檬塔 焦糖布丁 經典生巧克力 自製奶酥糕 自製義式風味奶油芒 果奶酪 芒果果凍 荔枝果凍 鮮果生巧克力 麵包布丁 **麵包區** 桂圓雞糧麵包 牛奶南瓜麵包 **餅乾區** 伯爵茶手工餅乾 巧克力燕麥手工餅乾 美式花生手工餅乾 **蛋糕區** 古典巧克力蛋糕 大理石起司蛋糕 巧克力杯子蛋糕 提拉米蘇 檸檬杯子蛋糕 牛奶杯子蛋糕 紅蘿蔔杏桃蛋糕 芋泥捲 草莓捲 草莓杯子蛋糕 重乳酪起司蛋糕 香蕉巧克力捲蛋糕鮮 奶油波士頓派 黑櫻桃派 黑醋栗優格慕斯蛋糕 **飲料冰品區** ZERO可樂 乾杯啤酒 冰水 卡布奇諾 古早味烏梅汁 古早味紅茶 可樂 台啤水果啤酒-柳橙 台啤水果啤酒-芒果 台啤水果啤酒-葡萄 台啤水果啤酒-鳳梨 哈根冰淇淋-巧克力巧酥 哈根冰淇淋-淇淋巧酥 哈根冰淇淋-焦糖奶油脆 餅 哈根冰淇淋-焦糖巧克力 布朗尼 哈根冰淇淋-草莓 哈根冰淇淋-藍姆葡萄 哈根冰淇淋-香草 拿鐵 日式煎果奶茶 明治冰淇淋-北海道牛奶 明治冰淇淋-巧克力脆片 明治冰淇淋-日式抹茶 明治冰淇淋-日式紅豆 明治冰淇淋-濃醇芝麻 明治冰淇淋-生巧克力富 滋 明治冰淇淋-葡萄優格	五行鮮蔬麵(全素) 卷壽司(全素) 奶油野菇麵(蛋奶素) 慕斯類之外甜點皆可 鑲金條(全素) 沙拉(各式生菜、醬料) 生菜手捲(全素) 蟹黃豆腐(蛋奶素) 豆皮壽司(全素) 雪菜炒飯(含辣椒) 香蕈養生鍋(全素)

圖7-16　饗食天堂全自助式菜單

資料來源：整理自饗食天堂臺北京站店菜單，http://www.eatogether.com.tw/shopmenu.php?mID=3。

改變。

　　早餐菜單的種類可以簡單的區分為中式和美式。中式早餐提供豆／米漿、蛋餅、燒餅、油條、鹹餅、甜餅、包子、饅頭、飯糰等各式餐點，美式早餐供應各式漢堡、果汁、冰／熱紅茶、冰／熱奶茶、冰／熱咖啡、薯餅、美式鬆餅（Pancake）、比利時鬆餅或格子餅（Waffle）、英式鬆餅（Muffin）、各式蛋的餐點（Scrambled Egg, Sunny-side Up）、歐姆蛋（Omelette）、班乃迪克蛋（Eggs Benedict）、吐司搭配各式果醬、可頌麵包、餐包搭配奶油、歐式麵包、法式吐司、培根、香腸等多樣餐點。（如圖7-17）

圖7-17　Bill's的早餐菜單

(二)早午餐菜單

顧名思義，早午餐菜單供應早餐和午餐的餐點。一般來說，果汁和水果應該也要提供。主要的餐點需要豐富且有足夠的份量，例如早午餐可以供應歐姆蛋、雞肉、雞肝、小份量的牛排、培根、香腸、烤馬鈴薯、烤番茄等餐點，以及各式烘焙的熱麵包和多種飲料的提供，另外也可以準備一些蔬菜和水果沙拉。（如圖7-18）

因應現代的生活方式，消費者在假日期間可能會晚一點起床，而起床的時間介於吃早餐和午餐的時段（如圖7-19）。因此，早午餐的菜單更能貼近顧客的需求，只要吃一餐早午餐就可以解決用餐時間的不穩定性，且消費者也可以在假日的時候獲得足夠的睡眠時間。

圖7-18　Atelier Bistro早午餐菜單

圖7-19　巴黎清晨（PAUL）早午餐菜單

資料來源：擷取自Paul小酒館美食。

(三)午餐菜單

　　午餐菜單的餐點可包括多種類的食物。以西餐為例，開胃菜、湯、沙拉、三明治、主菜和甜點的食物都可以供應，顧客可以單點或做套餐的選擇。**午餐菜單在餐點設計上應以經濟價位為考量**；換句話說，餐點的份量和價格應該比晚餐的餐點要來得少和便宜，但在食物的品質上仍應力求一致。（如**圖7-20**）

　　午餐菜單的餐食定價應以中價位為訴求，一來吸引顧客的光顧，二來也可以增加轉桌率。午餐菜單的餐食準備也需配合來客數，在餐點製備上要以快速為主，主要是因為上班族在中餐的用餐時間上有所限制。另外，業者也可在午餐菜單上規劃每日特餐（Daily Special）或便當的菜單，讓客人對店家在菜單食物的菜色上有新鮮感和多變化的認知。（如**圖7-21**）

圖7-20　Second Floor Cafe商業午餐菜單

圖7-21　勝博殿商業午餐菜單

(四)下午茶菜單

一般的餐廳在午餐的服務過後，很少供應其他餐點，如下午茶或Happy Hour。然而因國人生活型態的改變，許多的消費者對下午茶的餐點趨之若鶩，成了一種生活飲食常態。提到下午茶的飲食文化，大多數的消費者應該都會聯想到英式下午茶。英國的約克（York）城市有一家享譽國際的下午茶餐館，店名為Betty's Café Tea Rooms（網址：www.bettys.co.uk）（如**圖**7-22）。下午茶的菜單會供應的餐點如三明治、甜點、糕點、餅乾和各種飲料。（如**圖**7-22、7-23）

圖7-22　Betty's Café Tea Rooms下午茶菜單

資料來源：檢索自www.bettys.co.uk。

Buying the Best

At Bettys we use the very best quality ingredients. We buy locally where we can, tapping into Yorkshire's rich food and farming heritage, and support small-scale farmers and craft producers. We buy our tea and coffee ethically, auditing estates, paying fair prices and travelling overseas to build long-term partnerships with growers. This also helps us secure the pick of the crop.

Giving Something Back

Every year we donate five per cent of our profits to charity and community projects in Yorkshire and overseas. We're especially proud of our Trees for Life appeal which has funded the planting of three million trees around the world since its launch in 1990. Through our new campaign, the Yorkshire Rainforest Project, we'll be helping the Ashaninka people to protect their home in Peru, an area of rainforest roughly the size of the Yorkshire Dales.

Cooking with Bettys

Bettys Cookery School has superb facilities in its own building next to our Craft Bakery on the outskirts of Harrogate. Our expert staff share their knowledge on everything from breadmaking to Swiss specialities. Telephone 01423 814016, visit www.bettyscookeryschool.co.uk, or ask a member of staff for a course calendar.

Visit our other Café Tea Rooms in Yorkshire: RHS Garden Harlow Carr, Ilkley, Northallerton, York and Little Bettys York.

All prices are inclusive of VAT at the current rate. Some of our products may contain nuts. Our café bar is mobile phone free.

Teas

We import and blend all of our own teas. Served with milk or lemon.

Traditional Tea Blends

Bettys Tea Room Blend £2.95
Our traditional rich and fragrant house blend of top-class African and Assam teas.

Bettys Earl Grey £3.25
The delicate scent of natural oil of bergamot makes this a refined, refreshing blend for afternoon tea.

Bettys Breakfast Tea £3.25
This Special Tippy Assam is a really strong, invigorating brew from one of the very best estates in the Brahmaputra Valley.

Speciality Teas

Lingia Estate Darjeeling £3.40
We pride ourselves on choosing the very best of the Himalayan Darjeeling crop each year to give you an exquisite, aromatic infusion. This tea is graded as a golden tippy flowery orange pekoe.

Ceylon Blue Sapphire £3.50
Exclusive to Bettys, this deliciously smooth tea has a honeyed character. We have added blue cornflower petals to represent the famous sapphires found close to the tea garden in south west Sri Lanka.

China Rose Petal £3.20
One of the loveliest of the China teas, it is layered with rose petals which not only impart a fragrant aroma, but are also believed to help keep mind, body and spirit in perfect harmony.

'Good Luck' Green Tea £3.30
This is an extremely rare green tea from China. With its pale golden liquor and fruity aroma, it is best without milk.

Yu Luo White Tea £3.80
From the Hunan province in China, this exquisite, rare white tea has a delicate, fresh flavour. The golden liquor is rich in antioxidants. Best without milk.

Tisanes

Moroccan Mint £3.30
A 'pick-me-up' infusion of dried peppermint leaves, served with honey.

Pâtisserie

All of our cakes and chocolates are handmade at our Craft Bakery in Harrogate.

Swiss Chocolate & Raspberry Torte £3.95
Deliciously moist chocolate cake filled with lightly caramelised raspberries and rich chocolate & raspberry buttercream.

Montagne de Chocolat £3.95
Rich, chocolate Sacher sponge layered with praline buttercream and glazed with chocolate.

Tarte aux Pommes £3.75
Classic continental-style apple pie with rich shortcrust pastry.

Fresh Raspberry Macaroon £3.75
A large macaroon filled with raspberry buttercream and fresh raspberries, topped with a Swiss dark chocolate oval.

Praline Dacquoise £3.50
Soft meringue made with roast hazelnuts and almonds, layered with our own praline cream, topped with cocoa nibbed nougatine.

L'Opéra £3.50
Light jaconde sponge moistened with espresso coffee, layered with Swiss dark chocolate & espresso buttercream.

Fresh Fruit Choux Ring £3.85
Light choux pastry filled with cream and fresh fruit.

Fresh Fruit Tart £4.15
Rich shortcrust pastry filled with crème pâtissière and fresh seasonal fruit.

Citron Torte £3.95
A zesty sponge layered with Yorkshire lemon curd and lemon buttercream.

Swiss Chocolate & Chestnut Slice £3.95
Leaves of dark chocolate layered with chocolate ganache and chestnut cream on a nutty chocolate sponge base.

Cold Drinks

Swiss Sparkling Apple Juice	£2.95
Traditionally Pressed Apple Juice	£2.85
Homemade Still Lemonade	£2.80
Elderflower Bubbly	£2.85
Organic Ginger Beer	£2.95
Coca-Cola or Diet Coca-Cola	£2.40
Highland Spring	
Still or Sparkling Water	£2.50

圖7-23　Betty's Café Tea Rooms的Montpellier Café Bar菜單

資料來源：檢索自www.bettys.co.uk。

　　由於市場競爭的關係，下午茶菜單應不單只是蛋糕或三明治類的食物，義大利麵的餐廳也會提供下午茶的餐點服務（如**圖7-24**）。

(五)午晚餐

　　現代人忙於工作，用餐時間點都不正常。因此有些店家為了滿足消費者各式型態的用餐時機點，也有推出精緻午晚餐（如**圖7-25**）與輕食午晚餐（如**圖7-26**）給消費者做另一選擇。

圖7-24　下午茶茶點與義大利麵下午茶菜單

圖7-25　精緻午晚餐

圖7-26 輕食午晚餐

(六)晚餐菜單

晚餐菜單是所有餐廳內各式餐點的主角。餐廳業者在設計晚餐菜單時,應該要有符合該餐廳的特別菜餚,以吸引顧客群。一般消費者在選擇餐廳時,都會先想到主食,如牛排或義大利麵等。接著消費者會聯想到哪家餐廳所供應的食物最特別,且美味好吃。所以,餐廳業者需在晚餐菜單的食材、餐點種類、烹調方式、口味、口感、食物擺盤上多花些心思(如**圖7-27**)。

目前臺灣餐飲市場上充斥著各種料理的餐廳。不管各自的晚餐菜單在食材、菜餚、份量、價位上的變化如何,各家餐廳業者應以符合其服務客群的需求,量身設計晚餐菜單。

(七)宵夜菜單

在餐飲市場上,有些餐廳會提供宵夜菜單的服務。**宵夜菜單**的飲食訴求對象大多為看完晚場電影、表演,或從事晚間工作的顧客群。因此,提供宵夜菜單的經營型態多為夜店、舞廳和酒店。當然,一些簡易的用餐地方,如路邊攤或二十四小時營業的速食店仍是宵夜市場的龍頭。(如**圖7-28**)

圖7-27　巴黎清晨（PAUL）正餐（晚餐）菜單

資料來源：擷取自Paul美食。

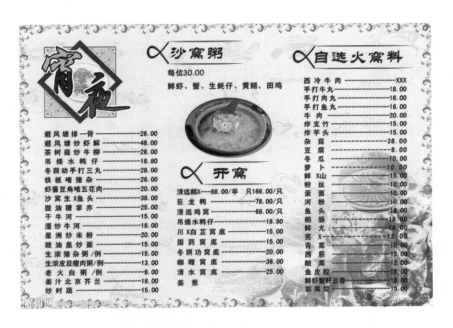

圖7-28　宵夜菜單

以上各類菜單均可以選擇以單點、套餐,或自助式的供應方式來服務顧客。至於宵夜菜單的餐點供應則建議採用菜單點單、餐桌點菜,或半自助式等服務方式,而不適合全自助式供應方式。

三、依消費者用餐目的需求設計

菜單亦可根據顧客的用餐目的或其它需求來規劃設計,如特殊節日菜單、宴會和聚餐菜單(如圖7-29),以及兒童菜單、外燴菜單(如圖7-30至7-32)、素食菜單、年菜菜單(如圖7-33)等。一般來說,大多數的餐廳業者沒有特定在菜單本上列出以上四種菜單,而且也不太會列印出單獨的菜單本。畢竟比起主要的菜單服務內容(午餐、晚餐),這些特殊需求的菜單對店家的利潤貢獻比例上很低,充其量是在做服務性質。餐廳業者可依據客人的需求和預算來做客製化的菜單設計。

對任何型態的餐廳而言,菜單的規劃設計扮演著重要的角色,菜單關係著餐廳的定位、策略、市場、服務和營運主軸。餐廳業者藉由菜單的功能將其服務的角色銷售和推廣給特定的消費族群,最終目標要能滿足顧客在餐廳的飲食體驗。

🍲 第五節 菜單規劃設計的評估

本節提供一些在規劃和設計菜單時考慮的重點問項。❾

一、菜單利潤

1.菜單內的各項菜餚是否有規劃設計一些高利潤的餐點項目?

2.菜單內的各項菜餚是否有規劃設計一些符合市場流行或受歡迎的產品?

3.菜單內各項菜餚的高低價位的平衡考量如何,會不會過於偏向某價位?

4.菜單內各項菜餚的價位是否具有競爭力?

5.菜單內的各項菜餚定價是否可彈性調整以反應成本?

6.各項菜餚的食材成本是否根據確實的成本資訊?

(a)勞瑞斯牛肋排餐廳新春餐敘與晚宴菜單

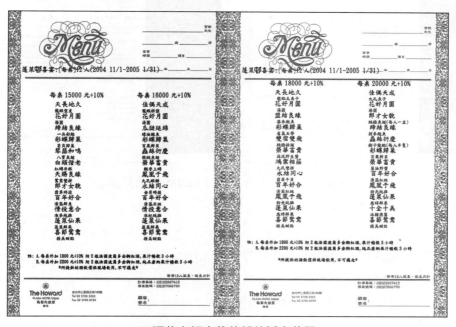

(b)福華大飯店蓬萊邨的婚宴菜單

圖7-29　依消費者用餐目的設計的菜單

資料來源：勞瑞斯牛肋排餐廳與福華大飯店範例（2009）。

圖7-30　Cheesecake Factory外燴菜單

7.各項菜餚的份量是否足夠？

8.各項菜餚的食材選擇上是否有考慮如何減少成本，並考量到是否有其他使用上的風險？

9.各項菜餚的食材製作是否反應廚師人力的需求？

10.菜單設計的各項菜餚是否能提高平均客單價？

11.各項菜餚的食材成本是否能有效控制？

圖7-31　Corner Bakery Cafe外燴菜單

圖7-32　Chick-Fil-A Trays外燴菜單

圖7-33　瓦城年菜菜單

二、菜單內各項菜餚菜單的餐點敘述

1.菜單內各項餐點的描述是否正確和真實？

2.菜單內各項菜餚內容物的敘述是否避免使用一些重量或大小等的文字，
以免造成顧客認知上的落差？

3.菜單內各項菜餚的敘述是否使用了能充分說明產品品質的文字？

4.菜單內各項菜餚的敘述是否選擇了能適當描述菜餚的文字？並注意到避免過於誇大，簡單而易於瞭解？

5.菜單內各項菜餚的敘述是否真實呈現實際使用的食材規格？

6.菜單內各項菜餚的照片是否與實際產品的真實面貌一致？

7.菜單內各項菜餚的描述是否能促進產品銷售？

8.菜單內各項菜餚是否以一致的大小和品質呈現於顧客面前？

三、顧客對菜單訴求的理解

1.菜單內各項菜餚是否能引人注目？

2.菜單本的印刷字跡是否清楚、易讀？

3.菜單本內的文字編排內容是否過於擁擠？

4.菜單本的內容編排是否能免於凌亂？

5.菜單本內各項菜餚是否合理地依食用的順序排列？

6.菜單本內的標價是否能清楚地呈現？

7.菜單本內各項菜餚是否容易找到？

8.顧客是否能依據菜單本的內容得到他們期待的餐點？

9.菜單本內的所有文字內容是否有無法解釋的外文？

10.菜單本內各項菜餚的表列行距是否有適當的空間，不會造成彼此的混淆？

11.菜單本的印刷字跡是否能自背景的顏色脫穎而出？

12.菜單本內各類菜餚標題大小是否合適和顯眼？

四、配合菜單服務的實際運作

1.菜單內各項菜餚的設計是否符合廚房設備生產的性能？

2.菜單內各項菜餚設計是否能讓服務生適當地執行服務？（如鐵板）

3.餐廳內外場的營運規劃是否適當地符合菜單服務的需求？（如牛排保溫餐車、桌邊服務）

4.餐廳內外場規劃是否依據菜單服務內容提供足夠的儲存空間？

5.菜單內各項菜餚的設計是否能找到有能力製作的廚師人員？

6.餐廳廚房與外場用餐區的距離是否合理？

7.餐廳用餐區的燈光亮度是否足夠閱覽菜單？

8.餐廳外場是否提供舒適的用餐環境？

9.每位顧客是否有適當的用餐空間？

五、菜單本的使用設計

1.菜單本的封面套是否耐用、容易清潔，以及具有引人注目的外觀？

2.菜單本的內頁紙是否堅固耐用？

3.菜單本的整體性是否讓客人容易閱覽和瞭解？

4.顧客是否能輕鬆地從菜單本找到需要的訊息？

5.菜單本整體看起來是否既整齊又乾淨？

6.菜單本內是否有任何塗改和手寫的字體？

7.菜單本整體的顏色搭配應用是否讓顧客印象深刻？

8.菜單本整體外觀的形狀設計是否恰當？

9.菜單本的大小是否讓顧客容易拿取和操作？

10.菜單本的裝飾特徵是否適當？

11.菜單本的樣式和字體的選用是否與餐廳裝潢的氛圍和標識相融合？

12.菜單本看起來是否有勻稱、美好的外形？

13.菜單本整體設計是否專業？

14.菜單本是否有提供餐廳營運時間、地址、連絡電話，以及其他重要的訊息和聯絡方式？

15.菜單本上的商標是否顯眼？

六、菜單內各項菜餚的選擇

1.菜單內各項菜餚的菜色是否均衡和多變？

2.菜單設計上是否供應不同形式、顏色、口味和溫度的菜色？

3.菜單設計上是否有提供季節性的食物？

4.菜單內各項菜餚的製作是否充分利用蒸、煮、炒、煎、炸等多變化的烹飪技巧？

5.菜單內各項餐點內容的準備和製作技術是否有合適的廚房和服務人員？

6.菜單內各項菜餚的整體呈現是否保有簡潔的印象而沒有過多的裝飾？

7.菜單設計上是否供應了足夠的餐點選擇來吸引客人？

8.菜單內各項菜餚的銷售組合是否有效地吸引顧客？

9.菜單內供應的特別菜餚是否顯眼而不會過於強調？

10.菜單內各項菜餚的喜好度是否均衡？

七、菜單內各項菜餚的呈現

1.菜單內各項菜餚在盛盤時所使用的盤子大小是否合適？

2.菜單內各項菜餚的擺盤和裝飾是否恰當？

3.菜單內各項菜餚的整體面是否吸引顧客？

4.菜單內各項菜餚的價格是否以價位高低的順序排列？

5.菜單內對於各項菜餚的過長敘述，句子是否都能一致的分行？

6.餐廳業者是否有將主要銷售的菜餚放在菜單本明顯的地方？

7.菜單本上提供的兒童菜單是否符合兒童的需求？

8.夾頁或插入式的菜單是否正確的運用，且不會影響其他菜單本上的菜單內容？

9.菜單內各項菜餚設計是否能反應可管理的存貨清單？

10.菜單設計上對於高風險的產品是否有程度的限制？

11.菜單內各項菜餚是否都能有高銷售量的潛力？

12.菜單內高利潤的菜餚是否有精美的擺盤技巧？

13.菜單設計上是否有注意到營養的面向？

14.菜單設計上是否有考慮到單點和套餐菜單的平衡？

15.菜單內各項菜餚的食材價格波動是否起伏過大？

16.菜單內是否有適當的飲料供應？

八、網路科技的應用

1.可結合更多科技軟體，如掃描QR Code找餐廳地點（如**圖7-34**）。

2.提供科技資訊，如下載線上點餐App（如**圖7-35**）可避免排隊等候，提供快速服務。

圖7-34　掃描Boudin SF的QR Code可找到該餐廳的地點

圖7-35　下載App線上點餐系統方便又快速

圖7-37　Jamba Blends的會員集點App

圖7-36　利用粉絲專頁可與顧客保持互動

　　3.提供Twitter、Instagram、臉書等粉絲專頁資訊可與顧客保持互動（如圖7-36）。

　　4.下載集點App，顧客可記錄消費點數，提升消費忠誠度（如圖7-37）。

　　5.連結官方網站，提供促銷專案或徵才等資訊服務。

第六節　餐廳菜單本之設計範例

　　除了本章所詳述的菜單的目的、功能和重要性外，菜單本的製作是一項兼具技巧和美學的設計活動。因此餐廳業者在與廚師討論所有有關菜單上各式菜餚的設計事宜之外，還需要考慮如何藉由一份設計精美的菜單本將餐廳的餐點特色推銷給顧客。簡單來說，一張菜單本身須具有廣告性、內容須簡要明瞭、餐點分類須條理清晰，且各項菜餚順序排列須清楚易於瞭解，並隨時依顧客需求調整菜單內容。

一、Pasta Paradise餐廳的菜單設計本範例

Pasta Paradise

開胃菜 Appetizers

酥炸墨魚圈 Fried Calamari	100
酥炸莫札瑞拉起司條 Fried Mozzarella Cheese	100
紐約辣雞翅 Spicy Chicken Wing	100
香蒜焗田螺 Garlic Escargot	120
番茄莫札瑞拉起司 Mozzarella Cheese with Tomato	100

湯 Soup

今日主廚湯品 Daily Soup	60
洋蔥湯 Onion Soup	60
蔬菜番茄湯 Vegetable Tomato Soup	60
酥皮玉米濃湯 Corn Cream Soup with Puff Pastry	100
奶油龍蝦湯 Cream of Lobster Soup	100

沙拉 Salad

田園沙拉（千島、油醋、水果優格醬）Garden Salad	80
馬鈴薯沙拉 Potato Salad	80
水果沙拉 Fruit Salad	80
凱撒沙拉 Caesar Salad	120
辣味泰式雞肉沙拉 Spicy Chicken Salad in Thai Style	120
和風沙拉 Japanese Salad	80

※ 每人最低消費 $100，以上價格需另加10%服務費

主菜 Main Courses

主菜價格＋150，就可從菜單中挑選出你喜愛的開胃菜、湯或沙拉、甜點
及飲料

主菜價格＋200，就能享受豐富全餐，並請從菜單中挑選出你喜愛的開胃
菜、湯、沙拉、甜點及飲料

香煎雞腿排 Chicken Filet	220
烤德國豬腳 Pork Knuckle	380
香煎鯛魚排佐龍蝦汁 Snapper Filet with Bisque Sauce	260
香烤豬肋排 BBQ Spare Rib	420

義大利麵 Pasta

義大利麵價格＋150，就可從菜單中挑選出你喜愛的開胃菜、湯或沙拉、
甜點及飲料

義大利麵價格＋200，就能享受豐富全餐，並請從菜單中挑選出你喜愛的
開胃菜、湯、沙拉、甜點及飲料

茄汁 Tomato Sauce

茄汁野菇義大利麵 Spaghetti with Wild Mushroom and Tomato	160
茄汁肉醬義大利麵 Spaghetti with Vegetable and Tomato Meat Sauce	160
碳烤雞肉羅勒義大利扁麵 Fettuccini with Classical Basil Sauce and Grilled Chicken Breast	160
茄汁墨魚橄欖天使麵 Angel Hair with Spicy Tomato Olive Sauce and Calamari	180
辣味番茄雞肉義大利麵 Spaghetti with Chili Tomato Sauce and Chicken	180
茄汁海鮮義大利麵 Spaghetti with Tomato Sauce and Assorted Seafood	260

※ 每人最低消費 $100，以上價格需另加10%服務費

橄欖油 Olive Oil

香蒜辣椒錦菇香腸麵 Linguine with Garlic Chili Mixed Mushroom and Sausage   180

香蒜白酒蛤蜊細麵 Linguine with Clam and White Wine Sauce   180

香蒜辣椒起司雞肉義大利麵 Spaghetti with Garlic, Chili, Cheese and Chicken 180

香蒜墨魚義大利麵 Spaghetti with Cuttlefish in Ink Sauce   180

日式墨魚明太子義大利麵 Spaghetti with Cuttlefish and Mitako Cream Sauce   200

辣味海鮮墨魚麵 Black Spaghetti with Spicy Mixed Seafood   260

奶油 Cream Sauce

奶油培根筆管麵 Penne with Bacon and Cream Sauce   200

奶油蛤蜊義大利扁麵 Fettuccini with Clam and Pesto Cream Sauce   200

奶油洋菇培根義大利麵 Spaghetti with Mushroom and Bacon   200

南瓜起司雞肉貝殼麵 Shell Pasta with Chicken and Pumpkin   200

蒜味奶油肉醬義大利麵 Spaghetti with Garlic Butter and Meat Sauce   200

奶油鮭魚細扁麵 Linguine with Smoked Salmon and Cream   220

奶油紫蘇火腿雞肉筆尖麵 Penne with Ham and Chicken Cream Sauce   220

調和式鮮蝦義大利麵 Spaghetti with Pink Shrimp Sauce   220

菠菜蟹肉筆尖麵 Penne with Crab Meat and Creamed Spinach   220

奶油明太子義大利麵 Spaghetti with Mitako Cream Sauce   220

焗烤類 Gratin

海鮮焗烤筆尖麵 Gratin Penne with Mixed Seafood   200

奶油菠菜海鮮焗飯 Gratin Rice with Creamed Spinach   180

奶油磨菇燉飯 Mushroom Risotto   180

千層麵 Home Made Lasagna   180

※ 每人最低消費 $100，以上價格需另加10%服務費

甜點 Dessert

天堂聖代 Paradise Sundae 60
提拉米蘇 Tiramisu 80
起司蛋糕 Cheese Cake 70
水果鬆餅 Fruit Waffle 140

飲料 Beverage

熱咖啡 House Coffee 60
冰咖啡 House Iced Coffee 60
卡布其諾 Cappuccino 90
冰卡布其諾 Iced Cappuccino 90
拿鐵 Latté 90
冰拿鐵 Iced Latté 90
熱奶茶 Milk Tea 60
冰奶茶 Iced Milk Tea 60
百香果冰茶 Passion Fruit Iced Tea 90
可樂 Coke 50
柳橙汁 Orange Juice 80

※ 每人最低消費 $100，以上價格需另加10%服務費

二、其他餐廳菜單範例

(一)Sabrina House紗汀娜好食

紗汀娜好食臉書的網址：https://www.facebook.com/pg/SabrinaHouseCafe/menu/，可查詢2020年的最新菜單。

(二)花酒藏飲食集團

花酒藏Aplus日式餐廳為臺灣第一家日式無國界料理，擁有最豐富的清酒酒藏及自家品牌清酒。集團有日本酒サービス研究會（SSI）認證的唎酒師駐店，為消費者提供侍酒建議，讓消費者享有完美的用餐服務。消費者可自其網址：http://www.aplusdininggroup.com/，查詢各式品牌菜單。

(三) gonna EAT共樂遊

雄獅集團旗下新餐廳gonna EAT以「Fresh Casual」為定位的三大品牌核心理念：好肉好菜（Good Protein, Good Produce）、自由自在（Feel Free）、價格實惠（Daily Affordable Price）為其訴求，將菜單設計理念清楚明確的呈現在消費者眼前。此外，二樓的「gonna READ」，更以現代工業風作為其設計風格，結合咖啡與閱讀，提供知性的咖啡空間。臉書網址: https://www.facebook.com/gonnacafe/。[10]

gonna EAT菜單

(四) Blaze Pizza

　　在美國的Fast-Casual餐廳裡，顧客可以依自己的喜好自選配料、種類及份量。也可選擇餐廳設計之Pizza產品後再搭配其他自選配料。網址為http://www.blazepizza.com/。⓫

餐廳開發與規劃

（五）Boudin SF

創立知名酸麵包（Sourdough Bread）的美國舊金山Boudin SF餐廳，提供早、中、晚餐。餐點選擇可以根據顧客喜好，從湯類、三明治類及沙拉類自行搭配兩種產品（各半份）。其網址為 https://boudinbakery.com/。❷

Blaze Pizza菜單　　　　　　　　　Boudin SF菜單

(六)Corner Bakery Café

Corner Bakery Café是類似Boudin SF型態的一家美國連鎖咖啡店，提供消費者從三明治—帕里尼、義大利麵、沙拉及湯類自選兩項產品（各半份），被認為是比快餐店要高一些服務層級的休閒快餐餐飲服務，其網址為https://www.cornerbakerycafe.com/。[13]

Corner Bakery Café菜單

(七)PORTO'S Bakery & Café

　　美國加州波特的PORTO'S Bakery & Café烘焙屋是一歷史悠久的糕餅老店，提供各式烘焙產品（蛋糕、甜點）、沙拉、湯、三明治、咖啡飲料，其網址為http://www.portosbakery.com/。[14]

PORTO'S Bakery & Café菜單

註　釋

[1] 十二籃——健康美食新主張。http://www.12basket.tw/。檢索日期：2009年11月20日。

[2] T.G.I. Fridays的詳細菜單內容，請參閱網址：http://www.tgifridays.com.tw/2013/include/index.php?Page=0。

[3] Café Grazie義式屋古拉爵詳細菜單內容，請參閱網址：http://www.grazie.com.tw/。

[4] 桃屋日本料理詳細菜單內容，請參閱網址：www.momoya.com.tw/onweb.jsp?webno=3333333331。

[5] 天鼎 鍋の殿（健康煮的前身）。請參閱網址：http://www.dadido.com.tw/。檢索日期：2014年4月24日。

[6] 整理修改自黃福其、羅建怡（2009）。〈炸油含砷　3門市重15罰萬〉，《聯合報》，2009年7月21日報導。

[7] Checkers Drive-in Restaurants, Inc. 請參閱網址：www.checkers.com。檢索日期：2009年11月20日。

[8] Rally's Hamburgers of Southern Indiana & Western Kentucky. 請參閱網址：www.ralleyburger.com。檢索日期：2009年11月20日。

[9] 參考自Kotschevar, L. H. & Escoffier, M. R. (1994). Management by Menu, 3rd eds. The Educational Foundation of the National Restaurant Association.

[10] 雄獅gonna EAT餐廳（2019）。https://www.facebook.com/gonnacafe/。檢索日期：2019年11月24日。

[11] Fast-Casual Restaurant（2019）。https://www.facebook.com/gonnacafe/。檢索日期：2019年11月24日。

[12] Boudin SF餐廳（2019）。https://boudinbakery.com/。檢索日期：2019年11月24日。

[13] Corner Bakery Café（2019）。https://www.cornerbakerycafe.com/。檢索日期：2019年11月24日。

[14] PORTO'S Bakery & Café（2019）。http://www.portosbakery.com/。檢索日期：2019年11月24日。

Chapter

食材採購與製備

本章重點

1. 認識食材採購與製備的重要性，瞭解食材與餐廳成功及獲利間的相互關係
2. 餐廳的採購工作是餐廳成本控制的重要環節，瞭解制度化採購流程的必要性
3. 瞭解採用標準食譜的重要性
4. 瞭解並能充分運用常用單位換算表
5. 個案討論與練習：學習如何製作標準食譜
6. 學會如何有效的進行成本控制，瞭解各項計算公式並認識各項報表的登錄與審查

第一節　導論

　　餐廳業者完成菜單的規劃與設計之後,接下來的工作是採購相關作業及每一道菜餚製作的標準化。餐廳業者設計精製菜單的目的在於吸引顧客的光臨,然而在提供顧客高品質食物的過程中,採購物美價廉的食材並配合精湛的廚藝是決定餐廳成功與獲利的一大關鍵。首先,採購作業需明確敘述各項食材及非食材的規格,並且能準時提供廚房生產及製作產品;其次,廚房的製備作業需將採購的原物料在依食譜規範的品質、安全及份量控管下,烹飪出美味的佳餚。本章討論的重點即在於制度化的採購及食材製備流程。

　　歸納以上的討論重點,餐廳食材採購與製備的規劃步驟如下所示:

　　1.制度化的採購流程:
　　　(1)根據餐廳定位及菜單內容決定食物標準。
　　　(2)建立食材產品採購規格。
　　　(3)尋找及評選供應商。
　　　(4)建立採購與驗收制度。
　　　(5)規劃食材儲存。
　　　(6)設定食材安全庫存量。
　　　(7)規劃發貨作業。
　　2.食材製備流程:
　　　(1)標準食譜與製作表。
　　　(2)生產控制表。
　　　(3)規劃食材盤點控制。
　　　(4)計算食材成本。

第二節　制度化的採購流程

　　餐廳的採購工作是餐廳成本控制的重要環節,任何採購環節的缺失均會影響餐廳追求利潤。採購的最終目標是餐廳業者在適當的時間,以最低的價錢從合適的廠商處買到適當之數量及最佳品質的產品,並且供應商能準時將採購物

品運送到適當的地點。因此制度化的採購管理會影響餐廳經營之成敗，謹將採購制度化的流程分述如下。

一、根據餐廳定位及菜單內容決定產品標準

　　制度化的採購流程須根據餐廳本身的銷售營運政策擬定。任何型態的餐廳在著手規劃採購作業時，負責採購事務的人員需要瞭解該餐廳的市場定位和菜單的細節。更進一步來說，專業採購人員的主要職責是負責市場詢價和採買一家餐廳所需的物品，產品從小額的牙籤到高額的百萬設備都含括在內。

　　一般餐廳採購的類別大概可分為海鮮、肉（牛、羊、豬肉）、家禽（雞、鴨、鵝）、蔬果、乳製品、乾貨、飲料、酒類、辦公文具、餐具、各類生財器具、消耗品等。在市場上，這些採購物品的價錢和品質可說是千變萬化。因此採購員不只是一位訂購者的角色這麼簡單，一位專業的採購人員需要瞭解各項公材與菜餚口味的應用搭配，具有菜餚生產製作的知識，以及懂得為你的菜單訂價。要知道市面上每一種等級的肉品在品質上、價位上、產品生產上、烹調方法上與價位上都不一樣。舉例來說，業者想要開一家提供牛排的餐廳，採購員首先便需要瞭解該餐廳在市場上的營運定位，如路線是走高級或是中低等級。例如高級路線的牛排食材需要採購評選為最佳品質（Prime）等級的產品、生產製作採用新鮮或急速冷凍的產品、烹飪過程採用烘烤式作法，及目標市場的定價為一千元。故採購人員需依餐廳的定位走向訂定產品的標準。

二、建立食材產品採購規格

　　產品規格書（Product Specification），指敘述該產品所有的特質。產品的詳細描述可以瞭解是否符合生產及服務上的標準。簡言之，產品規格書是產品標準的詳細說明書。大型規模的餐飲機構都會制定採購規格。採購規格須由使用單位、採購員及供應商所提供的市場產品資訊來制定。採購規格書有其目的，並非只限於制定採購標準，它扮演的角色列舉如下：

　　1.可用來作為採購的基準。

　　2.是公司內部使用者、採購者及供應商合作溝通的橋樑。

　　3.可使採購作業流程順暢簡易，減少詢價及下單的時間，提升工作效率。

4.如果採購員有事請假，可找人根據採購規格書進行代理工作。

5.可作為採購員的訓練教材。

6.可作為招標或請廠商報價的準則。

7.可避免以較高的價格購買超過規格要求的產品，使供應商在合理的價格下提供最合適的商品和服務。

8.可作為進貨驗收的依據。

9.可作為品質控管與成本控制的標準。

10.可因應市場產品變動來調整採購規格書的內容。

　　根據以上所列舉的重點，餐廳業者應致力制定採購規格書；然而這項工作相當費時，且不能憑空捏造。因此採購員應該要瞭解各項產品特性的知識。產品規範等級（Grade）是一項品質參考的依據。國內行政院農業委員制定的CAS（Certified Agricultural Standards）為經驗證的優良農產品標準，CAS標章為國產農產品及其加工品最高品質的代表標章；其圖案為「(CAS)」。

　　目前CAS標章適用之產品類別係以國產農水畜林產為主原料之產品及其加工品。其類別包含十六類，分別為：

01 肉品	02 冷凍食品	03 果蔬汁	04 食米	05 醃漬蔬果	06 生鮮食用菇	07 即食餐食	08 冷藏調理食品	09 釀造食品	10 點心食品	11 蛋品	12 生鮮截切蔬果	13 水產品	14 羽絨（非食材）	15 乳品	16 林產品（非食材）

資料來源：財團法人臺灣CAS優良農產品發展協會（2018）。網址：http://www.cas.org.tw/cas家族。

　　至於各類別驗證產品品項請參考**表8-1**。其他相關參考資料亦可由供應商提供，進行採購規格書的編製。

　　瞭解制訂採購規格的重要性後，餐廳業者便可進一步根據產品規範編製細節。採購規格書一般可分為正式及非正式。通常大型的餐飲機構都會要求採購部制定詳細的內容；而非正式的規格書可以簡短，甚至可以只註明品牌名稱、重量及包裝大小。

　　基本上採購規格書沒有一個固定的規則。不同產品有其不同的採購規格注

表8-1　CAS類別產品

類別 \ 產品	1	2	3	4	5	6	7	8
肉品類	冷藏（凍）生鮮豬肉	冷藏（凍）生鮮牛肉	冷藏（凍）生鮮禽肉	豬（禽）肉加工製品				
冷凍食品類	水餃	包子	裹粉、裹麵炸雞	火鍋料理	中式菜餚	雲吞、餛飩、燒賣、珍珠丸、湯圓	主食：米飯／麵食／比薩	其他（湯、漢堡）
果蔬汁類	原料	產品						
食米類	食米	胚芽米	發芽米					
醃漬蔬果類	蜜餞	泡菜	醃漬蔬菜	醬菜				
生鮮食用菇類	金針菇、香菇	木耳、鮑魚菇	杏鮑菇、秀珍菇	洋菇、柳松菇	鴻喜菇、珊瑚菇			
即食餐食類	盒餐	菜餚	調理粥品	業務用炊飯	18℃恆溫製品	殺菌軟袋調理製品、速食製品	團體膳食製品、素食製品	
冷藏調理食品類	米飯	米麵點	蛋醬	即時菜餚	醃漬蔬果	素食類製品	餡料製品	組合食材製品
釀造食品類	釀造食醋	味噌	味醂、調理味醂	調味醬				
點心食品類	米漿製品	甜點製品（粥品、凝膠甜點、豆類甜點）	加工調理蛋製品（殼蛋製品、蛋加工調理製品、脫水蛋製品）	花生製品	米果製品	速食製品（速食湯類等）		
蛋品類	生鮮蛋品	殺菌液蛋	加工蛋（皮蛋）					
生鮮截切蔬果類	家庭用小包裝	團體膳食業務包裝	冷凍截切蔬菜	生菜沙拉	冷藏截切水果	熟食用生菜沙拉		
水產品類	超低溫冷凍水產品	冷凍水產品	冷藏水產品	罐製水產品	乾製水產品			
羽絨類（非食材）								
乳品類	鮮乳／鮮羊乳							
林產品類（非食材）	竹炭及竹醋液	木炭及木醋液						

資料來源：財團法人臺灣CAS優良農產品發展協會（2018）。網址：http://www.cas.org.tw/cas家族。

意事項。謹就制定採購規範時提出以下應注意的資訊：

1. 產品需求：如直接喝或用來調配雞尾酒的柳橙汁。

2. 明確的產品名稱：如採買玉米時應註明為新鮮、有機、罐頭，或冷凍產品。

3. 供應商：如葡萄酒供應商的名稱。

4. 品牌：如鮮乳指定的品牌林鳳營。

5. 政府品管標準：指定CAS認證的產品或HACCP管制檢驗。

6. 產品大小：需明確註明數量、長度、重量或容量，例如隻、份、條、箱、片、克、公分、公斤、盎司、磅、公升及加侖等單位名稱。這些單位的註明將有助於盤點表的設計。

7. 使用率：蔬果類在品質上及處理過程中可能會有損失。例如青花菜在處理後不可能100%使用，因此應訂出可接受的耗損範圍。

8. 包裝大小及型式：搭配食物時使用，可以購買小瓶玻璃罐或塑膠包裝，大量使用者應購買大容量罐頭包裝（十號規格）的產品，大小及型式須因應營運型態而制定，如番茄醬的包裝。

9. 保存與處理方式：需明確指示冷藏、冷凍、適溫，及使用後請密封、開封後冷藏、退冰後不可再次冷凍、禁用清潔劑清洗，並放置於冷藏／凍最內層等說明。

10. 生產地：如標明美國或法國出產的葡萄酒，不同產地或年份生產製造的葡萄酒，在味道、品質及口感上都有其差異性。

11. 分級：美國牛肉的分級為**Prime**、**Choice**、**Select**、**Standard**、**Commercial**、**Utility**、**Cutter**及**Canner**。

12. 品種：例如咖啡豆的品種分為**阿拉比卡（Arabica）**、**羅布斯塔（Robusta）**，與利比利卡（Liberica）。另外，咖啡豆的烘焙大致可分輕火、中火，及強火三大類，而這三種烘焙又可細分為八個階段，由淺烘焙至深烘焙，名稱為：**Light**、**Cinnamon**、**Medium**、**High**、**City**、**Full City**、**French**及**Italian**。

13. 顏色：有些產品的顏色種類很多，如青、黃與紅椒。另外，購買香蕉時要明確描述青、青黃或黃色的選擇。

14. 替代品：例如指定之美國牛肉等級或產地，可以在缺貨時採用澳洲相同等級之替代品。

15.使用期限：特別是新鮮製或冷藏／凍之商品，需標註使用期限或最佳賞
味期。

16.化學檢驗的標準：產品有無化學添加物、色素、味素、防腐劑或抗氧化
劑的限量標準。（詳細資訊可參閱行政院衛生福利部食藥署食品資訊
網：http://food.doh.gov.tw/foodnew/Default.aspx）

　　產品採購規範依產品特性而有所不同，因此無法詳盡列舉。無論如何，制
定規格書以達到符合採購作業的功能性和重要性為方向。舉例來說，餐廳應該
如何制定刀叉餐具的規格，首先應該考量採購刀具的品牌、材質成分、周邊的
修整度及做工的細緻度。餐具這種物品在餐廳裡必須是一致的，所以有好的通
路商可以穩定供貨是十分重要的；再來是品牌問題，首推歐美知名品牌，因為
較知名的大廠其品質才有保證，對於衛生安全問題也會比較嚴格控管，再者有
品牌的產品其成分較有保障，有些廉價的餐具即使標榜18-8，但實際成分卻不
得而知。每一種餐具的製作方式和差別是以其功能性來決定它的外型，之後再
根據其藝術和技術層面來決定其價格的高低。像刀柄可分為實心和空心，空心
柄製作的過程比實心柄的步驟多了兩項，因此價格就會比實心柄的餐具高。挑
選餐具時，直接的方法就是摸摸看餐具的邊緣，做工不良的周邊摸起來會不平
滑，甚至可能刮傷人，所以慎選品牌和廠商十分重要。

　　一般刀叉湯匙餐具的材質為不鏽鋼。其特性為耐腐蝕性、耐磨損、不易
產生刮痕，不會因長時間使用而失去原有的光澤，並且可以高溫消毒，長久使
用，而且不鏽鋼產品的手柄上都刻有精美的花紋圖案、有磨砂和拋光等工藝，
其中磨砂工藝的產品使用起來不會使手柄留下手印。使用不鏽鋼餐具既環保又
衛生，已經成為一種新時尚。不鏽鋼製造種類分別列舉如下：

1.13鉻：13%鉻＋0%鎳（會鏽）。

2.16鉻：16%鉻＋0%鎳（會鏽）。

3.18-8不鏽鋼：18%鉻＋8%鎳（不易生鏽）。

4.16-10不鏽鋼：16%鉻＋10%鎳（不易生鏽）。

5.18-10不鏽鋼：18%鉻＋10%鎳（不易生鏽）。

6.18-12不鏽鋼：18%鉻＋12%鎳（不易生鏽）。

7.20-10不鏽鋼：20%鉻＋10%鎳（不易生鏽）。

8.25-10不鏽鋼：25%鉻＋10%鎳（不易生鏽）。

　　蒐集並瞭解以上有關餐刀具的資料後，可擬定如**表8-2**的餐刀具採購規格範例。

　　採購員在完成規格書之後，仍然需要做市場調查來調整採購規格書上的內容，以便找尋符合採購規範的最佳供應商。**表8-3**為有鹽奶油產品的規格說明，可作為採購人員建檔時的參考資料。

表8-2　大餐刀（Table Knife）刀具採購規格

項目	規格	備註
品牌	WMF	德國著名的不鏽鋼餐具製造商
尺寸	230-248(m/m)	
材質	1. 18-10不鏽鋼：18%鉻+10%鎳 2. 實心柄	1.不易生鏽 2.抗酸鹼及增加硬度和亮度
外觀與觸感	1.刻有精美的花紋圖案，有磨砂及拋光等工藝 2.周邊摸起來平滑	不易留手印
用途	用於主食類的餐刀	
保養方式	避免使用漂白成分及研磨劑的洗滌液、菜瓜布、鋼絲球、研磨工具等，建議可使用海綿清洗	

資料來源：作者整理製表。

表8-3　有鹽奶油的比較

產品	依思尼頂級餐用有鹽奶油	艾許頂級餐用有鹽奶油
製造廠商	Isigny Ste-Mère	Échiré
商品產地	法國	法國（德塞夫勒省）
商品用途	餐用奶油	餐用奶油
商品特色	法國頂級乳源產區、遵循古法傳統製作、天然乳酸菌種發酵、獲世界智慧財產權組織認證	法國頂級乳源產區、遵循古法傳統製作、天然乳酸菌種發酵
商品成分	牛乳（脂肪82%、水分16%）、乳酸菌種、鹽	牛乳（脂肪80%、水分16%）、乳酸菌種、鹽
保存方式	攝氏2至6度，冷凍效果最佳	攝氏2至6度，冷凍效果最佳
營養標示	每百公克熱量713大卡、蛋白質0.7公克、碳水化合物0.5公克、鈉800毫克、鈣15毫克、脂肪82公克（飽和脂肪55公克、反式脂肪2.7公克）	每百公克熱量713大卡、蛋白質0.7公克、碳水化合物0.5公克、鈉780毫克、脂肪80公克（飽和脂肪53公克、反式脂肪2.6公克）
保存期限	冷凍狀態1年，冷藏狀態2個月	冷凍狀態7個月，冷藏狀態1個月
商品淨重	1盒25公克	1顆50公克
包裝方式	鋁箔盒裝（原裝）	鋁箔紙裝（原裝）
其他	pH值4.5至6.0	

資料來源：作者整理製表。

三、尋找及評選供應商

採購規格制定完成之後，緊接的工作就是尋找和評選符合採購規範的供應商。因此「買對廠商」的前提是除了要能從市場上挑選提供穩定品質標準及符合經濟價值的供應商之外，還需要選擇提供高品質服務的優良廠商。

(一)蒐集優良廠商的資料

市場上有很多銷售不同產品的供應商，但並不是所有的供應廠商都能符合該餐廳的產品採購需要。因此採購員可先從電話簿、商會名冊、拜訪的業務員，或同業的協助中尋找提供該物料的廠商名單。由於網路的發達，採購人員也可以利用關鍵字搜尋廠商的網站。廠商大多會在網頁上提供該公司的營運理念、規模、產品介紹、服務客戶及資料索取等服務界面。採購員可以利用電子郵件、電話連絡，或電子商務平台快速取得相關產品或廠商的資訊。

一旦篩選出符合該餐廳需要的產品及採購規格的廠商後，應請這些供應商提供樣品作為測試。採購員也可以親自拜訪廠商，瞭解該廠商的實際狀況是否符合其網站所敘述的事實。採購員也可以打電話給該廠商所服務的客戶，詢問產品品質、聲譽、可靠度、交貨速度、售後服務，以及其它相關的資料。

(二)評選供應商

經過一連串的廠商資料收集，採購員應該具體地列出評選供應商的指標。以下列舉一些篩選優良廠商的基本指標：

1. 提供售前服務：一般餐廳採購在設定產品規格的過程中，供應商提供的諮詢服務會影響採購店家的印象。如在採購專業冷藏或冷凍庫時，餐廳採購人員會考量各家供應商除了銷售設備外，是否還提供相關的設備操作和維修等資訊，並幫忙規劃冷藏／凍庫內的層架規格。此外，供應商可提供店家免費試用樣品的服務。

2. 提供的產品品質一致：產品的品質好壞關係到餐廳的營運成敗，供應商應該力求提供符合店家的採購規格及一致的產品品質。退貨的次數也是評選供應商的因素。

3. 商品需求：供應商可以儘量滿足店家一次購足的採購需求，並隨時提供很難找到的產品資訊。

4.價格合理：採購員在評估價格合理與否時，除了金錢的考量外，額外服務也是影響產品物超所值的因素。供應商應該提升商品和服務品質以增進整體產品價值，例如供應商並不會因訂購數量的多寡，而另行要求支付訂金。

5.交貨的穩定性：供應商要能在指定的時間內準時將採購的產品運送至餐廳指定的地方，並告知產品採購的購備時間。**購備時間（Lead Time）**為交貨期起自請購單位的請購之後，期間供應商須做產品的備貨和送貨的準備，而止於驗收後的儲存或使用。另外，供應商同時能因應店家的即時採購。

6.貨源充足／提供替代品的能力：供應商能在任何狀況下提供貨品。例如美國牛肉產品因為狂牛病的問題而無法供應時，供應商也會立即找尋替代品；又例如有些酒商無法提供同一年份的產區葡萄酒，而影響餐廳酒單Truth in Menu的問題。

7.退貨政策：供應商能與採購員訂定合理的退貨政策。

8.供應商的設備：好的供應商除了能提供品質好的商品外，也會注重倉儲設備、運送設備及衛生安全等問題。例如生鮮供應商運輸車的溫度是否符合保存產品的標準規定。

9.提供好的售後服務：供應商在銷售商品之後，仍可以持續提供後續服務。例如提供最新市場資訊或技術支援等服務。

10.聲譽：供應商有優良的道德標準及社會責任。不會供應來路不明的貨源給店家。

11.穩定的財務：財務穩定的供應商才能達到以上各項評估的標準。

12.電子商務的服務：供應商利用科技簡化採購作業流程的能力。不但可以增加供應商的競爭能力，同時也可以協助降低餐廳採購的運作成本。

四、建立良好的採購及驗收制度

經過評選並找到符合提供該餐廳採購規格的供應商，應該立即建檔並制定出一份「認可供應商名冊」提供各餐廳部門參閱。該名冊應記錄廠商的名稱、地址、連絡人及連絡電話。此外供應貨品的價格與規格也須列出。各部門只能根據該名冊提出訂購單。假如部門向任何採購名冊之外的廠商採購商品，該公

司不會付款。採購制度的建立可以避免採購舞弊的問題發生，並可維持一致的產品品質。一般中小型餐飲事業體之採購作業可區分五類，分別為**生鮮食材採購、緊急採購、一般食材採購、生財器具及消耗品採購、專案採購**。依採購品項之性質、價格、儲存空間不同會有不同之定義及採購時程（如**表8-4**）。

採購部需要根據各類商品採購來建立採購實施細則。以下為一般中小型餐廳的細則參考範例：

表8-4 採購品項歸類及作業時程表

類別	品名	作業時程
生鮮食材	1.新鮮海鮮 2.新鮮各式肉類 3.新鮮蔬菜水果 4.鮮乳 5.果汁 6.優酪乳 7.半成品，如濃縮洋蔥湯 8.加工品，如麵條 9.其他於冷藏環境下，保存期限少於10天之食材	每天採購，隔日送貨
一般食材	1.罐頭 2.瓶裝飲料或酒類 3.罐裝果汁、酒類、飲料或調味醬料 4.乾貨，如香菇 5.乾粉，如麵粉 6.冷凍蔬菜 7.冷凍肉品 8.冷凍海鮮 9.其他經適當儲存下，可存放10天以上之食材	每週採購1次，隔日送貨
生財器具及消耗品	1.辦公文具用品、名片 2.塑膠袋、外帶餐盒、保鮮膜等消耗品 3.布巾類 4.餐具 5.清潔用具 6.其他單價低於2,000元以下之生財器具	每月採購1次，送貨時間2至3天
專案採購品	1.機器設備、廚具 2.裝潢 3.空調、鍋爐、電腦等 4.其他不屬於常態性採購之物品或單價高於2,000元以上之物品	專案採購，視需要辦理

資料來源：作者整理製表。

(一)生鮮食材採購

1. 依肉類、海鮮、蔬果、乳製品、飲料、半成品，分類尋覓廠商固定供應。每類供應商至少二家以上，俾利調節替換，以確保貨源穩定。

2. 廠商之選定除公開招商或廠商主動登門拜訪外，亦可主動至傳統批發市場訪商。除告知所需品項、規格、粗略數量外，亦需告知希望之送貨方式、路線、時間、付款方式及緊急訂購配送辦法等相關細節，請供應商評估可行性後，提出正式報價。

3. 採購／倉管人員於報價截止日後，統一彙總廠商報價資料，填寫「採購報價彙總表」，交於廚房主管或店長核可後，即可實施生鮮食材之採購作業。（如**表8-5**）

4. 自實施生鮮食材採購作業起，採購／倉管員每季應就供貨廠商之供貨品質、價格、貨源穩定性、送貨時效等各方面做分析檢討，提報於廚房主管或店長，並視需要予以更換淘汰。

5. 採購／倉管人員於每日午餐尖峰營運時段過後，盤點各類生鮮食材，詳細登錄於盤點表上，並依盤點表上之前一日盤存量、今日進貨量及今日

表8-5　採購報價彙總表

有效期間：自＿＿＿年＿＿＿月＿＿＿日至＿＿＿年＿＿＿月＿＿＿日

類別：□海鮮　　　　　　□牛、羊、豬肉　　□雞肉　　　□蔬菜、水果　　□乳製品 　　　　□雜貨、南北貨　　□飲料　　　　　　□酒類　　　□辦公文具　　□餐具 　　　　□各類生財器具　　□消耗品　　　　　□其他								
廠商A		電話		傳真			聯絡人	
廠商B		電話		傳真			聯絡人	
廠商C		電話		傳真			聯絡人	
品名	規格	單位	前次採購		報價			本次採購		備註
			廠商	價格	廠商A	廠商B	廠商C	廠商	價格	

營運單位主管：＿＿＿＿＿＿＿　　單位主管：＿＿＿＿＿＿＿　　採購員：＿＿＿＿＿＿＿

日期：＿＿＿＿＿＿＿＿＿＿＿

資料來源：作者整理製表。

盤存量，計算今日使用量。

6. 採購／倉管人員填寫「請購／訂購／驗收單」，將相關資料詳細填寫後，再依安全存量及現有盤存量，將欲請購的數量填寫於請購欄內，並呈廚房主管或店長核可後，以事先約定之電話或傳真方式向供應商訂貨。（如**表8-6**）

7. 採購／倉管人員需每日實施盤點、填表、呈核，並訂購隔日所需之生鮮食材。供應商亦應於固定時間如數送達店內；唯遇有市場休市或停止交易日前，應主動提前告知店方。採購／倉管人員亦須及早因應，調整訂貨數量及儲存空間。

(二) 緊急採購

1. 凡歸屬食材或營運所需之物品類，因先前訂貨不足、營運量激增或其他原因造成存貨不足，進而影響營運上產品或服務的提供時，得實施本項作業。

2. 若時間上尚能配合，採購／倉管人員得經口頭向值班主管報告獲准後，立即電告供應商，進行緊急訂貨及配送。

3. 若時間緊迫且數量不多時，採購／倉管人員得經口頭向值班主管報告獲准後，就近至附近傳統市場、超市或相關商店購買金額二千元（建議金

表8-6　請購訂購驗收單

類別：☐海鮮	☐牛、羊、豬肉	☐雞肉	☐蔬菜、水果	☐乳製品
☐雜貨、南北貨	☐飲料	☐酒類	☐辦公文具	☐餐具
☐各類生財器具	☐消耗品	☐其他		

項目明細					請購		訂購		驗收	
品名	規格	安全存量	目前庫存	單位	數量	單位	數量	單位	數量	單位

營運單位主管：＿＿＿＿＿＿　　使用單位主管：＿＿＿＿＿＿　　請購員：＿＿＿＿＿＿

訂購員：＿＿＿＿＿＿　　　　驗收人：＿＿＿＿＿＿＿＿

資料來源：作者整理製表。

額）以下之生鮮食材或營運所需物品。並必須取得收據或三聯式發票，合併「現金支出單」（一般文具店可購得），一併向店內出納請款。

4. 不論是以緊急訂貨配送或採現金外購方式進行緊急採購，均須於事後依照正常之訂購程序填寫「請購／訂購／驗收單」，並註明「已緊急訂購」字樣於備註欄，呈請事發時之值班經理簽字後，轉廚房主管或店長簽字，與其他循正常程序訂貨之單據一併歸檔備查。

5. 採購／倉管人員平日應謹慎訂貨，適時適量。如因實際需要，實施緊急採購時，亦需就時效及取得成本做評估，進而決定以「緊急訂貨配送」或「現金外購」的方式作業。

(三)一般食材採購

1. 採購／倉管人員應先分類尋覓廠商，固定供貨。

2. 廠商之選定除公開招商或廠商主動登門拜訪外，亦可主動電告相關經銷商或批發商。除告知所需品項、規格、粗略數量外，亦需告知希望之送貨方式、路線、時間、付款方式及緊急訂購配送辦法等相關細節，請供應商評估可行性後，提出正式報價。

3. 採購／倉管人員於報價截止日後，統一彙總廠商報價資料，填寫「採購報價彙總表」，交於廚房主管或店長核可後，即可實施一般食材之採購作業。

4. 採購／倉管人員固定每週一天進行一般食材訂貨，並必須於當天午餐尖峰營運時段過後，盤點一般食材，詳細登錄於盤點表上，並依盤點表上之前一週盤存量、進貨量及今日盤存量，計算本週使用量。

5. 採購／倉管人員填寫「請購／訂購／驗收單」，將相關資料詳細填寫後，再依安全存量及現有盤存量，將欲請購的數量填寫於請購欄內，並呈廚房主管或店長核可後，隨即向供應商訂貨。

(四)生財器具及消耗品採購

1. 採購／倉管人員應先分類尋覓廠商，固定供貨。

2. 廠商之選定除公開招商或廠商主動登門拜訪外，亦可主動電告相關經銷商或批發商。除告知所需品項、規格、粗略數量外，亦需告知希望之送貨方式、路線、時間、付款方式及緊急訂購配送辦法等相關細節，請供

應商評估可行性後，提出正式報價。

3.採購／倉管人員於報價截止日後，統一彙總廠商報價資料，填寫「採購報價彙總表」，交給廚房主管或店長核可後，即可實施採購作業。

4.採購／倉管人員固定每月一天進行生財器具及消耗品採購，並必須於當天午餐尖峰營運時段過後，盤點一般食材，詳細登錄於盤點表上，並依盤點表上之前一月盤存量、進貨量及今日盤存量，計算本月使用量。

5.採購／倉管人員填寫「請購／訂購／驗收單」，將相關資料詳細填寫後，再依安全存量及現有盤存量，將欲請購的數量填寫於請購欄內，並呈廚房主管及店長核可後，隨即向供應商訂貨。

6.若本次採購之物品距前次採購間隔超過一百天以上者，則需先行電詢廠商價格是否調整。若報價調整，則需就此項物品請二家以上廠商作書面報價，重新選擇配合廠商。

(五)專案採購

1.此項作業屬於非常態性質之採購，且單價超過二千元物品之採購。

2.採購／倉管人員平日毋須對此項業務多做評估或訪商，惟可於平日對餐飲事業體所可能需求之機器設備、用具等建立商情資料，以備不時之需。

3.由各單位向單位主管提出需求並經核可後，交由採購／倉管人員續辦。

4.採購／倉管人員就欲採購之物品進行三家以上之訪商，並取得正式書面報價、售後服務細節，及樣品、試用品或書面簡介。

5.採購／倉管人員待報價截止日時，必須取得三家以上廠商之書面報價及相關附件。填妥「採購報價彙總表」及「請購／訂購／驗收單」後，連同前述資料一併呈送單位主管及店長，經核可後辦理採購作業。

6.本項採購之物品交貨時，採購／倉管人員、使用單位主管應同時在場，並於點交簽名驗收後，撥發使用。

7.採購／倉管人員將相關書面簡介、保證書、說明書正本（影本交予使用單位）歸檔，並登入財產登錄卡。

驗收制度，指檢驗廠商運送的商品是否達到採購規格的標準。一旦接收產品之後，這些商品即成為餐廳要控管的資產。接收任何不符合採購規格的商品會影響產品的品質，並且浪費餐廳的成本。驗收的作業形式基本上可分為三

種,見**圖8-1**。第三種的驗收模式有專職負責驗收的驗收人員、專設的驗收區及設備、固定的接收時間點,及與採購作業有關的請購單。這樣的模式可以防止驗收作業的舞弊、外人隨意進出,及順手牽羊的問題。

驗收單位的職責與作業流程順序如下:

1. 確認送貨時間:原則上,生鮮食材每日訂貨並於隔天上午十點以前送達(建議時間點)。一般食材則每週訂貨一次,並約定於非營運尖峰時間送貨。

2. 驗收時應備妥先前傳真予供貨商的「請購/訂購/驗收單」原稿,實施逐項驗收。

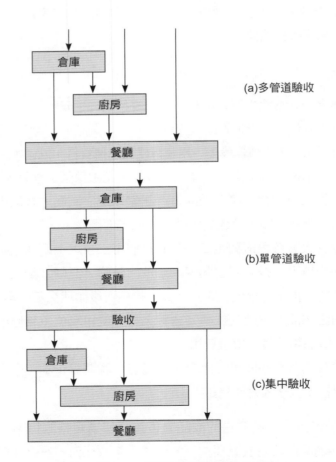

圖8-1 餐廳驗收模式流程圖

資料來源:薛明敏(2000)。《餐飲採購》。臺北:明敏餐旅管理顧問公司,頁219。

3.檢驗供應商代號名稱、送貨的品質、品名、重量、數量及份量。核對發票的單價及總金額須與訂貨單相同。將實際驗收明細填寫於驗收欄內，並於「驗收人」欄中簽名並加註日期時間。在供貨商所提示之簽收單中簽名及加註日期時間，唯若有數量不足之處，應加以註記，並於修改處簽名後，取得其中一聯存查。

4.將「請購／訂購／驗收單」與供應商之簽收單先行保留，待貨品入庫後，再行後續登錄工作。

5.整理驗收相關紀錄表，並將驗收單或發票送交會計部門。

餐廳實際採購與驗收的貨品種類眾多，以下謹列出一些商品驗收時的注意事項：

1.驗收時應確實過磅，並必須抽樣檢查「規格」：如青蔥之蔥白、蔥綠比例是否符合需求；檸檬、柳橙、鳳梨是否過大或過小。

2.驗收「海鮮」時：必須聞聞看是否新鮮，無濃重的魚腥味，魚的眼睛是否清亮，魚體是否結實不破碎，蝦頭不發黑不斷落，運送過程是否冷藏，過磅時冰水是否瀝乾等。

3.驗收「肉類」時：應注意是否新鮮，並聞聞看有無異（臭）味，肉體表面不黏稠，顏色鮮豔，油花紋路均勻，運送過程適當冷藏。

4.驗收「蔬果」時：應抽樣檢查是否品質完好。例如香蕉、奇異果等水果是否過青或過熟；蘋果外表是否結實完整無碰傷；蔬菜類是否發黃，必須丟棄之頭尾部分及外部葉片是否過多、過長。

5.驗收「冷凍及乾貨食材」時：應逐項清點檢收。冷凍食材尤其應注意是否適當冷凍儲存；品質、外觀是否完好，沒有解凍後再冷凍的跡象。乾貨應留意包裝是否完整無破損或洩漏；真空包裝品無洩氣情況；標示是否完整；乾粉類是否受潮；有效期限是否已逼近。

6.遇有「品質不符」的產品時：應嚴格把關拒絕簽收，並將情況告知廚房主管。

7.遇有「數量不符」時：若數量不足，應要求廠商立即補足；反之若數量過多，則可經廚房主管同意後酌量簽收，或將溢送部分退回。遇有數量不符之情況，簽時時務必將相關的數字修改後，再簽收。

8.平日應留心觀察廠商服務品質：舉凡送貨準時性、貨品品質、數量準確

度、交易配合度等各方面均須留意。定期向主管報告，並保留相關資料
於定期廠商檢討時，作為決定是否汰換的參考。

五、規劃食材儲存

餐廳在一連串的商品採購及驗收作業之後，倉儲的主要功能是保存任何產品免於敗壞及偷竊的狀況，而造成餐廳沒有足夠物料可供使用或導致成本上的損失。首先儲存作業之規劃應考慮下列因素：

1. 倉庫之容量：倉庫大小適當，適量貯放存貨；過大會造成過多之存放，過小會造成營運之困境。
2. 易腐敗品項：清楚瞭解各食材品項的貯存期，降低食材發霉、腐敗之機率，控制易腐敗品的存量，安排合理存量之計算，以求降低庫存量、降低庫存品金額。
3. 供應送貨時間表：確定食品貯藏時間，規劃供應商送貨之頻率及數量，以求取最經濟實惠的送貨效率，降低運費轉嫁食材成本的機率。
4. 大量採購所能節省的成本：大量採購因具議價之空間故可降低成本，但經理人應避免大量採購所造成之儲存問題，如食物腐壞、長蟲或偷竊等之浪費，造成食物成本不降反漲。
5. 營運行事曆：採購及主廚得依據營運行事曆，規劃食材存貨量，並可據此先採購可儲存之季節品，以較低之進價降低成本。
6. 品項存量不足的影響：依業務特性掌控庫存品項，如一般餐廳炸薯條存量不足可以用其它品項替代，但麥當勞漢堡若少了薯條，則是非常嚴重的庫存失誤，將影響營運收入。
7. 存貨金額對營運的影響：存貨愈多，代表運轉的營運資金愈少，經理人必須掌控存貨所節省之成本，與對存貨所壓制資金間的機會成本做出正確之決定，以求達到最高營運效益。

如上所述，業者應規劃完善的倉儲作業準則，如：

1. 將點交後之食材貨物，依所需不同之儲存環境，分別移入冷凍冷藏、乾貨倉或倉庫中。
2. 入庫時務必將先前庫存之相同食材向前挪移，再將新品上架置於後側，

確實做到「先進先出」之重要原則。

3.列入固定資產／財產者,不論是否隨即撥發使用單位或先行移入倉庫保管,均需詳實填寫於財產清單中,並將相關書面簡介、保證書、說明書原稿歸檔存查。(影本可交使用單位人員參閱)

4.適當的儲存貨物食材可以減少因腐壞所造成的損失,並可保持倉儲管理的效率及組織性。儲存的基本原則有:

(1)驗收後立即儲存。

(2)適當地加以儲存,如適溫、適所。

(3)將所有的生鮮食材貼上日期標籤。

(4)產品進銷存嚴守「先進先出」原則。

5.每項產品均以單位數量儲存,例如一箱啤酒應拆箱後陳列二十四瓶啤酒。每日訂貨的商品特別需要採取此種方式,因為這樣的儲存方式有利於領貨及盤點作業。

6.所有產品上架入庫前應拆箱,以符合上述以單位數量儲存之原則。特別重的物品儘量靠近門口以利搬運及發貨作業。

7.以每排的標準數量來計算產品,如此即使是頂層貨架上之食材亦能輕易盤點(如每排擺放六包)。

8.所有陳架均應貼上標籤,以固定物品擺放位置,並可視需要加註理想儲存量。

9.為方便清潔並避免蟲害及受潮,建議最下層之陳架應距離地面約十五公分。

10.每天定時清潔乾貨倉、冷凍及冷藏冰箱之地板;每週固定一天清潔所有陳架。

11.將拆封之食材產品,確實封好以避免氣味交叉污染。

12.勿將易腐壞的肉類海鮮產品,堆疊放在擁擠的冷藏冷凍庫中,如此冷空氣無法流通,食物易腐壞。

13.在儲存新鮮蔬果時,應先將包裝塑膠袋拆除,改以大型保鮮容器盛裝,包心菜、蘿美生菜等多層次且屬於較大型的蔬菜,應儘量使其保持站立,以延長保鮮時日;其他蔬菜儘量先行初步沖洗泥沙瀝乾後儲存,避免過度重壓,並可以濕布覆蓋,避免水分流失。

14.在儲存肉類或其他易腐壞的產品前,應將包裝紙箱拆掉,因為厚紙箱會

　　　　妨礙適當的冷凍冷藏溫度。

15.冷藏庫中應把握「上熟下生」的擺放原則。因為若將之對調位置，易造
　　成生鮮肉類之血水滴落至熟食之中。

16.牛奶或乳製品及雞蛋應與醃肉、臘肉或其他味道濃厚之食材分開擺放，
　　避免氣味交叉污染。

17.清潔時，應避免將拖把等清潔用品留置於倉庫中。

18.冷凍冷藏室的溫度並不等於產品食材的溫度，要以食物測溫計插入食物
　　中測量所得的溫度為準。

19.冷凍冷藏庫內的風扇主機周圍應保持三十公分以上的空間，以利冷空氣
　　對流，增加冷房效果。

六、設定食材與非食材的安全庫存量

　　正確的安全庫存量也是倉儲作業管理的重要關鍵，如果冷藏、冷凍以及乾
貨倉庫沒有根據合理的訂購量與訂購時間的運作來保持適當的存貨數量，將嚴
重影響餐廳營運。設定安全庫存量的目的在於維持餐廳服務所需的食材與非食
材的存貨量，避免庫存量太多造成食材成本的損失，或庫存量太少而無法提供
餐點服務。

　　事實上，沒有一個標準公式可以準確的估算出安全庫存量或存貨需求量。
每家餐廳安全庫存量的設定依其菜單內容、烹飪方式、送貨次數、訂購量、食
材特性、保存方式（如冷凍、冷藏、真空包裝）、保存期限、存貨成本、銷售
多寡、週轉率或倉儲空間的大小而有變動及差異。因此有效的做法是靠不斷的
嘗試與修正。

　　理想需求量，是指在一段時間內，某個特定的項目所需使用的數量。正確
的理想需求量可以確定營運時有足夠的數量（而非被濫用的數量）。理想需求
量可由盤點表上每一週期的平均使用量及銷售統計表（如**表8-7**）上的每週銷售
量及平均銷售量參考得知，而且要持續地覆檢、修訂。為了設定正確的理想需
求量，除了上述表單供參考外，過去的使用量、營業額，及預估營業額亦需一
併考量，如此方能在採購作業進行時得到最理想的採購數量。另外一方面，廚
房人員亦須根據產品銷售統計表來設定、製作各項菜餚的原物料及半成品安全
存量（如**表8-8**）。

表8-7 產品銷售統計表

海鮮義大利麵								白酒蛤蜊麵								○○○○○							
一	二	三	四	五	六	日	TTL	一	二	三	四	五	六	日	TTL	一	二	三	四	五	六	日	TTL
3	4	4	1	5	7	5	29	3	4	4	4	5	7	5	32								
2	3	4	3	6	6	5	29	2	3	4	3	6	8	6	32								
2	4	3	3	7	8	6	33	2	4	3	3	7	8	6	33								
2	2	4	2	9	8	4	31	2	2	4	2	9	8	4	31								
3	4							3	4														
AVG 2.4	3.4	3.8	2.3	6.8	7.3	5.0	30.5	2.4	3.4	3.8	3	6.8	7.8	5.3	32								

資料來源：作者整理製表。

表8-8 Pasta Paradise工作站的半成品安全存量表

項目	平日使用量	假日使用量	冰箱安全存量
九層塔豆腐醬			
雞湯			
帕瑪森碎			
義式香料醬			
鮮奶油			
熱狗			
蛤蜊汁			
海鮮料			
雞肉絲			
小蛤蜊			
海鮮包			
白酒			
Olive Oil			
番茄丁			
奶油			
蛤蜊Veg.包			
蛤蜊麵Veg.			
Penne Veg.			
Mushroom Veg.			
Soba Veg.			
Eggplant Veg.			
義式Veg.			
大蒜片			

資料來源：作者整理製表。

七、規劃發貨作業

發貨管理是制度化採購流程的基本功能之一。**發貨作業**是指倉儲在食材與非食材物品的保管及保存過程中，經由使用單位填寫請領單後，倉管人員依領料單的品名、數量、請領單位，及請領日期發放存貨。其主要的目的在於控制存貨的發放及流向、安排領料的時間、維持安全庫存量、維持發貨記錄，及計算各單位的使用成本。因此，完善的倉儲及安全量控管作業需要配合嚴謹的產品發貨作業流程規定，才能算是完整的餐廳採購制度流程。

根據發貨作業的程序，建議餐廳採購／倉管人員於每日上午時段開放冷凍冷藏庫及乾貨倉供廚房、吧檯及外場等使用單位人員，視需要領取適當數量之生鮮及一般食材（如**表8-9**及**表8-10**）。所有發貨作業都需由採購／倉管人員經手，並且隨時將所有庫房上鎖。此規範可以將發貨作業統一於早上的一個時段，避免採購／倉管人員因為餐期營業時間的忙碌而無法做完善的管控。

提領乾貨間之乾貨食材時，應要求領用人隨手填寫放置於乾貨間之領貨紀錄表（如**表8-11**），方便採購／倉管人員不定時檢閱以瞭解提領狀況，並作為盤點或訂貨時的參考資料。

表8-9　領貨申請單

請領單位：_____　　　請領日期：____ 月 ____日

品名	單位	申領數量	實發數量	備註

請領單位主管：_____　申領填表人：_____

發貨人：_____　發貨日期：____月____日

資料來源：作者整理製表。

表8-10　吧檯領貨單

Date：＿＿＿／＿＿＿＿＿＿＿＿＿＿＿＿＿＿＿　Bartender：＿＿＿＿＿＿

貨品名稱	安全庫存		需求量	貨品名稱	安全庫存		需求量
	數量	單位			數量	單位	
吸管	5	包		Heineken	18	瓶	
杯墊	4	包		Budweiser	18	瓶	
火柴盒	1	包		Carlsberg	12	瓶	
方型紙巾	6	包		Corona	24	瓶	
黑垃圾袋	10	個		Taiwan	8	瓶	
大紅茶包	10	包		San Miguel	12	瓶	
擦手紙巾	1	包		Grolsch	10	瓶	
外帶紙杯	1	條		Perrier	6	瓶	
外帶杯蓋	1	條		Evian	6	瓶	
保鮮膜	4	條		Milk	4	盒	
碧麗珠	1	罐		Apple	5	顆	
玻璃穩潔	1	罐		Lemon	4	顆	
3M不鏽鋼	1	罐		Coke	18	罐	
白博士	1	罐		Sprite	18	罐	
番茄醬	2	瓶		Diet	9	罐	
Tabasco	2	瓶		Ginger	9	罐	
黃芥末醬	1	罐		Tonic	9	罐	
信用卡袋	10	個		Soda	9	罐	
牙籤	1	包					
店卡	1	疊					

簽收人：＿＿＿＿＿＿＿＿＿

資料來源：作者整理製表。

　　各單位部門有需要提領非食材類貨品時，應於前一日打烊前，由使用單位人員填寫「領貨申請單」，並經值班主管簽核後，投至倉庫門上的小信箱。待隔日清早採購／倉管人員依單上所示，請值班經理簽名點收後，交由早班人員使用。（如**表8-12**）

　　有效的發貨管理作業可以幫助餐廳維持正常的進貨狀況和針對發放物料進行紀錄，一方面不只可以反映餐廳各項物料的存貨狀況，也可以提供餐廳營運時所需的新鮮食材及物料。

表8-11　領貨紀錄表

領取單位：＿＿＿＿＿＿＿　月份：第＿＿＿週

日期	品名	單位	領取數量	領取人	備註

資料來源：作者整理製表。

表8-12　外場領貨單

項目	安全庫存	現在庫存	領貨量	項目	安全庫存	現在庫存	領貨量
桌墊紙	300張			外帶塑膠盒	40個		
番茄醬	6瓶			外帶醬盒	40個		
Tabasco	6瓶			保鮮膜	2盒		
EDC紙	4盒			錫箔紙	2盒		
Micros紙	--			咖啡粉	10包		
信用卡小信封	50張			鹽	1包		
方形紙巾	10包			胡椒粉	1包		
牙籤	1包			糖	1包		
火柴	1大盒			Pizza盒	30個		
訂書針	5盒			咖啡濾紙	3疊		
橄欖油	3瓶			Equal代糖	1包		
黑醋	3瓶			麵包籃綠墊紙	3大疊		
紅茶	2盒			長條法國麵包紙袋	20個		
茉莉花茶	1盒			外帶手提袋	30個		
英國早餐茶	1罐			烏龍茶（罐）	1罐		
伯爵茶	1罐			香片（罐）	1罐		

資料來源：作者整理製表。

🍲 第三節　食材製備流程

　　餐廳在整體規劃完善的採購流程制度下運作，可以有效確保餐廳各部門的配合。完整的採購制度建立需要完善的生產部門來配合，而硬體的廚房動線規劃需要整合軟體的食物製備運作。其兩大步驟的整合將使餐廳達到成本控制和利潤的營收。謹將食材製備的流程分述如下：

一、標準食譜製作表

　　餐廳業者需要確認生產部門瞭解菜單內每一道菜餚的內容物和製備方法。因此建議餐廳最好能建立一套屬於自己的標準食譜，並且將材料、配方、作法均標準化，使用的人只要依循相同的程序就可製備出一定品質的食物。為使食物製程標準化，控制食物品質並掌控成本，唯有依賴標準食譜之正確製作方能達成。採用標準食譜的重要性如下：

　　1.沒有標準食譜則無法進行採購。

　　2.可清楚列出配料細節。

　　3.告知顧客食物的內容配料及份量。

　　4.提供成本及定價的標準。

　　5.製訂銷售成本。

　　6.訓練工具。

　　7.提供資料供財務資訊系統分析比較。

　　標準食譜的建立須經由生產部門的烹調測試，才能根據正確的標準量和製作流程烹調出最佳口味的菜餚（如**表8-13**）。標準食譜的內容應該包括下列幾項資訊：

　　1.菜單名稱。

　　2.食譜編號與菜單類別：將食譜按廚房工作站或菜單類別來分類，依Pasta Paradise餐廳作為範例可分為準備區、開味菜、湯、沙拉、主菜、義大利麵等，以及其他海鮮類別，再於每一類別中將食譜加以編號。

　　3.份數、成品重量與每份份量均有詳細的紀錄。

表8-13a 標準食譜製備──牛肉汁

食譜編號：Sauce-01
設備及工具：烤箱、烤盤、斗形濾器、砧板、刀、木鏟
儲存：冷凍PC盒
口感度：豐富的牛肉汁帶點濃稠深褐色。　　　　　　　　　　　　　　　　保存期限：冷凍30天

產量	30份	份量大小
內容物	重量／容量	製作方法
菲力牛排 牛肉湯	500克 400盎司	1.將牛肉切丁放入烤盤。 2.放入烤箱烤約2小時，直到肉呈黑褐色後將油瀝乾。 3.準備可蓋滿牛肉的牛肉湯，放入可蓋到三分之一的牛肉湯，開火將湯汁煮乾。 4.加入第二次的三分之一牛肉湯，將湯汁煮至濃稠，須不停的攪拌，避免黏鍋。 5.最後將剩下的三分之一的牛肉湯加入，煮至剩下原來的三分之二份即可。 6.將濾汁濾下，冷卻。 7. 貼上日期標籤，並先進先出。

資料來源：作者整理製表。

表8-13b 標準食譜製備──茄汁野菇義大利麵

食譜編號：Pasta-08
設備及工具：六口爐、平底鍋、長夾
服務容器：12吋盤
口感度：茄汁鮮紅、細稠且帶有番茄的酸甜及香料的口味。野菇和麵條的色澤亮麗，麵條吃起來有彈性。香氣濃郁的帕瑪森起司味道。
裝飾：帕瑪森起司、巴西里碎　　　　　　　　　　　　　　　　　　　　保存期限：當日

產量	1份	份量大小
內容物	重量／容量	製作方法
義大利麵	180克	1.橄欖油倒入平底鍋，用中火熱5秒，加入洋蔥碎及蒜頭碎，炒出香味。
番茄沙司	50克	2.放入洋菇、香菇及鮑魚菇，並將三種菇片炒半熟（約15秒）。
洋蔥碎	10克	3.加入番茄沙司及義大利麵半成品包（準備區製作），拌勻調味。
蒜頭碎	5克	4.將成品裝盤後，灑上帕瑪森起司及巴西里碎。
洋菇	30克	
香菇	20克	
鮑魚菇	20克	
橄欖油	10克	
帕瑪森起司	10克	
巴西里碎	5克	
鹽	1撮（Pinch）	
胡椒	1撮（Pinch）	

資料來源：作者整理製表。

4.製作過程中所需的烹調時間、設備及用具須寫清楚；若需事先準備的步驟（如微波解凍或半成品）可先列於食譜的前面。

5.材料方面：材料可依操作程序來書寫，液體材料的數量應用容積單位來表示，固體材料的單位則用重量單位來表示，常用單位換算可參考**表8-14**。

6.製作程序方面：使用統一的烹調詞彙，將同一操作程序的材料列在一起，並以條列方式來區分，儘量以簡潔明確的文字來描述製備程序。

7.容器及盛裝：提供半成品及成品製作後儲存或服務的器具。

8.裝飾物：提供廚師或出菜區人員擺放裝飾物料的資訊，使成品看起來有吸引力。

9.成品口感度標準：以茄汁野菇義大利麵為例：(1)茄汁鮮紅、細稠且帶有番茄的酸甜及香料的口味；(2)野菇和麵條的色澤亮麗，且麵條吃起來有彈性；(3)散發出香氣濃郁的帕瑪森起司味道。

10.保存期限：提供半成品及成品完成後可保存的期限以確保品質。

表8-14 常用單位換算表

容量	重量
tsp=tea spoon（茶匙）	KG.=公斤
Tbs=table spoon（湯匙）	ET OZ=（盎司）重量
oz=ounce（盎司）	bl.=磅
gt.=guart（夸特）	g=公克
pt=pint（品脫）	1 KG=2.2 bl.=35.2 OZ
fl oz=fluid ounce（容量）	1 KG=1,000g=1.6667公斤X16兩=26.6667兩
gal=gal（加侖）	1 bl.=16 WT. OZ
3 tsp=1Tbs	1 OZ=28g
2Tbs.=1 fl.Oz	
4 Tbs=1/4 cup	
8 Tbs=1/2 cup	
16 Tbs=1cup or 1/2 gt.	
1 cup=8 fl. Oz.	
2 cup=1 pt.	
1 gt.=32 fl. Oz. 4 cups	

資料來源：作者整理製表。

二、生產控制表

　　餐飲業的服務有生產上的特性。餐廳很難準確預估來客數及餐點，因為銷售的餐點要等客人進入餐廳點菜後才能製作，而且廚房的烹調時間短，餐廳必須備有充足的原料與專業的廚師才能因應。因此廚房生產控制表的目的在於有效地控制生產餐廳每日營運所需的食材，其主要功能為確保廚房能製備足夠的食材備料來供應客人，並且不會生產過多的食材造成浪費。**生產控制表**（如**表8-15**）的規劃運作要經由營業額的預估，經理人員方能精準算出存貨需求量來供應廚房的生產運作。

　　為了達成以上所述目的，生產控制表的內容應該包括下列幾項資訊：

1. 工作站：餐廳廚房工作站的設置是根據菜單內容的烹飪方式。各工作站的區分規劃可使廚房運作順利。例如菜單上供應義大利麵，廚房內就應該規劃煎炒區來因應生產該餐點的備料。

2. 產品名稱：各項餐點製備的前置作業是由廚房預先準備已採購儲存的原物料。生產控制表內列出每個工作站應該負責製備的產品名稱，各負責的廚房人員便可以將原物料做清洗、處理，及製成半成品。

3. 產量單位：根據餐廳銷售統計的資料來設定各產品製備的產量。例如海鮮麵的星期一銷售量平均為十份，生產控制表則設定搭配烹調海鮮義大利麵所需的海鮮包為十份。各產品的產量單位依產量多寡而有不同的包裝份數與容器儲存量。

4. 保存期限：保存期限根據各產品名稱的食材特性及儲存方式而有不同。例如海鮮包內只是先依標準食譜分裝蝦、蛤蜊或花枝等食材，而沒有經過烹飪，因此其保存期限會比一般其它有經過烹煮調理的產品來的短（如義大利麵）。業者應該要針對比較容易腐壞的食材做有效的處理流程。廚師一旦領到生鮮物料時應該立即處理，並盡速入庫儲存以保持新鮮度和延長保存期限。這樣的規劃一來可以製作出新鮮美味的餐點，也可以有效地控制食材成本。

5. 每日生產控制量：各工作站的準備工作要根據經理人或主廚依生意量所設定的最佳生產量來製備。生產控制表內的**OH**（On Hand）表示餐廳在早上的半成品存量；**PAR**表示標準生產量；**PRE**（Preparation）代表當日

表8-15　生產控制表

產品名稱 Product	產量單位 Batch	保存期限 Shelf Life	Mon.(一) OH	PAR	PRE	Tue.(二) OH	PAR	PRE	Wed.(三) OH	PAR	PRE	Thu.(四) OH	PAR	PRE	Fri.(五) OH	PAR	PRE	Sat.(六) OH	PAR	PRE	Sun.(日) OH	PAR	PRE
烤區																							
鳳梨沙拉	1/9pan	7天		1			1			1			1			2			2			1	
檸檬碎	小白盒	3天		1/3			1/3			1/3			1/3			1/2			1/2			1/3	
墨西哥番茄辣醬	1/9pan	3天		1			1			1			1			2			2			1	
青蔥香菜絲	1/6 pan	2天		1			1			1			1			2			2			1	
西班牙香腸（35克 0.1公分）	Each	4天		30			30			30			30			40			40			30	
義大利香腸（0.1公分）	Each	4天		20			20			20			20			30			30			20	
烤雞翅300克	Each	3天		20			20			20			20			30			30			20	
雞翅醬	1/6 pan	14天		2			2			2			2			3			3			2	
雞湯	D Lexn	7天		1			1			1			1			2			2			1	
切花枝圈120克	Each	2.5天		20			20			20			20			30			30			20	
小黃瓜青蔥	1/9pan	2天		1			1			1			1			2			2			1	
醃製雞肉4盎司	Each	1天		20			20			20			20			20			20			20	
雞肉切絲3盎司1/4"	Each	3天		50			50			50			50			50			50			50	
海鮮湯用海鮮包	Each	3天		20			20			20			20			20			20			20	
醃雞肉片55克	Each	3天		7			7			7			7			7			7			7	
牛排蔬菜包	Each	3天		6			6			6			6			6			6			6	
吧檯區																							
水果盤	9"盤	2天		2			2			2			2			2			2			2	
水果冰沙	冰沙桶	2天		1			1			1			1			2			2			1	
烤麵包丁	大白盒	7天		1			1			1			1			2			2			1	
咖啡奶油	1/6pan	3天		2			2			2			2			3			3			2	

資料來源：作者整理製表。

（續）表8-15　生產控制表

產品名稱 Product	產量單位 Batch	保存期限 Shelf Life	Mon.(一) OH	PAR	PRE	Tue.(二) OH	PAR	PRE	Wed.(三) OH	PAR	PRE	Thu.(四) OH	PAR	PRE	Fri.(五) OH	PAR	PRE	Sat.(六) OH	PAR	PRE	Sun.(日) OH	PAR	PRE
檸檬香料	小白盒	1天		1			1			1			1			2			2			1	
檸檬醋	小白盒	4天		1			1			1			1			2			2			1	
凱撒沙拉醬Ceaser Dressing	1/6pan	4天		2			2			2			2			3			4			2	
千島醬 1000 Sauce	1/6pan	4天		2			2			2			2			2			3			2	
辣椒沾醬 Fire Pepper Pesto	1/6pan	7天		1			1			1			1			1			1			1	
檸檬沾醬 Preserved Lemon Rdlish	1/6pan	30天		1			1			1			1			1			1			1	
香料麵包醬Romesco Sauce	1/6pan	4天		1			1			1			1			1			1			1	
煎炒區																							
炸九層塔葉	1竹籃	7天		1			1			1			1			1			1			1	
辣椒油	1/6pan	30天		1			1			1			1			1			1			1	
大蒜油	1/6pan	30天		2			2			2			2			2			2			2	
烤法國麵包	大白盒	7天		1			1			1			1			1			1			1	
切巴西里碎	Cambro	3天		1			1			1			1			1			1			1	
切番茄丁	1/6pan	2天		2			2			2			2			2			2			2	
黃椒丁	1/6pan	3天		1			1			1			1			1			1			1	
紅椒丁	1/6pan	3天		1			1			1			1			1			1			1	
洋蔥丁	1/6pan	3天		3			3			3			3			3			3			3	
蛤蜊麵蔬菜包	Each	3天		15			15			15			15			20			20			15	
海鮮麵蔬菜包	Each	3天		10			10			10			10			15			15			10	
海鮮包	Each	3天		10			10			10			10			15			15			10	
蘑菇麵蔬菜包	Each	3天		15			15			15			15			20			20			15	
炒汁	1/9pan	14天		2			2			2			2			2			2			2	

資料來源：作者整理製表。

（續）表8-15　生產控制表

準備區

產品名稱 Product	產量單位 Batch	保存期限 Shelf Life	Mon.(一) OH	PAR	PRE	Tue.(二) OH	PAR	PRE	Wed.(三) OH	PAR	PRE	Thu.(四) OH	PAR	PRE	Fri.(五) OH	PAR	PRE	Sat.(六) OH	PAR	PRE	Sun.(日) OH	PAR	PRE
什錦蔬菜湯	Cambro	6天		5			5			5			5			5			5			5	5
番茄醬汁	Cambro	6天		7			7			7			7			7			7			7	
奶油蘑菇湯	Cambro	6天		5			5			5			5			5			5			5	5
管麵	Each	冷凍30天 冷藏2天		30			30			30			30			35			35			30	
寬麵	Each	冷凍30天 冷藏2天		30			30			30			30			35			35			30	
螺旋麵	Each	冷凍30天 冷藏2天		30			30			30			30			35			35			30	
細麵	Each	冷凍30天 冷藏2天		30			30			30			30			40			40			30	
義大利肉醬	Full pan	4天		2			2			2			2			2			2			2	
義式香料醬	1/6pan	4天		1			1			1			1			1			1			1	
帕瑪森起司碎	1/2pan	7天		1			1			1			1			2			2			2	
帕瑪森起司切片	1/6pan	7天		2			2			2			2			3			3			2	
醃製番茄1開6	大白盒	2天		1			1			3			3			3			3			3	
什錦蔬菜沙拉	Each	2天		6			6			6			6			8			8			6	
切黃瓜片	1/6pan	7天		4			4			4			4			4			4			4	
切蘿美生菜	1顆=2.5份	2天		6			6			6			6			6			6			6	

資料來源：作者整理製表。

製備量。餐廳經理人或主廚在餐廳每日營業之前會先查驗各工作站內所剩的半成品存貨量,再根據各產品的安全量去算出當日各工作站所需製備的數量。生產控制表雖然有設定安全生產量,但有經驗的管理人員應該要隨時注意當日有無大型團體訂位,或有無任何其他因素(如展覽、熱門電影上映、天候狀況)而需增減當日準備量。

三、規劃食材／非食材的盤點控制

餐廳成本控制除了要有標準食譜和生產控制表的配合運作,還需要有定期的盤點統計資料才能有效控制生產成本。盤點作業基本上可分為訂貨盤點及期末盤點。各家餐廳有其符合營運需求的盤點制度(依需要而定,每日、週、一個月、兩個月或一季)。一般餐廳的盤點要求如下:

1. 採購／倉管人員應於每日尖峰營運時段過後,進行各類生鮮食材的盤點作業(如**表8-16**),並將盤點結果詳實記錄於盤點表上。針對每日採購進貨的貨品,每日盤點作業有利於每日採購新鮮的物品。

2. 採購／倉管人員應於每週固定一日於午餐尖峰營運時段過後,進行各類一般食材的盤點作業,並將盤點結果詳實記錄於盤點表上。此盤點紀錄也可以參考日採購單的統計資料(如**表8-17**),可用於統計使用量來調整安全庫存量。

3. 採購／倉管人員應於每月固定一日於晚上結束營業後(採月盤點,如**表8-18**),進行各類食材或消耗品的盤點作業,並將盤點結果詳實記錄於盤點表上之後,送交會計部門計算當月的實際使用成本。

4. 採購／倉管人員應於每年固定一日於晚上結束營業後,由店長陪同進行年度財產盤點。作業完畢後,除應詳實登錄於「財產登錄卡」上(如**表8-19**),並可視需要於財產品上加貼「年度完成盤點標籤」。

盤點的注意事項有:

1. 為提升盤點效率,盤點表上項目順序應與庫存現場的擺放位置,有一定程度的配合,以提升動線的流暢性。例如,乾貨倉擺放時可以用物品名稱筆劃順序來擺放,或依體積重量大小來做擺放安排;而盤點表上的順序則儘量依庫存擺放順序來表列。

表8-16 每日生鮮蔬果盤點表

類別：生鮮蔬果類　　　　　日期：＿＿＿＿＿＿＿＿＿　　　　　第＿＿頁，共＿＿頁

品名		青蔥					- -					- -			
理想儲存量		5公斤					- -					- -			
日期	星期	存貨	進貨	損毀	盤存	使用	存貨	進貨	損毀	盤存	使用	存貨	進貨	損毀	盤存	使用
3	一	0.5	4.0		1.0	3.5										
4	二	1.0	3.5		0.5	4.0										
5	三	0.5	4.0		1.3	3.2										
6	四	1.3	3.5		1.0	3.8										
7	五	1.0	5.0		1.5	4.5										
8	六	1.5	5.5		1.2	5.8										
9	日	1.2	5.0		0.8	5.4										
10																
11																
12																
13																
14																
15																
16																
廠　商																
電　話																

資料來源：作者整理製表。

2.盤點時以單位數量作盤點單位。例如一箱汽水應登記為二十四罐汽水，以避免因不同產品裝箱數量的不同，而造成盤點錯誤不實。

3.盤點生鮮蔬果或肉類食材，若以重量為盤點單位時，應確實過磅記錄。

4.加工切片好的漢堡肉或牛排，因規格一致且為販賣單位時，可以「個」或「片」來作為盤點計數單位。

5.進入冷凍庫或冷藏庫進行盤點時，為避免食材失溫影響品質，可暫時關閉冷凍／藏風扇，並著大外套、頭套、口罩等禦寒衣物進入盤點。盤點作業進行中，因風扇已關閉，所以務必將庫門確實關好，避免冷凍／藏庫溫度上升過快，且盤點完畢務必記得立刻恢復電源。

表8-17　每日蔬菜採購量及安全量表

商品	PAR	單位	1	2	3	4	5	6	7	8	9	10	11	12	13	14	15	16	17	18	19	20	21	22	23	24	25	26	27	28	29	30	31
綠蘆筍	1	Kg																															
九層塔	0.5	Kg																															
青江菜	1	Kg																															
紅蘿蔔	3	Kg																															
西洋芹	3	Kg																															
韭菜	1	Kg																															
香菜	1	Kg																															
玉米粒	2	Kg																															
小黃瓜	1	Kg																															
白蘿蔔	3	Kg																															
雞蛋	1	籃																															
茄子	2	Kg																															
小魚乾	1	Kg																															
去皮蒜頭	2	Kg																															
子薑	1	Kg																															
薑絲	0.35	Kg																															
長江豆	2	Kg																															
蒜苗	1	Kg																															
蓮藕	1	Kg																															
廳菇	2	Kg																															
生香菇	2	Kg																															
草菇	2	Kg																															
中華豆腐	10	盒																															
青蔥	3	Kg																															
剝皮紅蔥頭	2	Kg																															
洋蔥	1	袋																															

資料來源：作者整理製表。

表8-18　Food Cost庫存月報表

庫存月份：＿＿＿＿　　　　　　　　　　所屬庫存類別：＿＿＿＿

所屬廠商	實品名稱	產品規格	盤點單位	產品單價	期初數量	採購數量	期末數量	使用量	實際使用成本
	起司、蛋奶、麵粉（包）								
H001○○	動物性奶油	1L	LB	95					
H001○○	Mascarpone Cheese Italy 500克	PC	PC	250					
H001○○	BL/Unsait Butter 無鹽奶油500克	KG	KG	104					
S001○○	安佳無鹽奶油塊	1LB/40	LB	57.2					
S001○○	80片起司（安佳）	990克／12條	條	175					
S001○○	起司粉（Kraft）	8oz/24／罐	罐	120					
S001○○	BL/Unsait Butter 無鹽奶油500克	KG	KG	58.5					
S001○○	雞蛋（洗選）	中／20	盒	28					
S001○○	PIZZA起司絲	1KG/10	包	175					
○○	低筋麵粉	22KG	KG	16.2					
○○	高筋麵粉	22KG／包	KG	16.13					
K003○○	奶油10克	盒	盒	360				-	-
	無鹽奶油454克	1,560/CS	盒	52				-	-
F001○○	莫扎瑞拉刨絲乳酪-M(G)-L	12KG/CS	KG	123.81				-	-
合計								-	-

部門主管：＿＿＿＿　　　　　　　　　　盤點人：＿＿＿＿

資料來源：作者整理製表。

表8-19　財產登錄卡

日期：_____年____月____日

| 類別：□餐桌椅 | □外場設備 | ■內場設備 | □空調設備 | □廣播音響 |
| □辦公設備 | □消防設備 | □車輛 | □店外設備 | □其他 |

編號	內-001	品名	微波爐	品牌	國際牌	規格	PN203W
單價	12,000	供應／維修商	○○電氣量販店			擺放位置	廚房六口爐左側工作臺上方平台
運費	0	聯絡電話	2700-0000				
裝置費	0	聯絡人	維修部　陳主任業務部　李小姐			保固年限	一年
總計費用	12,000	進貨日期	○○年○○月○○日				
備註	年度盤點紀錄：_____年度，盤點人_____；_____年度，盤點人_____年度，盤點人_____；_____年度，盤點人_____						

營運單位主管：_____　　使用單位主管：_____　　採購／建卡人：_____

資料來源：作者整理製表。

6. 盤點前可事前與單位主管討論是否將半成品及已開封但尚未用完之食材計入盤存數量。一旦決定後，往後盤點便必須遵守此一法則，保持一致性，提升盤點準確度。

四、成本控制

本章所強調的採購和生產製備規劃流程的最終目標是要在有效的成本控制下提供顧客最佳的餐飲服務品質。透過期末盤點作業（如**表8-18**）可以計算出總體營運下所使用的總食物成本，檢驗餐廳的營運管理績效是否達到標準。**期末存貨盤點的計算公式**為：

期初存貨數量＋採購數量－期末存貨數量＝使用量

使用量×產品單價＝實際使用成本

餐廳業者可以採用日、週或月盤點作業來追蹤食物及飲料的銷售成本百分比（％），**食物成本的計算公式**如下：

每日食物成本百分比（％）＝今日食物使用成本÷今日食物營業額

累計食物成本（週、月）百分比（％）＝累計使用成本÷累計營業額

至於飲料成本的計算公式如下：

每日飲料成本百分比（％）＝今日食物使用成本÷今日食物營業額
累計飲料成本（週、月）百分比（％）＝累計使用成本÷累計營業額

以下列舉各式營運統計表幫助餐廳瞭解詳細的成本控制流程。

(一)每日驗收報表

每日驗收報表的內容應包括下列幾項資訊（以下內容可對照**表8-20**）；此外，採購項目報表主要是記錄餐廳每天驗收各家廠商進貨的資訊，如A、B、C三家廠商各別供應蔬菜、奶油、起司及麵粉等產品：

1. 單位：單位名稱根據各產品的採購規格來制定。例如台斤、個、盒，及公斤。
2. 採購量：採購量根據產品進貨單位來記錄實際驗收的數量或重量。
3. 單價：此欄位記錄驗收產品的規格單價。
4. 總價：該欄位的金額計算為採購量乘以單價。例如採購青花菜2斤，單價為35.5元，則總價為71元（2×35.5）。
5. 驗收單據總合：記錄餐廳實際驗收各廠商進貨的金額總合。例如A菜商進貨單據總合為561元、B菜商2,216元，及C菜商620元。
6. 總計：該欄位計算出餐廳採購進貨的總金額。如金額為3,397元（561＋2,216＋620）。
7. 成本分類：成本分類的管理功能在於瞭解餐廳總食物成本的結構。不同型態的餐廳根據其菜單的內容會有不同的成本分類結構。**表8-20**的範例分為蔬果類、肉類、家禽類、海鮮類、冷凍類、乾倉雜貨類及營運物料類。根據各廠商進貨項目將其金額填入所屬類別。例如管理人員應該將A廠商所供應的蔬菜產品歸類於蔬果類、B廠商的無鹽奶油歸類為乳製品，及C供應商的高、低筋麵粉歸類為乾倉雜貨類。根據報表即可瞭解餐廳的蔬果成本為561元、乳製品2,216元、乾貨620元。

如上所述，假設3,397元是期末盤點後的使用成本，而餐廳的食物營業額為12,000元；則食物成本百分比為28.30%（$3,397÷$12,000）。透過成本分類法，餐廳業者便可瞭解其成本28.30%是分別由蔬果的4.67%

表8-20　每日驗收及成本分類表

| | 每日驗收報表 | | | | | 成本分類表 | | | | | | | |
1	2	3	4	5	6	7	8	9	10	11	12	13	14
採購項目	單位	採購量	單價	總價	驗收單據總和	乳製品	蔬果類	肉類	家禽類	海鮮類	冷凍庫	乾倉雜貨	營運物料
供應商：A													
青花菜	斤	2.00	35.50	71.00		0.00	71.00	0.00	0.00	0.00	0.00	0.00	0.00
紅蘿蔔	斤	3.00	20.00	60.00		0.00	60.00	0.00	0.00	0.00	0.00	0.00	0.00
美生菜	斤	2.00	15.00	30.00		0.00	30.00	0.00	0.00	0.00	0.00	0.00	0.00
鳳梨	個	4.00	30.00	120.00		0.00	120.00	0.00	0.00	0.00	0.00	0.00	0.00
草莓	盒	8.00	35.00	280.00		0.00	280.00	0.00	0.00	0.00	0.00	0.00	0.00
驗收單據總和					561.00	0.00	561.00	0.00	0.00	0.00	0.00	0.00	0.00
供應商：B													
動物性奶油	LB	10.00	80.00	800.00		800.00	0.00	0.00	0.00	0.00	0.00	0.00	0.00
Mascarpone Cheese Italy 500克	PC	4.00	250.00	1,000.00		1,000.00	0.00	0.00	0.00	0.00	0.00	0.00	0.00
無鹽奶油BL/Unsait Butter 500克	KG	4.00	104.00	416.00		416.00	0.00	0.00	0.00	0.00	0.00	0.00	0.00
驗收單據總和					2,216.00	2,216.00	0.00	0.00	0.00	0.00	0.00	0.00	0.00
供應商：C													
低筋麵粉	KG	2.00	150.00	300.00		0.00	0.00	0.00	0.00	0.00	0.00	300.00	0.00
高筋麵粉	KG	2.00	160.00	320.00		0.00	0.00	0.00	0.00	0.00	0.00	320.00	0.00
驗收單據總和					620.00	0.00	0.00	0.00	0.00	0.00	0.00	620.00	0.00
總計					3,397.00	2,216.00	561.00	0.00	0.00	0.00	0.00	620.00	0.00

資料來源：作者整理製表。

（$561÷$12,000）、乳製品的18.47%（$2,216÷$12,000），及乾貨的5.16%（$620÷$12,000）所組成。

(二)成本控制表

　　成本控制表可以有效地追蹤每日食材成本的使用狀況，進而瞭解及控制每個月的食物成本（以下說明請對照**表8-21**）。餐廳管理人員藉由此控制表可隨時掌控餐廳採購與製備的流程，防範任何的成本損失。餐廳的成本控制表內容可包括下列資訊：

1. 直接採購：一般直接採購的食材項目為蔬菜水果的產品，因為這些產品不易保存，並且餐廳每日均以採購新鮮的蔬果為目的。各家餐廳在食材成本計算方法上都不相同，有些餐廳業者會將該類採購的產品列入每日所使用的食材成本。

2. 庫房發貨：餐廳為了有效控管採購與製備的流程運作，倉管人員需要記錄庫房發貨的成本。廚房管理人員可根據此數據來調整安全量、採購量、存貨週轉率及發貨成本。

3. 每日食物成本：**表8-21**的8月1日記錄，每日食物成本（9,690元）是由直接採購的金額（3,000元）加上庫房發貨的金額（6,690元）。

4. 每日營業額：此欄位可以記錄餐廳每日的營業額，幫助瞭解餐廳的營收狀況。

5. 每日食物成本百分比（％）：**表8-21**的8月1日記錄，每日食物成本百分比（37.17%）是由每日食物成本的金額（9,690元）除以每日營業額的金額（26,070元）。

6. 累計食物成本：此欄位的數字累計計算每日的食物成本。例如8月7日的累計食物成本（73,540元）是加總8月1日至8月7日的每日食物成本。

7. 累計營業額：此欄位的數字累計計算每日的營業額。例如8月7日的累計營業額（208,700元）是加總8月1日至8月7日的每日營業額。

8. 累計食物成本百分比（％）：此欄位的數字是計算餐廳每週及每月期末所使用的食物成本。例如8月7日的累計食物成本%（35.24%）是該週累計食物成本（73,540元）除以累計營業額（208,700元）。而該月期末的使用食物成本百分比（34.34%）是累計至8月31日的食物成本（307,640元）除以累計營業額（895,770元）。

表8-21 成本控制表（8月份）

日期	直接採購	庫房發貨	每日食物成本	每日營業額	每日食物成本百分比	累計食物成本	累計營業額	累計食物成本百分比
1	3,000.00	6,690.00	9,690.00	26,070.00	37.17%	9,690.00	26,070.00	37.17%
2	1,500.00	4,500.00	6,000.00	16,500.00	36.36%	15,690.00	42,570.00	36.86%
3	3,000.00	5,000.00	8,000.00	25,000.00	32.00%	23,690.00	67,570.00	35.06%
4	750.00	8,250.00	9,000.00	28,000.00	32.14%	32,690.00	95,570.00	34.21%
5	900.00	11,400.00	12,300.00	34,230.00	35.93%	44,990.00	129,800.00	34.66%
6	500.00	11,100.00	11,600.00	30,060.00	38.59%	56,590.00	159,860.00	35.40%
7	5,550.00	11,400.00	16,950.00	48,840.00	34.71%	73,540.00	208,700.00	35.24%
小計	15,200.00	58,340.00	73,540.00	208,700.00	35.24%	73,540.00	208,700.00	35.24%
8	2,000.00	6,690.00	8,690.00	26,070.00	33.33%	82,230.00	234,770.00	35.03%
9	1,500.00	4,500.00	6,000.00	16,500.00	36.36%	88,230.00	251,270.00	35.11%
10	2,000.00	5,400.00	7,400.00	22,000.00	33.64%	95,630.00	273,270.00	34.99%
11	750.00	8,250.00	9,000.00	27,000.00	33.33%	104,630.00	300,270.00	34.85%
12	650.00	11,400.00	12,050.00	34,230.00	35.20%	116,680.00	334,500.00	34.88%
13	890.00	11,100.00	11,990.00	30,060.00	39.89%	128,670.00	364,560.00	35.29%
14	3,400.00	11,400.00	14,800.00	48,840.00	30.30%	143,470.00	413,400.00	34.70%
小計	11,190.00	58,740.00	69,930.00	204,700.00	34.16%	143,470.00	413,400.00	34.70%
15	2,200.00	6,690.00	8,890.00	26,070.00	34.10%	152,360.00	439,470.00	34.67%
16	1,500.00	4,500.00	6,000.00	16,500.00	36.36%	158,360.00	455,970.00	34.73%
17	2,100.00	6,000.00	8,100.00	23,000.00	35.22%	166,460.00	478,970.00	34.75%
18	1,000.00	8,250.00	9,250.00	29,000.00	31.90%	175,710.00	507,970.00	34.59%

資料來源：作者整理製表。

（續）表8-21　成本控制表（8月份）

日期	直接採購	庫房發貨	每日食物成本	每日營業額	每日食物成本百分比	累計食物成本	累計營業額	累計食物成本百分比
19	1,200.00	11,400.00	12,600.00	34,230.00	36.81%	188,310.00	542,200.00	34.73%
20	750.00	11,100.00	11,850.00	30,060.00	39.42%	200,160.00	572,260.00	34.98%
21	3,300.00	11,400.00	14,700.00	48,840.00	30.01%	214,860.00	621,100.00	34.59%
小計	12,050.00	59,340.00	71,390.00	207,700.00	34.37%	214,860.00	621,100.00	34.59%
22	1,400.00	6,690.00	8,090.00	26,070.00	31.03%	222,950.00	647,170.00	34.45%
23	1,500.00	4,500.00	6,000.00	16,500.00	36.36%	228,950.00	663,670.00	34.50%
24	2,300.00	7,600.00	9,900.00	25,000.00	39.60%	238,850.00	688,670.00	34.68%
25	750.00	8,250.00	9,000.00	28,900.00	31.14%	247,850.00	717,570.00	34.54%
26	1,000.00	11,400.00	12,400.00	34,230.00	36.23%	260,250.00	751,800.00	34.62%
27	900.00	11,100.00	12,000.00	30,060.00	39.92%	272,250.00	781,860.00	34.82%
28	3,200.00	11,400.00	14,600.00	48,840.00	29.89%	286,850.00	830,700.00	34.53%
29	1,350.00	6,690.00	8,040.00	26,070.00	30.84%	294,890.00	856,770.00	34.42%
30	1,300.00	4,500.00	5,800.00	16,500.00	35.15%	300,690.00	873,270.00	34.43%
31	1,450.00	5,500.00	6,950.00	22,500.00	30.89%	307,640.00	895,770.00	34.34%
小計	15,150.00	77,630.00	92,780.00	274,670.00	33.78%	307,640.00	895,770.00	34.34%
總計	53,590.00	254,050.00	307,640.00	895,770.00	34.34%	307,640.00	895,770.00	34.34%

資料來源：作者整理製表。

　　成本控制表內記錄的統計資料可以幫助餐廳管理人員瞭解，不同的營業額所需實際使用的食物成本是否能在正常的採購和領貨作業下，達到成本控制的目標。

(三)標準菜單成本分析表

　　餐廳每一道菜餚的成本是透過採購規格及標準食譜製備表計算出來的（請對照**表8-22**）。業者除了要瞭解每道餐點的成本之外，更需要掌控菜單銷售量的標準菜單成本。餐廳的標準菜單成本控制表的內容包括下列資訊：

1. 項目號碼：每一道菜餚都應該要有編號。菜單項目的號碼在電腦POS系統及標準食譜上均須一致，才能有效地做後續相關的分析。例如開胃菜的英文單字為Appetizer，則第一道開胃菜號碼可編為A-1。以此為基準，湯類（Soup）為SP-1、沙拉（Salad）為SD-1。
2. 菜單名稱：該欄位記錄每道餐點的名稱。
3. 銷售量：該欄位統計菜單項目的每月銷售量。
4. 菜單食物成本：根據採購規格與標準食譜表可以計算出每道菜餚的標準成本。
5. 菜單售價：該欄位列出菜單上每道餐點的售價。
6. 菜單成本百分比（％）：該欄位的計算方式是菜單食物成本除以菜單售價。例如A-1酥炸墨魚圈的食物成本百分比為34％（\$34÷\$100）。
7. 菜單銷售成本：該欄位的計算方式是銷售量乘以菜單食物成本。例如A-1酥炸墨魚圈的銷售成本為850元（25×\$34）。
8. 菜單銷售收入：該欄位的計算方式是銷售量乘以菜單售價。例如A-1酥炸墨魚圈的銷售收入為2,500元（25×\$100）。
9. 標準菜單銷售成本百分比（％）：該欄位的計算方式是菜單銷售成本除以菜單銷售收入。例如A-1酥炸墨魚圈的標準銷售成本百分比為34％（\$850÷\$2,500）。換言之，酥炸墨魚圈不管銷售量為何，餐廳管理人員都應將該餐點的銷售成本率控制在34％。

　　由於餐廳菜單銷售有多樣的餐點項目，故每一道菜餚的成本率都不一樣。若沒有此分析表的統計分析，餐廳管理人員無法知道正確的標準成本。例如開胃菜類有五項產品：酥炸墨魚圈成本率為34％、酥炸莫札瑞拉起司條40％、紐

日期：＿＿＿年＿＿＿月＿＿＿日

表8-22　標準菜單成本分析表

開胃菜類標準成本百分比分析

項目號碼	開胃菜菜單名稱	銷售量	菜單食物成本	菜單售價	菜單成本	菜單銷售成本	菜單銷售收入	標準菜單銷售成本
A-1	酥炸墨魚圈	25	34.00	100	34.00%	850.00	2500.00	34.00%
A-2	酥炸莫札瑞拉起司條	20	40.00	100	40.00%	800.00	2000.00	40.00%
A-3	紐約辣雞翅	40	26.00	100	26.00%	1,040.00	4000.00	26.00%
A-4	香蒜焗田螺	35	45.00	120	37.50%	1,575.00	4200.00	37.50%
A-5	番茄莫札瑞拉起司	26	35.00	100	35.00%	910.00	2600.00	35.00%
總毛利		146				$5,175.00	$15,300.00	33.82%

開胃菜總類標準成本百分比：33.82%

湯類標準成本百分比分析

項目號碼	湯類菜單名稱	銷售量	菜單食物成本	菜單售價	菜單成本	菜單銷售成本	菜單銷售收入	菜單銷售成本
SP-1	今日主廚湯品	68	20.00	60	33.33%	1360.00	4080.00	33.33%
SP-2	洋蔥湯	56	18.00	60	30.00%	1008.00	3360.00	30.00%
SP-3	蔬菜番茄湯	30	18.00	60	30.00%	540.00	1800.00	30.00%
SP-4	酥皮玉米濃湯	75	32.00	100	32.00%	2400.00	7500.00	32.00%
SP-5	奶油龍蝦湯	25	35.00	100	35.00%	875.00	2500.00	35.00%
總毛利		254				$6,183.00	$19,240.00	32.14%

湯類總類標準成本百分比：32.14%

資料來源：作者整理製表。

（續）表8-22　標準菜單成本分析表

日期：＿＿＿年＿＿＿月＿＿＿日

項目 號碼	沙拉 菜單名稱	銷售量	菜單 食物成本	菜單 售價	菜單成本	菜單銷售成本	菜單銷售收入	菜單銷售成本
					沙拉類標準成本百分比分析			
SD-1	田園沙拉	45	18.00	80	22.50%	810.00	3600.00	22.50%
SD-2	馬鈴薯沙拉	34	24.00	80	30.00%	816.00	2720.00	30.00%
SD-3	水果沙拉	68	26.00	80	32.50%	1768.00	5440.00	32.50%
SD-4	凱撒沙拉	87	42.00	120	35.00%	3654.00	10440.00	35.00%
SD-5	辣味泰式雞肉沙拉	50	40.00	120	33.33%	2000.00	6000.00	33.33%
SD-6	和風沙拉	46	28.00	80	35.00%	1288.00	3680.00	35.00%
總毛利		284				$9,048.00	$28,200.00	32.09%
					沙拉類總標準成本百分比：32.09%			
總標準成本百分比						$20,406.00	$62,740.00	32.52%

資料來源：作者整理製表。

約辣雞翅26%、香蒜焗田螺37.5%，及番茄莫札瑞拉起司35%，每道餐點的銷售量也不同，請問在這樣的銷售結構下，標準的成本率應該為何？根據統計數字，開胃菜類的標準成本率應為33.82%（$5,175÷$15,300）。透過此分析表內的菜單總銷售狀況（開胃菜、湯、沙拉），餐廳管理人員可更進一步瞭解總標準成本百分比為32.52%（各菜單類別的銷售成本總額20,406元除以各菜單類別的銷售收入總額62,740元）。

因此，**標準菜單成本分析表**可以幫助餐廳管理人員瞭解每個月菜單整體的銷售狀況及總標準成本百分比。另外，餐廳每個月期末盤點的目的在於計算出實際的成本百分比，這樣就可以瞭解該家餐廳的營運管理績效。

(四)菜單銷售百分比報表

業者在分析餐廳的整體營運成本控制績效後，也需要根據菜單項目的銷售狀況來調整菜單設計（請對照**表8-23**）。**菜單銷售百分比報表**可以幫助業者、經理人，及主廚瞭解餐廳銷售毛利及銷售量最佳的菜單類別與餐點項目，進而採取相關管理措施，例如採購量的議價、食物品質控制、餐點促銷、菜單的刪除，或菜單售價的提高。餐廳的菜單銷售百分比報表的內容包括下列資訊：

1. 項目號碼：有正確的菜單項目號碼才能分析出準確的銷售狀況。
2. 菜單名稱：該欄位記錄每道餐點的名稱。
3. 銷售量：該欄位統計菜單項目的每月銷售量。
4. 菜單售價：該欄位列出菜單上每道餐點的售價。
5. 菜單食物成本：根據採購規格與標準食譜表可以計算出每道菜餚的標準成本。
6. 菜單毛利：此欄位計算每道菜餚的毛利。其計算公式為菜單售價減菜單食物成本。例如酥炸墨魚圈的毛利為66元（售價$100－成本$34）。
7. 銷售毛利：此欄位計算每道菜餚及統計各菜單類別的銷售毛利。其計算公式為銷售量乘以菜單毛利。例如酥炸墨魚圈的銷售毛利為1,650元（銷售25份×菜單毛利$66）。而該開胃菜類的總銷售毛利為10,125元（$1,650＋$1,200＋$2,960＋$2,625＋$1,690）。
8. 銷售毛利百分比（％）：此欄位計算每一道餐點所銷售的毛利占該類別總銷售毛利的比重。例如酥炸墨魚圈的銷售毛利占該開胃菜類總銷售毛利的比重為16.30%（$1,650÷$10,125）。而該類別的紐約辣雞翅銷售毛

表8-23 菜單銷售百分比報表

菜單號碼	菜單分類 菜單名稱	銷售數量	售價	菜單食物成本	菜單毛利	銷售毛利	銷售毛利百分比	總銷售毛利百分比	銷售量百分比	總銷售量百分比
	開胃菜									
A1	酥炸墨魚圈	25	100	34.00	66.00	1650.00	16.30%	3.69%	17.12%	3.42%
A2	酥炸莫札瑞拉起司條	20	100	40.00	60.00	1200.00	11.85%	2.68%	13.70%	2.74%
A3	紐約辣雞翅	40	100	26.00	74.00	2960.00	29.23%	6.62%	27.40%	5.48%
A4	香蒜焗田螺	35	120	45.00	75.00	2625.00	25.93%	5.87%	23.97%	4.79%
A5	番茄莫札瑞拉起司	26	100	35.00	65.00	1690.00	16.69%	3.78%	17.81%	3.56%
	合計	146				10,125.00	100.00%	22.64%	100.00%	20.00%
	湯品									
SP1	今日主廚湯品	68	60	20.00	40.00	2720.00	20.83%	6.08%	26.77%	9.32%
SP2	洋蔥湯	56	60	18.00	42.00	2352.00	18.01%	5.26%	22.05%	7.67%
SP3	蔬菜番茄湯	30	60	18.00	42.00	1260.00	9.65%	2.82%	11.81%	4.11%
SP4	酥皮玉米濃湯	75	100	32.00	68.00	5100.00	39.06%	11.40%	29.53%	10.27%
SP5	奶油龍蝦湯	25	100	35.00	65.00	1625.00	12.45%	3.63%	9.84%	3.42%
	合計	254				13,057.00	100.00%	29.19%	100.00%	34.79%
	沙拉									
SD1	田園沙拉	45	80	18.00	62.00	2790.00	12.95%	6.24%	13.64%	6.16%
SD2	馬鈴薯沙拉	34	80	24.00	56.00	1904.00	8.84%	4.26%	10.30%	4.66%
SD3	水果沙拉	68	80	26.00	54.00	3672.00	17.04%	8.21%	20.61%	9.32%
SD4	凱撒沙拉	87	120	42.00	78.00	6786.00	31.50%	15.17%	26.36%	11.92%
SD5	辣味泰式雞肉沙拉	50	120	40.00	80.00	4000.00	18.57%	8.94%	15.15%	6.85%
SD6	和風沙拉	46	80	28.00	52.00	2392.00	11.10%	5.35%	13.94%	6.30%
	合計	330				21,544.00	100.00%	48.17%	100.00%	45.21%
	總計	730				44,726.00		100.00%		100.00%

資料來源：作者整理製表。

利百分比最高,占29.23%（$2,960÷$10,125）。湯類的酥皮玉米濃湯占該類的39.06%（$5,100÷$13,057）。沙拉類的凱撒沙拉占該類的31.50%（$6,786÷$21,544）。

9. 總銷售毛利百分比（％）：此欄位計算菜單內每一道餐點所銷售的毛利占所有菜單總銷售毛利的比重。另外也可以看出哪一種菜單類別占所有菜單總銷售毛利的比重最高。根據**表8-23**資料顯示,沙拉類的銷售毛利比重最高,占所有菜單總銷售毛利的48.17%（$21,544÷$44,726）,其中又以凱撒沙拉為最高,占15.17%（$6,786÷$44,726）；其次為酥皮玉米濃湯,占11.40%（$5,100÷$44,726）。

10. 銷售量百分比（％）：此欄位計算每一道餐點的銷售量占該類別總銷售量的比例。例如紐約辣雞翅的銷售量占該開胃菜類總銷售量的比例27.40%（40÷146）為最多。湯類的酥皮玉米濃湯銷售量比例最多,占29.53%（75÷254）。沙拉類的凱撒沙拉銷售量占該類的 26.36%（87÷330）為最高。

11. 總銷售量百分比（％）：此欄位計算菜單內每一道餐點的銷售量占所有菜單總銷售量的比重,另外也可以看出哪一種菜單類別占所有菜單總銷售量的比重最高。根據**表8-23**資料顯示,沙拉類的銷售量比重最高,占所有菜單總銷售量的45.21%（330÷730）,其中又以凱撒沙拉為最高,占11.92%（87÷730）；其次為酥皮玉米濃湯,占10.27%（75÷730）。表示餐廳業者應該要特別重視銷售毛利高的菜餚餐點品質。

　　整合以上銷售毛利與銷售量的統計資料,餐廳業者應該要特別重視獲利高且銷售量多的菜餚,另一方面,也要多促銷高獲利、低銷售量的餐點,調整低獲利但高銷售量餐點的售價或份量。反之,業者可以考慮刪除那些低獲利、低銷售量的菜單項目。

Chapter

餐飲設備與器材
採購規劃

本章重點

1. 認識並瞭解餐廳廚房設備器材的挑選及採購
2. 個案討論與練習：認識並瞭解餐廳吧檯所規劃的設備及其器材的挑選與採購
3. 認識器材、器具與餐具的選購並進行規劃
4. 認識並瞭解餐具器皿的種類
5. 認識餐廳常見的各項營運器具、工具、器皿與餐具的種類
6. 學習如何在餐廳開設籌備期間擬訂出一份內外場的器材、器具、餐具的採購清單

🍲 第一節　廚房設備

開設籌備一家餐廳，在進行裝潢工程之前，就必須要開始進行餐廳所有設備器材的挑選及採購。餐廳在設計師規劃整個空間藍圖時應先和業主、餐廳主管、主廚，以及選定的廚具設備業者進行細部的討論，並將廚房的空間、管線、電力、排煙及空調設施預留下來，讓廚房設備的廠商能夠做後續的規劃。

一、廚房設備挑選的考量因素

在這個階段所必須注意的細節相當繁瑣，畢竟廚房是餐廳的生產重心。廚房內舉凡動線規劃、設備挑選及擺放位置、空氣品質、照明、溫濕度控制、衛生控管等等都關係著整體的生產品質和效率。而廚房設備的挑選則有以下幾個考量因素：

(一)餐廳型態

餐廳型態可分為工廠、學校、軍隊的大型團膳餐廳，或自助式餐廳、一般餐廳、簡餐咖啡廳、速食店、便當店等各種營業型態。不同的營業型態除了直接關係著用餐人數的多寡外，也會因為營運型態的不同而有不同的設備採購考量。例如大型團膳餐廳著重各種設備的生產量，除了能夠同時製備大型團體用餐所需的份量之外，能源及設備效率的考量也不能忽略。而一般的簡餐餐廳可能因為多屬於半成品餐點，例如引進調理包讓現場人員只做加熱或最後的烹飪動作，因此採購的設備也多屬於小型且功能簡單的烹飪設備。

(二)餐點型態

餐點型態指的是菜單內容，除了可概略分為中式、日式、西式等餐點外，也會因為菜單上的產品組合而有所不同。因此在採購廚房設備時就應將功能性是否能滿足需求，或是設備未來的擴充性考量在內。像現在坊間多數的便當店都習慣將雞腿飯、排骨飯、魚排飯等熱賣商品以油炸的方式進行烹調，建議在油炸爐的選擇上必須更加謹慎，以免因為產能不足或故障頻繁而影響營運。

(三)能源考量

設備的能源主要為電力及瓦斯兩種，各有其好處和缺點。坊間各種廚具生產多半同時設計有電力系統或瓦斯系統，供餐廳業者選擇。

■電力系統

1. 優點：乾淨、安全，無燃燒不完全的疑慮，能源取得容易。
2. 缺點：加熱效率較不如瓦斯火力，電費較昂貴，且容易因颱風期間、地震，或鄰近區域的各種因素造成斷電或跳電，而影響廚房生產；此外，電線亦容易遭蟲鼠嚙咬破壞，或者因線路受潮，頻頻發生跳電。

■瓦斯系統

1. 優點：便宜，加熱效率高。
2. 缺點：容易造成燃燒不完全，引起安全疑慮。有些地區因無瓦斯管線配置而需採購瓦斯鋼瓶，易有瓦斯能源中斷及更換瓦斯鋼瓶的麻煩。

(四)空間考量

大部分的廚具尺寸在設計時雖會盡可能縮小（多半是在寬度上縮小，因為高度和深度仍必須符合人體工學的舒適度），但尺寸會間接影響設備的生產效能。例如冷凍冷藏設備尺寸的規劃自然會直接影響內部的存放空間，爐具也有可能因為尺寸的不同，而有二、四、六口，甚至八口爐的規劃，所以在選購時要兼顧空間和製作量的需求，才不會浪費空間，造成生產效率過低或閒置的情況發生。

(五)耐用性及維修難易度

耐用性可以說是所有採購者和使用者最關心的一件事。頻繁的故障或壽命過短的設備除了耗錢之外，還徒增許多困擾。因此，在可接受的預算下採購品質信譽良好的品牌是必須的，而後續維修及零件取得的效率也是重要的考量因素。因為整體經濟環境不佳，再加上競爭激烈，造成許多廠商因為業績不佳歇業，發生後續維修求救無門的窘境；有些廠商不斷壓低材料庫存量，同樣會造成等待維修期間的拉長，這些都是在採購時須預先瞭解的部分。

(六)安全性

安全性的確保有兩個重要的關鍵因素:一是設備設計上的安全措施,這是在採購時要留意的項目之一,也是廠商設計開發時很重要的一個課題;另外一個關鍵因素則有賴餐廳業者透過持續性嚴謹的教育訓練,來避免意外發生。

以瓦斯能源的設備來說,多半會有瓦斯滲漏的偵測器。一旦發現瓦斯燃燒不全或外洩時,通常會自動關閉設備及瓦斯開關,直到狀況排除為止;又如食物攪拌機,為避免操作人員的手尚未完全離開機器就開始運作,造成傷害,也多半有安全設計,例如加蓋後並且放上電磁開關,才能安全啟動,這類的設備設計通常可以完全杜絕意外發生。

教育訓練的確實執行也是重要的一環。對於較複雜或危險性較高的設備,可指定少數經過完整訓練的專人或主管才能操作,以避免憾事發生。

(七)零件的後續供應

要想避免將來零件供應中斷,造成設備無法繼續沿用的最有效方法莫過於購買市場占有率較高的知名品牌。只要市占率高,設備供應廠商的營運自然較為穩健,能夠永續經營的機率也相對較高。即使將來廠商不幸結束代理,這些知名的設備品牌也較容易再找到新的代理廠商,讓後續的維修服務及零件供應不易受到影響。再者,就像汽車零件或各式套件一樣,愈是暢銷的品牌愈容易在市場上發現副場的零件。選用副廠的零件雖然保障較不如原廠來得穩當,但在品質上尚還能有一定水準,價格上也有很好的競爭力,故副廠的零件也可以是一個選項。

(八)衛生性

要能確保食品在製作烹飪的過程中保持不被污染,除了工作人員確實勤於洗手,穿戴符合規定的制服、廚帽、口罩等,烹飪設備的清潔維護也是很重要的一環。因此,在選擇各項廚房設備時除了要考慮設備的功率、效率、功能,甚至外型等各項因素之外,表面的抗菌性,設備外觀設計是否沒有死角,方便擦拭消毒,內部角落是否易於清洗,不致藏污納垢等也是非常重要的考慮因素。此外,重要的核心零件是否防水,或是否有經過適度的保護,讓機器容易沖刷也是考量的因素。

綜上所述，餐廳在進行空間規劃時，除了把議定的廚房空間預留出來之外，很重要的幾個工程界面的問題也必須一併探討，尤其是管線的預留規劃。無論是瓦斯、電源、水源、網路線（餐廳POS系統使用）、消防灑水等多種的管線，都必須在廚房做配置，這些管線多少也會和外場有所連結，因此事先的細部討論就顯得相當的重要，如：

1. 用電量，包含了千瓦數、安培數、迴路的數量、電壓的大小（110V、220V、380V）。
2. 瓦斯管的口徑和壓力。
3. 水管的口徑和壓力、冷熱水及生飲水的供應。
4. 消防灑水頭的數量和消防區域的畫定等。
5. 網路線的走向應遠離微波爐，避免電磁波的干擾。

上述這五項主要是數量與供應能力的安排，當然配置的位置也相當重要。工程界面與管線預留的問題端賴和設備廠商間的協調，甚至進行現場的放樣，以確保所有的瓦斯管、電源、水源等都能被配置在所需設備的就近地方，並且能夠遠離地面，方便日後廚房的清潔。如果這些管線未能經過事先的放樣就隨意設置，很可能造成日後管線距離設備過遠，而另須配置延長管線，徒增困擾與危險性。

二、廚房規劃平面圖範例說明

以下以本書設計的模擬案例作為範例，參照**圖9-1**Pasta Paradise的廚房規劃平面設計圖，依圖面上的數字代號，逐一做設備的說明介紹。

①油脂截流槽

油脂截流槽，或稱截油槽，其功能是將廚房所要排放出的廢水都先導引至此，經過截油槽的過濾和篩油，將菜渣廚餘進行過濾，讓沒有菜渣廚餘的廢水作進一步篩油的動作，將水中的油脂截留下來，之後才能將不含油脂及廚餘的廢水排入下水道。

為了因應環保法規的限制，現今餐廳業者都會在餐廳規劃時，一併建構截油槽的設備。也因為市場有了這樣的需求，所以坊間也逐步開發各式的截油設

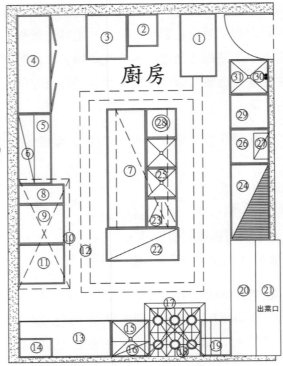

①油脂截流槽
　W127*D71*H94
②平頭湯爐
　W60*D65*H45
③義大利麵煮麵機
　W80*D90*H85
④立室冷藏冷凍庫
　W198*D66*H189
⑤工作臺冰箱
　W142*D66*H85
⑥不鏽鋼上架
　W142*D30
⑦工作臺（上為不鏽鋼吊櫃）
　W240*D76*H85
⑧油炸機
　W40*D90*H85
⑨煎板爐
　W80*D90*H85
⑩排油煙機
⑪碳烤爐
　W80*D90*H85
⑫排水溝
⑬工作臺冰箱
　W190*D75*H85
⑭明火烤箱
　W65*D40*H46.5
⑮工作水槽
　W75*D60*H85

⑯不鏽鋼上架
　W75*D30
⑰排油煙機
⑱六口爐
　W98*D99*H90
⑲醬料保溫槽
　W61*D75*H85
⑳工作臺
　W234*D75*H85
㉑出菜口
㉒工作臺冰箱（上為不鏽鋼吊櫃）
　W142*D66*H85
㉓不鏽鋼工作平臺（上為不鏽鋼吊櫃）
　W60*D60*H85
㉔四層組合棚架
　W153*D76*H189
㉕不鏽鋼工作水槽
　W60*D60*H85
㉖不鏽鋼完成工作平臺
　W70*D76*H155
㉗不鏽鋼上架
　W52*D30
㉘殘菜收集孔
　W60*D60*H85
㉙高溫掀門式洗碗機
　W70*D76*H155
㉚高壓清洗噴槍
㉛不鏽鋼工作水槽
　W70*D76*H85

圖9-1　Pasta Paradise餐廳廚房平面設計圖

資料來源：作者規劃位置，泓陞藝術設計股份有限公司繪製。

備，滿足餐飲業者及環保法規的需求。這些截油設備不論形式為何，主要功能不外乎就是：過濾廚餘菜渣、將油水分離、截流油脂並收集、排放廢水這幾個主要的動作。以下僅針對常見的截油設備作介紹：

■ 簡易型截油槽

　　簡易型截油槽（如圖9-2）為最簡易、經濟的截油設備，既不需要任何能源，也無需任何耗材，可說是最早被開發設計出來的截油設備。作用原理是在廚房排水管末端建構一個不鏽鋼截油槽。

　　簡易型截油槽的內部構造甚為簡單（如圖9-3），大致可分為三槽：廢水經由排水管進入第一槽後，就會經過第一個簡易的去除廚餘菜渣的動作，利用提籠放入水槽中將菜渣截流下來。過濾過的廢水在積滿第一槽後就會溢流到第二槽去。廢水到了第二槽後再利用簡易的油水比重不同原理，讓油脂自然浮於

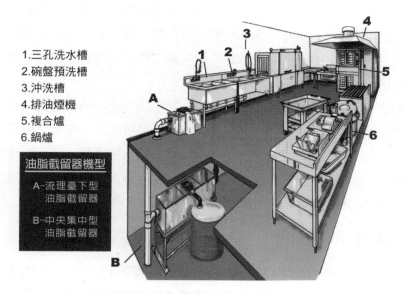

1.三孔洗水槽
2.碗盤預洗槽
3.沖洗槽
4.排油煙機
5.複合爐
6.鍋爐

油脂截留器機型

A-流理臺下型
油脂截留器

B-中央集中型
油脂截留器

圖9-2 截油槽安裝示意圖

資料來源：麗諾實業有限公司（2010）。網址：www.lee-no.com.tw。

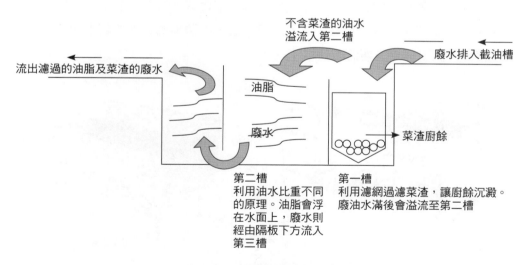

不含菜渣的油水
溢流入第二槽

廢水排入截油槽

流出濾過的油脂及菜渣的廢水

油脂

廢水

菜渣廚餘

第二槽
利用油水比重不同
的原理。油脂會浮
在水面上，廢水則
經由隔板下方流入
第三槽

第一槽
利用濾網過濾菜渣，讓廚餘沉澱。
廢油水滿後會溢流至第二槽

圖9-3 簡易型截油槽剖面圖

資料來源：作者整理繪製。

水面上。第二槽與第三槽間的隔板則須建構得較高，且在下方做開口讓水可以直接流到第三槽去。如此可讓廢水順利排入第三槽，並進入排水管往餐廳外排放；而浮於水面上的油脂則會一直停留在第二槽中。換言之，第二槽的用意就是在截油。

這種簡易型的截油槽結構雖然簡單，卻不失為是一個處理餐廳廢水的好方法，缺點是截油率無法提升，僅約60%，另外需藉由人工每天定時清理第一槽的提籠，並且以手工的方式撈取浮在第二槽水面上的油脂。若未能定期撈除，油脂會逐日愈積愈厚，最後隨著廢水由下方空隙流入第三槽，進而隨之排入排水孔中造成阻塞。滯留的油脂有時甚至結塊，造成淤塞和衛生惡化。

②平頭湯爐

和一般中式炒爐不同的是，平頭湯爐（如**圖9-4**）沒有鼓風馬達的設計，因此在火力的表現上顯得溫和許多。湯爐通常拿來熬煮大量的高湯湯底或是醬料，因為有慢火熬煮的特性，所以火力上必須溫和，且需配置有小母火方便點燃。因為熬煮時多半需要利用大型的湯鍋，為考量使用和搬運上的安全性，平頭湯爐通常設計的高度較矮。以圖右的矮湯爐為例，高度僅四十五公分，大約是一般成人膝蓋左右的高度，擺上大型湯鍋後不會有不符合人體工學過高的問題產生，方便師傅放料、調味。為了方便加水，平頭湯爐旁邊的牆上通常會配置水龍頭，讓工作更方便而有效率。

(a)平頭爐

(b)矮湯爐

圖9-4　平頭湯爐

資料來源：冠今不鏽鋼工業股份有限公司提供（2009）。

③義大利麵煮麵機

義大利麵煮麵機（如**圖9-5**）同樣可以選擇以電力或瓦斯為熱源，內部建構二個水槽，分別為二十四‧五及四十公升，方便同時架上多個煮麵杓。兩個水槽各配備有獨立的溫控開關。本機的特色是能源提供穩定，讓水能保持在所需的溫度，不因麵條的大量置入而讓煮水過度冷卻，確保麵條的品質及口感。

④立式冷藏冷凍庫

立式冷藏冷凍庫（如**圖9-6**）可自行選購冷凍或冷藏，亦或上下層分別設定為冷凍及冷藏，方便餐廳自由選購使用。此種立式冰箱的壓縮機及散熱設備都建置在機器頂端，因此要確保上方空氣能自由流通，以利散熱和效率的提升。因此在規劃之初就應確認這臺冰箱的擺放位置，以和空調廠商做協調，將廚房空調的迴風口設置在冰箱上方，讓冰箱散熱和運轉都能更有效率，且能節省電源消耗。門片的設計也可選購透明玻璃或是不鏽鋼面板；透明玻璃的好處是人員在開啟冰箱前就能看清所需物品的所在位置，減少冰箱門開啟的時間以節約能源，避免冰箱內溫度因為開門過久而過度上升。不鏽鋼面板的冰箱門雖然沒有視覺穿透的好處，但隔溫效果較佳。不論玻璃門或是不鏽鋼門板，都可選購正面及背面雙向都有設置門板，方便工作人員可以由兩邊開關冰箱。

圖9-5　煮麵機

資料來源：詮揚股份有限公司提供（2009）。

圖9-6　立式冷凍冷藏冰箱

資料來源：詮揚股份有限公司提供（2009）。

⑤工作臺冰箱

工作臺冰箱（如圖9-7）是最常見的廚房冷凍冷藏設備（**圖9-1**中的第⑬、㉒項設備在此一併說明），因為所需空間小且保留完整臺面供工作人員自由使用，不論是食材的儲存或拿取都相當方便。由於壓縮機安裝的不同，選購時也可以有冷凍冷藏的選擇。整體的高度為八百五十公釐，深度則依業主的需要或現場空間的規劃考量，設定在六百六十至七百五十公釐之間，符合國人的身材。寬度則可以自由依照廚房的實際空間選購適合的尺寸，甚至訂作，讓廚房空間發揮到最大效益。門板的選擇亦有不鏽鋼板及透明玻璃兩種款式可自由選擇。

工作臺冰箱也可做另一種型式的規劃，如將冰箱臺面局部挖空並配置調理盒。調理盒下方與內部的冷藏空間相通，讓調理盒仍可以有冷藏的效果。此種設備的設計非常適合三明治、薄餅、沙拉及甜點工作臺使用（如**圖9-8**）。

圖9-7　工作臺冰箱

資料來源：詮揚股份有限公司提供（2009）。

圖9-8　食物冷藏切配臺

資料來源：詮揚股份有限公司提供（2009）。

⑥不鏽鋼上架

　　廚房工作區域的醬料、乾料、器具器皿相當多樣，烹調人員工作時為了能加快工作效率，必須在其工作區域就近規劃置物空間和平臺。因此舉凡是壁掛式的平臺或壁櫃，或是由天花板上垂吊下來的吊櫃或層架，或是直接從工作臺上往上架上去的層架等，都是不錯的選擇。

　　不鏽鋼上架（如**圖9-9**。**圖9-1**中的第⑯、㉗項設備在此一併說明）在設計上為了避免物品的掉落，可以在邊緣處設計矮牆或是橫桿，降低意外的發生。至於規格大小則因為是量身訂作，無論長寬高都能依照現場工作人員的需要及人體工學原理進行訂製。

圖9-9　不鏽鋼上架

資料來源：右圖為詮揚股份有限公司提供（2009）。

⑦工作臺

　　餐廳廚房工作臺（如**圖9-10**）的臺面可選購現成品（**圖9-1**中的第⑮、⑳、㉓、㉕、㉖、㉛項設備在此一併說明），或是依照餐廳的需要及現場的空間量身訂製。主要的考量有：

1.力求穩固不晃動，特別是將來臺面上如果放置攪拌機、切肉機等各項桌上型設備時，具絕對穩度的工作臺面是必須的。

2.高度應符合人體工學，避免長期的工作造成腰部、背部、頸部的工作傷害。如果預先已規劃將來臺面上將會放置桌上型設備，建議將設備高度一併考量進去，以免因設備高度過高，影響人員的操作效率及舒適性。

圖9-10　工作臺

資料來源：詮揚股份有限公司提供（2009）。

3.材質主流為不鏽鋼臺面，盡可能抓出一個略微傾斜的臺面水平，讓水能
快速排洩，避免桌面積水影響工作衛生。此外，轉角應採一體成型，避
免兩片銜接點焊造成清潔上的死角；轉角處也應折出一個圓弧的角度，
以易於清洗沖刷。

4.背擋板（矮牆設計）可讓工作臺靠著牆面擺設，讓物品食材水分不致滲
流或掉落到牆縫裡。

5.不鏽鋼板厚度需能有足夠的支撐度，以避免過軟影響工作。

6.抽屜設計必須附有滑輪方便開關，並應有四十公斤的承重量。

7.水槽採一體成型，轉角圓弧設計方便刷洗。排水孔配有濾杯。

8.如果採可隨時移動工作桌的活動輪設計，則必須附有煞車裝置。

9.吊櫃、陳列架應留意承載重量。轉角焊接處應平滑不割手。吊櫃內的層
板及陳列架的層板都應採可調整高度設計，方便物品放置。

⑧油炸機

　　油炸爐具（如圖9-11）可以選擇以瓦斯或電力為熱源，尺寸容量非常多樣
化，小至如本書頁面大小，常用於早餐處點少量油炸時使用。大型的甚至配
有兩槽油炸槽來應付大量的營業使用，如速食店。設計上可分為落地型（如圖
9-11a）及桌上型兩種（如圖9-11b），業者可依照自身營運上的需求及空間選
購適當的機型。

　　現今因為各項食材成本不斷上漲，炸油用量也變得更謹慎，因此油炸槽的
內部設計也做了改良，如將底部窄化，並將省下來的空間改成加熱管，讓油炸

(a)落地型油炸機　　　　　　　　(b)桌上型油炸機

圖9-11　油炸爐具

資料來源：詮揚股份有限公司提供（2009）。

爐能夠更有效率，避免炸油溫度降低。同時底部窄化後也能省下更多的炸油被倒入（如**圖9-12**）。

　　油炸籃的選擇則可以依照餐廳油炸的餐點來做考量。少量多樣的油炸食物可以選擇小容量的油炸籃，方便做區分。同時也因為各種食物所需的油炸時間

圖9-12　將底部窄化的油炸爐

資料來源：詮揚股份有限公司提供（2009）。

不同，小容量的油炸籃有其優點，方便不同時間點從油炸爐中取出；反之，對於單項且多量的油炸食物則可考慮選購大容量的油炸籃，方便使用，也因為內部容量大，食物在油炸籃中受熱較均勻，可提升品質穩定度。（如**圖**9-13）

圖9-13　大容量的油炸籃

資料來源：詮揚股份有限公司提供（2009）。

　　餐廳業者可視需要添購濾油設備，透過濾紙、可食用性的濾粉及專用的過濾設備，延長炸油的使用壽命。連鎖速食業者應避免因炸油換油頻率過低，造成酸價過高，致影響消費者健康的情形產生。這類新聞事件時有所聞，衛福部也因為怠於針對炸油設定清楚的規範及管理，遭到監察院的糾正。這類事件可說是層出不窮，後續效應已逐漸散開，政府部門也開始著手進行相關法規的訂定，並且考慮全面禁止使用濾油粉。建議業者在開設餐廳著手規劃採購油炸設備時，應同時瞭解最新的相關規範以免觸法。

■ 壓力式炸鍋

　　壓力式炸鍋（如**圖**9-14）外型上最大的不同就是上方多了壓力鍋蓋。當油炸爐呈現密閉的狀態，並且持續加熱直到油鍋沸點時，就會產生水蒸氣及壓力。當壓力變大時溫度也隨之增高，對於油炸食物能有更高的效率。但是在使用上，操作人員必須經過事前的訓練，避免發生危險。

圖9-14　壓力式炸鍋

資料來源：詮揚股份有限公司提供（2009）。

■油水混合油炸爐

　　油水混合油炸爐（如圖9-15）最大的特色就是在油炸鍋內除了倒入炸油也倒入清水，再藉由油水比重的不同讓油水自然分離，形成清水沉入槽中的底部，而炸油則自然浮在水的上方，最大的好處是省下大量的炸油被倒入炸鍋中

圖9-15　油水混合油炸爐

資料來源：詮揚股份有限公司提供（2009）。

使用。在現今炸油價格不斷上漲的時期,對於炸油用量大的餐廳而言,可以省下大量的炸油採購成本。當油炸鍋加熱時,因為加熱管設置在炸油的水位高度,讓炸油能很快的上升到所需要的溫度,而下方的清水則約略保持在四十度的低溫。

圖9-16可清楚看到油槽底部的清水,此款的設計除了可以大量節約炸油的用量,同時對於廢油的產生也可達到減量的功效;再者,油炸過程中所產生的油渣、麵粉渣或食物殘渣也都會自然被溫度較低的清水吸引到油槽底部,讓炸油能保持清潔乾淨,並進而拉長炸油使用的壽命。從圖9-16b可清楚看出油炸槽內上方為炸油、下方為清水,至於沉積在底部的白色物品則為油炸過程產生的油渣或麵糊。

油炸機內部設有兩個不同水位的洩閥開關,最底下的洩閥可以優先將水及殘渣排出,而中間高度的洩閥則可以洩出炸油,讓清水仍保持在油炸槽中。對於換油、換水或是槽內做清潔,都相當的方便。

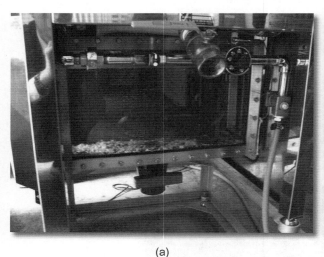

(a)   (b)

圖9-16　油槽底部的清水

註:本圖為設備廠商的展示機,為強調油炸爐運作時下方的清水仍保持低溫,所以放進了幾隻小魚作為噱頭以吸引目光,此純屬廣告效果。

資料來源:詮揚股份有限公司提供(2009)。

⑨煎板爐

　　煎板爐（如**圖9-17**）的設計日新月異，主要的改良重點是在煎板本身，除了有傳統光滑平板的煎板之外，也有廠商開發菱紋表面的煎板，讓煎過的食物看來有類似碳烤的視覺效果。同時，現今的煎板多半有表面處理，不易產生燒焦後難洗的焦痕，所需食用油也少很多。

　　煎板爐同樣可選擇電力或瓦斯作為熱源。煎板爐後背及兩側可以搭配矮牆避免油汁噴濺到旁邊。配備的兩個溫控開關需要做不同區域的溫度設定，方便操作人員使用。

(a)落地型煎板爐

(b)桌上型煎板爐

圖9-17　煎板爐

資料來源：詮揚股份有限公司提供（2009）。

⑩排油煙設備

　　就餐廳廚房而言，排油煙設備（**圖9-1**中的第⑰項設備一併討論）的種類選擇、規格大小都須經過專業人士的計算評估，其主要考慮的重點包含了餐廳整體的空調規劃、餐飲項目種類、烹調設備，及廚房的大小與動線規劃等。不論最終的規劃為何，目的不外乎以下幾點：

1.有效控制廚房的溫度、溼度（事關環境舒適度及食品衛生安全疑慮）：餐廳的各項設備在烹飪食物時會引發各種不同的效應，例如對流式烤箱會產生熱氣、油炸爐會產生水氣、燒烤會產生油煙、煎炒也會產生油

氣。這些都會間接提升廚房溫度和濕度，使得冷廚部分在製作沙拉、生食時或多或少會產生不好的影響，對工作人員也產生了不舒服的工作環境。良好的排油煙設備規劃除了將油煙及異味排出廚房的同時，其實也帶走了熱氣和溼氣，讓廚房維持在一個舒服的環境溫度，對工作人員和食材都比較好。

2. 有效控制廚房的氧氣、一氧化碳、二氧化碳濃度（事關工作人員健康）：良好的排油煙設備是需要經過精密的空氣力學的計算，確認排煙設備每秒鐘帶出多少立方公尺的廢氣，並且配合冷氣空調的出風量，計算出最好的空氣進出流量，讓氧氣濃度不致降低。因為爐火燃燒也需要氧氣，燃燒不完全會造成一氧化碳濃度提高，以及工作人員呼吸會產生二氧化碳等，這些都有賴冷氣空調（含戶外新鮮風引進）和排煙設備的完美搭配，來排除不好的空氣（一氧化碳、二氧化碳），並引進新鮮空氣提高氧氣濃度。

3. 形成廚房空氣壓力保持負壓狀態，避免油煙及異味向外場飄去（事關企業形象及顧客感受）：在餐廳初步規劃時，設計師應與餐飲設備廠商做密切的溝通，瞭解餐飲設備的規劃有哪些，進而規劃空調的規模，以創造出一個良好的空氣品質。一般來說餐廳的外場用餐區必須保持在空氣正壓狀態，亦即外場的空氣壓力要大於廚房及餐廳外的環境。這樣的規劃會造成：

   (1) 當餐廳大門開啟客人進來時，因為餐廳外場的氣壓較大所致，客人會感受到餐廳空調所創造出來的涼爽；反之，如果餐廳外場的氣壓小於餐廳外的環境氣壓，則當大門打開時，餐廳內的用餐客人就會感受到戶外的熱空氣，甚至戶外的異味（如汽機車廢氣排放）、塵埃會隨之進入餐廳，讓清潔工作加重。

   (2) 如果餐廳外場的氣壓小於廚房，當餐廳廚房門打開時，隨即會飄出油煙氣味，造成外場用餐客人的不舒適；反之，如果廚房處於負壓狀態，當廚房門打開時，外場的冷氣會進入廚房，讓廚房的空氣舒爽適宜。

4. 確保經過排煙設備處理後的廢氣排出能符合環保法規，並且儘量降低廢氣的異味及油煙度（事關適法性、企業形象及周圍居民感受）：近年環保法規日趨嚴格，加上民眾更懂得主張自我權益，如果餐廳未能有效將排油煙做適度的處理，勢必會遭到抗議，不斷遭到環保單位的舉發，對

於企業形象和鄰里關係都會有負面的影響：

「臺北市以鰻魚飯聞名的日本料理店肥前屋，被樓上鄰居指控排煙風
管太吵，告上法院，求償五十萬元的精神撫慰金，法官實地測量，發
現噪音並沒有超過標準，希望雙方和解；肥前屋表示，為了降低噪
音，花了好幾百萬換最好的排煙機，開機時只比沒開機多一分貝，甚
至願意買下鄰居的房子，但對方堅持提告，很無奈。

用鐵皮包覆的排煙管，從一樓延伸到五樓，但四樓鄰居嫌它太吵，要
求樓下的餐廳肥前屋賠償精神撫慰金……面對鄰居指控，肥前屋很無
奈。」（楊致中，2009）❶

三、排油煙設備的種類

(一)擋油板濾油法

擋油板濾油法是一種原理較簡單、效果也較不理想的傳統做法。其工作原
理是在排油煙罩上安裝擋油板。擋油板是利用不鏽鋼或鍍鋅材質製作，並具有
抗高溫及耐腐蝕的特點。經由高速鼓風馬達將油煙強力吸入擋油板內，油煙會
順著擋板的角度引導氣流不斷的轉彎，讓油煙不斷撞到擋板而轉向，進而誘使
油污附著在擋板上（如圖9-18）。

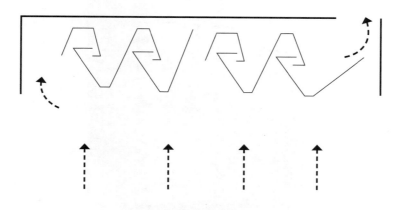

圖9-18　擋油板氣體流向

資料來源：詮揚股份有限公司提供（2009）。

擋油板濾油法油脂的捕集能力約在60%，搜集下來的油脂會導流到污油收集盒中，方便工作人員定期回收。此外，這種濾油法也需要清潔人員至少每週將擋油板拆卸下來浸泡鹼性藥劑，清洗附著在擋油板上的油漬，以免影響日後的集油能力。

(二)水幕式分離法

水幕式分離法（如**圖9-19**）又稱水洗分離法，和上述擋油板濾油法的不同在於擷取油漬的工具由金屬面改為水面。當油煙被強力吸入油煙罩後隨即會遭遇到一道「水牆」，油煙必須穿過水牆後才能自煙罩的排氣管排出。在穿過水牆的過程中藉由水分子與油脂的比重不同，以及水幕所造成的氣泡來截取油漬，使油漬從油煙中脫離出來，而能順利穿過水牆的只有去除過油漬的廢氣，而不再是油煙。

水幕式分離排煙罩內設置排油及排水口，利用水和油的比重不同，將排油口設置在排水口的上方，能讓截流下來的油漬浮於水面上，並經由排油口溢流排出。此種油煙分離方式的截油率可高達90%以上，但是在規劃時應注意安裝各項攔水設備，避免因為水幕揚起而被抽到排煙管，造成排煙管積水的情況（設備規範說明書見**表9-1**）。

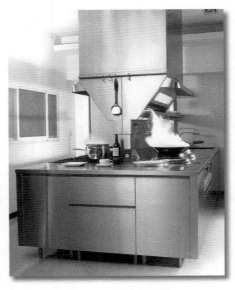

圖9-19 水幕式分離法

資料來源：城昌企業股份有限公司提供（2009）。網址：www.belega.com.tw。

表9-1 水洗式油煙罩設備規範說明書

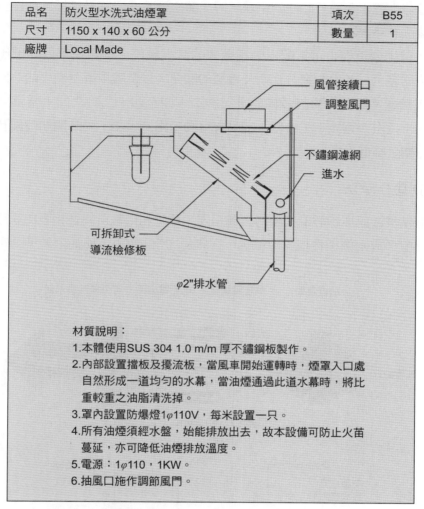

品名	防火型水洗式油煙罩	項次	B55
尺寸	1150 x 140 x 60 公分	數量	1
廠牌	Local Made		

風管接續口
調整風門
不鏽鋼濾網
進水
可拆卸式
導流檢修板
φ2"排水管

材質說明：
1.本體使用SUS 304 1.0 m/m 厚不鏽鋼板製作。
2.內部設置擋板及擾流板，當風車開始運轉時，煙罩入口處
  自然形成一道均勻的水幕，當油煙通過此道水幕時，將比
  重較重之油脂清洗掉。
3.罩內設置防爆燈1φ110V，每米設置一只。
4.所有油煙須經水盤，始能排放出去，故本設備可防止火苗
  蔓延，亦可降低油煙排放溫度。
5.電源：1φ110，1KW。
6.抽風口施作調節風門。

資料來源：蔡毓峰著（2009）。《餐飲設備與器具概論》。臺北：揚智。

(三)離心分離法

離心分離法的做法有點類似第一種的擋板濾油法。它是利用鼓風馬達所產
生的強力氣旋將油煙吸入排煙罩內，並且透過排煙罩內部的設計，讓油煙在內
部高速旋轉，藉由離心力的效果將油漬甩出油煙外，並且附著在油煙罩的內壁
上。餐期結束後，再啟動幫浦馬達噴灑清潔劑和清水，將內壁上的油漬沖洗掉
並進行排放。

也有另一種做法是在排煙罩內裝設多個噴頭,將高壓清水透過噴頭噴向油煙,類似上述水幕式分離法的原理,因此離心分離法可說是擋板濾油法及水幕式分離法的綜合體。

此種排煙設備也可搭配自動感應式的滅火設備。透過煙罩內的感應器測知火災的發生,並自動進行瓦斯及電源的關閉,以及噴灑藥劑滅火的功能。滅火劑噴嘴通常設置在烹飪設備的上方約二十四至四十二吋之間,當溫度高達一百三十八至一百六十三度時,噴嘴會自動噴出滅火劑,同時關閉設備及瓦斯電力開關,降低災害。

(四)靜電分離法

靜電集油原理和靜電集塵的原理相同,都是利用電荷異性相吸的原理,與外加高壓形成兩個極性相反的電場,在庫倫力[2]的作用下使油煙粒子荷電後,

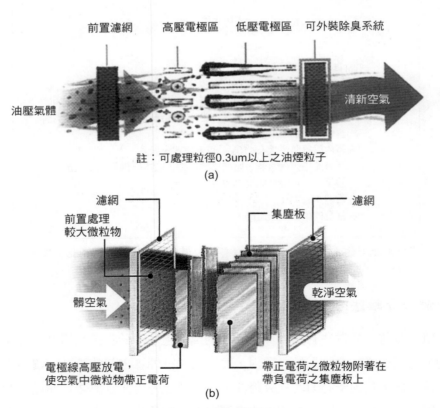

圖9-20　靜電除油原理

資料來源:友信不鏽鋼工程有限公司(2009)。網址:www.yu-shin.com.tw。

向集塵板移動，進而附著在集塵板上，達到淨化空氣的目的。（作用原理請參
考**圖9-20**）工業製程或餐廚烹飪時，因高溫會導致油類揮發或裂解為油煙，此
油煙具有黏滯性，一般過濾式裝置之濾材，因無法循環再生使用，濾材消耗
大，而其油煙粒徑又分布在○‧○一至十多微米之間，一般機械式集塵裝置，
對一微米以下粒徑多不易捕集，而靜電集塵可處理一微米以下微粒，其除油效
率高達95%以上，還可以在靜電機下方加裝清洗設備，其內部包括清洗水槽、
抽水馬達、加熱器及必要的配管，利用加熱氣將清水加熱至七十度之後，透過
水管及噴頭均勻的噴灑在集塵板上，達到自動清洗油垢的目的。

　　機體的主要構造除了排煙罩、風管之外，另有三氧化二鋁、變壓器箱、清
洗水箱、高壓泵浦、電控箱、電極板組（如**圖9-21**）。其中三氧化鋁是一個重
要的零組件，它的結晶體硬度接近鑽石，是一種非常優異的絕緣材質，用於靜
電機，可以避免高壓穿透甚至擊碎或融化，確保靜電機效率高、穩定性高，同
時避免故障產生。

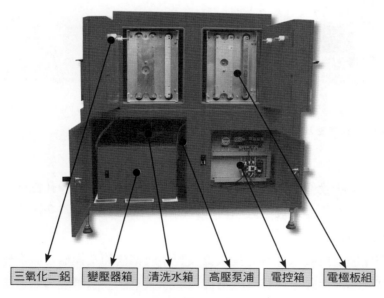

圖9-21　靜電除油機內部圖解

資料來源：友信不鏽鋼工程有限公司（2009）。網址：www.yu-shin.com.tw。

四、除味設備

廚房烹飪所產生的油煙在經過排油煙設備的過濾之後,能夠有效的將油漬截取下來,排放出去的為一般廢氣。這些廢氣帶有異味令人不適,尤其是某些食物的烹煮所帶來的異味特別容易引起反感,例如臭豆腐的臭味、麻辣鍋底熬煮的辛辣味……這時候餐廳業者便可以考慮在排油煙設備的末端加裝除味設備,以減低異味造成左鄰右舍或過往行人的不滿。(如圖9-22)

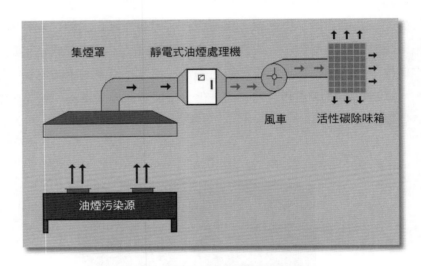

集煙罩　　　靜電式油煙處理機

風車　　活性碳除味箱

油煙污染源

圖9-22　靜電式油煙機風管圖解

資料來源:作者整理繪製。

現今的除味設備多以活性碳除味為大宗。活性碳具有多孔性的結構,每一公克的活性碳大約有好幾個籃球場的大面積,因此可提供許多污染物停留在表面上(稱之為吸附)。

工作原理是以吸水性佳的長纖維板製作成結構的交換器,該纖維板內添加有微粒高效率活性碳。在蜂巢纖維板頂端以微量活性水噴灑,順著纖維板均勻分布成水膜活化界面,形成一個交換界面,當具有異味的空氣通過活性碳纖維板時,與水膜界面接觸活化空氣去除異味,形成人們比較可以接受的空氣。

⑪碳烤爐

　　碳烤爐（如**圖9-23**）為西式餐廳及牛排館的必要配備，主要的功能是將各式肉類，例如牛、羊、雞排，甚至魚排等海鮮及蔬菜（瓜類或彩椒），以碳烤的方式烹煮。

圖9-23　碳烤爐

資料來源：詮揚股份有限公司提供（2009）。

　　碳烤爐上最容易辨識的就是表面上一根根的鑄鐵（如**圖9-24**）。圖右為一般正常的碳烤架，適合肉品排類的碳烤，也可以用一部分空間選購如圖左型式的碳烤架，套痕較寬適合海鮮類碳烤所使用。

圖9-24　碳烤爐上一根根的鑄鐵

資料來源：詮揚股份有限公司提供（2009）。

　　碳烤食物除了焦香的味道令人垂涎之外，也能藉由食物被碳烤爐所烙印上的烙痕來增添賣相（如圖9-25）。碳烤爐烤架下方配備有抽屜，方便置放烤肉夾或清潔烤架的鐵刷等用具。（如圖9-26）

圖9-25　食物經由碳烤爐上所烙印的烙痕增添賣相

圖9-26　碳烤爐烤架下方配備有抽屜

資料來源：詮揚股份有限公司提供（2009）。

　　近年來隨著市場對碳烤爐的效益需求日增，廠商無不積極開發各式更具碳烤效率、更能鎖住肉汁增添風味的頂級碳烤爐，滿足餐廳業者和饕客的需求。

　　目前最廣為高價牛排館所採用的超級碳烤爐（Super Broiler）更是最具代表性的碳烤爐（如圖9-27b），他內部設計除了配置八排瓦斯孔出火之外，內部還吊掛著許多特殊陶瓷用以聚熱保溫，而且利用它每小時高達四萬二千英熱（BTU）能量所創造出華氏二千五百度的高溫，讓牛排的表面在進入烤爐後迅速熟化，鎖住肉汁，並且達到內嫩外焦香的程度，成為老饕的最愛。（如圖9-27）

　　另一款碳烤爐來自澳洲名牌櫸木烤箱（Beech Oven），這家公司以製造商業用高檔壁爐烤箱、櫸木烤箱等各式專業烤箱為主（如圖9-28）。壁爐烤箱需在廚房建構時直接打牆，將之嵌入牆內，利用燃燒高壓瓦斯的高燃氣比重，創造出的火焰類似中式熱炒噴射爐的強力直火。壁爐烤箱的溫度雖不及超級烤箱，但是烤箱上方的厚鐵板或厚石板經過長時間的烈火噴燒，也有相當不錯的燒烤水準。（如圖9-29）。

　　櫸木烤箱是該公司另一款經典碳烤爐，顧名思義是可以利用燃燒原木或果木搭配瓦斯一起燃燒。燃燒原木或果木的用意在於藉由燃燒木頭讓果樹的煙燻

(a)

(b)

圖9-27　廣為高價牛排館所採用的超級碳烤爐（Super Broiler）

圖9-28　澳洲名牌櫸木烤箱（Beech Oven）碳烤爐

資料來源：檢索自Beech Oven（2014）。www.beechovens.com。

圖9-29　壁爐烤箱施工前的設備裸照

香味能夠帶到被碳烤的食物上，增加其原始天然的碳烤風味。（如圖9-28）。
目前臺灣少數幾家頂級牛排館均有斥資近百萬，引進這幾款烤箱來宴饗饕客，
品味極致的牛排。

⑫排水溝與廚房的防水排水

廚房地板因為沖刷頻繁的緣故，對於壁面的防水措施和地面排水都要有審
慎的規劃。（如圖3-9，見第83頁）一般來說，壁面的防水措施應達三十公分，
如此可以避免因為長期的水滲透導致壁面潮濕，或是樓面地板滲水的問題。

廚房的地面水平在鋪設時就應考量到良好的排水性，通常往排水口或排
水溝傾斜弧度約在百分之一（每一百公分長度傾斜一公分）。而排水溝的設置
距離牆壁須達三公尺，水溝與水溝間的間距為六公尺。因應設備的位置需求，
其排水溝位置若需調整則需注意其地板坡度的修正，切勿因疏忽導致排水不順
暢。設備本身下方通常有可調整水平的旋鈕以因應地板傾斜的問題，讓設備仍
能保持水平。

排水溝的寬度須達二十公分以上，深度需要十五公分以上，排水溝的坡度
應在百分之二至百分之四。而為了便利清潔排水溝，防止細小殘渣附著殘留，
水溝必須以不鏽鋼板材質一體成型的方式製作，並讓底板與側板間的折角呈現
一個半徑五公分的圓弧。（如圖3-8，見第83頁）

同時排水溝的設計應儘量避免過多彎曲，以免影響水流順暢度，排水口應
設置防止蟲媒、老鼠的侵入，及防止食品菜渣流出的設施，如濾網。排水溝末
端須設置油脂截油槽，具有三段式的過濾油脂及廢水的處理功能，並要有防止
逆流的設備。一般而言，排水溝的設計多採開放式朝天溝，並搭配有溝蓋，避
免物品掉落溝中。

⑭明火烤箱

明火烤箱（如圖9-30）採電力為熱源，電熱設備配置在明火烤箱的上半
部，而下半部就是放置食物的平臺。其中上半部的主要電熱設備採可調整高度
的設計，將食物擺上後可依照需求將上半部的高度降低，使熱源更貼近食物以
增加效率。這項設備最大不同的特色在於它是採壁掛式的設計，距離地面高度
約在一百六十公分左右，而非一般採桌上型或落地式的設備，它是一種開放型
的烤箱，沒有烤箱門的設計，亦無旋風或蒸汽裝置。功能是將起司熔化，例如

圖9-30　明火烤箱

將煎好的漢堡肉再鋪上一整片起司，然後放在明火烤箱下烘烤，讓起司片在短時間內溶化，隨即可將肉片和起司片夾入漢堡麵包內，再搭配其他蔬菜或佐料即可出菜。也有些餐廳在廚房餐點出菜前，會再做一次最後的增溫，使表皮更增酥脆，並使食物溫度不致冷掉。

⑱六口爐附爐下烤箱

瓦斯爐是廚房必備的烹飪設備之一，結構原理及構造都簡單，和一般家庭用瓦斯爐具並無太大不同，主要差別在於表面設計符合餐廳商業用量，並且在表面的抗菌處理及材質選擇上，以耐用、方便清洗為訴求。一般可選購單口、兩口、四口、六口（如圖9-31）甚至八口爐頭，每具爐頭旁都配有母火方便使用。

爐下烤箱設置在熱灶區的瓦斯爐或電爐，甚至油炸鍋下方，這在西式的廚房非常普遍（如圖9-32）。例如在上方的瓦斯爐上用煎鍋將牛排或其他肉類外表煎熟後，就直接打開下方的烤箱，連肉帶鍋一起送進烤箱，將肉烤到需要的程度再取出。在選購這類熱灶下方烤箱時要注意到幾個要素：

1. 可以選購有透明玻璃視窗的烤箱並附有內部照明，方便從烤箱外觀察，不需要頻繁的開關烤箱門。

2. 烤箱的腳可以進行微調，以適應廚房地板為方便排水而設計的坡度，讓烤箱既可穩固又可以維持上方臺面水平，才能架上瓦斯爐等設備。

3. 內部底板與壁面無死角，方便清潔易於排水，且下方最好配備有接油盤

圖9-31　瓦斯六口爐　　　**圖9-32　瓦斯爐附爐下烤箱**

資料來源：詮揚股份有限公司提供（2009）。

方便清洗。

4.烤箱門的絞鏈必須強固，當烤箱門打開放平和烤箱底盤在一平面時，可以將食物或烤盆直接擺放在門板上再順勢推入，如此較不會發生燙傷的意外事故。因此，烤箱門的承重度就顯得非常重要，通常要有二百磅重的安全承重度。

■數位蒸烤箱

　　數位蒸烤箱的價格遠比一般中式蒸爐昂貴數十倍，也比西式一般烤箱來得昂貴許多，主要的原因在於它有多重功能，能蒸、能烤、能蒸烤、能舒肥等。（如圖9-33）數位蒸烤箱蒸煮白飯香Q，清蒸海鮮能保留食物的水分和鮮甜，拿來烤雞也能烤出皮脆肉嫩多汁的好滋味，功能可說是琳瑯滿目。

　　現今的蒸烤箱在設計上相當精良，操作面板不但已經能進化到觸控螢幕，還具有多重記憶功能，能查詢歷史烘烤紀錄並下載報表，又有多重功率、箱體冷卻系統、可控

圖9-33　數位蒸烤箱

圖9-34 蒸烤箱內附掛之清潔
劑容器

圖9-35 蒸烤箱內附有探測針
偵測溫度

旋風風量、多種自體清洗程序等等，電腦管理軟件，如
歷史紀錄、菜單、使用手冊、HACCP烹飪數據紀錄、
水垢檢測及除垢（如圖9-34附掛之清潔劑容器，提供蒸
烤箱自行抽取完成機體內部清洗作業）、多重語言切
換、自體保護功能，並附有感溫探測針（如圖9-35）及
自動伸縮噴水槍⋯⋯，功能之琳瑯滿目，令人目不暇
給，更不用說還有比起傳統烤箱的體積來得小、效率高
等優點了。圖9-36為簡介蒸烤箱完整功能的YouTube影
片，感興趣者可自行掃描QR Code觀賞影片。

圖9-36 蒸烤箱完整功
能的YouTube
影片欣賞

⑲ 醬料保溫槽

簡單說來，**醬料保溫槽**（如圖9-37）是一個屢空的工作臺，係利用臺面的
空間，規劃成一個大小可任意訂製的水槽，水槽裡有注水口，下方有排水孔、
加熱管等排水及保溫設備。在營運時可以透過保溫槽存放合適水位的清水，並
予以加熱，再利用各式各樣的桶或盆容器來盛裝各式醬料，並透過隔水加熱的
方式來保溫。如此，廚房工作人員可以一次準備多量的醬料放置在保溫水槽
中，隨時備用。

晚上打烊時，只要將加熱電源關掉，打開排水孔讓熱水排出並加以清洗擦

拭乾淨，原有的水槽空間又可以成為夜晚打烊時一些廚房器皿器具的存放空間，是個非常實用的廚房設備。

醬料保溫槽的大小可以配合廚房空間及實際需求做規劃訂製，並且設置在廚房內靠近出菜口的位置，或是靠近爐灶附近，方便烹飪的師傅就近取得各式醬料。加熱的方式通常以電力進行。水槽下方可以規劃置物櫃放置餐盤，相當的實用。

圖9-37　醬料保溫槽

㉑出菜口

出菜口（如圖9-38）說穿了就是內外場溝通的一個主要窗口，因此也有同業直接將出菜口以"window"來稱呼它。通常出菜口會有內外場的幹部，或是指定的人員來坐鎮，主要的工作職掌就是擔任內外場溝通的角色，並且將廚房送出的餐點做最後的裝飾，以及品質、色澤、餐盤潔淨度的確認，類似一個品質管制員的角色。

就硬體來說，出菜口也可以架在醬料保溫槽的正上方。出菜口為一個平整的不鏽鋼臺面，並且配置有保溫設備讓餐點能持續保持熱騰騰的溫度，同時出

保溫燈

出菜臺

保溫槽

圖9-38　出菜口

菜口內外也都會配置單夾（如**圖9-39**），方便廚房師傅及出菜口外的品管員將印表機列印出來的單子，夾在上面進行整理、匯整與提點。因此出菜口可以說是廚房的心臟，兼負起營運時最重要的角色。

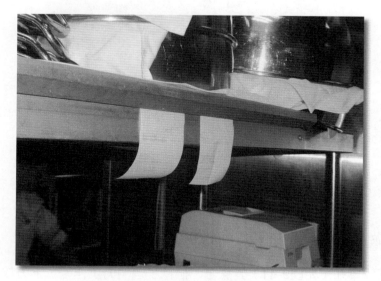

圖9-39　出菜口內外所配置的單夾

㉔四層組合棚架

　　四層組合棚架（如**圖9-40**）主要的材質有塑鋼或鍍烙鐵，特性是耐潮濕不生鏽，而且不受溫差影響而變形。棚架最重要的就是耐重穩固，並且能夠通風透氣。因此以波浪架的方式建置棚架是最受歡迎的式樣。大型的儲物乾倉或是冷凍冷藏室在置放商品時應將常使用的物品存放在水平視線及腰線之間的高度，讓工作人員受到傷害的危險減到最小。如果必須使用到活動梯、臺階、梯子等攀高器材，其設備必須加裝扶手、欄杆等安全措施。

　　食材的擺放方式有幾個重要的原則：

1.熟食在上、生食在下，如此可避免生食的肉汁血水滴落在熟食上。

2.重量重或體積大的東西應往下擺放，避免頭重腳輕造成物品掉落。

3.乾倉內如果物品規格大致相同，也可考慮以筆畫順序（A至Z）的方式排序，或是以取用頻率的高低來決定物品擺設的位置。

圖9-40　商品置放棚架

資料來源：Cambro產品目錄（2009）。網址：www.cambro.com。

㉘殘菜收集孔

　　殘菜收集孔（如圖9-41）其實是一個挖了個洞的工作臺，下方放置廚餘桶接收殘菜，通常建置在洗碗區的水槽旁（如圖9-41b）或是準備區。建置在洗碗區的用意是讓從外場收進來的餐盤，可以就近將廚餘直接刮入桶中；建置在準備區也是為了方便工作人員進行前製作業的洗菜、切菜，或修肉時可以隨

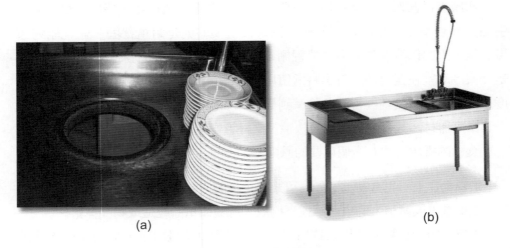

(a)

(b)

圖9-41　殘菜收集孔

資料來源：圖右為詮揚股份有限公司提供（2009）。

手將不要的部分直接丟入桶中，也因此殘菜收集孔的工作臺旁通常還會配置水槽，讓整體工作更順暢。有些餐廳為了方便工作人員將餐盤上的廚餘甩落或抖落，會在收集孔的孔緣配置大型防水橡膠圈，既避免噪音，也方便工作人員直接用餐盤敲打橡膠圈震落廚餘，增加工作上的效率。

㉙掀門式洗碗機

掀門式洗碗機（如**圖**3-20，見第95頁），又稱為上掀式洗碗機或全罩式洗碗機。全罩式的洗滌機在設計上將所有的灑水裝置、進水排水裝置都設置在機器的上下端，並且將左右及前方的機體壁面都改為可往上拉起的設計。藉由這樣的設計讓碗盤架能夠直接自機體的左右兩邊滑入機體中，再將機壁降下關閉後自動進行洗滌工作。這種全罩式設計的洗滌機市占率很高，主要原因是節省空間且使用方便。

洗碗機須搭配各式的洗滌架來將送洗的餐具有效率的做擺放，並且透過專業設計的角度讓餐盤的每個角落都能清洗乾淨。洗滌架有很多種類（如**圖**3-17，見第93頁），有用來放置餐盤的豎盤架，也有用來放置各種杯具的杯架（如**圖**3-18，見第94頁）。

洗滌架看似簡單，其實在材質和設計上有諸多巧思，在用途分類上可分為：(1)多用途；(2)刀叉筷專用；(3)咖啡杯、湯杯用；(4)玻璃杯用；(5)大盤專用。至於設計上有些值得一提，例如：

1. 洗滌架封閉式的外壁和開放式的內部分隔可以確保水分和洗滌液都能完全流通，並且徹底的清潔和乾燥。
2. 洗滌完成後可以搭配推車方便運送，並且可以套上專屬的罩子，避免外部污染。
3. 採用聚炳烯材質製造，在耐用度和耐摔度上都有一定的水準，而且能夠忍受化學洗滌劑和高達九十三度的高溫。
4. 特殊的設計，能夠平穩的往上堆疊而不致傾倒。
5. 多向軌道系統設計是為了配合履帶型洗滌機的牽引，讓洗滌機更有效率的勾附到洗滌架，進行有效率的洗滌。
6. 外觀巧妙的把手設計可方便操作人員徒手搬運，減少手部割傷的風險。

㉚高壓清洗噴槍

噴槍（如**圖**3-19，見第95頁）通常被裝置在水槽上方，並且具有冷熱水源及足夠的水壓，才能將餐盤上的菜渣及油漬徹底沖刷下來。在進入洗滌機前愈是將餐盤沖洗得愈乾淨，進入機器後的洗滌效果就愈好，清潔劑的使用也愈節省。因此，千萬不可忽視利用噴槍沖洗餐盤的這個動作。

第二節 吧檯設備

圖9-42為Pasta Paradise餐廳的吧檯規劃平面圖，以下依照圖面上的數字代號，逐一做設備的說明介紹。

①木作高檯

木作高檯主要是讓吧檯能將製作好的飲料放置在此，讓外場的服務人員能夠在此取走飲料，旁邊不外乎配置托盤、吸管等營運器具。因為是放置飲料的地方，故容易濺濕或受潮，木質的選擇應格外小心，最好能夠採用人造木皮，或是美耐板等耐水性的表層，較適於營運上的使用。當然，如果不在客人視線範圍內也可考慮最耐用的不鏽鋼表面。有些高檔餐廳吧檯會提供座位給客人入座，甚至會考慮天然或人造石材，增加裝潢的豪華性。

②至⑦的說明

1. ②不鏽鋼上架：可參考上述廚房設備⑥。
2. ③不鏽鋼雙連水槽及工作臺與④工作臺：可參考前述廚房設備⑦。
3. ⑤立式冷藏冰箱：可參考廚房設備④。
4. ⑥沙拉臺：可參考廚房設備⑤。
5. ⑦工作臺水槽：可參考前述廚房設備⑦。

除了上述的說明外，或可因應不同的實際營運需求和彈性運作，僅先採用普通的工作臺冰箱，再另外採購桌上型調理盒冰箱（如**圖**9-43）做搭配，方便隨時因應工作上的需要做位置的調整，既方便搬運也好清洗。

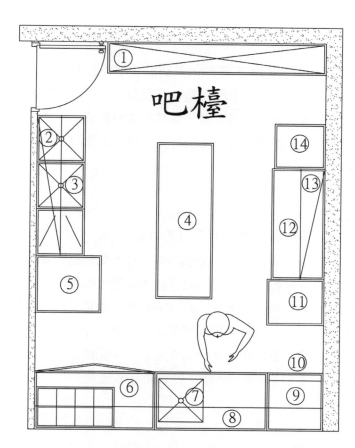

①木作高檯
　W270*D40*H220
②不鏽鋼上架
　W180*D30
③不鏽鋼雙連水槽及工作臺
　W180*D60*H85
④工作臺
　W200*D70*H85
⑤立式冷藏冰箱
　W73.7*D81.5*H197.5
⑥沙拉臺
　W150*D75*H80
⑦工作臺水槽
　W140*D75*H85
⑧出菜臺
　W360*D30.5
⑨冰槽
　W65*D70*H80
⑩置瓶槽
　W70*D10*H40
⑪製冰機
　W60.3*D71*H64
⑫工作臺冰箱
　W142*D66*H85
⑬不鏽鋼上架
　W142*D30
⑭洗杯機
　W57.5*D63*H83

圖9-42　Pasta Paradise餐廳吧檯平面圖

資料來源：作者規劃位置，泓陞藝術設計股份有限公司公司繪製。

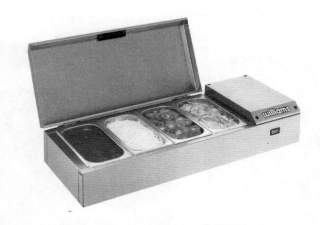

圖9-43　桌上型調理盒冰箱

資料來源：詮揚股份有限公司提供（2009）。

⑧出菜臺

出菜臺可參考**圖9-1**的廚房設備㉑，主要的差異在於和吧檯設置在一起的是冷廚，主要的餐點是開味菜、沙拉、水果和甜點，既沒有加熱保溫的設備需求，也不需要在出菜口旁配置保溫醬料槽等設備，整體來說簡單許多。主要是方便冷廚的人員能夠有足夠的工作空間平臺、水槽方便洗滌，以及有一個可以出菜的檯面搭配單夾即可。

⑨冰槽

良好的**冰槽**（如**圖9-44**）設計除了選擇使用上開式對拉門板，方便拆卸和打烊後的關閉，良好的排水也是必須考量的。過細的排水管，尤其是軟管經過若干年的使用後，容易在管內產生黴菌或水苔，除有衛生疑慮也容易造成排水堵塞，故應選用較堪用的PVC水管甚至金屬管，若有需要使用通樂等常見的鹼性水管疏通劑時才不致於遭到腐蝕。再者，若有需要長時間儲放冰塊或碎冰，則可考慮採用有保溫效果的冰槽。這種保溫冰槽為兩層式，中間填塞保溫隔熱棉，讓冰塊不會太快溶解，同時也可以避免冰槽外體表面有水滴產生。

⑩置瓶槽

置瓶槽（如**圖9-45**）常會建置於美式餐廳等具有正式吧檯調酒功能的吧檯

圖9-44　冰槽

圖9-45　置瓶槽

內，為的是將最常用到的一些基酒、糖水瓶子放在調酒員隨手可以取得的置瓶槽內，以提高工作效率。在規劃時，通常是直接將不鏽鋼材質的置瓶槽焊接在工作臺，靠近吧檯內部的立面上。寬度可以依照每家餐廳的實際需求製作，深度就以普通瓶身的基礎再多加個幾公分作為間隙，以方便拿取。置瓶槽底部的高度離地面約四十公分，方便工作人員不需彎腰即可取瓶。置瓶槽的底部可以考慮不完全封死，改採條狀屢空的方式，讓酒瓶不會掉落即可，如此較方便日常的清潔，並可保持槽底的乾燥。

⑪製冰機

製冰機採用電力作為能源，通常會在製冰機的進水口前先安裝淨水器，確保製作出來的冰塊沒有食用上的安全疑慮。餐廳可以依照自身的營運量和對於冰塊的需求程度選擇機型的大小。置冰機的規格主要是以冰塊的日產能來作為依據，小則六十磅，大則高達五百磅。冰塊製作完成後會自動掉落到儲冰槽內，而在槽內的上方靠近製冰處設有一個感應器，透過調整設定可以讓冰塊在儲存到一定的存量後，暫時停止生產冰塊以節省能源。

⑫工作臺冰箱與⑬不鏽鋼上架

工作臺冰箱可參考前述吧檯設備⑥或廚房設備⑤。另外也可以考慮擺設冰杯機，如**圖9-46**。其特色是可以將整個洗杯架連同杯子一併放入冰杯機內，再由上方直接取用冰鎮過的杯子來盛裝飲料，或者也可以考慮配置開口式的飲料櫃（如**圖9-47**），將各式瓶裝飲料冰鎮其中，飲料櫃的溫度可自由設定在三度至十度之間，並且在冰櫃的外面配置有營業用的快速開瓶器及瓶蓋收集盒，營運起來相當有效率。

⑬不鏽鋼上架可參考**圖9-1**的廚房設備⑥。

⑭洗杯機

目前市面上業者所推出的洗碗機和**洗杯機**（如**圖9-48**），在內部原理構造上並無不同（可參考**圖9-1**的廚房設備㉙），只是在藥劑上做不同的使用。但是為何還有業者要將機器區分成洗杯機或洗碗機呢？主要是洗滌餐具髒物的情況有所不同。例如，餐盤上的菜渣及油膩的程度遠超過一般的杯具，而杯具對於水質軟硬度的要求則較為敏感，經過軟化的水進入洗杯機後，除了能夠有效降低洗潔劑的使用量之外，軟水對於水漬留在杯具上的機會也會大幅縮小。

圖9-46　冰杯機

資料來源：詮揚股份有限公司提供（2009）。

圖9-47　開口式飲料櫃

資料來源：詮揚股份有限公司提供（2009）。

圖9-48　洗杯機

資料來源：詮揚股份有限公司提供（2009）。

 第三節　器材、器具與餐具的選購規劃

　　由於餐廳內外場所使用的各式器具工具，以及客人使用的餐具、餐盤等項目相當的繁多瑣碎，在選購的品質要求和數量規劃上就必須花點功夫去思考，除了成本須能被接受，材質還要耐用好看，增加客人用餐的質感，當然花色、款式等這些細節的選擇也都是學問。在選購上大致可以分為以下幾點：

一、視覺效果

中國人對於飲食講究的程度可以從古人常說的「色、香、味」來看出端倪。其中「色」，指的除了是菜色本身，在食材顏色及盤飾藝術之外，餐具的搭配更是具有畫龍點睛的效果。再說視覺傳達到顧客的大腦速度，遠比聞到香味以及親自嚐上一口所感受到的美味來得快許多。因此，視覺印象就成了饕客們享用美食的第一印象，在餐具選擇上自然需要多費些心思了。目前坊間的餐具供應商除了一些最基本款的實用餐具外，也樂意引進國外名師設計的高價餐具，就是為了迎合餐廳業者及用餐顧客的喜好與需求。這些極富設計感的餐具，除了能滿足基本的餐具實用功能之外，線條唯美立體，甚至用色大膽都是其特色。餐廳業者不妨在預算能夠負荷的前提下多做比較，審慎選擇，用以呼應餐廳布巾、陳列擺設藝術品及裝潢基調，讓整體的氛圍能更有加分的效果。

二、材質與耐用度

材質的選用脫離不了採購成本的變動，但是卻不見得與耐用度有等比的變動。也就是說好的材質確實對耐用度多少有提升的效果，但是好的材質對於採購成本的提高，倒是有明顯的影響。

舉例說來，瓷器餐具除了一般瓷器之外，強化瓷器近年成了最受歡迎的材質。強化瓷器可維持瓷器與生俱來的美觀質感，密度更高也更堅固，不易破損是其優點，合理的價格更是它歷久不衰成為受歡迎商品的原因。骨瓷雖然具有更高的硬度及優雅的質感，但是價格偏高，往往只有相當高級的餐廳才會考慮採購。至於美奈皿，雖然價格便宜、耐摔、好看，但是人造塑膠的材質畢竟難登大雅之堂，只有一般簡餐餐廳或經濟型餐廳才會考慮採用。

三、廠商後續供貨能力

賠錢生意是無人做的。餐具廠商費心設計開發出來的餐具，如果無法獲得市場的青睞，通常會有兩個後續的做法：一是停止生產，讓生產線改生產其他受歡迎的產品，提高工廠產能；二是將既有滯銷的庫存品以低價出清，減少庫存所帶來的資金壓力，並提高庫房的儲存效能。

餐廳在選購餐具時如果挑到這種停產的餐具，固然在採購成本上可節省不少的預算，但是換來的是日後買不到同款商品的困擾。除非餐廳在選購之初就已經知曉餐具停產，並且早已有因應對策（例如屆時打算全面更換餐具款式），否則仍應三思而為。

四、實用性

湯碗及飯碗碗口的幅度收得是否恰當，及湯匙、刀叉的把手幅度是否合宜，會直接影響客人用餐時就口性的適切與否，喝湯時湯是否容易沿著碗緣流下，會直接讓顧客輕易感受到碗口設計的幅度是否恰當。西式餐具把柄是否好握、餐刀是否方便施力，這些問題都與用餐客人息息相關，謹慎而仔細的選擇是對用餐客人的一種尊重與體貼。餐具弧度的恰當直接影響到洗碗機洗滌效果的好壞，對倉管人員及廚房工作人員來說，方便堆疊也是一個考慮，故不妨在選擇餐盤、湯杯或咖啡杯具時，試試看能否多個堆疊起來。很多日系及南洋料理的餐具常會有不易堆疊而浪費擺設空間的情況產生。

餐具選錯了會造成顧客及工作人員的不便，也間接埋下日後全面更換餐具款式的因素之一，形成了將來全面換購餐具，造成預算必須提高的事實。

綜上所述不難發現，除了第一項所提的視覺效果之外，其他要素都與預算編列產生程度不一的影響關係。不論是餐廳的籌備或是營運後的年度預算編列，補充餐具布品的合理數量都必須審慎為之。在數量上首要確認的就是「安全庫存量」的訂定。每一間餐廳依據營業的型態、消費客層的設定、餐桌／座椅數，以及主廚在考量菜色與餐具的搭配時，是否考慮同一款餐具與其他餐點的相通性，這些都會影響安全庫存量的設定必須拉高或降低。一般而言，餐具可設定在座位數的兩倍，這是基本的安全庫存量；布巾類因為損耗快，又通常外包給專業的洗衣工廠清洗漿燙，因而多出了二天往返的工作天數，必須將布巾類的安全庫存量拉高至五倍較為妥當。

有了這樣的安全庫存基礎後，到了年底要補足年度損耗的餐具時，就能很快的擬定合理的採購數量，稱之為「務實作法」，務實作法公式如下：

年度預計採購數量＝安全庫存量－既有庫存量

如果餐廳資金及庫房空間充裕，或因為擔心花色後續供貨能力而提高了未來採購時的難度，也可以採用下面另一種計算方式，在此稱它為「理想作法」。兩者的不同點在於，「務實作法」為補足安全庫存量後，隨著營運正常損耗而持續降低既有庫存量；換句話說，餐廳的既有數量一直都處於安全庫存量以下，到了年度採購時再補齊到安全庫存數量。這樣的方式嚴格說來，等於餐廳的既有數量隨時都低於安全庫存量，徒增營運上的不便。除了在遇到大型餐會時必須緊急採購，或向同業調度商借之外，平常營運時倒還未必會有大的問題產生。對於餐飲事業近年高度競爭，業績難以維持以往的情況下，在資金調度或現實考量下，此種務實的採購方式被多數餐廳所採用。而「理想作法」的公式則是讓既有庫存量隨時高於安全庫存量，在年度採購之前餐廳的庫存數量都還能維持在安全庫存量之上，屬於較耗費資金及庫存空間，但也是一種趨於保守的做法。理想作法公式如下：

> 年度預計採購數量＝安全庫存量－既有庫存量＋年度預計耗損數量

🍲 第四節　餐具器皿的種類

餐具的分類可以依據其功能或材質來做簡單的分類，其中涵蓋：

一、盤碟器皿

盤碟器皿（Plateware），泛指所有盛裝餐點菜餚湯品的容器，材質包括陶器、瓷器、玻璃、美耐皿等為大宗。有時我們也稱這類器皿為「用餐器皿」（Dinnerware），或是把陶瓷類的餐盤器皿稱之為「陶瓷器皿」（Chinaware）。

餐盤結構並非只是一個平整的盤子，它仍有基本的設計結構，並且在外型上有多樣的變化，例如圓形、橢圓、長方、正方、六角、八角……在餐盤邊緣上也可以是平整的，或是規則或不規則的鋸齒狀，稱之為「貝殼邊餐盤」（Scalloped Edges）。這種餐盤設計上具巧思且較不易產生裂痕，但是並不是所有餐廳都是用這種餐盤，不屬於大宗產品。至於它的基本結構，則可分

為盤界（Verge）、盤肩（Shoulder）、盤面底（Well）、盤邊（Rim）、盤緣（Edge），以及盤底柱（Foot）。（如**圖9-49**）

陶瓷類餐具約略可分為陶類、陶瓷、骨瓷。

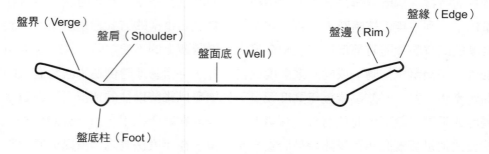

圖9-49　餐盤的部位說明

資料來源：Irving J. Mills (1989), *Tabletop Presentations: A Guide for the Foodservice Professional,* John Wiley & Sons.

(一)陶類

陶類（Pottery）是經由陶土原料混合之後加以塑型，再經過燒烤即可製成。新北市鶯歌區是臺灣的陶器重鎮，當地近年來已經發展成陶瓷觀光主題的城鎮，每逢假日遊客人潮不斷，許多商家除了販賣各式陶瓷類餐具器皿及裝飾品之外，也有提供遊客體驗DIY手拉胚塑型，再由店家代為燒烤後供遊客帶回，成為獨一無二的陶器作品，相當富有趣味及紀念價值。

(二)陶瓷

選用**陶瓷**（Ceramic, China）的主要原因有：

1. 耐高溫，因此與高溫食物接觸時不易發生有毒物質釋出的疑慮。
2. 油污不容易附著，方便洗滌。
3. 耐磨損，不易被刀叉刮花盤面，或因用力切割而造成裂縫。
4. 表面光滑潔白，洗滌員及服務員方便檢視是否髒污。
5. 具時尚品味，對於餐廳氛圍創造有加分效果。
6. 製作成本較低廉，適合商業使用。
7. 外型變化多樣，少數強調品味的餐廳甚至可以訂製符合需求的餐盤。

（三）骨瓷

骨瓷（Bone China）或稱英式瓷器（English China），淵源於18世紀末，英國人在製作類似中國瓷器的過程中加入了焙燒過的動物骨灰燒製而成，因此稱之為骨瓷或英式瓷器。根據英國所設的骨瓷標準為含有30%來自動物骨骼中的磷酸三鈣，且成品需具有透光性，而美國的標準則稍低為25%。以著名品牌Royal Bone China為例，骨粉比例甚至高達45%，相對的在燒製的過程中陶土比例也隨之減少，成型的難度自然提高，也就需要更縝密的燒製技術，因此還被泰國皇室指定為御用餐具，並獲得多項國際認證及獎項。

骨瓷的特性為強度高不易破損，外型看起來雖然非常細緻，但是因為品質結構縝密完整，且完全不吸收水分，所以強度約為一般瓷器的二‧五倍，尤其盤緣不易缺角破裂。❸

（四）美耐皿

美耐皿（Melamine）是一種高級耐熱的塑膠製品，原料是三聚氰胺，多半是用來製造樹脂等相關產品，用途相當廣泛。在臺灣，臺肥公司於1979年引進國外的技術，並且生產開發出純度高達99.8%的三聚氰胺，並將之製作成餐具器皿。因為美耐皿同時具有瓷器的優美質感，並同時具有耐摔不易破且耐高溫的特性，所以被稱之為「美耐皿」。它可以承受一百二十度的高溫與零下二十度的低溫且不易燃，缺點是無法適用在微波爐及烤箱內。

市場上美耐皿分有兩個等級，次級的價格僅約一般美耐皿的一半價格，但是材質較薄也容易退去光澤，表面容易刮花，耐溫度也較差，僅約八十度，較不適合餐廳採購來作為商業使用。每年總會聽聞幾則新聞播報美耐皿餐具因接觸高溫食物容易釋出三聚氰胺的疑慮，也讓許多餐廳業者在餐具選購上有了多一層的思考：

「去（2008）年爆發了三聚氰胺毒奶事件後，雖然政府單位進行一連串的三聚氰胺檢測行動，但檢測範圍仍僅限於食品，並未擴大至食品容器。消基會表示，三聚氰胺不只可能存在於食品中，更可能從食品的容器中溶出而危害身體健康，因此在今（2009）年4月間，於大臺北地區的量販店、生活用品雜貨店等地，採樣二十件美耐皿餐具進行檢測。由於國內並無美耐皿餐具的三聚氰胺溶出試驗的相關檢測方法，消基

會因此依『日本衛生試驗法』進行實驗，將美耐皿碗盤盛裝濃度4%的醋酸，以九十五度維持三十分鐘，檢測三聚氰胺溶出的情形。

消基會調查結果指出，二十件美耐皿碗盤，都有三聚氰胺溶出的情形，最高將近20ppm，相較於衛生署針對奶精、奶粉所訂出極限值0.05ppm的標準，足足超出四百倍之多。

消基會秘書長吳家誠表示，美耐皿餐具只要超過四十度或添加醋等酸性物質就會溶出三聚氰胺，但在抽檢的二十件樣品中，有八件樣品沒有任何警語，提醒消費者勿用於微波加熱，有的樣品雖然標示可以接受至一百二十度的溫度，但這只是指餐具不會因加熱產生變形。」❹

二、玻璃器皿

(一)一般玻璃

依據歷史的記載，最早關於玻璃的文獻是在埃及被發現的，之後經由貿易通商關係傳到了古希臘羅馬帝國，並逐漸在歐洲普及。玻璃器皿（Glassware）最大的好處是視覺上的美觀，它清澈透明具有高視覺穿透性的特色，賦予使用者几淨明亮的好印象。也因為它這樣的特色，玻璃器皿通常被安排來盛裝冰冷的食物或飲料，例如開胃菜、沙拉、冷飲或甜點。對於使用者而言，具有提升視覺享受及增進食慾的效果，因為易碎的缺點，在使用時應格外小心。

玻璃的製作是利用矽砂、蘇打以及石灰石一起放在高溫的爐子（約一千二百至一千五百度左右）裡混合溶化而成的。矽砂可說是玻璃的主要原料，至於加入蘇打的用意只是在降低矽砂的熔點。但不論是否加入蘇打，做出的玻璃均會溶於水中，這也是為何需要再加入石灰石的原因。經由石灰石的加入讓玻璃能夠成為硬質。有了這樣的概念之後，就不難察覺，其實只要調整玻璃的成分就可以有不同的效果。舉例來說，市面上常見又厚又重的生啤酒杯，就是在製作過程中少了石灰石，取而代之的氧化鉛讓玻璃達到又重又厚的外觀效果。

(二)水晶玻璃

水晶玻璃與一般玻璃的主要差異在於含鉛量的多寡。通常水晶玻璃的含鉛量約在7%至24%之間。有趣的是，各國對於水晶玻璃的含鉛量標準略有不同，

例如歐盟是10%，捷克則高達24%。最簡單的辨別方式有兩種：

1. 折光率：含鉛量愈高的水晶玻璃杯，其折光率就愈好。散發出來的純淨晶瑩程度會與一般玻璃的低折光率有很大的差異。

2. 敲擊聲：對於愛用水晶杯品嚐紅酒的人來說，其中一個莫大的享受就是在交杯敬酒時，聽著酒杯相互碰撞所發出來的餘音繚繞的聲音，久久無法忘懷；反之，一般的玻璃杯相互碰撞只會發出沉悶短暫而沒有迴音的玻璃碰撞聲。兩者間的差異頗大。

三、刀叉匙桌上餐具

很多人認為用餐時的餐具，不論是中西餐在餐具的選擇上，重量和材質都最能彰顯氣派和奢華。在早期，較具重量的餐具甚至代表著社會地位的崇高。然而就西餐而言，一般人較不會有機會去把餐盤端在手上，於是刀叉匙餐具（Flatware）的重量就愈容易被用餐的客人注意到。沉甸甸的手感加上貴金屬的感覺，讓人用起餐來心情感覺特別的好。

說起刀叉匙的典故，根據亨利‧波卓斯基（Henry Petroski）所著的*The Evolution of Useful Things* ❺中提到的古希臘羅馬時代就有類似叉子的器物，但在文獻中並沒有紀錄曾應用到餐桌上。古希臘的廚師是有一種類似叉子的廚具，用來將肉從燒滾的爐子中取出，以免燙到手。海神的三叉戟及草叉也是類似的器物。最早的叉子只有兩個尖齒，主要擺在廚房，以便切主食時固定食物，其功用和先前的刀子相同，但可防止肉類食物捲曲滾動。

刀叉的演變互相影響，湯匙則獨立於外，湯匙大概是最早的餐具，源自於以手取食時手掌所呈現的形狀。但是用手畢竟不便，於是蛤、牡蠣及蚌殼的外殼便派上用場。甲殼盛水的功能比較好，也可使手保持乾淨和乾燥，但舀湯卻容易弄溼手指頭，因此便想到加上握柄。用木頭刻湯匙可同時刻個握柄，英文Spoon（湯匙）這個字原意即為木片。後來發明用鐵模鑄造湯匙，湯匙的形狀可自由變化，以改進功能或增加美觀，但是從14到20世紀，不論是圓長形、橢圓長形、卵形，湯匙盛食物的凹處部分還是與甲殼的形狀相去不遠。17世紀晚期及18世紀早期的歐洲刀叉匙，大致決定了今日歐美餐具的形式。

刀叉匙通常是鍍銀或由不鏽鋼材質所製成，故也可通稱為銀質餐具（Silverware）。不鏽鋼材質因為造價較便宜，而且耐用，外觀明亮容易保養，

所以一直深受餐廳業者的喜愛。而對於客人來說，不鏽鋼製刀叉整體的質感也多半能夠欣然接受；對於高級餐廳而言，不鏽鋼餐具可能無法滿足頂尖消費客層的心理需求，而必須改採鍍銀的餐具。畢竟，這些鍍銀餐具擺在桌上搭配雅緻的餐盤再配上典雅高貴的燭臺，確實能把用餐的好心情推到最高點。

(一)不鏽鋼

　　不鏽鋼俗稱白鐵，擁有耐酸、耐熱、耐蝕性，而且有明亮好清潔的特性。擁有許多的種類系列，分別代表著不同的特性，大致可分為300系列及400系列。300系列屬於鎳系特性，成型性較佳，通常被使用在廚具、建材、製管、醫療器材及工業用途，其中又以304較具代表性。而400系列則因為材質較硬，通常被製成不鏽鋼刀器、餐具或機械零件。

　　不鏽鋼製造業在臺灣是相當成熟的產業，早在民國70年代末期臺灣生產出口的不鏽鋼餐具就已經超過全球的50%。除了技術純熟之外，產品良率高並且具有設計質感是主因。《商業週刊》第1021期甚至專題報導過臺灣知名的不鏽鋼餐具製造業者，以攝氏八百度的高溫將不鏽鋼軟化後重新塑型。這個看似簡單的動作其實是全世界第一家以鍛鑄方式生產餐具的工廠，就如廠長在接受《商業周刊》記者訪問時所說的：「鍛鑄過程，就像古代製作寶劍一樣，不像是生產餐具，更像是生產藝術品。」❻

(二)鍍銀

　　鍍銀的餐具往往只出現在高級的餐廳或是一些奢華的晚宴上。其製作的方式主要是以不鏽鋼或合金（通常是鎳、黃銅、銅或是鋅），在高溫的環境下燒溶之後的混合物，再利用電鍍的方式將銀附著到餐具的表面上。在電鍍的過程中，銀的多寡直接影響到電鍍上去後的厚度，也直接牽動著餐具的成本。電鍍過程如果控管不佳容易造成日後銀質表面脫落，造成外觀上的缺損而上不了餐桌。此外，隨著經年累月的使用、洗滌、保養，自然的銀質脫落是必然的，因此在壽命上較不如不鏽鋼餐具。反之，餐廳業者也千萬不要採購了卻捨不得使用而束之高閣，這樣只會讓銀質餐具的外觀更易氧化，唯有經常性的正常使用，並且完善的定期保養才是上策。

四、其他金屬

除了上述所提到的幾種餐具的主要材質之外，在餐廳廚房還存在著多種不同金屬製作成的各式鍋具。不同的材質各自擁有自己的物理特性。（如**表9-2**、9-3與**圖9-50**）

表9-2 金屬導熱比較表

金屬	導熱速度（W/M°C）
銅	386
鋁	204
鐵	73

單位說明：W/M°C：在相同時間且溫差相同的環境下，每單位時間（秒）所通過的焦耳數。
資料來源：俊欣行（2009）附屬門市iuse餐具專門店門市公告資料。

表9-3 鍋具物理特性分析表

鍋具	硬度	導熱度	抗氧化性	抗酸性
鋁鍋	★	★★★	★	★★
銅合金	★★★	★★★	★★	★★
不鏽鋼	★★	★	★★★	★★★
鑄鐵	★★	★★	★	★★★

說明：因合金實際的成分比重會有不同的表現，本表僅供參考。
資料來源：俊欣行（2009）附屬門市iuse餐具專門店門市公告資料。

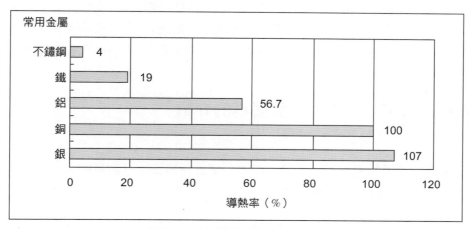

圖9-50 常用金屬導熱率比較

資料來源：俊欣行（2009）附屬門市iuse餐具專門店門市公告資料。

(一)鐵質

鐵質的物理特性為導熱均勻，因此常被製作為煎鍋或炸鍋，缺點是容易生鏽，誤食生鏽鍋具所烹調的食物容易引起噁心、嘔吐及腹瀉的症狀。

(二)鍍金、鍍銅

鍍金或鍍銅可以解決上述的問題，並帶來美觀和耐用的優點，由於具有耐腐蝕性，價格自然昂貴許多，通常出現在高級餐廳飯店的自助餐臺上，以及一些較奢華隆重的宴會，或是一些設有開放式廚房的高級餐廳。

銅為人體中不可或缺的元素之一，銅鍋的使用也是攝取銅來源的方法之一。除了它良好的物理特性，例如導熱快、保溫佳之外，銅的微量元素也有殺死大腸桿菌的作用。

(三)鋁

鋁的來源是來自於黏土從電鎔爐中所提煉出來的。鋁用來製鍋具有導熱快、重量輕、價格便宜的優點。鋁的金屬質地較軟，碰撞容易變形是它常見的缺點。此外，亦常有聽聞鋁鍋容易有毒的說法，這是經過多次使用的鋁鍋由於頻繁接觸高溫，並且因為食物中的酸、鹼、鹽度變化，造成金屬溶解而釋放出毒素，使食用者神經系統受到傷害。

(四)鋁合金

利用鋁合金材質的目的是為了克服上述鋁製鍋具的問題，近年來鋁合金的接受度逐漸提高。它同樣保有重量輕、導熱快的優點，表面經過陽極處理後又讓美觀性大大提升，鋁合金在耐熱度上也有不錯的表現，約在四百二十七度。

第五節　常用器具與餐具的介紹

餐廳的各項營運器具、工具、器皿、餐具種類繁雜且數量龐大，本節將從廚房器具、外場餐具及餐盤做範例說明。

一、廚房器具——不鏽鋼調理盆

調理盆對於餐飲業界來說是再熟悉不過，而且是非常依賴的容器之一，除了方便堆疊外，其材質可以是不鏽鋼、強化塑膠或鐵氟龍，可用來冷藏冷凍食材，或採隔水加熱方式保溫。強化塑膠也兼具微波盒的功能，而不鏽鋼及鐵弗龍的材質又可直接進入烤箱進行烘烤。其周邊的配件也相當多樣，除了上蓋之外，也可在盆內放置隔水盤、滴水盤等讓食物的湯汁可以瀝乾。而最重要的一點是其規格早已統一化並且通用於世界各國。（如**表9-4**）舉例來說，最大的調理盆其尺寸為一分之一（如**圖9-51**），而其他較小的尺寸則依照一分之一的尺寸來劃分成五種尺寸（如**圖9-52**、9-53），餐廳在選購時可以自由依照其營運需求，以及各式醬料在工作臺面上所需的多寡程度，來決定各種尺寸的採購數量，然後在工作臺上進行拼湊組合。

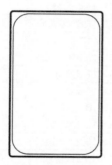

圖9-51　最大的調理盆：一分之一尺寸
資料來源：Cambro產品目錄（2009）。網址：www.cambro.com。

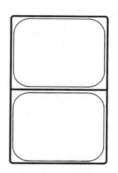

圖9-52　調理盆：二分之一尺寸
資料來源：Cambro產品目錄（2009）。網址：www.cambro.com。

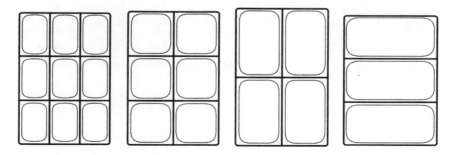

圖9-53　調理盆：三、四、六、九分之一尺寸
資料來源：Cambro產品目錄（2009）。網址：www.cambro.com。

表9-4 不鏽鋼調理盆通用規格表

型號	品名	規格（長×寬×高）	顏色
SA8011	1/1不鏽鋼調理盆1"深	53×32.5×2.5公分	S/S
SA8012	1/1不鏽鋼調理盆2.5"深	53×32.5×6公分	S/S
SA8014	1/1不鏽鋼調理盆4"深	53×32.5×10公分	S/S
SA8016	1/1不鏽鋼調理盆6"深	53×32.5×15公分	S/S
SA8001	1/1不鏽鋼調理盆蓋	53×32.5公分	S/S
PGW-1018	濾油網	25.4×45.7公分	S/S
SA8111	1/1不鏽鋼調理盆-有洞1"深	53×32.5×2.5公分	S/S
SA8112	1/1不鏽鋼調理盆-有洞2.5"深	53×32.5×6公分	S/S
SA8114	1/1不鏽鋼調理盆-有洞4"深	53×32.5×10公分	S/S
SA8116	1/1不鏽鋼調理盆-有洞6"深	53×32.5×15公分	S/S
SA8001	1/1不鏽鋼調理盆蓋	53×32.5公分	S/S
SA8022	1/2不鏽鋼調理盆2.5"深	32.5×26.5×6公分	S/S
SA8024	1/2不鏽鋼調理盆4"深	32.5×26.5×10公分	S/S
SA8026	1/2不鏽鋼調理盆6"深	32.5×26.5×15公分	S/S
SA8002	1/2不鏽鋼調理盆蓋	32.5×26.5公分	S/S
PGW-1008	濾油網	20.3×25.4公分	S/S
SA8032	1/3不鏽鋼調理盆2.5"深	32.5×17.6×6公分	S/S
SA8034	1/3不鏽鋼調理盆4"深	532.5×17.6×10公分	S/S
SA8036	1/3不鏽鋼調理盆6"深	32.5×17.6×15公分	S/S
SA8003	1/3不鏽鋼調理盆蓋	32.5×17.6公分	S/S
SA8003-1	1/3不鏽鋼調理有洞盆蓋	32.5×17.6公分	S/S
SA8042	1/4不鏽鋼調理盆2.5"深	26.5×16.2×6公分	S/S
SA8044	1/4不鏽鋼調理盆4"深	26.5×16.2×10公分	S/S
SA8046	1/4不鏽鋼調理盆6"深	26.5×16.2×15公分	S/S
SA8004	1/4不鏽鋼調理盆蓋	26.5×16.2公分	S/S
SA8062	1/6不鏽鋼調理盆2.5"深	17.6×16.2×6公分	S/S
SA8064	1/6不鏽鋼調理盆4"深	17.6×16.2×10公分	S/S
SA8066	1/6不鏽鋼調理盆6"深	17.6×16.2×15公分	S/S
SA8006	1/6不鏽鋼調理盆蓋	17.6×16.2公分	S/S
SA8003-1	1/6不鏽鋼調理有洞盆蓋	17.6×16.2公分	S/S
SA8092	1/6不鏽鋼調理盆2.5"深	17.6×10.8×6公分	S/S
SA8094	1/9不鏽鋼調理盆4"深	17.6×10.8×10公分	S/S
SA8009	1/9不鏽鋼調理蓋	17.6×10.8公分	

資料來源：Cambro產品目錄（2009）。網址：www.cambro.com。

二、外場餐具——餐刀、餐叉

餐刀、餐叉系列餐具（如**圖9-54**）除了造型、價格、後續供貨情況令人滿意之外，一系列十四項產品的完整組合也是被考量的原因之一，主要是可以避免掉後續要採購其他功能餐具時卻發現不是這系列餐具，而發生兩種花紋系列的餐具同時出現在餐桌上的窘境。

三、餐盤

大同磁器為國產餐具最具規模的品牌之一，旗下有多種系列產品，尤其以「無國度」系列最被餐飲業界所廣泛使用（如**圖9-55**）。分析其原因有以下幾點：

1.價格合理。

New Line系列

24823 大餐刀(HH)	L240mm
table knife	
24824 大餐叉	L205mm
table fork	
24825 大餐匙	L213mm
table spoon	
24833 牛排刀(HH)	L237mm
steack knife	
24826 點心刀(HH)	L216mm
dessert knife	
24827 點心叉	L187mm
dessert fork	
24828 點心匙	L187mm
dessert spoon	
24832 奶油刀	L171mm
butter knife	
24003 魚刀(SH)	L198mm
fish knife	
24004 魚叉(SH)	L179mm
fish fork	
24829 沙拉叉	L157mm
salad fork	
12879 小叉	L126mm
small fork	
24830 茶匙/咖啡匙	L136mm
tea/coffee spoon	
24831 迷你咖啡匙	L116mm
mini coffee spoon	

材質：18/8 Stainless Steel
品項：空心握柄餐刀

圖9-54　餐刀餐叉系列餐具

資料來源：俊欣行業務用綜合目錄2009年版。

圖9-55 大同磁器餐盤

資料來源：俊欣行業務用綜合目錄2009年版。

2.系列產品組合齊全，餐盤系列共設計近百種產品，且尺寸分布齊全（參考大同磁器網站www.tatungchinaware.com.tw）。

3.產品設計感強烈。

4.產品設計符合各式料理，通用性高。

5.因廣泛為餐飲業界採用，生產線持續生產，後續供貨無虞。

第六節　採購清單

關於餐廳開設籌備期間所有內外場的器材、器具、餐具的採購，應由餐廳主管與主廚依照實際的需求與菜單的內容，並參考廠商所提供的型錄和報價做彙整，最後擬訂出一份採購清單，如**表9-5**：

表9-5　餐廳採購明細報價單

| \multicolumn{6}{c}{訂購單} |
貨號	商品名稱	規格	數量	單價	小計
30153	進口平光平底鍋（鐵柄）	8"	3 個	440	1,320
11123	不沾鍋平底鍋（鐵柄）	10"	4 個	640	2,560
01252	鐵佛來板	10"(§ 25.5xL50cm)	2 個	225	450
01244	鋁單手鍋	6"(§ 16xH9.5xL30.5cm)	3 個	183	549
01247	鋁單手鍋	9"(§ 23.5xH11xL44cm)	3 個	338	1,014
01220	鋁魯湯桶	§ 尺4xH尺4 § 42cm	1 個	995	995
01219	鋁魯湯桶	§ 尺2xH尺2 § 36cm	1 個	799	799
12416	S/S調理桶（附蓋）	§ 30xH30cm	3 個	905	2,715
00469	S/S調理桶（附蓋）	§ 26xH26cm	5 個	599	2,995
00513	S/S紅柄濾網（雙）	5"(§ 12xH5.5xL29cm)	2 個	137	274
01983	日製營業杓（元深杓）	200cc(§ 9.7xL28cm)	5 支	300	1,500
26688	竹製飯匙／方頭	1尺／30cm	3 支	25	75
00665	S/S合木湯杓（中）	§ 8.5xL31cm	5 支	26	130
00601	S/S油桶	§ 10xH10cm	5 個	40	200
00609	S/S油桶#304	§ 18xH18cm	5 個	175	875
24118	S/S調味罐（大）三用		3 個	77	231
45281	刮皮器	L13cm	2 支	110	220
36973	日製龍太郎磨刀棒	12"	1 支	299	299
18487	巧克力模（向日葵）	280x100mm	1 個	810	810
21292	關東光牛刀	30cm	2 支	1,465	2,930
21824	關東光牛刀	24cm	3 支	1,050	3,150
03078	西門文武刀	7.8寸	1 支	420	420
45212	LEIFHEIT蔬菜脫水器	(2台／箱)	1 台	850	850
04673	S/S水杓（大）	大 § 21cm	1 支	75	75
18250	花嘴／手工（12入／盒）	12粒入	1 組	199	199
32863	關東光擠花袋（日製）	455x265mm/18"	1 個	128	128
53473	RoyalChef S/S調理盆1/3*15	327x176XH150mm／厚0.7	6 個	432	2,592
23873	PDN中式濾湯器	20cm	1 支	900	900
23566	PDN中式濾湯器	24cm	1 支	960	960
52141	DICK小彎刀	6cm	3 支	130	390
20337	剪刀／多功能剪刀	22.5x9.2cm	2 支	145	290
00654	S/S合木平煎孔（短）	短(孔)W7xL32cm	1 支	39	39
23913	S/S深型打蛋盆（#304）	22cm(§ 24xH9cm)	3 個	95	285
10822	S/S深型打蛋盆（#304）	36cm(§ 39xH14cm)	3 個	226	678
24107	S/S笊籬	尺3(內徑37.5xH12.8cm)	3 個	210	630
24183	S/S淺方盤-小	29x22.5xH2.5cmx0.5mm	5 個	72	360
24191	S/S深方盤-特小	24x20.4xH5cmx0.5mm	5 個	82	410

（續）表9-5　餐廳採購明細報價單

00591	S/S圓皿	§22xH2.1cm	40	個	43	1,720
52362	S/S肉叉	1尺 30cm	60	支	12	720
22645	保鮮盒／好美 2號	32x22x15cm	5	個	112	560
22646	保鮮盒／好美 3號	29x19x13cm	5	個	85	425
26023	磨刀石／磨刀油石／KING	20.5xH6.5cm/#800	1	個	643	643
41862	磨刀石／油石KD-1500	21xH7cm	1	個	894	894
18985	S/S豬毛夾		1	支	16	16
45279	ST切蛋器		1	個	49	49
19040	美製RB保鮮盆	1/1 530X325X200mm	2	個	667	1,334
25957	香檳開瓶器		1	個	225	225
40465	塑膠平林	550	5	個	55	275
40466	塑膠密林	550	5	個	70	350
32001	PE營業砧板（紅）	45.5x30x2cm	2	塊	299	598
32002	PE營業砧板（黃、藍）	45.5x30x2cm	2	塊	299	598
15667	PE營業砧板	60x40x4cm	1	塊	1,202	1,202
18335	鋁肉槌（特大）	L25xW7x5.7cm	1	支	171	171
00557	S/S麵包夾	1尺 L29xW2cm	5	支	11	54
38817	進口S/S注酒器	無限量	2	個	65	130
38084	橡皮刮刀	長度243	1	支	65	65
38085	橡皮刮刀	長度343	1	支	75	75
36967	番茄瓶（透明／特大）	700cc	2	個	30	60
04214	砧板－圓／鐵木（硬質）	尺4X3寸 §42xH9cm	1	個	672	672
36966	進口電子保溫飯鍋（象好）	50人份（附開關）	1	台	2,999	2,999
27691	庄內瓦斯煮飯鍋（桶、天然）	50人份	1	台	3,465	3,465
11168	鋼刷／腰型鋼刷		1	個	19	19
27803	王電料理機（碎肉用）		1	台	2,300	2,300
24699	百靈碎冰果汁機		1	台	1,599	1,599
09950	單料單手鐵柄山東鍋	尺2x1.2mm	1	個	273	273
23528	PDN單手佐料鍋	24xh12cm	3	個	2,000	6,000
00689	S/S馬碗（中）	§16cm	20	個	34	674
06479	台製自動秤	1Kg	1	台	525	525
06485	台製自動秤	60Kg	1	台	980	980
08676	塑膠萬能桶（鐵耳）	66L(§43x59.5cm)	1	個	269	269
41798	量杯（3,000cc）	155*235	1	個	239	239
11182	竹製圓長竹筷	45cm	2	雙	12	24
43451	麵包鋸刀	總長490 刃長350	1	支	179	179
37334	西門骨刀	7寸	1	支	460	460
36572	S/S調理桶（附蓋）／婦品	§26x26cm	2	組	462	924
27014	S/S調味盒（長、方）	角x6格 32X26XH6cm	2	組	999	1,998

（續）表9-5　餐廳採購明細報價單

49983	鐵木攪拌匙	3尺	1 支	550	550
20128	港製鍋鏟	#1號 W12XL44cm	1 個	262	262
37098	無國度旋型圓深盤	§280xH50mm/10入	100 個	75	7,500
25528	大同新夢瓷獅頭碗	§97xH80mm/330cc/6入	60 個	32	1,920
30108	萊利歐870雙耳湯碗（可疊）	§105x55mm/250cc/10x	80 個	34	2,728
41392	無國度角型深缽／花邊／中 #	215x215xH86mm	60 個	81	4,860
41270	無國度角型深缽／花邊／小 #	L15.6xW15.6xH6.7cm	80 個	44	3,520
54312	無國度玄型盤（四方）	16.5x16.5xH2cm	160 個	23	3,680
30097	萊利歐870展示皿	§31xH2.2cm/6x3入	120 個	117	14,040
38575	橢圓型烤盤（褐）	21x12.5xH4cm	30 個	78	2,340
54518	陶板拉麵碗／黑彩／雪花	D26xH9cm/24入	30 個	135	4,050
19293	大同新夢瓷腰盤	L21xW15.5xH2.3cm/20	30 個	41	1,230
54514	陶板飯碗／黑彩／雪花	D12xH7cm/80入	30 個	35	1,050
54436	無國度玄型盤（四方）	20.6x20.6cmxH2cm	100 個	38	3,800
53955	義製強化調理缽	120mm	30 個	33	983
53947	義製強化調理缽	60mm	20 個	24	473
33668	COLOC如意湯匙	L15xW4.5cm(400入)	40 個	18	720
33166	美耐皿（紅黑）吸物碗一身	10x6.8cm	40 個	24	960
54513	陶板筷架／黑彩／雪花	L5.6xW1.5xH1.5cm/400	40 個	16	640
50051	無國度三格盤	9x20xH3cm	50 個	54	2,700
55646	磨砂筷（霧面）圓形/咖啡	8"/24.5cm,10雙/包	50 雙	7	340
25002	托盤／半圓托盤／雙面（黑紅）	40x34.5cm	60 個	195	11,700
33208	美耐皿吸物碗一蓋	9.2x3cm	40 個	16	640
29822	TRI5牛排刀（SH）	245cm/實心	100 支	64	6,400
40624	TRI5大餐刀／中式	23.3cmx110g	100 支	45	4,500
26520	TRI5點心刀（SH）	203mm	100 支	48	4,800
26527	TRI5奶油刀	170mm	100 支	31	3,100
26516	TRI5大餐叉	204mm	100 支	49	4,900
26521	TRI5點心叉（沙拉叉）	180mm	100 支	38	3,800
32752	TRI5服務叉（中式寬邊）	210mm(原41915)	30 支	72	2,160
30081	TRI5服務匙（玉米匙）	210mm	30 支	72	2,160
40789	TRI5洋蔥湯匙	158mm	100 支	37	3,700
26517	TRI5大餐匙	204mm	100 支	48	4,800
26522	TRI5點心匙	180mm	100 支	39	3,900
30120	萊利歐870鹽罐	H6.1cm	24 個	31	744
30121	萊利歐870糊椒罐／3孔	H6.1cm	24 個	31	744
30119	萊利歐870牙籤罐／蛋盅	§5xH4.9cm	15 個	28	420
09226	托盤／美製止滑圓托盤	14" (355mm)	12 個	330	3,960
08135	托盤／美製止滑長方托盤	16"×22"(558x406mm)	6 個	825	4,950

（續）表9-5　餐廳採購明細報價單

19391	美製木托盤架	31"/43x41xH79cm	3 個	938	2,814
29749	壓克力25公分圓菜蓋／半圓型	25xH11cm	5 個	154	770
40132	菜蓋／PC透明圓（10"）	10"	5 個	160	800
16181	塑膠密林／強化／550	550(50x39x12.5cm)	6 個	97	582
16580	塑膠平林／強化／550	550mm(49x38x12.5cm)	6 個	64	384
51160	三層推車／2掛盆+3方盆	全配/70x47x95cm/康得	1 台	2,600	2,600
27609	三層推車（空車／小）	750x460x980mm	1 台	2,000	2,000
43994	美製碗籃	L50xW50xH10cm	4 個	529	2,116
19051	美製刀叉籃	L50xW50xH10cm	2 個	543	1,086
56353	三層推車／短掛盆	350x235x200mm	1 個	306	306
19053	美製杯籃推車把手	L52xH76cm	1 個	2,000	2,000
16828	S/S冷水壺一短嘴	1900cc	5 個	630	3,150
15709	日式小叉	123*2mm	24 支	8	187
41409	S/S冰淇淋匙	13.2cm	24 支	10	228
32928	TRI／BG咖啡匙	118mm	120 支	30	3,600
46682	泰製NIKKO蛋糕盤架組／3層	盤寬尺寸 19/21/25cm	8 組	760	6,080
43991	美製杯籃／25格	L50xW50xH10cm	3 個	690	2,070
51335	營業用肉筋叉	三排	1 個	1,358	1,358
42373	PDN黑柄蘋果挖核器	圓型	1 支	181	181
20481	8才不沾布一杜邦	63x39cm	1 個	109	109
36967	番茄瓶（透明／特大）	700cc	3 個	19	57
52431	番茄瓶（透明／小）		2 個	15	30
37323	國際牌烤麵包機	兩片／110V	1 台	848	848
03077	上海瓢（中）	W13xL49cm	1 支	210	210
16784	煮飯巾	1箱12入	1 條	40	40
37273	保鮮盒／正方型／大	18.7x18.7xH17.4cm	4 個	90	360
51866	斜口木鏟	L33cm	3 支	40	120
01234	鋁飯鍋（厚）	尺2x5寸	1 個	800	800
00551	S/S三用罐切	三用（I9.5xW4.5cm）	1 支	8	8
50911	DAY & DAY不鏽鋼S掛勾	一組3支	5 組	65	325
16362	美製RB保鮮盆蓋子（硬）	1/1 530X325mm	1 個	335	335
24185	S/S深方盤一超大	52x35xH5cmx厚0.5mm	3 個	194	582
24178	S/S淺方盤一超大	52x35xH2.5cmx0.5mm	3 個	164	492
30096	萊利歐870圓盤／服務皿	§30.5xH2.8cm	120 個	104	12,480
25047	美製杯籃加高層架／25格	L50xW50xH4cm	3 個	275	825
01226	鋁魯湯桶（厚）	尺2x尺2 §36xH36cm	1 個	1,200	1,200
01227	鋁魯湯桶（厚）	尺4x尺4 §42xH42cm	1 個	1,460	1,460
02203	鋁魯湯桶（厚）	尺6x尺6 §48xH48cm	1 個	1,950	1,950
18236	S/S糊椒罐（大）密孔	§7xH13cm	1 個	70	70

（續）表9-5　餐廳採購明細報價單

02142	國際牌果汁機	1800cc	1 台	1,599	1,599
27014	S/S調味盒（長.方）	角x6格 32X26XH6cm	1 組	999	999
29225	PDN木製攪拌匙	L30cm	1 支	70	70
13829	S/S吸管座（高型）	§8.2xH14cm	1 個	149	149
04193	HARIO咖啡蒸煮器（塞風）	三人份	1 組	1,399	1,399
43437	雪平鍋（22cm）	圓徑217*75	1 個	128	128
36594	白鐵圓型切模組（電解）	8個／組	1 組	530	530
20130	港製鍋鏟	#3號 W10.5XL39cm	1 個	185	185
33956	進口雪平鍋（鋁）	18cm/2mm	1 個	144	144
39575	日象電子煮飯鍋	20人份	1 台	3,800	3,800
39437	泰製香檳杯	§90xH118cm 200cc	24 個	35	840
15960	S/S冷水壺－長嘴	1900cc	1 支	490	490
32489	點火槍／電子	小	1 支	75	75
41965	無國度菊花小缽／白	90xH25mm	20 個	12	240
50865	LW旋轉微波保鮮罐	500cc	2 個	89	178
00698	S/S打蛋器 14"	L35xW7cm/14"	1 個	119	119
00697	S/S打蛋器 16"	L40xw8cm/16"	1 個	123	123
13926	鋁製冰鏟	5oz	1 支	62	62
47693	美製碗籃／柱形	L50xW50xH10cm	4 個	529	2,116
29671	義製潘朵拉糖罐	2230cc	1 個	228	228
01892	日製鐵板燒平鏟	L24.5xW10.5cm	1 支	190	190
19052	美製杯籃推車底座	L53xW53	1 台	2,000	2,000
16569	S/S雪平鍋（304）	20cm	1 個	170	170
08636	塑膠密林380	380(35×28×8cm)	1 個	38	38
10389	竹製飯匙／圓頭	尺半（L45xW9cm）	1 個	59	59
36852	竹製奶油匙／斜口	1尺/30cm	2 支	18	36
23605	PDN檸檬雕飾器	L14cm	1 支	145	145
36967	番茄瓶（透明／特大）	700cc	10 個	19	190
52431	番茄瓶（透明／小）		10 個	15	150
28509	義製密封罐／藍蓋	H16cm／1120cc	2 個	110	220
29195	塑膠冷水壺（透明、黃色）百合	4000cc／大百合	4 個	69	276
36673	塑膠冷水壺（小百合）	2500cc／矮胖	4 個	55	220
47893	義製尤莎莉啤酒杯	口72高200mm390cc	24 個	85	2,040
47893	義製尤莎莉啤酒杯	口72高200mm390cc	24 個	85	2,040
33921	番茄瓶（透明／大）		10 支	19	190
36095	無國度長方盤／中 #	360x180xH20mm/12入	10 個	130	1,300
28509	義製密封罐／藍蓋	H16cm 1120cc	3 個	110	330
29671	義製潘朵拉糖罐	2230cc	2 個	228	456
51160	三層推車／2掛盆+3方盆	全配／70x47x95cm／康得	1 台	2,600	2,600

（續）表9-5　餐廳採購明細報價單

35579	尚朋堂烤箱	旋風	1 台	2,800	2,800
36095	無國度長方盤／中＃	360x180xH20mm／12入	15 個	130	1,950
10339	托盤／美製止滑長方托盤	18"X26" (652x452mm)	6 個	980	5,880
19391	美製木托盤架	31"/43x41xH79cm	3 個	938	2,814
14028	美製水杯	229cc/§69H88mm	54 個	32	1,728
26516	TRI5大餐叉	204mm	36 支	49	1,764
40624	TRI5大餐刀／中式	23.3cmx110g	36 支	45	1,620
26517	TRI5大餐匙	204mm	36 支	48	1,728
26527	TRI5奶油刀	170mm	36 支	31	1,116
30114	萊利歐870茶壺附蓋	§13xH13.3cm/700cc	24 支	120	2,880
30104	萊利歐870咖啡杯（可疊、白）	§8xH6cm/180cc	72 個	30	2,160
30101	萊利歐870通用底碟／大（白）	§15.8cm/18x6入	72 個	21	1,505
53960	泰製啤酒杯	350cc	30 個	26	780
29700	泰製百樂啤酒杯	§63xH154mm 335cc	60 個	21	1,287
14039	美製玻璃糊椒鹽罐	H8.8cm/74cc	2 個	27	54
55340	標準花茶壺（中）	H120mm 600cc	18 個	240	4,320
29658	泰製花茶杯	§89xH67mm 200cc	30 個	23	683
29659	泰製花茶杯底盤	§140xH20mm	30 個	14	429
37569	S/S冰茶匙（長）	19cm	48 支	66	3,168
47893	義製尤莎莉啤酒杯	口72高200mm390cc	24 個	85	2,040
14647	美製水杯	473CC	30 個	33	990
30352	義製凡西亞倒酒壺	H176mm/1145cc	18 支	119	2,142
54757	美製果汁杯	303CC/24入	24 個	58	1,392
03291	義製聖代杯	§135xH137mm 225cc	8 個	104	832
40309	玻璃暖茶座／一屋窯	D12.8xH7.5cm	12 個	95	1,140
53478	RoyalChef S/S調理盆1/6*10	176x164Xh100mm/厚0.7	1 個	143	143
22644	保鮮盒／好美 1號	35x26x17cm	2 個	150	300
22645	保鮮盒／好美 2號	32x22x15cm	2 個	112	224
22646	保鮮盒／好美 3號	29x19x13cm	2 個	85	170
22647	保鮮盒／好美 4號	26x16x11cm	3 個	75	225
22648	保鮮盒／好美 5號	23x13x9cm	3 個	72	216
21527	塑膠佐料盒附蓋	6格入	1 組	1,050	1,050
22464	不鏽鋼量杯（500cc）	圓徑88*90	1 個	99	99
41810	18"關東光擠花袋（日本）	455*265	2 個	139	278
37532	花嘴／手工（8齒）	8齒-1 至 8齒-6	1 個	30	30
38739	花嘴／手工（18齒）	18齒-1 至 18齒-2	1 個	32	32
52431	番茄瓶（透明／小）		5 個	15	75
36650	計時器		4 個	174	696
12399	溫度計	-10+110c	1 支	160	160

（續）表9-5　餐廳採購明細報價單

13830	S/S吸管座（低型）	13cm	1 個	119	119
45281	刮皮器	L13cm	1 支	122	122
13753	日製S/S濾酒器（小）	9xL14.3cm	1 支	195	195
24202	S/S強力挖冰杓#14	#12.#16	1 支	123	123
17010	S/S冰淇淋杓/#24（18）	53M/M(20)	1 支	200	200
41821	電動打蛋器	5段	1 台	722	722
11156	PE砧板（大）*	43X28X1cm	1 塊	118	118
15410	山橋牛刀	270mm	1 支	758	758
16014	山橋刻花刀	120mm	1 支	160	160
27257	進口打奶泡器（大）	800cc	1 個	435	435
43436	雪平鍋（18cm）停產	圓徑175*67	1 個	144	144
13671	S/S調酒器／日式	530CC	1 支	263	263
39678	美製波士頓雪克杯（附內杯）	500cc	1 個	518	518
05036	日製S/S量酒杯（小）	(0.5oz-1oz)	1 支	85	85
01965	進口S/S調酒匙（長）	L32cm	2 支	39	78
04659	西德量杯	500cc	1 個	144	144
04662	西德量杯	3L	1 個	449	449
36673	塑膠冷水壺（小百合）	2500cc／矮胖	3 個	55	165
29195	塑膠冷水壺（透明、黃色）百合	4000cc／大百合	4 個	69	276
34606	S/S拉花杯	1000cc	2 支	315	630
34605	S/S拉花杯	600cc	2 支	310	620
10818	S/S深型打蛋盆（#304）	28cm(§30xH11cm)	2 個	147	294
10819	S/S深型打蛋盆（#304）	30cm(§33xH11.5cm)	1 個	180	180
00698	S/S打蛋器 14"	L35xW7cm/14"	1 個	119	119
51126	美製BLENDtec數位全能調理機 EZ	[特]	1 台	24,770	24,770
38085	橡皮刮刀	長度343	1 支	66	66
19721	美製置物架	9.5"X5.87"X4"	1 個	299	299
00727	鋁三五壓汁機（大）	L23xH13cm	1 支	280	280
33921	番茄瓶（透明／大）		6 支	19	114
39666	義製細口咖啡壺	1000cc	1 個	670	670
28509	義製密封罐/藍蓋	H16cm 1120cc	6 個	110	660
35529	日製濾茶袋／小	7x9.5cm／72張／包／12包	12 包	60	720
40193	S/S蛋糕夾（小）	177mm	1 支	150	150
43796	日本貝印電子秤（白）	2kg	1 台	1,346	1,346
00511	S/S紅柄濾網（單）	6"(§16xH6.5xL33cm)	1 個	85	85
33968	磨刀石／旭光雙面磨刀石	細	1 個	279	279
00665	S/S合木湯杓（中）	§8.5xL31cm	1 支	35	35
38761	鬆餅機／薄餅單圓型	110V／煎盤18CM	2 台	13,698	27,396
04193	HARIO咖啡蒸煮器（塞風）	三人份	1 組	1,399	1,399

（續）表9-5　餐廳採購明細報價單

27376	尚朋堂電磁爐（黑）	1500W/110V	1 台	3,999	3,999
45964	JUNIOR迷你爐組	（火爐）	2 個	965	1,930
15409	山橋牛刀	240mm	1 支	640	640
56879	BLENDtec/EZ專用隔音罩	[特價]	1 個	6,562	6,562
					402,738

註釋

❶ 楊致中（2009）。TVBS新聞網，「嫌排煙管吵　男子告肥前屋求償50萬」。網址：http://tw.news.yahoo.com/article/url/d/a/090918/8/1rcp6.html。

❷ 庫倫（Charles A. de Coulomb, 1736-1806），法國物理學家。因為庫倫發現了靜電，人們便將相斥相吸的電力也叫做庫倫力。重力不管物體性質，一律相吸，但庫倫力則要視兩物體的電性、電量而定。二者最大的差異是，重力只有正值，也就是相吸，而庫倫力則有相吸或相斥的不同。

❸ 俊欣行官方網站：www.justshine.com.tw；Royal Porcelain Public Company Limited官方網站：www.royalporcelain.co.th

❹ 卡優新聞網（2009）。美耐皿餐具好毒！100%溶出三聚氰胺。網址：http://tw.news.yahoo.com/article/url/d/a/090602/52/1khjx.html。

❺ 丁佩芝、陳月霞譯（1997），Henry Petroski著。《利器》（*The Evolution of Useful Things*）。臺北：時報。

❻ 胡釗維（2007）。〈貨櫃工變不鏽鋼餐具王〉，《商業周刊》。臺北：商周集團，第1021期。

PART 4

餐廳營運與管理篇

Chapter 10

餐飲服務與標準作業流程制定

本章綱要

1. 餐飲服務概述
2. 營業前準備
3. 美式餐飲服務流程
4. 飲料銷售及服務
5. 顧客關係管理
6. 【模擬案例】Pasta Paradise餐廳之服務流程與顧客關係管理

本章重點

1. 簡略說明餐飲服務的內容及概述營業人員營業前的準備細項
2. 瞭解美式餐飲的服務流程
3. 瞭解酒類及飲料的服務流程,並定期更新專業的酒類知識
4. 認識顧客關係管理的精神和要素,建立與顧客間優質的互動關係
5. 個案討論與練習:瞭解餐飲服務流程,學習如何做好顧客關係管理

🍲 第一節　餐飲服務概述

　　以餐廳而言，提供給消費者最直接的產品就是餐點。而餐點，也可說是消費者進到餐廳最原始的一個動機，就是填飽肚子滿足生理上最基本的飲食要求。就餐廳的經營而言，如果只是單純的把餐點做好提供給客人，並不等同於餐廳會高朋滿座、創造利潤。就直接成本而言，餐廳在毛利率上確實是個利潤相當好的行業，問題在於消費者並不會滿足於單單只是填飽肚子的基本生理需求，他們更重視的是餐廳的氛圍、服務人員的笑容，及親切互動加上專業的餐飲服務，並且提供貼心而讓人感受到受尊重的整體用餐流程，讓原本單純填飽肚子的動機昇華成一個完整的餐飲享受過程。而所有的過程都建立在餐廳業主的用心經營，將裝潢氛圍創造到最令人感到舒適，把服務流程標準化並且逐一檢討推敲，讓所有工作人員能夠有所遵循，進而達到服務品質的要求，除了具有整體性也必須有一致性，才能獲得消費者的信賴，願意再次光臨。

　　為了達到上述要求，讓客人享受用餐的過程，並且願意再次光臨，就必須將現有能令客人感到滿意甚至超越客人期待的服務，予以文字化、數據化、圖片化乃至於標準化，使這些服務要領、動作能夠透過訓練將它複製給其他所有的工作同仁，而不會因為某位主管或是服務優良的服務員離職，造成服務品質的降低或是紛亂。這些被文字化、數據化、圖片化，乃至於標準化的服務流程，就是餐廳所謂的「**標準作業流程**」。任何一家有心經營的餐廳，尤其是連鎖企業都必須仰賴其自身所創造出的一套標準作業流程，來規範所有的行為使其服務能夠標準化，不僅外場如此，廚房所有餐點的配方、工作的規範也都可以建立自己的SOP，來讓所有工作同仁能夠有標準的動作和餐點的規格，進而創造出餐廳一個完整的企業工作文化。

　　標準作業流程的另一個重要的好處是可以藉由這個標準來進行員工工作的考核，藉由定期的檢視和考核，瞭解員工的工作態度和表現，作為薪資調整和工作職缺安排時的參考。

第二節　營業前準備

　　餐飲的服務絕非開始於客人進到餐廳之時，而是早在客人進到餐廳之前就應該著手進行或準備，以期客人能在進入餐廳的那一秒就感受到餐飲服務和舒適的氛圍。舉個最簡單的例子，假設你將自己當成是客人，你會希望在進到餐廳的那一刹那是沒有冷氣、沒有音樂，燈光還沒完全開啟，或是尚未調整到合適的亮度，餐廳員工還衣衫不整大喇喇的坐在客人的餐桌，享用他們的員工餐飲？還是一進到餐廳就感受到舒適的空調、合適的燈光、輕鬆的音樂，服務員穿戴整齊面帶笑容，向您問候致意，並且準備帶您入座呢？相信任何一個人都會選擇後者，讓自己感到受尊重也讓用餐的心情好上許多！

　　上述只是個很簡單的假設，餐廳開店營業之前的準備工作何其繁瑣，若未能透過表單、文字以及標準作業流程，縱使是資深的工作人員也難免有所遺漏，以致於在用餐尖峰時間的營運時刻造成營運上的困擾，甚至直接影響到客人的用餐品質，可謂得不償失。常見的營運前準備工作有：

1. 餐廳氛圍：冷氣溫度適中，滿足客人用餐的舒適度，並且兼顧不讓熱菜、熱湯迅速降溫；燈光明暗適中，襯托餐廳氣氛；音樂類型合宜，適當的音量不會過度吵雜，也可避免談話內容有輕易被其他人聽見的困擾；窗簾依照餐廳的裝潢基調，選擇全部拉上不讓外界陽光照進來，或是刻意採光讓餐廳明亮；最後檢視餐廳的清潔。

2. 餐桌椅：桌巾潔淨平整、餐具擦拭完備並排列整齊定位、胡椒鹽罐適度填充並且擦拭無漬、桌卡擺設定位、桌椅清潔定位、燭臺點燃蠟燭，桌上花瓶如插有鮮花也應換水擦拭，並整理枯萎的花瓣。

3. 工作站的檢視整理及營運物品填補充足：這包含了牙籤、餐巾紙、口布摺疊、桌巾摺疊、備用餐具、杯具、餐盤的擦拭及補充、托盤及帳夾的擦拭及備用、相關調味料（番茄醬、現磨胡椒、辣椒醬、牛排醬、糖包、奶球）、生飲水或礦泉水的準備、冰塊、桌墊紙、外帶餐盒等等數十樣營運生財器具的整備工作。

4. 其他區域的整理：如廁所的清潔、客人等候區、盆栽的維護，甚至餐廳門外的清潔和通道的保留、停車場清潔和閘門功能確認……。

5.勤前會議（Shift Meeting）：為餐廳開門營業前最後一件事也是最重要的一件事情，通常由值班的主管主持，所有上班的同事都必須在規定的時間內完成分配到的工作，並且在規定的時間參加這項會議。勤前會議的幾個重要的目的和功能如下：

(1)業績任務的宣達：告訴所有上班的同仁本日的營業目標，例如營業額、來客數、客單價等重要營業數據，讓所有同仁有個清楚的目標，合作去達成。

(2)本日促銷產品的宣達：告訴所有同仁本日的促銷餐點或是飲料，並且可以透過詳細的解說和試吃試喝，讓員工在對客人介紹時能夠比較沉著有自信。

(3)顧客抱怨或獎勵事件的分享和檢討：對於前一營業日所發生的顧客抱怨或讚賞事情做分享，對於抱怨事件必須提出討論和改善方案，避免類似事件的再次發生。營運主管同時也應留意是否有必要重新檢視標準作業流程是否有瑕疵。

(4)內部工作的分享檢討：對於近來發現工作上的盲點或是不順暢的地方做討論，這通常容易發生在跨部門間的工作連結點上，例如外場服務人員抱怨前臺人員帶位過於緊湊，來不及提供適時且合宜的餐飲服務；或是廚房人員抱怨外場人員過晚將應送到客人桌上的餐點即時取走等。

(5)獎勵優秀員工及士氣提振：對於顧客讚賞的事情也必須提出分享，除了對有功的工作同仁進行表揚外，也能激發其他同事的效法，形成一個正向的循環和效應。同時也可以請接受表揚的同事分享自身工作上的訣竅和經驗，讓其他同事也能作為榜樣。

(6)服裝儀容檢查：每天營業前利用值前會議做制服檢查是必須的工作之一。確認所有工作人員都能依照規定穿著乾淨整齊且平整的制服。此外，鞋襪、指甲、頭髮、鬍鬚，以及女性同仁的彩妝、口紅、髮髻也是檢查的重點。

(7)重要宣達事項的再次提醒：對於近期餐廳內的各項規定做重複的宣達，以確認所有工作人員都能熟知並且遵循。

第三節　美式餐飲服務流程

　　美式餐廳在臺灣地區目前可說是以TGI Friday's為領導品牌，其他國際連鎖品牌如Chili's（奇利斯美式餐廳）、Texas Roadhouse（德州鮮切牛排）也都占有一席之地，本地自創品牌更是如雨後春筍般進入市場，在南部地區擁有多家分店的吳靜怡Amy's集團旗下的MAMAMIA CATERING（Mamamia外燴廚房）、Smokey Joe's（冒煙的喬，高雄美墨料理名店）都是很經典的美式餐廳或是美墨式餐廳。當然，其它未走連鎖路線的小型美墨型態餐廳的獨立店家更是不計其數。這些美式餐廳或美墨餐廳所提供的餐點多半以三明治、漢堡、牛排、海鮮、義大利麵、薯條及各式蘇打飲料、啤酒和調酒為主，深受本地年輕消費者喜愛。整體的氛圍和裝潢的主題多屬輕鬆、熱門流行音樂播放、美式木質裝潢為主題，用餐的禮節和餐具的選擇則走輕鬆簡易路線，多半以餐巾紙或溼紙巾取代正統的餐巾口布，甚至以塑膠杯、厚玻璃杯、馬克杯取代清澈透明的薄玻璃杯和骨瓷咖啡杯，餐桌多半選用塑膠防水材質桌布，甚至直接以餐桌桌墊紙來取代正統的桌巾。此類餐廳用餐環境整體看來相當輕鬆，在服務流程上也是輕鬆而不拘謹，服務人員開懷的笑容且不失專業的問候、介紹餐點、點餐、上餐服務，讓整個用餐流程順暢且不拘泥在正統西餐的形式上。

　　基本上目前西餐市場上，如美式餐廳、義大利餐廳、墨西哥菜、西班牙菜等，多採行這種較輕鬆不拘謹的服務形式，可說是市場上西式餐飲服務的主流。與一般教科書所提及的正式西餐服務流程相比，簡化了許多。如此不但可以因為流程簡化、餐具簡化，加速餐廳的營運服務效率，也讓客人能在比較輕鬆自在的氣氛下用餐。而正統的西餐服務則比較鎖定在法式餐飲的餐廳，又以亞都麗緻飯店二樓的巴黎廳最具代表性與指標性。以下謹就幾個重要的環節做說明。

一、帶位

　　帶位，指透過親切的問候致意並且詢問客人是否有訂位，稍作登記後隨即安排客人入座的服務。在帶位的過程中可以順便向客人介紹餐廳的化妝室位置，入坐時可協助老人家或女士入座，遞上菜單的同時向客人介紹今天的桌邊

服務人員、今日的特調飲料、主廚創意餐或最新的促銷餐點。接待人員在預祝
客人用餐愉快後隨即離開，回到餐廳接待臺的工作崗位上。

二、介紹菜單

餐廳服務人員必須在客人入座後立即向客人致意並做自我介紹，並向客
人介紹推薦菜單內容。受過專業訓練並且兼具銷售技巧的餐飲服務人員，可以

【延伸閱讀】

清真食物（Kosher Food）

所謂的「清真食物」，即伊斯蘭教符合教規的食物（阿拉伯語：حلال，英
語：Halaal，halāl，halal），在非穆斯林國家指的是符合伊斯蘭教規條可以食用
的食物。在穆斯林多數的國家中，不僅指的是可食之物，更是一種生活方式，言
語、行為、衣著皆受約束，與猶太教義裡符合教規的食物有一些相似的地方。

■不可食之物

與可食之物相對的稱為「不潔的」（阿拉伯語：حرام，英語：Haraam，
harām）。與猶太教符合教規的食物不同，除了豬肉、血及未經合法屠宰的牲
畜、腐屍、食肉鳥獸外，酒以及一切毒品亦屬禁止之列。魚不可用擊打或橫斷的
方式處理，否則亦屬不潔。雖對於何種屬於合法食物存有爭議，例如蝦、蟹及貝
類海產、馬肉，但多數視之為清真食物。

■宰殺與烹調

與猶太教一樣，穆斯林宰殺牲畜須先禱告，以割斷喉管方式為之，然後放
血。具體而言，首先檢查動物的眼睛確保其適合食用，供水飲用以解其渴，然後
使之面向麥加。不禁肉乳相混的食物。

■與非穆斯林的關係

在非穆斯林世界生活的穆斯林得面對三大難題：以出售伊斯蘭教教規處理
食物的餐廳及商店稀少；豬肉及酒的使用。不過在飢饉的情形下，戒律是可以放
寬甚至忽略的。

《古蘭經》第五章第五節宣布「有經者」（指居住於回教國家而不用改變
其信仰的人，在此泛指異教徒）的食物合法。由此引申，如果沒有清真食物供
應，符合教規的食物（猶太教）雖可食用但不鼓勵。

資料來源：維基百科（2009）。符合教規的食物（伊斯蘭教）。網址：https://
zh.wikipedia.org/wiki/符合教規的食物_(伊斯蘭教)。

隨著客人的屬性（家庭或同事）、人數、年齡做合適的餐點及飲料推薦。而在這個階段，如果遇到客人有特別的點餐嗜好或是限制，常見的如吃純素（宗教素）、蛋奶素（健康素）及對特定食材過敏（例如堅果、帶殼海鮮、蛋奶），或是本地較少見的清真食物（Kosher Food）等，服務人員可以憑自身對菜單的認識與客人做討論，點餐時可從長者或女士優先，在完成點餐動作後，服務人員必須和客人再次確認點餐的內容，然後立即透過餐廳的餐飲資訊系統，或是傳統三聯單的方式，將點餐內容訊息傳到廚房及吧檯。

三、餐飲服務

餐飲服務不外乎以下幾個重點：

1. 依照正確的上菜流程，逐道上桌。以西餐來說，桌上所有人的菜色必須同時上桌，避免有人有餐點可以享用，卻有人繼續枯等，造成彼此間的尷尬。
2. 注意自身的專業度。以標準的動作進行餐飲服務，包含最基本的服務動作，例如從客人左方上菜、從右方為客人送上飲料、從右方取走用完的餐盤杯具；為客人服侍紅酒的整個流程、動作、話術，以及流暢俐落的為客人整理桌面、良好得體的應對進退、發自內心的笑容及服務熱忱等，都是一個專業的餐飲服務人員應有的專業度和熟練度。
3. 適時的給予用餐關懷。瞭解用餐顧客對於整體用餐經驗的滿意度，如果遇有不滿意的地方也能及時補救，並且告知值班的主管對客人做進一步的關切。

四、結帳

一個有經驗的餐飲服務人員會在客人用餐告一個段落後，將帳單內容做重複的確認，並且隨時將帳單準備在旁邊，以因應客人隨時提出結帳的要求，避免客人久候。結帳動作裡有幾個重要的步驟也非常的重要，常見的幾個要點如下：

1. 詢問是否需要統一編號？
2. 餐廳如果有附設停車場或代客泊車服務，也必須適時為客人做停車優

惠,或提前通知代客泊車的人員備車。

3.詳細熟記餐廳的各項優惠活動,如遇有客人詢問可以立即正確回答,或是主動告知並進行優惠折扣。

4.遇有外交官使節擁有免稅優惠身分的顧客提出免稅證時,要能熟悉明瞭退稅程序,並且盡速完成。

5.在完成信用卡簽名核對無誤並退還客人信用卡時,提醒顧客先將信用卡收妥,避免遺失。

6.結帳完成提醒客人其他注意事項,例如停車卡需在繳費機先行繳費後才能出場,或是提醒客人記得帶走隨身物品。

第四節 飲料銷售與服務

以一個餐飲服務人員來說,除了透徹明瞭菜單上每道餐點的細節及口味,以方便向客人做說明或介紹之外,對於他們而言,各種飲料及酒類的知識更是一門大功課,等待他們去學習。一般的白蘭地、威士忌、果汁、咖啡飲料尚稱容易,但是對於葡萄酒(紅酒、白酒、香檳)、各式雞尾酒就真是個大學問了。這些專業的酒類知識除了在餐飲服務人員的基本訓練課程中略為涵蓋說明之外,更必須透過持續不斷定期的在職訓練,由餐廳的主管或是外聘專業的酒商業務人員、教育訓練人員搭配書面資料、PowerPoint檔案及圖片,以及實際的試飲和不定期的考核,才能夠逐漸強化服務員所需的知識。這除了有賴餐廳主管的持續要求和服務員本身的積極學習外,還必須克服外文的能力(多數時候是英文,葡萄酒類則還必須克服法文的生澀感)。

一、飲料推薦

在充實了足夠的知識之後,餐飲服務人員還必須有長時間的實際推薦和銷售經驗與機會來強化飲料知識的熟悉度,並且藉由實際和客人間的應對互動慢慢培養自信心,如此一來才能做好飲料推薦銷售的動作。除了一般人熟識的通則「紅酒配紅肉、白酒配白肉」之外,也可以依照客人的喜好做選擇。用餐當中選用佐餐酒本就是一件以自身主觀的喜好為依據,銷售人員可協助說明各種

酒類的口味、口感，讓客人有更多的瞭解後再自行選擇所要搭配的酒類。

至於雞尾酒方面的知識，更是需要服務人員長期的熟記背誦，並且透過教育訓練的機會進行試飲，有系統的詳記每種雞尾酒的主要成分，例如基酒及主要搭配的果汁或蘇打飲料、調和後呈現的顏色、喝起來的口感等，如此才能完整的向客人做介紹，尤其有些調酒是可以做有選擇性的調酒，例如客人點用馬丁尼（Martini）時，就必須主動詢問客人是要採用琴酒（Gin），或是伏特加（Vodka）作為基酒，有些飲料則是需要進一步詢問客人要作成一般加冰塊的調酒（On the Rocks），或是作成冰沙質感（Frozen）的調酒。另外，有些餐廳的分工作法是吧檯調酒人員調好後，由外場服務人員取走飲料，自行做雞尾酒的裝飾，例如加上檸檬圈、柳橙片、裝飾小紙傘，以及自行熟記每種調酒是否需要附上吸管。

上述的例子都充分反應出外場服務人員推薦飲料時所需具備的專業度有多重要。

二、酒類及飲料服務

在**飲料的服務**上主要的重點有以下幾個要點：

1. 上桌的方向應該由客人的右手邊將飲料端上桌。
2. 瓶裝飲料應在客人面前先把商標面向客人進行確認。
3. 確認無誤後在客人面前當場將飲料打開，以確保品質無虞。
4. 對於有加入糖水的飲料，例如冰紅茶、咖啡、檸檬汁等應主動提醒客人攪拌均勻後再享用。
5. 瓶裝啤酒類飲料除了少數特定啤酒，例如可樂娜（Corona）因品牌文化及行銷策略的關係，可以建議客人直接飲用外，多數啤酒仍應主動提供冰鎮過的啤酒杯，並且以適當的角度幫客人斟酒，讓啤酒的泡沫能夠維持合理的厚度，而不致於滿杯啤酒泡沫不易飲用。

此外，近年來國人飲用紅白酒香檳的風氣日漸興盛，用餐客人當中不乏專業度及實際品酒經驗豐富的客人，對於**紅白酒及香檳的服務流程**重視的程度也不在話下，幾個重要的要點如下：

1. 正確的溫度：
   (1) 白酒的理想溫度在45°F至55°F（7.2°C至12.8°C）之間。
   (2) 紅酒的理想溫度在60°F至75°F（15.6°C至23.9°C）之間。
   (3) 香檳的理想溫度在38°F至42°F（3.3°C至5.5°C）之間。
2. 不要隨意搖晃振動酒瓶。
3. 必要時適時提前開瓶，並以醒酒器醒酒，讓酒接觸空氣以增加風味。
4. 學會使用並判斷正確款式、潔淨無暇的酒杯。從基本的紅酒杯、白酒杯、香檳杯做區分，甚至可以細分成不同品種或產區的葡萄酒專用酒杯。客人如點用高價的葡萄酒甚至可以改提供水晶酒杯，使之相得益彰。
5. 驗酒：開酒前把酒標面向點酒的客人或是宴客的主人，並清楚唸出酒廠、產區、品種以及年份，確認無誤後才開酒。
6. 以流利優雅並且正確的開酒動作把酒開瓶。重點為避免晃動、酒標始終朝向客人、小心優雅的取出軟木塞避免斷裂、提供軟木塞讓客人聞香並確認木塞氣味正常，倒出適量葡萄酒約〇·五至一盎司供客人試飲，確認酒質正常。最後再以賓客為先及女仕優先的順序逐一為客人斟酒。
7. 將酒瓶留在餐桌上，並適時主動為客人再斟酒。
8. 即使是完全相同的兩瓶酒（相同年份、酒廠、品種），每瓶開瓶後仍須請宴客主人試飲，避免因為其中一瓶變質又倒入客人還未喝完的杯中，混合後造成更多紅酒的損失浪費。
9. 白酒及香檳則另外需要準備冰桶在餐桌邊，以保持在良好的適飲溫度。

第五節　顧客關係管理

顧客關係管理在行銷概念上可說是一項顯學，這是一個熱門而熟悉的話題，讓許多服務業、甚至零售業的品牌經理或行銷主管都趨之若鶩的進行在職進修或自習來學習這項行銷概念。換個角度想，其實顧客關係管理是一個很傳統也很平易近人的一種行銷概念，並且早已經融入在這個社會中，只是最近才被學者予以具體化、文字化並且學術化。

讀者可能都聽過或讀過經營之神王永慶先生早年經商的許多故事，其中最經典之一的故事莫過於是他早年經營米店，總會親自送米到客戶家裡，並且

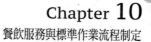
主動將客戶家中米缸剩餘的舊米倒出，將米缸做簡單的清理然後將新米倒入米缸中，臨走前會提醒客戶先將先前倒出的剩餘舊米烹煮食用掉，以利先進先出。此外，他還詢問客戶家中成員的概況，幾位大人、幾位小孩及是否每餐開伙等資訊，詳加記錄後預判顧客家中白米的用量，並且在米將用罄前主動提醒客戶家中存米已經不多，然後直接將米送到客戶家中。這看似窩心的服務其實背後潛藏的就是主動關懷（白米先進先出並清理米缸）、窩心的服務（送米到家省卻客戶的奔波勞累），以及主動銷售（預判需要購米的時機並主動送到府上），這就是最典型、也最不著痕跡的顧客關係管理，以及優良的銷售行為。

再者，早年眷村或鄉間到處都看得到的雜貨店，小朋友應母親的使喚到雜貨店購買一些乾貨或調味醬料食材等，雜貨店老闆總是能清楚知曉來者是誰家的小孩？母親是哪位？家裡常用的醬油調味料又是哪個品牌？是習慣付現或是賒帳改天一併結算？這種村里間消費者（家庭主婦）與商家的行為也是種典型的顧客關係管理，店家透過消費者的平常消費習性，瞭解消費者的消費行為和特性，而親切的互動也建立了消費者對商家的信賴度和忠誠度。這和當今許多服務業、餐飲業針對消費者提供的會員制度、集點贈送的道理是相同的，但是仔細思量，以前鄉里間的消費行為互動就遠比現今的會員制度更具親和力、更具人際間的溫馨感。

以下謹就顧客關係管理的幾個精神和要素做以下說明：

一、人際互動

餐飲服務業與一般的行業別最大的不同除了在於產品的差異性之外，無法百分百複製，也無法完全機械化、自動化也是餐飲服務業的特色之一。換句話說，餐飲業是一種複雜的業態，它提供給消費者的產品無法久存、品質隨時間拉長而衰敗，而且除了直接產品（餐點）之外，同時提供了更多的間接商品，這包含了整體的餐廳裝潢氛圍、用餐環境的舒適度，以及最重要的就是餐飲服務人員和用餐顧客間的互動。一個四目交接、一個發自內心的微笑、一個貼心的關懷動作、一個謙沖有禮的鞠躬，都可以讓客人感受到服務人員是發自內心，亦或只是職業慣性的機械動作及表情，而這也往往是客人評鑑一家餐廳好壞的一個很重要的元素。因此，持續透過不斷的教育訓練讓服務人員學會講話的話術、合宜的用字遣詞、優雅的儀態、工作中不疾不徐的步調和高度的EQ就

成了最好人際間互動的必修項目。除了教育訓練、不定期的員工交流和工作分享，甚至和同業間彼此分享心得與座談等，都是成就人際互動的好方法。

二、用餐關懷及主動設想

用餐間的關懷是服務人員及樓面主管一定要做的工作項目之一。主動垂詢客人餐點的滿意度、口味的合適度、用餐流程間是否覺得舒適等是最容易做到的動作。其他像是一些主動的服務與替客人多一分的設想，也是讓顧客滿意的很重要環節。例如用餐進行中客人用餐進度慢，不停的和同桌客人交談，服務人員可以視情況主動詢問客人是否要將已經冷掉的餐點主動再次加熱，收回廚房後除了重新加熱，也可以換上新的配菜和餐盤，讓客人有一個全新滿意的感受。又例如客人點用一份餐點想要兩人共享，雖然減少了顧客平均消費的金額，但身為一個專業貼心的餐飲服務人員，不可給予客人瞧不起的眼神和口氣，反而可以用更關懷貼心的行動來得到客人的尊重與由衷感謝，這些額外的服務像是主動詢問客人是否要將一份餐點分在兩個餐盤上，除了上桌時的美觀，也可減少客人因自行分菜，造成的視覺美感降低，而稍稍影響了對餐點的美好印象，同時也減少客人的尷尬和麻煩。今日因為客人分享餐點少賺的業績，絕對會因為餐廳主動的關懷和協助得到長遠的潛在業績及客人的忠誠度。

其他常見的例子像是：

1.主動為坐輪椅的客人提供舒適的座位和良好流暢的動線。
2.主動垂詢年長的客人是否需要熱茶或溫開水、餐點上是否需要特別煮透或預先切好小塊，方便進食。
3.為稚齡小朋友準備兒童餐具和簡單的畫具，讓小客人能夠樂於就座並享用餐點。
4.隨時對年長的客人做貼心的扶持。

三、顧客抱怨與處理

顧客抱怨是所有工作人員最害怕遇到的情況之一，處理起來動輒得咎，相當棘手，又難免遇到消費者因為在氣頭上而做出的人身攻擊。業者多半因為和氣生財的觀念，希望盡快解決問題讓客人滿意，而對於自身所遭受到的人身攻

擊也就大事化小、小事化無的隱忍姑息。再好的業者也難免因為一時的閃失而造成顧客抱怨，而這些問題發生除了上述提到的，人際間的互動往往因為一個誤會或閃神而造成，當然產品本身的缺失也是顧客抱怨的另一個重要要素。

製造業與一般餐飲業的不同在於，產品在出廠前就已經經過縝密的品管流程，透過先進的生產線製造技術以及電腦科技化的除錯與篩選，良率多半能超過99%，甚至更高。即使極少數的瑕疵商品逃過了品管的把關，到了消費者手中，也會因為良善的售後服務，提供消費者免費保固甚至更換新品。然而餐飲業則不然，有瑕疵的商品（餐點）可能讓客人在就食後覺得不合口味，餐點即使更換重作，先前的第一印象就已產生，再者若因食物不潔造成客人在幾個鐘頭後身體不適而就醫，整個事件的複雜度就變得高了許多，這絕不是一般製造業良率問題所會面對的。又例如服務人員一個不恰當的辭彙或眼神造成客人的不悅，處理起來便更是難以收拾，畢竟眼神已經飄了出去、無禮的話語也已說出口，又能如何收回呢？不可諱言的，商家確實在很多時候還有更多的進步空間，這些進步空間往往因為管理者或工作人員每日繁複的工作而產生盲點，需要消費者或溫柔、或嚴厲的「警醒提點」，當然矯枉過正借題發揮的消費者也在所難免，除了最直接可以得到的好處（例如免費餐點、帳單折扣），形式上或心態上的虛榮誇耀與滿足也是原因之一。

對於顧客抱怨處理最重要的原則是——**即時的處理與安撫**，處理的時間愈往後拖，成功處理顧客抱怨的難度將愈高。通常顧客抱怨的處理共四個步驟，即：STAR: Sorry, Thanks, Action, Recover。

(一)Sorry—道歉

遇有顧客抱怨最重要的就是立即道歉。除了服務人員必須這麼做，值班的樓面主管也應該這麼做，中國人說禮多人不怪的道理也在此。讓客人感受到餐廳服務員及主管對事件的重視，而且立即的誠心道歉多半能化解客人一半的不悅，如果太晚處理只會讓客人的憤怒更形累積，終致爆發無法收拾。

(二)Thanks—致謝

根據很多的消費者心理研究，尤其是較保守的東方人通常會掩蓋自身的不滿，在現場選擇沉默而讓商家無所查覺。離開後再向其熟識的親友抱怨自身的不滿，或將自身的不滿藉由網路發布在電子郵件、網誌部落格或是臉書等社群

網站中,讓餐廳形象受損進而影響業績成長。所以,任何一個抱怨都必須發自內心的對客人表示感謝。他們願意抱怨扮黑臉說出他們的不滿,提供餐廳一個彌補善後、進步成長的機會是難能可貴的;而且良好的抱怨處理會讓客人帶著滿意的笑容離開,自然就減少壞事傳千里的機會。

(三)Action—處理

有了道歉和感謝,抱怨本身的核心問題當然還是訴願的處理,而**處理的目標是超越顧客的期待,給予必須且超越的補償**。以餐點為例,口味異常、新鮮度不夠、上錯餐點這種明顯屬於餐廳的錯誤問題,常見的方式是立即性的重新製作餐點。如果是上錯菜,不妨將錯就錯讓客人得到額外免費的餐點,但仍必須將客人原本點的餐點盡速製作送到客人面前。此外,額外招待的小菜、甜點或是飲料也是善後的一環,讓客人感覺無論是在質或量上都得到應有的尊重。「質」就是誠懇的道歉、感謝並盡速解決客人的問題,「量」就是讓客人得到額外的餐點作為補償,或是在帳單上做合理的折扣,以換取客人的諒解,消除心中的不滿。

然而,有些錯誤或是誤會並非完全錯在餐廳,在處理上也盡可能一秉寬容的態度去滿足客人的需求。例如,在牛排館裡客人點用了五分熟的牛排,而餐廳也依照客人要求的熟度為客人烤好牛排,並且上桌呈現給客人。而客人在享用了幾口之後卻認為這份五分熟的牛排已經烤得過熟,不符合他對五分熟的認知和期待,縱使餐廳內部認為這份桌上的餐點就是標準的五分熟,或是符合內部SOP及餐飲業界所認定的五分熟時,即便顯然錯不在廚房,也應該立即製作一份客人所主觀認定,並且期待的五分熟牛排給客人,以博取客人的滿意。儘管這第二份也就是被客人滿意的「五分熟」卻可能是餐廳或業界認定的三分熟牛排。餐飲業者必須有一個觀念就是,「通則或標準是內部供餐的依據,真正的標準是客人心中的那把尺」。客人來用餐的目的是享用一份他心目中的五分熟牛排,即使是餐廳或業者認知的三分熟,也必須製作出迎合消費者所期待的牛排,以滿足顧客來餐廳消費用餐的目的和期待。如果顧客不滿意,縱使完成了這筆生意又有何意義呢?因為客人不悅的離開並且不會有再次消費的意願,最終的損失依然是餐廳。

(四)Recover—善後及再次關懷

完成了顧客訴願的處理之後,讓客人滿意開懷的用餐之際,再次不厭其煩

的去關切客人用餐是否滿意？是否有其他可以為他做的服務？再次的抱歉和感謝博得客人的完全諒解，看起來像是錦上添花卻也是確保客人帶著滿意和笑容離開的必然因素，不可不慎，更不可省略！

四、資訊化顧客關係管理

近年來由於電腦科技的發達和深度應用，透過資訊系統來進行顧客關係管理成了許多業者採行的方法之一。其精髓在於透過電腦善於處理大量資料、記錄、排序、整合、篩選、統計、防呆提醒、列印的特性，讓使用者能夠非常有效率的瞭解他的消費者屬性、忠誠度、消費頻率，並且做許多的消費行為分析和潛在消費的開發。畢竟餐廳經營久了，又因為規模大或是連鎖店家多，餐廳服務員或是主管不容易熟記所有的常客臉孔、消費習性、家庭狀況、職業、生日……，唯有透過資訊系統的協助來讓客人感受到他所受到的尊重與差異化。（更多關於資訊化顧客關係管理的內容將會在第十一章中的「顧客關係管理與餐飲資訊系統」做說明。）

🍲 第六節 【模擬案例】Pasta Paradise餐廳之服務流程與顧客關係管理

本節將以Pasta Paradise餐廳的模擬案例探討其型態、目標客層、價格帶等，做一個服務流程的範例，並針對餐廳營運時除了前場與客人間的互動、銷售及服務做說明外，也會將其他幕後的工作做簡要的說明，包含樓面工作的畫分、工作人員其他附屬工作的介紹說明、每日工作流程介紹、工作站建置、SOP範例、員工手冊及將其他常應用到的表格加以做說明，讓讀者對整體外場工作有更清楚的瞭解。

一、服務流程的建立

對於服務流程的建立，可以在開店初期先行大致規劃，其中必然有疏漏或不合宜的地方，可利用餐廳開幕前的員工訓練或是試營運期間來發現問題，並

做修正。以下謹就Pasta Paradise晚餐的服務流程做簡要概述。

(一)第一階段──客人抵達餐廳（領檯人員）

1.顧客到達。

2.為客人開啟餐廳大門。

3.微笑致意並問候。

4.訂位確認及安排座位。

　　這個階段可以說是客人進到餐廳的第一個印象，環境是否舒適、空調是否合宜、燈光裝潢如何，當然還有最重要的是工作人員的笑容及親切的問候。注意的要點有：

1.向客人請安後，詢問客人是否有訂位？

2.無論有無訂位都可以請問客人貴姓，之後就以某某先生或小姐來稱呼客人，以示尊重。

3.儘量縮短客人站在前臺等候的時間，如需等候必須請客人先行在等候區就座稍候。如果是較高級的餐廳會有Lounge或吧檯，可以建議客人稍事等候，並提供飲料或報章雜誌。

(二)第二階段──入席（領檯人員）

1.帶領客人入席。

2.環境介紹。

3.提供菜單。

4.本日促銷餐點或活動說明。

5.介紹桌邊服務人員。

6.致意後離開返回前臺工作崗位。

這個階段注意的要點有：

1.桌位確認後可帶著菜單立即引導客人入座，並且委婉的向客人表示：「○○先生或小姐，抱歉讓您久候！裡面請……」。

2.帶位行進間注意步伐速度，留意客人是否跟上，並向客人做簡單的環境介紹（如化妝室）。

3.行進間提醒其他工作人員讓路或暫停步伐讓客人優先通過，避免碰撞，甚至餐點打翻或燙傷。

4.協助長者或女士入座，必要時可代為保管外套、大衣、雨傘。

5.女士及長者優先逐一奉上菜單，並且可以搭配桌卡或菜單內的活動夾頁做簡要介紹。

6.清楚告訴客人今天的桌邊服務人員姓名，並預祝客人用餐愉快。

7.留意服務人員是否察覺客人入座，並告知服務人員客人的姓氏稱謂。

8.返回前臺工作崗位時可順道檢視餐廳其他桌客人的用餐進度，方便樓面桌位的掌握及安排。

(三)第三階段——銷售推薦及點餐（服務人員）

1.致意問候後並自我介紹。

2.詢問是否初次來店。

3.提供飲水。

4.菜單內容介紹（如促銷餐點、套餐、單點等）。

5.適時推薦。

6.點菜並重複確認。

這個階段的注意要點有：

1.尋問客人是否初次來到這家餐廳用餐，藉以判斷客人對環境、餐點的熟悉性，進而決定介紹菜單時的速度和要點。或是可以詢問客人上次享用的餐點是哪些？是否滿意？或是否需要其他當令／當季的推薦餐點？當然，如遇有其他用餐要求的客人，也必須另外做推薦，如素食者，讓客人感受到被尊重，必要時可協請主管或值班主廚的協助。

2.菜單介紹的順序：

(1)菜單介紹的優先順序一定是以當下的促銷餐點為先，因為既然被規劃為促銷餐點必有其原因，可能是獲得特定廠商的贊助得以降低成本，或是新菜的上市需要客人多方嚐試，以瞭解顧客喜好度，也可能為了應景，或因為是當令食材可以推薦給客人嚐鮮。

(2)第二個推薦的順序則是餐廳預先規劃好的常態套餐，推薦的好處是可以省卻客人點餐的麻煩，降低複雜度和困難度，且餐點／飲料完整，

而且套餐通常比逐一單點要來得划算。對於客人而言，點用套餐的好處多；而對餐廳而言，一來縮短點餐時間，可以提升工作人員的工作效率；二來可以確保餐廳的平均客單價，對於業績有正面幫助。

(3)最後才是介紹單點菜單，雖然較為耗時且對客人來說也不見得划算，但是客人擁有完全的主導權，可選擇他完全喜歡的菜色餐點，對於顧客滿意度也有正面的效應。

3.利用空檔為客人奉上飲水，對於年長者、小朋友可以主動詢問是否需要溫開水，如果是熱開水則建議改以有杯耳的杯子盛裝，方便客人拿取並避免燙傷。

4.如果是情侶或是一家人用餐，可以推薦多點些不同菜色餐點，再互相分享，以品嚐到更多的菜色，而且經濟划算。讓客人感受到服務人員並非以業績銷售為唯一目的，而是設身處地為客人著想！

5.點完餐點後務必再次確認，避免因點餐過程中客人間的討論而有所誤會，造成點餐錯誤的情況。

(四)第四階段——用餐服務（服務人員）

1.將餐點內容鍵入POS。

2.菜單送回前臺。

3.到吧檯領取餐前飲料。

4.餐前麵包。

5.前菜、沙拉、湯品（用餐關懷，確認滿意度）。

6.桌面整理、不定時加水。

7.主餐前收走所有前述附餐。

8.再次推薦佐餐酒。

9.上主菜（用餐關懷、確認滿意度）。

10.桌面整理、不定時加水並提供牙籤、紙巾……。

11.推薦或詢問附餐飲料／甜點。

12.提供新餐具。

13.鍵入POS。

14.帳單確認。

這個階段需注意的要點有：

1. 正確無誤的將客人的點餐內容與特別要求清楚正確的鍵入POS系統，如果在鍵入的過程裡犯了錯，很可能導致廚房／吧檯製作出不符客人要求的餐點，事後彌補的工作只會更繁瑣。因此，在這個動作完成存檔送出前，務必再三確認。

2. 送上餐點時務必以正確的方向將餐點上桌：餐點從客人的左手邊上菜、用完後從客人右手邊取走餐盤；飲料則是上下餐桌時都由客人右手邊進行動作。

3. 上菜時提醒客人留意：如「小姐，不好意思！我幫您從左後方上菜，雞肉凱撒沙拉，請慢用！」

4. 適時主動詢問或推薦合適的佐料：例如沙拉除了既有的沙拉醬，可以推薦現磨胡椒或起司粉；牛排除了既有的牛排醬汁，可以推薦海鹽。

5. 上菜後一、兩分鐘內可以即時關懷客人對於餐點口味、熟度、口感是否滿意。如有不滿意的地方可以即時回報給值班主管，做進一步的關切和處理。

6. 不定時整理桌面，收走不必要的餐具或用過的餐巾紙，讓桌面看來更清爽也更具空間。餐廳忙碌時，服務人員往往只忙著上菜、點菜等最基本的動作，而忽略了對客人用餐的適時關心。此外，加水也是很重要的動作，卻容易被遺忘。

7. 主餐之後推薦甜點及餐後的飲料也是很重要的一個服務和銷售建議。對於並非點用套餐的客人來說，另外享用餐後甜點和飲料勢必又是一個額外的付出，在銷售難度上也會較高。客人往往會有預算考量，或是已經吃飽而不再點用。服務人員在銷售時可以利用一些銷售技巧，例如：

(1)「餐後要不要來個甜點？師傅今天新創作的香橙巧克力捲？還是餐廳一直很熱賣的提拉米蘇蛋糕呢？」這樣的說法會比「請問餐後要不要點甜點？」來得高明許多！因為前者的說法會讓客人腦海裡立即出現這兩種蛋糕的畫面和口味，而後者的說法只會讓客人腦袋一片空白，自然容易拒絕點用甜點。

(2)「今天天氣很冷，要不要來杯調有杏仁甜酒（Amaretto）或卡魯哇咖啡利口酒（Kahlua）的熱飲咖啡呢？喝起來又香又暖喉，很舒服哦！」也會比「餐後要不要來杯咖啡？」要好許多，消費業績也就會高一些些。

(五)第五階段——結帳及離席（服務人員）

1.列印帳單備用。

2.確認帳單內容及金額。

3.優惠折扣。

4.其他結帳注意事項。

5.恭送客人離開。

這個階段注意的要點有：

1.在客人用餐告一段落後，應該再次確認點餐的內容是否都正確鍵入，並且可以先行列印一張帳單備用，因應客人隨時要求結賬的準備，避免客人等候。

2.出示帳單時要仔細向客人說明帳單的內容，確認沒有錯誤。對於部分優惠活動也可以主動告知客人，並且幫他做折扣。（優惠活動視活動規則辦法而定，有些活動是必須客人主動出示特定折價券、信用卡，有些活動則不必，商家可主動告知並進行折扣。）

3.買單時可請客人在座位上等待，由服務人員代勞，向客人索取現金或信用卡，並且詢問統一編號、停車卡等，然後向出納結賬。

4.找零或請客人簽信用卡時，應再次核對金額、找零金額，核對簽名無誤後，交還信用卡、簽單收據、零錢、發票給客人。此時很重要的貼心動作是逐一清楚的把這些東西點交還給客人，多數的服務員習慣全部一併交給客人，往往造成客人接收時的壓力，也容易不小心遺失其中某些東西。建議服務人員在先交還信用卡時對客人說：「這是您的信用卡請先收好。」等客人將信用卡收好後再把其他簽單收據交給客人。小小的動作會讓客人感受到服務員的貼心。

5.客人離席時可以趨前協助客人拉開椅子方便客人離座，同時要習慣性的巡視四周，協助客人確認隨身東西（錢包、提包、手機、雨傘、外套等）都已帶走。並且向客人致謝，歡送客人離開；非自動門的餐廳也必須協助客人或提醒前臺人員為客人開門，目送致謝。

(六)第六階段——重新整備（服務人員）

1.整理桌面、更換桌布。

2.餐具重新擺放。

3.最後確認。

4.通報前臺。

在這個階段要注意的要點有：

1.迅速將桌面整理擦拭乾淨，重新擺設應有的乾淨餐具／餐盤／餐巾紙。

2.確認桌上的調味料，如胡椒鹽、番茄醬等瓶蓋是否旋緊，瓶口是否乾淨、餐桌是否平穩而不搖晃。

3.一切就緒後，通知前臺餐桌已經完成整理可以重新帶客人入座。

4.忙碌的時段，服務人員往往忙於應付既有用餐的客人，造成客人離開後的空桌遲遲未能整理，相當有礙觀瞻。如果營運當下並沒有立即需要新餐桌帶客人入座的情形，可以先將桌面收拾乾淨，然後專心照顧其他用餐客人，等稍後有空再把空桌上應有的擺設補齊。

二、SOP範例

上述六個階段大致把餐廳從客人進門到離開的服務流程做說明，一家有制度尤其是連鎖的餐廳，為了要能統一服務標準和餐點口味，讓客人對品牌有清楚的認知和認同，會透過固定的格式把所有的流程以文字具體化，形成企業內部共通的執行準則，稱之為「**標準作業流程**」（Standard Operation Procedure, SOP）。

表10-1至**表10-3**為帶位、遞送菜單、倒水等部分動作的SOP範例說明。

三、樓面工作的畫分

每家餐廳因應餐廳的型態、消費水準和人力安排，每個部門的同事都有該部門應該負責完成的樓面工作。常見的區分如：

1.前臺：負責接聽電話、接受訂位、樓面餐桌安排、帶位、菜單整理、化妝室清潔。

2.外場服務員：客人入座後到離席這段時間全程的銷售推薦、餐飲服務。

3.出納人員：為客人結帳、每個餐期做結帳及統計，並且在下班前將營收

表10-1　帶位之標準服務作業流程

訓練主題：引導客人並安排入座
訓練目標：與客人親切問候，並安排客人入座用餐
訓練所需物品：

項次	流程步驟	要點說明	參考用語	備註
一	歡迎	1.微笑、態度神情愉悅。 2.主動上前招呼，先以目光迎接客人，距客人三步距離時跨前半步，寒暄問候。 3.聲音大小須適中。	1.您好！歡迎用餐 2.○先生（小姐），您好！歡迎光臨好久不見！（熟客）	熟客可直呼姓氏及職稱。
二	帶位	1.帶位時與客人保持二至三步距離，並走在客人左（右）前方。 2.往欲帶位之方向，並伸出左（右）手指引方向。 3.行進間不時用餘光注意客人是否跟上，腳步輕盈但不可過快。 4.帶位途中可適度對客人表示關切。 5.行動不便的客人應儘量安排靠近入口處。	○先生（小姐），這邊請！	如有老弱婦孺，可主動關懷並攙扶。
三	指示桌子	1.身體面向客人，並注視客人。 2.面帶微笑，伸手並以手掌指向桌子。	1.○先生（小姐），請問坐這裡好嗎？ 2.這是為您保留的位子，請問您滿意嗎？（熟識的客人）	
四	入座	1.輕輕拉出椅子。 2.待客人入位，輕輕將椅子後部抬高，在配合客人就座時，以膝蓋輕輕推頂椅子，協助客人妥善入座。 3.以女士及長者為首要服務對象。	○先生（小姐），您請坐。	將椅子些微拉出。

資料來源：整理修改自大魯閣餐飲事業股份有限公司員工教育訓練資料。

　　交給主管完成交接。

　4.廚房人員：

　　(1)冷廚負責沙拉、冷盤開味菜、甜點、水果。

　　(2)熱廚負責其他熱食餐點的烹調製作。

　5.吧檯人員：製作各式飲料、果汁、調酒、咖啡、茶……。

　　對於小規模的餐廳往往無法細分到如此，會有部門整併的情況發生，例如

表10-2　遞送菜單之標準服務作業流程

訓練主題：遞送菜單
訓練目標：禮貌地為客人送上菜單，並做簡單的推薦及介紹
訓練所需物品：菜單

項次	流程步驟	要點說明	參考用語	備註
一	準備菜單及酒單	1.確定菜單及酒單內容完整、乾淨無污損。 2.每桌至少提供一份酒單，以每人一份菜單為原則。		
二	遞送菜單	1.面帶微笑，向客人問安並歡迎前來Pasta Paradise餐廳用餐。 2.打開菜單的第1頁，交給客人。 3.女士及長者優先，然後以順時針方向遞送菜單。 4.順便檢視一下客人桌上的餐具是否乾淨、完整。 5.向客人介紹今日例湯及今日所推薦的項目，並為他們做菜單的簡單介紹。	1.○小姐（先生），您好，歡迎來到Pasta Paradise餐廳用餐，這是我們的菜單請您參考一下。 2.您好，我們今天的例湯是……；另外，今天我們主廚特別設計了……。	1.菜單不可夾在腋下。 2.菜單要親自交給客人，並替客人打開第1頁。

資料來源：整理修改自大魯閣餐飲事業股份有限公司員工教育訓練資料。

前臺人員與出納人員整併、冷廚和吧檯人員也有同業進行整併。一來是因應餐廳空間不足而有此規劃，二來則用以節省人力。通常這類餐廳的餐點複雜度比較低，部分產品（例如麵包、甜點）甚至可以採用向同業進貨的方式，以節省人力、設備投資和空間。

以Pasta Paradise模擬案例而言，約一百個座位不到七十坪的營運面積，加上價格策略偏向於平價，或可說是中低價位的義式料理餐廳，在菜單產品的規劃上又屬於以義大利麵為主的餐廳形式，對於甜點、麵包的採用則傾向由餐廳主廚向專業的麵包或甜點工廠訂購，省卻餐廳自身的人事成本及設備投資，而飲料的部分又以非酒精性飲料為主，簡單的果汁（濃縮果汁非新鮮現榨）以及咖啡茶飲，都屬於簡單好製作的飲料項目。因此在甜點及吧檯飲料的規劃上複雜度降低了許多，在人事安排上則可以考慮由一個人來統籌製作，既節省人事成本也節省餐廳空間，這些甜點的出盤和飲料的製作都可以在同一個空間內完成，餐廳因此也無須再做吧檯及點心房的空間設備規劃。

餐廳開發與規劃

408

表10-3　倒水之標準服務作業流程

項次	流程步驟	要點說明	參考用語	備註
		訓練主題：倒水 訓練目標：適時專業地為客人做倒水的服務動作 訓練所需物品：水壺、口布、水杯		
一	檢查水壺	1.水壺保持乾淨且無破損。 2.檢查水壺中的水量是否足夠（8分滿）。 3.檢查水溫，並視天候狀況，酌量加入冰塊或熱水（三分之一）。		每壺水加入檸檬角2個（檸檬一開六），每個用餐期更換檸檬1次。
二	擦拭水壺上的水滴	以口布擦拭水滴，避免在為客人倒水時，水滴滴到客人身上		
三	倒水	1.加水時，應站立於客人右後方，由右側服務。 2.長者及女士優先，依順時針方向服務。 3.將水壺靠近客人水杯，但不觸碰杯子，緩緩將水倒入杯中，或將客人水杯拿起，在客人側後方加水。 4.水加至8分滿，若客人座位擁擠可以只加至7分滿，以免客人不小心碰撞而溢出。 5.如因倒水造成客人交談不便時，應該向客人致意取得諒解。 6.全部倒完後，向後退一步，稍停頓確認工作完成後，再轉身離開。	1.抱歉，打擾了！我為您們倒水！ 2.謝謝！	
四	用餐中再次加水	1.加水動作同「項次三」 2.隨時注意客人水杯水量，若低於5分滿時即應進行加水服務。	○先生（小姐），對不起！我幫您加水。	

資料來源：整理修改自大魯閣餐飲事業股份有限公司員工教育訓練資料。

四、其他備勤工作的分配與執行

　　備勤工作對於沒有實際餐飲經驗的人來說會比較陌生。試想，餐廳在營運忙碌的情況下，仍有許多幕後的工作需要有人隨時去執行，才能讓前場的營運工作能夠順利進行。餐廳營業前總是會盡可能把外場的工作站補滿所需的營運用品，例如小餐盤、各式餐具、外帶盒、各式調味醬、水杯……然而隨著營運的開始，工作站上的營運用品也隨之減少，而廚房的洗碗區也逐漸堆起一疊疊洗淨的餐盤，這時需要有人將這些洗淨的餐盤重新搬運到工作站上，讓營運能

夠順暢進行。吧檯隨著營運時不斷的製作飲料，水杯也會需要重新由洗碗區補充過來，也有可能在營運當中需要再次到製冰機搬運更多的冰塊，把吧檯裡的冰槽補滿。

　　上述的案例不勝枚舉，把洗淨的餐具逐一擦拭分類，把各式洗淨的杯盤補充到外場工作站、吧檯、廚房的冷熱臺等都是必要的，而客用廁所的定時檢查和清潔也必須有工作人員去執行。除了大型飯店因為營運量體大到一個規模，可以派遣專人執行這些工作外，九成以上的餐廳都無法支應這樣的人力成本，而是透過預先的規劃讓每一位樓面上的工作人員除了必須完成自己樓面上服務的工作之外，也必須利用短暫的空檔時間去執行這些工作。業界把這些工作稱之為Running Duty或是Side Work。餐廳會預先把這些每天必須在營運時執行的工作予以分類，再由值班主管或是領班在營運前分配給每一位工作人員去利用營運空檔時間完成（備勤工作規劃範例見**表10-4**）。

表10-4　備勤工作規劃

Running Duty		
Station #	Section	Opening Duty
All	Dining Room	1.擦拭所有樓面區域內的銀製餐具及酒杯。 2.檢查所有擺設（含座位間距、檯布等），需合乎餐廳要求。 3.擦拭負責區域周邊木質檯面及植物的清潔，並檢查桌椅狀況。 4.擦拭、補滿胡椒、鹽罐。 5.再次檢查樓面區域，並自行向前臺Check In。 （早班：11:45前；晚班：17:30前；兩段班：在17:45前完成Check-In）。 6.晚班上班人員應於營運前檢查所負責之Duty，確認是否已確實完成。 7.早班同事星期一至星期五需幫忙擦拭晚班同事之區域桌面。 8.早班（含兩段班）每日需折口布50條，並協助早班完成工作，始可打卡下班。
所有Opening Duty應於餐廳營運前完成		
Running & Closing Duty		
1 - A站 2 - B站	A, B Station	1.營運前確認站上的口布皆已補滿。 2.站上備有2包方型紙巾、2包三折擦手紙、2捲感熱紙捲、各站皆有1盒牙籤。 3.清潔、整理各站的帳夾及Dessert Menu，若有吧檯使用的帳夾則歸還吧檯。 4.清潔擦拭電腦周圍。

（續）表10-4　備勤工作規劃

Station #	Section	Closing Duty
1 - A站 2 - B站	A, B Station	5.櫃子的門、刀叉籃、圓型盤（各站需有6個）皆需清潔。 6.各站餐具應隨時確保營運中所需用量不致短缺。 7.垃圾桶淨空（需裝上垃圾袋）並倒扣。 8.地板清潔。
3 - C站	C Station	1.營運中應注意咖啡豆、檸檬角及牛奶是否足夠使用，並隨時補充。 2.確認咖啡豆及茶包存貨量，以決定是否需要訂貨。 3.茶盒內茶包需維持每種項目有6包。 4.櫃內應保持每種茶包項目有2盒（全新）之存量。 5.糖盅清潔，並維持10包糖包、左右各4包代糖之規定。 6.熱杯架最前一排咖啡杯，每列最多只能放2個杯子。 7.咖啡機之清潔及確認清潔用的藥片及藥水是否仍有庫存： 　(1)清洗拆下零件（共5件）要確實，牛奶管要搓洗，晾乾後，由隔日 　　早班裝回。 　(2)咖啡機內咖啡豆少於三分之一時須補滿。 　(3)熱杯架需每日擦拭。 　註：其他職責同A、B站。
4	Bread & Dessert Station	1.營運前需確認吧檯有15條以上的Wine Towel。 2.營運前確認麵包站有15條以上的口布，並補足營運中之所需。 3.補足生日用的蠟燭。 4.補滿冰淇淋用之底盤。 5.麵包機、麵包籃的清潔。 6.層架的清潔。 7.維持甜點用茶匙的數量及清潔。
5	Polished	1.擦拭洗碗區洗好的餐具，並將所有擦拭乾淨的餐具補給至各站。 2.清潔刀叉籃。
6	Locker Room	1.整理並維持員工休息室之整潔，包括桌面……。 2.清潔員工休息室的鏡子及地面。 3.清潔員工休息室地面，包括掃地及以稀釋後的漂白水拖地。 4.將員工使用之椅子排列整齊。 5.衣架回收。 6.整理口布。
All	Dinning Room	1.負責區域的桌面擺設需符合餐廳要求。 2.擦拭並補滿胡椒、鹽罐。 3.要做Closing Duty之前，需先經過樓面領班的同意。 4.打卡前，需請當日領班檢查，通過後始可打卡下班。 5.打卡單需交給當日值班經理。

資料來源：作者存檔資料。

五、每日工作流程

　　每個工作職掌除了要依照工作規定的項目逐一完成之外，很重要的一個注意要點就是工作的先後次序安排，畢竟從開店前的準備工作到晚上餐廳打烊有許多的工作尚待執行，而其中又有許多礙於食品衛生或是保存期限的關係必須在時間上特別掌握，另外也應配合餐廳動線、營運情況來安排工作的執行先後順序，依照事情的輕重緩急逐一有條不紊的完成。**表10-5**前臺自主檢查表是以餐廳領檯人員為範例，每日從上班到下班期間，除了安排桌位、帶領客人入座之外，還必須執行所有工作，依照時間順序排列逐一完成，並且打勾確保所有工作都能確實完成。餐廳裡每個工作人員不但會有自身的工作職掌，也都應該依照每日的工作流程把自己的工作安排妥當，才能做好時間管理，提高工作效率，即使是餐廳主管也不例外。**表10-6**提供外場經理的每日晚班工作流程作為參考。

六、工作站建置

　　工作站在餐廳的外場營運中扮演一個非常重要的補給角色。從開店規劃初期就應該盡可能想好日後可能會有的營運物料有哪些是必須放在工作站上的，數量又各需擺放多少？應該在規劃初期就盡可能向設計師提出日後工作站所需的水電供應，甚至其他弱電設備，例如電話線、網路線的規劃預留也是如此。同樣的道理，如果能盡早規劃日後要放在工作站上的營運物料有哪些、規格又是如何？就能規劃出更貼近實際需求的工作站。例如，預先選定水杯款式，就可以丈量水杯高度，製作高度合宜的層板，更有效率的運用空間。但預先的計畫趕不上日後營運上的變化，故須盡力在這部分做好規劃，原則上有幾個大方向是可以考量的：

1. 層板多做些，高度可調整。
2. 防水性要好。即使木作工程在牆角都抹上防水膠也頂多可以撐個兩、三年。直接在轉角處用不鏽鋼板摺成直角，形成一個後矮牆才是一勞永逸的方法，並留意坡度避免積水。
3. 無門比有門好，櫃子門只是讓工作人員多一個動作，也多一個噪音，日後則多了一個維修。門絞鍊容易壞，開關門會產生噪音，關上了門又無

表10-5　前臺人員自主檢查表

早班	MON	TUE	WED	THU	FRI	SAT	SUN	晚班	MON	TUE	WED	THU	FRI	SAT	SUN
開班會								跟早班交接							
招牌燈插頭、大廳左側門鎖								確認區域、桌號、人數							
補菁荷糖、展示臺整理								確認廁所清潔							
Bar書報櫃的整理								大廳電燈的調整							
甜點Meun補各站								前臺木質部分打蠟							
檢查前臺區域是否髒亂								抄寫隔天訂位							
前臺鏡子及大門擦拭								點算Meun及甜點Meun回收							
開燈(用餐區、沙發壁燈、壁畫燈)								鎖大門Meun及左邊門鎖							
廁所內酒櫃插頭(102桌旁)								招牌燈、展示櫃插箱拔插頭							
小倉庫內廁所燈及廁所冷氣								Lounge關檯燈及酒櫃拔插頭							
小倉庫內物料是否足夠								側門門鎖							
開側門門鎖								廁所清潔							
Lounge檯燈打開								來客數登記							
打气球								換Meun							
打電話確認包廂訂位								擦拭外面燈箱、打蠟							
確認區域、桌號、人數								客人留置名片收回							
廁所清潔								糖果收進密封罐							
來客數登記								關電腦							
換晚餐菜單															
早班值班前臺簽名								晚班值班前臺簽名							
星期	一	二	三	四	五	六	日								

週清潔	一	二	三	四	五	六	日
廁所所洗手乳(早晚班一起)							
Lounge皮沙發擦拭打蠟							
Lounge木質檯面打蠟、補季刊							
補店卡							
廁所木質部分打蠟							
大理石桌、桌腳、木門打蠟							
其它木質部分打蠟							
Bar旁雜誌補放整理、擦拭活動櫃							
簽名							

請每天早晚班同事依據上面工作項目,逐一自我檢查是否工作有所遺漏,並打✓簽名確認，以示負責。

如有遺漏或新增項目請向主管建議!

資料來源:作者存檔資料。

表10-6　外場晚班經理每日工作流程表

Check	Closing Shift To Do List
	greeting!
	check front desk reservation and log book
	modify seating chart if necessary
	walk through kitchen, greeting kitchen co-worker
	read mgr log book, red book, shift report
	handover with opening manager
	action for priority thing need to do
	make shift note for yourself and set up your shift goal: sales, promotion, other..
	talk with server/busser shift leader and double check floor manpower
	check PDR and table arrangement for dinner
	if special function, well communicate w/ mktg mgr, chef, and other co-workers regarding this!
	co-worker meal
	talk with chef for soup of day, promotion item and quantity or party function detail
	lighting check, station check, and promo/86 item check
	briefing!
	music, air con., lighting
	operation for lunch time, keep communicating w/chef, carver, and co-workers
	table visit, PR, and overlook restaurant operation
	keep an eye on reseravation guest arriving on time, walking guest situation
	beef counting by time to time
	OTLE, and close public area in PDR first
	follow up sidework/closing duty, and OTLE co-worker clock out time
	check table arrangement for next day
	check out with cashier
	leave message in log book if necessary
	review shift with chef, carver, shift leaders
	count safe, turn off music, computer
	close and lock office and restaurant

資料來源：作者存檔資料。

　　法對營運物料的擺放一目了然。如果擔心美觀的問題，則可以透過屏風或設計師的巧思達到視線上遮蔽的效果。

4.動線規劃佳可以避免員工進出工作站容易產生碰撞，或是與客人產生碰撞情事，甚至發生危險。

　　最後，在開店後可以因應營運量來調整工作站內擺放營運物料的數量，

並且公告給所有員工,養成在營運前準備充足備品,讓大家在工作時能更有效率。**表**10-7是工作站營運物料擺放數量的範例。

七、常用表格

餐廳在規劃初期即可透過餐廳主管就自身的經驗預先準備各式營運上會用到的表格,利用這些表格來協助營運上的順暢,有些表格填寫完畢後,可以歸檔作為日後的參考。常見的表格不外乎盤點表、每日盤點表、值班日誌、保險箱現金盤點表、訂位表、訂位本、生飲水系統濾心更新記錄、各項設備保養維修記錄表、班表等等。(各式表格範例請見**表**10-8至**表**10-14)

八、顧客關係管理

就Pasta Paradise模擬案例的餐廳規格和定位,顧客關係管理偏向於以餐廳營業間透過工作人員與顧客間的親切互動為主,既不花成本也最實際,畢竟顧

表10-7　各工作站補貨數量

		A站	B站
1	桌布	15	20
2	口布	40	50
3	水杯	40	50
4	葡萄酒杯	20	30
5	BB盤	40	50
6	餐巾紙	3包	4包
7	冰塊	滿槽	滿槽
8	麵包奶油	30	30
9	刀叉組	40	50
10	外帶盒	40	40
11	外帶提袋	40	40
⋮	⋮	⋮	⋮
⋮	⋮	⋮	⋮
17	托盤	5	5
18	商用茶包	0	0
19	三折擦手紙	1包	1包
20	牙籤	1盒	1盒
21	POS紙捲	2捲	2捲

資料來源:作者整理製表。

表10-8　營運日誌

DS- Deluxe Spicy Shift Report　　　Date:　　　Shift Leader:　　　MOD:

Tepanyaki/ Sushi chef	Performance	Server/Bar/Host	Performance
1			
2			
3			
4			
5			
6			
7			
8			
9			
10			

Briefing Guide:	Please Follow Up:……
⬆	
⬆	
⬆	
⬆	
⬆	

Guest Compliment/Complain	Things For You To Know:……
⬆	
⬆	
⬆	

Read And Sign Here:

資料來源：大魯閣餐飲事業股份有限公司提供（2009）。

表10-9　中文雇用契約書

雇用契約書
機密文件

日期：_____年_____月_____日
姓名：_____
電話：_____
地址：_____

親愛的 _____ ：

經參照您面試的結果，在下列條款範圍內，我們很高興錄用您為 _____。

1.職務之始
　　您的雇用契約生效於___年___月___日，終止於___年___月___日。
2.薪資
　　您的基本月薪是新臺幣 _____ 元整。
　　另外，當您試用3個月期滿後，1份額外的銷售獎金將會加入您的月薪中，獎金數額會隨著當月銷售額而變動，同時公司董事會有權決定是否發放。
　　您的薪資最遲將於次月10日以前發放。
　　您的試用期滿日為___年___月___日。
3.試用
　　您必須至少服務3個月作為試用期，此試用期可經由公司決定是否縮短或延長，在試用期間，您與公司的雇用契約可經由任何一方於1週前以書面通知終止，或以1週薪資抵付。
　　同時您必須按法律規定取得乙份健康檢查合格證明為您的雇用條款之一。
4.契約終止
　　當您服務3個月後，您的合約可經由任何一方於1個月前以書面通知終止或以1個月薪資抵付。
　　儘管任何協議明列於此，假如您有不端行為的過失、執行勤務缺失或故意違反規定不遵守契約條款和善盡職責，公司方面仍然可以立即終止您的雇用契約而不經任何事前告知或支付任何薪資。
　　假如您於工作中曠職連續2日以上，您將被視為與公司毀約：
　　(1) 未於事前向公司請假或沒有任何合理的原因；
　　　　或
　　(2) 未向公司告知或未嘗試通知公司您的曠職原因。
　　在您於公司任職中或離職後，您不可洩漏公司商務機密，含配方、式樣、編輯刊物、計畫方案、圖樣、技術方法、策略、任何政策方針等情事給任何人或任何公司行號。
5.責任義務
　　您必須忠實愉快地在公司完成您的職責，如同明列於您的職務說明中和其他由管理階層指定的任務，同時經由管理階層的決定，您可能會被調職於不同的部門中，或由公司指派服務於不同的所在地。您也必須服從公司所有的指導方針、政策和指導手冊。
6.工作時數
　　上班時數必須按相關部門協議規定，若是公司商務需求，您必須延長工作時數，○○○股份有限公司採輪班制，每2週休假3天。每月基本工作時數為195小時，超出部分以加班費計算。
7.年假
　　您的年假1年有7天按比例分配，年假在您的雇用契約確定後才開始生效，每年隨著工作年資

（續）表10-9　中文雇用契約書

　　增加1天，最多至14天為止。
8.已有的疾病和醫療福利
　　您可享有一般的勞健保醫療保險，如同中華民國政府的規定標準。
　　公司依規定支付由公司負擔的保費，同時公司依規定由薪資中扣除員工負擔部分的保費，此一政策將隨中華民國政府政策的修訂做適當的更改，在雇用契約生效前，我們不負擔任何額外醫療費用。
　　任何已存在的醫藥治療、診斷諮詢或規定的藥物，在雇用契約生效前不適用於醫院團體或手術保險體系中。
9.公司福利
　　公司所提供如前所列的福利可隨著管理階層的決定而變更，您可享有每年6天的支薪病假，但必須提出醫師證明文件。
　　住院治療最高1年支薪30天，超過30天以上則不給薪。
10.一般條款
　　您的雇用契約附有下列條款：
　　(1) 您沒有與其他雇主簽訂雇用契約
　　(2) 假如您不是中華民國國民，您必須出具必要的居留證明和其他核准文件。
　　(3) 公司取得良好的推薦函並核實您的申請書各項資料。
11.其他條款
　　若您的職務因個人因素需要辦理留職停薪，由正職轉換為兼職，或由兼職轉換為正職，需於1個月之前提出申請，並經該部門主管核准後，始可生效。

其他合約未盡事宜經股東會議商榷同意後公布實施。

為表示您接受上述的雇用條款，請您於簽字後繳乙份正本回公司。
這份經由雙方同意的書面文件將視為您與公司的工作合約。我們願藉此機會歡迎您加入我們的團隊，並期盼您積極發揮您所扮演的角色，幫助公司建立溫馨家庭式餐廳的良好聲譽。

謹此誠懇的致意

＿＿＿＿＿＿＿＿＿＿＿＿＿＿＿

總經理

確認：

我＿＿＿＿＿＿＿＿＿＿＿＿＿＿，身分證字號＿＿＿＿＿＿＿＿＿＿＿＿＿＿＿，在此確認接受以上合約所提的雇用條款。

簽名：＿＿＿＿＿＿＿＿＿＿＿＿＿日期：＿＿＿＿＿＿＿＿＿＿＿＿＿

資料來源：勞瑞斯牛肋排餐廳提供（2009）。

表10-10 內場清潔檢查表

		一 1/30	二 1/31	三 2/1	四 2/2	五 2/3	六 2/4	日 2/5
	內場清潔檢查表　日期							
	碗盤餐具清洗完畢							
	Dish機內部濾網取出洗淨並晾乾							
	履帶兩側塑膠簾洗淨擦拭並晾乾							
	Dish機外觀擦拭乾淨，拉門打開保持內部乾燥							
	水槽刷洗乾淨並擦乾（含濾杯）							
洗碗區	Dish區上下所有臺面擦拭乾淨							
	抹布洗淨晾乾							
	器具擺放整齊							
	主菜及沙拉盤收納車刷洗（每週一）							
	大桶圓盤每晚刷洗並晾乾（每週一、四）							
	壁面擦拭乾淨							
	垃圾桶不超過四分之一，並加蓋蓋妥							
	廚餘桶不超過四分之一，並加蓋蓋妥							
	內部以藥水清潔，擦拭乾淨後，須烤箱門打開保持通風（每月7日）							
烤區	外部擦拭乾淨亮無漬							
	烤架浸泡藥水去垢並清洗乾淨（每月7日）							
	排油煙機可拆濾網清洗（每週二）							
	排油煙機外觀擦拭光亮無油垢（每週二）							
熱廚區	碳烤架、四口、六口爐架浸泡藥水並洗淨							
	碳烤架、四口、六口爐臺面擦拭乾淨，並更換鋁箔紙							

（續）表10-10　內場清潔檢查表

項目	內場清潔檢查表　日期	一 1/30	二 1/31	三 2/1	四 2/2	五 2/3	六 2/4	日 2/5
熱廚區	碳烤架、四口、六口爐下方烤箱用藥水清潔並擦拭乾淨（每月7日）							
	烤箱外觀擦拭乾淨無垢							
	排油煙機可拆濾網清洗（每週二）							
	排油煙機外觀擦拭光亮無油垢（每週二）							
	烤架浸泡藥水去垢並清洗乾淨（每月7日）							
截油槽	濾網清洗、廚油撈除							
排水溝	沖洗無阻塞物，排水溝蓋浸泡藥水並刷洗乾淨							
	刷洗無垢、水溝蓋浸泡藥水並刷洗乾淨（每月第二、四週的星期三）							
全區	所有牆角及設備下方清潔（6吋以下）							
	全區壁面（天花板緣至地面）擦拭乾淨（每月10日）							
	Duty Manager Signature							

○滿意　△尚可　X待改善

資料來源：大魯閣餐飲事業股份有限公司提供（2009）。

表10-11 保險箱及出納現金盤點表

		1000	500	200	100	50	10	5	1	Total	Cashier	MGR
MON	AM											
	SWING											
	PM											
TUE	AM											
	SWING											
	PM											
WED	AM											
	SWING											
	PM											
THUR	AM											
	SWING											
	PM											
FRI	AM											
	SWING											
	PM											
SAT	AM											
	SWING											
	PM											
SUN	AM											
	SWING											
	PM											

資料來源：大魯閣餐飲事業股份有限公司提供（2009）。

表10-12 零用金支出登記表

日期	項目	發票號碼	金額	簽名
	總計金額		$	

資料來源：大魯閣餐飲事業股份有限公司提供（2009）。

表10-13　前臺訂位表

鼎鮮極緻麻辣
訂 位 表

午／晚餐

日期：　　　　　星期：

			訂位					Walk In	
時間	桌號	人數	S/N	姓名	行動電話	時間	桌號	人數	姓名
1									
2									
3									
4									
5									
6									
7									
8									
9									
10									
11									
12									
13									
14									
15									
16									
17									
18									
19									
20									

資料來源：鼎鮮極緻麻辣火鍋提供（2009）。

表10-14　設備維修卡

設備名稱			廠牌型號				所在位置			
入店日期			□新購　□中古，來自_____				備註			
維修紀錄										
日期	維修原因		維修內容				維修廠商	維修結果	備註	

資料來源：大魯閣餐飲事業股份有限公司提供（2009）。

客關係還是主要在於人際間的互動、溝通、表情及心靈的交流。熟客與餐廳間的工作人員甚至會因為頻繁的消費，而從主客關係變成了好友，彼此溝通間也有了更多的默契和心靈交會。就如同本章第五節所提及的幾個要點，如人際間的互動、用餐關懷、主動設想等。而對於顧客用餐間所遇到的不滿意，也必須在第一時間能立即由樓面主管道歉、關懷，並做必要的彌補。

至於科技設備所賦予的顧客關係管理系統，現在多半能與一般的POS系統作連結，透過內建的顧客關係管理軟體協助餐廳將顧客資料建檔、建立會員機制，且提供折扣優惠等會員專屬福利。此外，因為顧客關係管理的軟體內建於POS系統內，每一筆消費資料、用餐細節內容也都能忠實的被記錄下來，成為一個完整的顧客資料庫，再搭配軟體的一些資料排序、篩選、郵寄標籤列印、大量發信軟體等功能，讓餐廳能因應不同的行銷活動設計來通知這些顧客。整體而言，以兩萬元以內的預算（報價單請參閱第十一章）在POS系統內添購顧客關係管理軟體是非常值得的。而顧客關係管理系統因建制會員制度，提供會員具有儲值及消費紅利點數的優惠活動的晶片卡，進而可以透過系統產生各類報表（如**附錄10-1**裡介紹的統計及管理報表）。

附錄10-1 顧客關係統計與管理報表範例

附錄表10-1 VIP卡有效日逾期分析表

印表日期: 2009/08/04
生日月份: 01/01 ～ 01/31

頁次: 1

客戶編號	客戶名稱	出生日期	行動電話	聯絡電話	地址	E-Mail
000086		1965/01/08				
000099		1963/01/30				
000105		1951/01/04				
000136		1960/01/15				
000141		1960/01/19				
000188		1971/01/29				
000197		1959/01/08				

附錄表10-2 VIP生日明細表

印表日期: 2009/08/04
日期區間: 2009/06/04 ～ 2009/08/31
系統選擇:晶饌卡

頁次: 1

卡號	客戶名稱	手機號碼	E-Mail	累積加值	累積扣值	卡片餘額	卡片紅利	有效期限
000095				0		0	3	2009/07/13
000122				0		0	11	2009/08/15
000274				0		0	6	2009/08/19
000397				0		0	0	2009/07/18
000550				0		0	7	2009/07/13
000559				0		0	6	2009/08/10
000578				0		0	6	2009/06/29

附錄表10-3 客戶資料明細表

印表日期: 2009/08/04
客戶編號: 000002 ～ 000010

頁次: 1

客戶編號	客戶名稱 性別　結婚紀念日 <用餐習慣>	出生日期　行動電話　聯絡電話　E-Mail	地址 備註
000002	KEVIN 男	1971/06/19	

沙拉: more dressing　牛肋排: English 1 slice　單點: corn　　甜點 tiramisu　　酒類及飲料: scotch
抽煙: smoking　　座位安排: private di　對wine dinner是否有興趣: No　　對cigar dinner是否有興趣: Yes
是否打統編: Yes　13103036　　是否偏好包廂: Yes　Las Vegas

| 000003 | Jenny
女 | | |

沙拉:　　牛肋排:　　單點:　　甜點　　酒類及飲料:
抽煙:　　座位安排:　　對wine dinner是否有興趣: No　對cigar dinner是否有興趣: No
是否打統編: No　　是否偏好包廂: No

| 000007 | JAMES
男 | 1976/10/10 | |

沙拉:　　牛肋排:　　單點:　　甜點　　酒類及飲料:
抽煙:　　座位安排:　　對wine dinner是否有興趣: No　對cigar dinner是否有興趣: No
是否打統編: No　　是否偏好包廂: No

附錄表10-4　VIP紅利點數到期明細表

印表日期: 2009/08/04　　　　　　　　　　　　　　　　　　　　　　　　　　　　　頁次: 1
日期條件: 2009/06/30　到期

卡號	客戶名稱	手機號碼	聯絡地址	E-Mail	全部紅利	到期紅利	有效期限
000007					0	4	2009/06/30
000091					5	3	2009/06/30
000095					0	3	2009/06/30
000096					0	2	2009/06/30
000105					0	4	2009/06/30
000113					1	4	2009/06/30
000131					0	18	2009/06/30
000144					9	12	2009/06/30
000207					0	10	2009/06/30
000209					0	7	2009/06/30

附錄表10-5　消費金額與次數排行表

印表日期: 2009/08/04　　　　　　　　　　　　　　　　　　　　　　　　　　　　　頁次: 1
客戶編號: 000002　　～ 000500　　　日期區間: 2007/08/04　～　2009/08/04　　　報表類別: 排序筆數

排名	客戶編號	客戶名稱	消費金額	消費次數
1	000003		174,544	35
2	000457		27,850	20
3	000383		40,827	12
4	000197		31,294	10
5	000391		21,537	10
6	000394		28,121	10
7	000305		95,493	10
8	000131		40,063	10
9	000354		85,402	9
10	000440		60,325	8

附錄表10-6　結婚紀念日明細表

印表日期: 2009/08/04　　　　　　　　　　　　　　　　　　　　　　　　　　　　　頁次: 1
生日月份: 01/01　　～ 01/31

客戶編號	客戶名稱	結婚日期	行動電話	聯絡電話	地址
000059		01/15			
000098		01/22			
000147		01/15			
000149		01/30			
000151		01/05			
000163		01/04			
000174		01/01			
000192		01/01			
000204		01/31			
000214		01/07			

附錄表10-7　會員系統營業交易日報（明細）表

印表日期: 2009/08/04
日期區間: 2009/08/01　~　2009/08/04　　　報表類別: 明細表　　　　　　　　　　　頁次: 1

日期	時間	單號	卡號	交易別	交易金額	獲得紅利	卡額異動	現金/信用卡	抵扣紅利 (元/點)	新卡卡號	註消點數/有效日期	承辦人員
2009/08/01	20:03:22	2009080106928	001498	消費	13,217	13	0	13,217	0 / 0		0 /	TONY TSAI
[小計]	筆數: 1											
2009/08/02	14:41:51	2009080206929	001591	消費	4,583	4	0	4,583	0 / 0		0 /	ALLISON WANG
	14:56:52	2009080206930	001938	消費	3,340	3	0	3,340	0 / 0		0 /	ALLISON WANG
	20:03:49	2009080206932	001763	消費	5,718	5	0	5,718	0 / 0		0 /	Tiffany
	20:25:20	2009080206934	000832	消費	10,354	10	0	10,354	0 / 0		0 /	Tiffany
[小計]	筆數: 4											
[總計]	筆數: 5											

附錄表10-8　會員系統營業交易日報（統計）表

印表日期: 2009/08/04
日期區間: 2009/08/01　~　2009/08/04　　　報表類別: 統計表　　　　　　　　　頁次: 1

日期

2009/08/01	加值筆數:		加值金額:	0	加值紅利:	0		
	消費筆數:	1	消費金額:	13,217	抵扣紅利 (元):	0	抵扣紅利 (點):	0
			扣卡金額:	0	現金/信用卡:	13,217	獲得紅利:	13
	掛失筆數:		手續費用:	0				
	註銷筆數:		註銷紅利:	0				
	補登筆數:		消費金額:	0	現金/信用卡:		獲得紅利:	0
	贈送筆數:		贈送點數:	0				
2009/08/02	加值筆數:	0	加值金額:	0	加值紅利:	0		
	消費筆數:	4	消費金額:	23,995	抵扣紅利 (元):	0	抵扣紅利 (點):	0
			扣卡金額:	0	現金/信用卡:	23,995	獲得紅利:	22
	掛失筆數:	0	手續費用:	0				
	註銷筆數:	0	註銷紅利:	0				
	補登筆數:	0	消費金額:	0	現金/信用卡:	0	獲得紅利:	0
	贈送筆數:	0	贈送點數:	0				

總筆數: 2

附錄表10-9　會員現有餘額及紅利點數明細表

印表日期: 2009/08/04
卡號區間: 000081　~　000090　　系統選擇:晶鑽卡　　　　　　　　　　　　　　頁次: 1

IC卡號碼	客戶名稱	累加金額	累扣金額	現有餘額	現有紅利	手機號碼	E-Mail	聯絡地址
000081		0	0	0	11			台北市中山區中山北路二段115巷22號7樓
000084		0	0	0	13			台北市南港區南港路三段52號5樓
000086		0	0	0	0			台北市松山區敦化南路1段88號11樓A室
000090		4,000	0	4,000	18			台北市大安區光復南路102號5樓之2
[總計] 筆數: 4		4,000	0	4,000	42			

附錄表10-10　會員歷史交易明細表

印表日期: 2009/08/04
卡號區間: 000002　～　000002　　　　　　　　　　　　　　　　　　　　　　　　　　頁次: 2

卡號	客戶名稱	日期	時間	單號	交易別	交易金額	獲得紅利	卡額異動	現金/信用卡	抵扣紅利 (元 / 點)		新卡號	註消點數 / 有效日期		承辦人
000002		2005/04/21	22:25:27	2005042100564	消費	3,633	3	0	3,633	0 /	0		0/		TONY W
		2005/04/21	22:25:44	2005042100565	消費	3,972	3	0	3,972	0 /	0		0/		TONY W
		2005/05/05	22:35:19	2005050500629	消費	7,227	7	0	7,227	0 /	0		0/		ALLISOI
		2005/05/05	23:10:23	2005050500630	消費	4,942	0	0	0	5,000 /	100		0/		ALLISOI
		2005/05/19	21:35:23	2005051900687	消費	5,690	0	0	190	5,500 /	110		0/		TONY W
		2005/06/30	19:52:43	2005063000902	消費	4,834	4	0	4,834	0 /	0		0/		TONY W
		2005/06/30	19:53:12	2005063000903	消費	1,110	1	0	1,110	0 /	0		0/		TONY W
		2005/07/20	21:34:06	2005072000984	註銷紅利	0	0	0	0	0 /	0		6/	2005/06/30	TONY W
		2005/07/20	21:34:34	2005072000985	消費	3,288	3	0	3,288	0 /	0		0/		TONY W
		2005/07/20	21:35:35	2005072000986	消費	5,186	5	0	5,186	0 /	0		0/		TONY W
		2005/10/31	22:21:52	2005103101419	消費	693	0	0	0	1,000 /	20		0/		Noel
		2006/02/04	13:55:07	2006020401876	註銷紅利	0	0	0	0	0 /	0		31/	2005/12/31	HIN
		2006/02/04	13:55:20	2006020401877	消費	5,937	5	0	5,937	0 /	0		0/		HIN

[小計]　筆數: 35

[總計]　筆數: 35

附錄表10-11　過期紅利點數已註銷明細表

印表日期: 2009/08/04
卡號區間: 000002　～　000002　　　　　　　　　　　　　　　　　　　　　　　　　　頁次: 1

IC卡號	日期	時間	單號	註銷點數	註銷點數有效日期	承辦人員
000002	2005/07/20	21:34:06	2005072000984	6	2005/06/30	TONY W.
000002	2006/02/04	13:55:07	2006020401876	31	2005/12/31	HIN

[總計]　筆數: 2

Chapter

餐飲資訊管理系統

本章重點

1. 敘述資訊系統對餐飲業所帶來的震撼與影響
2. 介紹餐飲資訊系統對各個使用者的好處有哪些
3. 說明餐廳業者在安裝餐飲資訊系統時應注意的事項
4. 瞭解如何建構一套完整的餐飲資訊系統
5. 瞭解何謂餐廳「企業資源規劃」（ERP）系統
6. 個案討論與練習：練習如何在餐廳開設籌備期間擬訂所應配備的科技設備

第一節　科技產品對餐飲業的影響

科技的力量帶給每一個人在生活上有了重大的轉變，也帶給每一個人工作上的重大挑戰。產業要轉型，效率要提升，資訊產品在這個過程中絕對是一個不可或缺的角色。於是，消費者享受到科技所帶來的便利，而業者也必須跟緊腳步擴充設備，提升人員素質及訓練時程，以駕馭這些資訊設備，提升工作的效率及企業的形象。

餐飲業這個古老卻又一直必須存在的產業，除了透過師傅們精巧的廚藝來展現出中國人最講究的色、香、味俱全的一手好菜，以吸引顧客之外，雅緻的用餐環境、親切的餐飲服務、合理公道的價位、環境的衛生、地點的好壞、品牌的口碑等，這些都是餐廳能否成功經營的要素。然而，這些話套在過去的年代或許是對的，但是以現今的科技時代標準來看，它似乎還必須再加上專業的經理人，及一套實用的餐飲資訊系統來做搭配。曾幾何時，愈來愈多餐廳的服務員不再以三聯單來為客人點菜，廚房的師傅也不再需要忍受外場人員用潦草的字跡寫下菜名及份量；當然，出納結帳時面對著一張張工整清晰的電腦列印帳單，出錯的機率自然也大幅減少許多。於是，大家的工作效率提升了，心情自然變好，微笑多了，服務自然也好了。

第二節　餐飲資訊系統——跨國連鎖餐廳的震撼

在1980年代，跨國速食業者陸續在臺灣相繼成立，並大張旗鼓的在各個角落開啟分店，用令人咋舌的預算大作廣告，一時之間麥當勞成了速食業的代名詞，肯德雞、德州小騎士、漢堡王、必勝客比薩這些跨國的餐飲集團幾乎顛覆了臺灣社會千百年來的餐飲習性及餐飲業界的生態。接著，跨國的美式餐廳—T.G.I. Friday's、Ruby Tuesday、Tony Romas、Planet Hollywood、Hard Rock Café等相繼在北中南等都會區開立分店，更改變了消費者對飲食的價值觀。這些大型跨國餐飲集團所帶給臺灣業者的震撼不小，除了是另類的餐飲食品也有其忠誠的消費客群、龐大的行銷預算、美式的專業經營管理、標準作業程序的建立、大量的引進工讀生以節省人事成本、餐飲資訊系統的導入，增加工作的效

率及管理者在發覺問題能見度上的提升等等，都是過去本地餐飲業者所不曾做過的事。

標準作業程序讓人瞭解到餐飲業其實是可以被資訊化的，不論是在採購的流程、餐點的配方、人員出勤紀律的考核、分層負責的管理、菜單的設計與更新等，都是可以藉由資訊科技予以透明化及效率化的。

科技讓每個月到了發薪日，員工及主管不用拿著打卡鐘的出勤卡，為了追究工作多少時數爭得面紅耳赤，客人不再在出納櫃檯為了結帳人員一時的計算錯誤，造成溢付餐點金額而不悅，外場經理也不用再與主廚一起憑「感覺」瞎猜究竟是哪一道菜賣不好，而哪一道菜賣得最好……這就是科技。

管理，本來就是一門學問、一種科學，而資訊系統藉由其龐大且快速的運算統計及分析彙整的能力，適時正確的提供了使用者最正確的資訊，進而做出最正確的決定，隨之而來的是更低的成本、更高的業績、更符合市場需求的行銷活動及產品，以及更強大的企業競爭力。

第三節　餐飲資訊系統被國內業者接受的原因

一、餐飲業經營者及經理人的管理素養提升

近十年來，多數的本土餐飲業者及經理人漸漸接受了餐飲資訊系統。有了這共同的認知才有付諸行動的可能。他們逐漸感受到原來有了餐飲資訊系統之後，業主對廚師的訂貨議價、對現場管理者的正直誠信度、對出納人員的信任度都提升了，減少了許多不必要的猜忌，自然能將更多的心思花在正確的面向。這些資訊軟體忠誠地提列出各項報表，少了筆誤，也少了欲蓋彌彰的修正；自然地，這些報表也有了可信度，不合理的數字隨即成了問題產生的風向球。管理者有了它能更有效率的去發現問題並解決問題，而業主也能由這些報表中看出經營的體質，以及管理者的管理績效。

二、餐飲從業人員的優質化

臺灣社會的工作人口雖然隨著前幾年經濟衰退而停滯不前，失業率居高不

下，卻也連帶造成目前界業人口素質的提升。常常在新聞報導中看到某某縣市環保局招考清潔人員，或是某某小學招考工友數名，吸引成千上百的求職者前往報名應試，其中不乏具有碩士學位甚至是留學背景的知識分子。

餐飲業界也不例外，1980年代臺灣地區約略有文化大學觀光系、世界新專（已升格為世新大學）觀光科、銘傳商專（已升格為銘傳大學）觀光科、醒吾商專（已升格為醒吾技術學院）觀光科等少數幾所大專院校設有觀光科系，並連帶幾門餐飲管理的相關學分課程。之後不到二十年光景，全臺有數十所大專院校及高職設有餐飲管理科系（已與觀光科系或旅館管理科系有所區隔），且位於高雄市的國立高雄餐旅學院，更成了有心從事餐飲行業的學子們的首選學校之一。近年來更有許多年輕學子遠赴美國、瑞士或澳洲接受食品科學、餐飲經營、財務管理、成本控制、採購、行銷、消費心理、人力資源等專業課程，希望能提高自己在職場的競爭力。

業界樂見這個行業有更多的年輕人能帶著學校所學踏入職場，一來提高業界的競爭力，二來也連帶提升餐飲管理專業經理人的社會價值與地位，而不再像過去總是被譏笑為不過就是一個穿著體面還是得端盤子的資深服務員。

三、資訊軟體直覺化操作介面

1980年代，跨國餐飲集團陸續進入臺灣市場，同時導入餐飲資訊系統。在當時如此陌生的「機器」或許已經在物流業、製造業被臺灣業者導入，但是對於習慣以三聯單來做各部門溝通及稽核的餐飲業，卻是一個全新的課題。本地業者遲遲無法導入的原因在於以下幾點：

1. 介面：既然是國外的軟體當然是以英文的介面為主，單單是操作者的英文能力即是一個考量。既然不懂英文，不論電腦設計得如何人性化、簡單化，操作上仍舊有盲點。況且對於中式餐廳，菜名的鍵入也是問題。
2. 單價昂貴：在當時的時空背景下，Microsoft系統可說是在美國最具權威的餐飲資訊系統，因屬小眾市場致產品價格一直居高不下。較大型的餐廳若配置六至十台POS（Point of Sales銷售點）機，可能就必須花費近百萬元購置。
3. 操作畫面生硬：當時的餐飲資訊系統多半以專業電腦程式語言寫入，直接在DOS模式下執行，容易造成操作者的抗拒及不適應。

4.訓練時程長、成本高：正因為屬於英文介面而且在DOS模式環境下執行操作。一名服務員需要花上數週進行訓練，衍生出來的訓練成本，如訓練員及被訓練者的薪資、不當操作的潛在損壞、鍵入錯誤進而造成食物成本的浪費或營收的短少等，都是業者裹足不前的原因。

現今之所以可以本土化主要的原因乃是國內業者研發類似軟體，功能甚至更強，並以中文作介面、Windows作業環境、人性化的觸控螢幕搭配防呆裝置、簡易的操作引導及合理的價格，完全解決了上述的四個原因，自然也就能夠普及化、本土化了。

四、資訊設備的簡單化

過去從國外進口的餐飲軟體多半屬於專利商品，連帶其外觀、零件、體積及工作環境都有較高的規格。而現今許多國內業者也都早已具備成熟的生產技術，開發生產類似的電腦硬體，例如單一機體的電腦，並附有觸控式螢幕搭配熱感紙捲印表機，或視需要再加裝個主機伺服器即可操作運用。而比較值得一提的是，因為中華民國政府設有統一發票的制度，因此在軟體設計之初便將統一發票的管理納入其下的重要功能之一，這是國外軟體所沒有的，也間接協助餐廳會計人員在申報營業稅時有了更方便的軟體作為協助。避免早期國外的資訊軟體偶有發生與發票機無法連動或同步的問題，造成出納人員、財務稽核人員與稅捐單位之間的困擾。

五、資訊設備的無線化

隨著週休二日制度的實施，臺灣地區各個風景休憩場所每逢週休假期總是擠滿休閒的民眾及消費者。包廂式設計的KTV、大型的餐廳、木柵貓空地區的戶外露天茶莊、北投溫泉，或是陽明山上的土雞城、國父紀念館廣場的大型園遊會等都是樂了消費者，卻苦了腿都快跑斷的服務人員。除了體力上的負擔外，也間接影響了服務品質。若能導入無線化的設備，例如服務員配備無線電對講機、服務方塊搭配智慧手環（如圖11-1的QR Code影片介紹）、平板電腦搭配WiFi與餐飲資訊系

圖11-1　服務方塊搭配智慧手環的新聞影片觀賞

統做無線數據傳輸,效率不但提升,對服務品質與企業形象亦多有幫助。

六、資訊軟體的低價化

隨著國內業者潛心研發,適合國內餐飲環境所設計的軟體在近幾年來如雨後春筍般的不斷推出。相較於國外進口產品,國內自行研發的軟體最大的特色就是貼近使用者的需求。同文同種的國人在同一個環境下生活,其思考邏輯自然是較近似於使用者。不斷的溝通修正改版,促使這些本土產品深受國內餐飲業者的青睞,銷售量提升的同時自然使得單位成本得以下降。就筆者瞭解,目前一套簡易的國產餐飲資訊軟體連同周邊硬體設備,可能只需原先進口國外餐飲資訊系統三分之一的價格即可購得。最近甚至有業者規劃將餐飲資訊軟體以盒裝的方式透過電腦賣場通路販售,餐廳業者只需依照操作說明將軟體安裝在電腦中,並添購其他必須的硬體設備即可上線使用。

近年來更因POS機廠商競爭激烈,而有出現租賃取代購買的新模式。透過每月的固定小額支出讓廠商直接到餐廳建構相關軟硬體,並且定期維護保養和備份,對餐廳商家來說既可減少餐廳開辦預算費用,也更能確保每月系統設備能按月確實進行維護備份。

七、維修無界化

在過去的經驗中,餐飲業者如果不幸發生軟硬體的故障而無法使用時,可以利用維修專線,請工程師儘速到場維修,做零件的更換或是軟體的調校修改。然而現今因為網際網路發達,以及軟體的自我偵錯能力不斷提升,除非是硬體零件更換需到場進行修護之外,很多的軟體修改設定均能透過簡易的對話窗口,引導使用者自行維護,或是利用網際網路讓工程師連線後進行遠端維護。這些功能大幅降低了餐廳業者的不安全感,進而增加使用接受度。

八、資料庫雲端化

隨著雲端科技的不斷提升,餐廳只要能夠建置網路設備即可將資料庫進行自動排程,雲端備份可避免現場設備因老舊,或是人為破壞,而造成營業資料

的損壞或遺失。同時在雲端和餐廳現場的硬碟內做備份不失為好選擇;再者,對於管理者而言,只要透過行動裝置甚至家用電腦進行登錄後,就可以隨時查閱所有的營運資料,相當方便與即時。

第四節　顧客關係管理與餐飲資訊系統

餐飲資訊系統未來的趨勢發展將與顧客關係管理(Customer Relationship Management, CRM)有更緊密的結合,也是很熱門的一個行銷課題。主要的意義是更深入瞭解顧客的消費習性、更貼切的去迎合滿足顧客需求的一種一對一式的行銷概念。餐廳如果能確實建立顧客資料,除了生日、地址、電話外,舉凡客人用餐的口味需求、飲食習性、座席偏好,甚至結帳方式,將來在行銷策略的規劃上就更能貼近顧客需求,得到最好的顧客滿意度。

餐飲管理資訊系統最大的功能之一就是龐大快速的計算、統計、篩選序列的能力。例如透過它的強大功能,使用者可以在彈指之間得到依照生日月份所排列出來的顧客名單,進而對生日顧客進行貼切的問候,並提供顧客來店慶生的優惠;篩選女性顧客並針對粉領階級的顧客規劃下午茶的優惠;篩選出特定職業的顧客,並在其專屬的節日裡提供貼心的問候及用餐的優惠,例如護士節、秘書節、軍人節……。

第五節　餐飲資訊系統對使用者的好處

一、餐飲資訊系統對業主的好處

對於餐飲業主而言,餐飲管理資訊系統除了能夠提供自己一份完整的營業紀錄之外,對於各項成本的控制也有相當大的監督作用。透過餐飲資訊軟體所預設的分層授權功能修改及折扣的設定,能讓餐廳內的營收、折扣、食材物料的進銷存有一定的管制,避免人謀不臧或浪費的情事發生。

業主對於報表數字上的變化,亦能作為對現場管理者的管理績效進行最客觀的解析。這正是人們常說:「數字會說話」的道理所在。藉由歷史資料的回

顧比對,可以剖析現場管理者的經營管理能力。

二、餐飲資訊系統對營運主管的好處

對於餐廳現場的營運主管而言,餐飲資訊系統能提高營運的順暢度。例如讓廚房與外場的溝通更順暢、結帳及點菜的出錯率可以降低、減少客人不必要的久候,以及餐廳形象的提升等等。對於一位專業經理人而言,餐飲資訊系統所扮演的角色絕對不只單單如上所述,其真正的價值乃是這套餐飲資訊系統所提供的各式報表功能。有了這些報表就如同船長有了羅盤及衛星定位系統,可以帶領這艘船駛往正確的方向。經理人可以藉由員工出勤紀錄瞭解員工的出勤是否正常;藉由銷售統計報表瞭解哪些菜色熱賣,又有哪些菜色不受青睞而可以考慮刪除;藉由折扣統計報表瞭解哪些促銷活動方向正確,獲得顧客青睞,提高來店頻率或消費金額。

經理人必須發揮所學專長,從數字去發現問題並瞭解每一個數字背後所延伸的意義,進而去發覺問題核心,解決改善問題並創造最大利潤。

三、餐飲資訊系統對財務主管的好處

財務主管雖然不在餐廳現場參與營運事務,但是經由每日的各式報表能為業主提供正確的資訊及建議。不論是在現金的調度、貨款金額的確認與發放、年終獎金的提列,或是折舊的分期攤提等都能提供業主一個思考的方向。

當然,有了這些報表對於現場的現金、食材物料及固定資產等也能發揮稽核的功能。對於每週、每月或是每季所召開的例行營運會議、股東會議也能藉由餐飲資訊軟體,提供第一手正確的各式報表進行檢討。大量節省財務主管製作各式報表甚至以手工登錄製作報表的冗長作業時間。

四、餐飲資訊系統對百貨商場的好處

對於購物中心、商場甚至量飯店所規劃附設的餐飲區,因現今商場大多對承租的餐飲專櫃租金收入採取營業額抽成的方式。此時商場與餐飲專櫃間的營業額確認就有賴餐飲資訊系統與商場的結帳系統進行連線,以利稽核避免不必

要的爭議。

五、餐飲資訊系統對使用者的好處

(一)廚房、吧檯人員

　　在過去的經驗裡，廚房及吧檯的工作人員們總是無奈地接受及忍受外場服務人員以潦草的字跡寫在不甚清楚的複寫三聯單上，光是文字的判讀就浪費廚房師傅們不少時間，無形中也增加了錯誤的比率。有了餐飲資訊軟體，外場透過餐飲資訊系統點菜，經由廚房的印表機列印出來，字跡工整清楚，如果預算寬裕還可以在廚房加掛抬頭顯示器，讓廚房師傅能利用電腦螢幕瞭解所需製作的品項，進而依照每一道菜所需的烹飪時間，調整製作的順序，讓同桌的顧客可以一起享用到不同的餐點。

(二)外場服務人員

　　餐飲管理資訊系統對於餐廳現場第一線的服務人員，最直接的益處在於效率。透過餐廳現場配置的POS機快速的鍵入桌號、人數、餐點內容，存檔送出後，使廚房及吧檯能在第一時間收到單子，並隨即進行製作，此時餐廳內包括前臺、出納及任何一臺POS機均已經同步更新資料，免除了過去手開三聯單並逐一送到廚房、吧檯以及出納的時間。另外，員工每日出勤也可利用POS機進行打卡上班的動作，透過先前輸入的班表隨即可以統計上班時數，並避免上錯班的窘境。

(三)出納人員

　　透過餐飲資訊系統出納人員面對客人結帳的要求時，只要鍵入正確的桌號即能得到正確金額的帳單明細。當客人以現金結帳時，出納人員輸入所收金額，系統便會自動告知出納人員應找的餘額；若是以信用卡結帳時，系統也能夠與銀行所設置的刷卡機連線，直接告知刷卡機應付金額，而出納人員只要進行刷卡動作即可避免掉輸入錯誤金額的機會，使消費者更有保障。而交班結帳時，亦能透過系統列印交班明細及總表進行交接。

(四)領檯帶位人員

領檯人員藉由餐飲資訊系統先前為餐廳量身繪製的樓面圖,清楚的呈現在電腦螢光幕上,並利用系統預設的功能加上與外場POS機及出納結帳的電腦進行連線,依照當桌的用餐進度賦予不同的顏色,讓前臺人員對於樓面狀況一目了然。例如以紅色代表客人已點餐用餐中、白色代表空桌、綠色代表已經用完餐結完帳即將離開、黃色代表已帶入桌位但尚未點餐等,如此遇有客滿的情況時,前臺人員較能夠精確掌握樓面狀況,並預告現場等候桌位的客人可能需要等候的時間。

六、餐飲資訊系統對消費者的好處

經由餐飲資訊系統帶給餐廳完善的管理及成本的有效控制,自然能帶給餐廳更多的利潤,進而提升競爭力並嘉惠消費大眾。此外,客人若是對於帳單有異議時也能藉由帳單的序號或桌號查詢明細避免爭議。

第六節　餐廳安裝餐飲資訊系統應注意事項

餐廳在導入餐飲資訊系統之後雖然可以享受電腦科技所帶來的便利性,然而對於資訊系統的建置、維護保養仍應有以下幾項要點需注意:

一、設立UPS不斷電系統的必要性

試想,餐廳於用餐尖峰時間正忙得不可開交之際,不幸正巧遇上停電的窘境,即使是位處在高級的商業大樓或是購物中心之中,緊急電力的供應多半只能提供緊急照明、消防保全設備以及電梯的正常運作。此時,餐飲資訊系統若沒有搭配一個專屬的不斷電系統來支應,勢必嚴重影響餐廳營運的順暢度。因為電腦一旦停擺,服務人員便無法正常的點菜、出納人員也無法從電腦中調出客人的帳單進行結帳的動作,而更嚴重的是,很可能在停電的瞬間電腦資訊系統未能來得及儲存當時的營運資料進行備份,造成無法挽回的遺憾。

目前市面上的電腦賣場普遍都有販售各式的UPS(Uninterruptible Power

System）不斷電系統，商家可以依照自己的需求及預算來購置，而其主要的差異是在於續電供電的時間長度。

二、定期資料備份

為求營業資料的永續儲存，為日後做重大營運策略時可以調出歷史營業資料來做參考，建議商家能定期進行資料的備份儲存。雖然餐飲資訊系統的主機已經配有記憶體大小不等的硬碟進行儲存，若能搭配燒錄機將資料燒成光碟片，儲存作為備份會是更為妥當安全的做法。現今的主流多以雲端儲存為主，企業主可以選擇要自己將營業資料備份於能夠自主掌握的實體硬碟或儲存於雲端硬碟，如Dropbox、Google等，或是其他付費的雲端空間。

三、觸控式螢幕的保護

觸控式螢幕（如**圖11-2**）的最大好處就是快捷便利。餐廳的環境畢竟不如一般的辦公室或是零售商店，外場服務人員難免有時候會因為剛收送餐點或是洗完手，而讓自己的手指仍帶有油漬或是水滴，此時若是未先將手徹底洗淨並擦拭或烘乾就直接操作觸控式螢幕，容易造成螢幕的損壞。此外不當的敲擊或是以其他的物品（例如原子筆、刀叉匙等餐具）代替手指操作觸控式螢幕，也極易造成觸控式螢幕的損壞，建議必要時可以搭配光筆供操作人員使用。

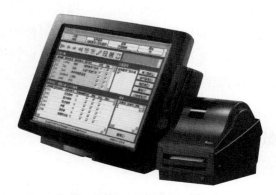

圖11-2　觸控式螢幕快捷又便利

資料來源：飛雅高科技股份有限公司（2009）。網址：www.feya.com.tw。

四、傳輸線的選擇

傳輸線主要的功能是將外場各區的POS機、出納結帳、吧檯、廚房、前臺與主機之間加以連線，並快速地將資料進行傳輸。只是廚房對於電腦傳輸線可以說是一個不甚友善的工作環境，除了高溫、潮濕之外，瞬間用電量的高低起伏造成電壓的不穩定，以及微波爐等設備所產生的電磁波等，都會影響資料傳輸的穩定度。因此在建構這些餐飲資訊設備時，應選擇品質較好的傳輸線以抵禦周邊的干擾及惡劣的工作環境。此外，若能以金屬或塑膠管保護傳輸線將能有效避免蟲鼠的破壞，以避免斷線的情況產生。雖然目前WiFi等無線技術純熟，但偶爾難免有無線路由器熱當機的問題產生，如果要選擇無線傳輸，建議做好散熱規劃和定期開關機，以維護無線路由器良好的傳輸品質。

五、專屬主機應避免其他用途

為避免電腦主機的效率退化、速度變慢，甚至發生感染電腦病毒的情況，建議餐廳應為餐飲資訊系統保留一台專屬的主機，徹底杜絕與一般事務的個人電腦混合使用。

六、簽訂維修保養合約

雖說新購的餐飲資訊系統大部分附有一年的硬體保固服務。但是對於軟體程式的修改維護調校，以及不可預期所發生的人為損害仍應有所警覺。若能及早簽訂維修合約，不論是零件備品的取得、遠端即時的維修設定，或是到場進行硬體的清潔保養等，都能夠延長系統的使用壽命，而且可以大幅降低不可預知的故障，確保餐廳營運的順暢度。

第七節　軟體及系統架構

目前市面上的餐飲資訊系統除了點菜、列印、帳單金額計算，及上述所提到的顧客關係管理系統外，其實它包含了很多的軟體在其中，統合起來建構成

一套完整的餐飲資訊系統。其中還包括**廚房控菜系統、訂席系統、原物料管理系統、後臺管理系統**等,茲分述如下。

一、廚房控菜系統

在裝設有餐飲資訊系統的餐廳廚房裡,最基本的設備就是印表機了,系統可以透過廚房的印表機列印出被送進系統的最新點菜的餐點內容,讓廚房的工作人員可以依據單子上的內容製作菜餚。更先進的設備則是透過廚房裡所架設的電腦螢幕來取代印表機秀出需要製作的菜餚,這除了簡單的訊息傳送之外,還可以透過事前的設定讓單子可以延緩一段時間才出現在螢幕上。這樣的用意是讓前菜與主菜的時間可以較明顯的被區隔開來,目前甚至還可以做到逾時的提醒功能,透過畫面閃爍或聲響來提醒工作人員及時將餐點製作完成。

二、訂席系統

訂席系統主要是建構在餐廳領檯的位置。電腦畫面上有依照餐廳樓面所繪製成的平面圖,再透過不同顏色的區分來代表每一個餐桌的用餐狀況,對於訂席的餐桌也可以被標示出來。訂位人員在接受客人預約訂位時也可以即時透過這套系統建立訂位資料,系統還可以與VIP管理系統自動連線檢查是否為VIP客人的訂位。對於訂位未取消也未出席的客人,系統也會自動保留成為缺席黑名單,作為日後訂位時的電腦比對參考。

三、原物料管理系統

先在原物料管理系統(如**圖**11-3)中將每道餐點的配方完整輸入系統中,再將餐廳每一筆的進貨資料也輸入系統裡,接著隨著餐廳營運的發生,系統會依照之前所得到的餐點配方及點菜紀錄,自動由庫存當中扣除食材,進而得知最新的庫存狀況,作為每月盤點時的比對參考。如果預先把各項食材的最低安全庫存量輸入到電腦裡,當系統發現食材低於安全庫存量時,也能達到警示的效果。

基本資料設定	採購銷售管理	庫存管理
員工基本資料 供應廠商資料 客戶資料管理 商品基本資料 廠商類別及付款方式設定 利潤中心與倉庫設定 原料大中小分類 匯率及幣別設定 客戶編號對照設定	需求預測分析 廠商報價管理 採購單價分析 採購下單作業 進貨退回作業 分店採購管理 銷貨報價管理 訂單管理	庫存異動作業 庫存調撥作業 倉管資料查詢 盤點清單列印 庫存月結作業庫存 分店即時庫存 分店進退貨管理

圖11-3　庫存管理系統功能表

資料來源：富必達科技股份有限公司（2009）。網址：www.fub-tech.com.tw。

四、後臺管理系統

　　後臺管理系統（如**圖11-4**）主要是協助管理人員做更多的比對分析。系統透過所有的營業資料進行多種的交叉比對分系、統計、排序，製作整理出許多不同形式的表格讓管理人員參考，對於管理人員而言有很大的助益。而就硬體架構而言，由於現在市場上走連鎖型態的餐飲品牌相當多，不論是直營式的連鎖或是加盟制的連鎖，總公司都需要透過建置一套完整的餐飲資訊系統來瞭解每一家店的營運狀態。（如**圖11-5**）

　　就單店的系統架構而言，先是要配置一台網路伺服器主機，再透過寬頻分享器把餐廳多台的工作站組成一個網路，讓資料能夠不斷同步更新，並且回到伺服器主機，再交由相關的印表機做列印。（如**圖11-6**）而對於多家店的連鎖餐廳而言，單一分店的系統架構都是相同的，只是每一家分店的伺服器主機會透過網際網路將資料傳輸回總公司。（如**圖11-7**）如此當連鎖餐廳有增加或刪減菜色，或做價格調整時，也只需要由總公司統一進行更改之後再回傳到所有分店，即可同步更新資料，相當便捷、有效率，也能避免因為其中一家分店輸入錯誤，造成分店價格不一的情況發生。

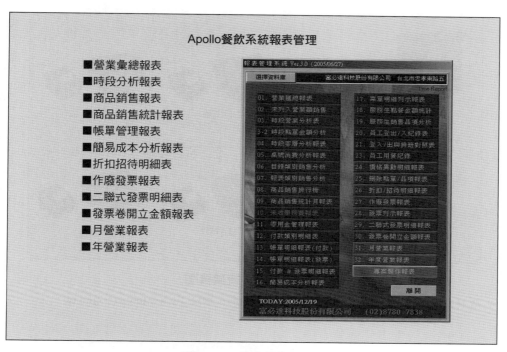

圖11-4　後臺管理系統

資料來源：富必達科技股份有限公司（2009）。網址：www.fub-tech.com.tw。

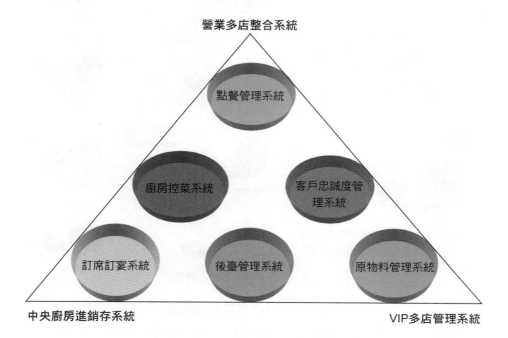

圖11-5　餐飲資訊系統軟體架構圖

資料來源：富必達科技股份有限公司（2009）。網址：www.fub-tech.com.tw。

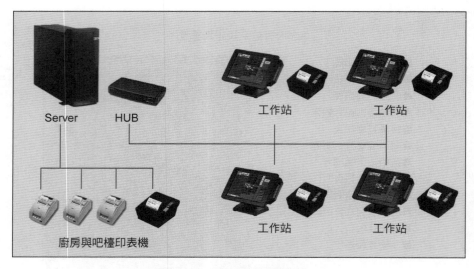

圖11-6　單店系統架構圖

資料來源：富必達科技股份有限公司（2009）。網址：www.fub-tech.com.tw。

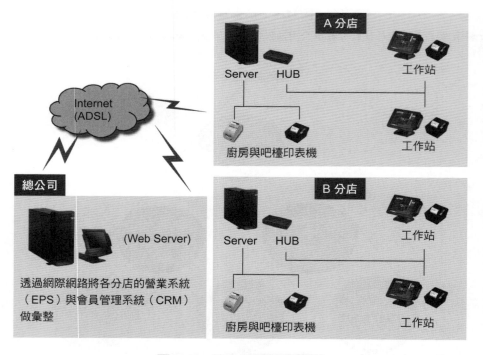

圖11-7　總公司系統架構圖

資料來源：富必達科技股份有限公司（2009）。網址：www.fub-tech.com.tw。

第八節　餐廳企業資源規劃（ERP）

　　近年來隨著連鎖加盟餐飲事業的管理需求，以及科技設備廠商不斷的研發創新，餐飲業導入**企業資源規劃**（Enterprise Resource Planning，簡稱ERP）系統的案例也愈來愈多，尤其是針對兩家以上的連鎖餐飲企業，更是適合導入ERP來優化整體的企業管理。ERP是1990年由美國一家管理顧問公司Gartner Group所提出的全新概念應用軟體。ERP很快的在全世界廣被採用，一時間似乎成了企業管理的顯學。主要的概念就是提供一個管理資源平台給企業的員工，或作為決策高層資訊調閱查詢及管理的工具，並且成為決策的工具。

　　而當ERP被導入到餐飲業的時候，可以協助各分店有效控管食材物料的庫存、人力資源的調度、營業數據分享，進而讓整體企業有效降低成本，創造更多利潤。大致來說，ERP可以帶給餐飲連鎖企業六大效益：

1. 即時性：管理階層不需要親自到各店就可以透過系統看到最即時的營業數據和各項分析。

2. 有效性：協助各店彼此間有效調撥物料，達到低庫存卻不斷貨，極大化現金週轉效率。

3. 回饋性：利用電腦系統處理數字，並針對各項營業資料做多重角度的分析，創造各式有效的績效報表，讓管理階層能更輕易發現問題。

4. 行銷性：現今餐飲高度競爭，想要持續獲利就必須瞭解消費者，ERP系統迅速的分析營業報表，可協助管理階層發現消費喜好的改變，掌握市場脈動隨時迎合市場需求。

5. 客製性：廠商設計的ERP系統軟體雖然已經是針對連鎖餐飲的需求和實務需要來設計，但是每家餐飲企業的營運細節、採購流程、人力資源規劃都有所不同，因此廠商多半在設計系統軟體時預留相當的彈性調整空間，以因應各家企業自行設入條件或參數，讓系統更具客製化、更貼近企業需求。

6. 可靠性：隨著使用ERP系統的餐飲企業愈來愈多，設計之初所犯的小缺失多半已被改善，並進而推出修正更新版。現今大部分導入ERP系統的餐飲企業，其滿意度相對上也較過去提高不少。

第九節　餐廳其他常見的科技設備

前文詳細提及了餐廳裡最重要也和營運產生最直接影響的餐飲資訊系統，除此之外，仍有許多各式各樣的科技設備被導入到餐廳裡面，這些設備雖不見得必須安裝，卻也是讓餐廳業主在規劃之初或已經營運一段時間後仍可考慮安裝的選項。常見的科技設備有以下幾種。

一、監視系統

近年由於攝影監視設備日新月異而且價格不斷下修，一方面因為現今消費意識不斷抬高，消費者又常會錄影上傳社群，餐廳為求自保安裝監視系統的店家也愈來愈多。小自手搖飲料店大至極具規模的五星級飯店，幾乎是攝影鏡頭無處不在。而且現在的鏡頭（尤其是CMOS鏡頭）對於光線的需求沒那麼大，在餐廳昏黃的環境裡仍然有不錯的錄影效果。再者，搭配無線傳輸省卻了視訊線路的布建，也不再需要擔心被蟲鼠咬斷訊號線。另外，過去餐廳總得準備主機內建大容量硬碟做影像儲存，現在也多半進入雲端時代，而且搭配固定的IP位址和相對應的APP，管理階層都能夠經過權限設定後，隨時隨地透過手機收看實況畫面。

這些錄影軟體提供了各式貼心的功能，例如：

1. 紅外線感應啟動攝影：可以大幅減少實際錄影的時間和占用的記憶體，只在發現畫面有異動時才啟動錄影功能。
2. 視訊鏡頭：可選擇具夜視功能或是搭配高效能卻省電的LED燈，讓黑暗的角落也能有很好的畫面效果。
3. 透過錄影軟體可以隨時輸入指定的時間點或時段進行錄影，要看錄影畫面時也可以透過鍵入日期時間，立即找到所需時間點的畫面，相當有效率。
4. 畫面擷取功能可以讓影片裡的任何一個畫面都能被截圖成影像檔，甚至可以有放大圖片的功能，使用起來相當便利。
5. 遠端監視功能透過網路和指定的IP位址，不論是在地球的任何一個角落只要能夠連上網際網路都可以隨時進行監控和迴帶看片，大幅降低時空的限制。

監視系統的相關說明亦可見第118至121頁。

二、保全系統

有些餐廳或許因為本身地理位置身處治安隱憂地區，或是郊區打烊後容易遭受宵小光顧，而有安裝保全設備的需求。目前國內保全業相當蓬勃，挑選保全業者時選擇性也多，主要應考量保全業者的商譽、機動能力、巡邏人力和應變機制，以及最重要的就是萬一仍遭受到外力破壞或財損時，保全公司能夠負擔的賠償程度。

至於保全的內容端看餐廳的需求與預算，從簡單的門戶保全乃至於瓦斯火險地震的感應器警報和現場的支援，或是營業現金收入代為送交金融機構等都是保全業者的服務項目。餐廳業主如果有需要選擇保全公司時，不妨多家探詢，比較一下各家的優缺點和商譽，以及目前保全的客戶有哪些，作為選擇時的參考。

三、音響系統

音響系統主要指的是播放音樂的合法性。近年來無論政府或唱片業者多半大力宣導維護智慧財產權的重要性。音樂的撥放需注意避免觸法，例如透過電腦點對點的下載音樂，再以Mp3格式進行公開播放是違法的行為，此外餐廳業者購買正版的音樂CD在餐廳進行公開播放，也是違法的行為，因為這些正版音樂CD僅供個人聆聽，並不具有公開播放的權利及適法性。依據「著作權法」第九十二條所述：

> 擅自以公開口述、公開播送、公開上映、公開演出、公開傳輸、公開展示、改作、編輯、出租之方法侵害他人之著作財產權者，處三年以下有期徒刑、拘役、或科或併科新臺幣七十五萬元以下罰金。

因此，餐廳如果要合法的進行音樂播放，就必須和音樂的著作權所有人進行協商，並且付費取得公開播放權才是合法的行為。目前多數唱片業者多半透過「中華音樂人交流協會」，或是一些民間的有線音樂業者來進行音樂公開播放的業務。而這些業者對於餐廳、賣場等需公開播放音樂的商家，除了收費以

提供合法的音樂訊號之外，也會提供幾個重要的硬體設備，例如提供訊號接收機，透過這台訊號接受機將業者提供的音樂訊號以數十個頻道方式讓業者自行選擇播放。其他諸如擴大機、音響喇叭等則可由商家自行採購。相關的費用或其他關於音樂播放軟硬體的說明請參考本書第三章第七節「弱電需求」的相關說明（見第116至119頁）。

四、燈光系統

燈光系統對於餐廳來說並不複雜，除非是娛樂性較強的音樂餐廳，或是有現場演奏樂團的餐廳，才會對於舞臺上的燈光效果較為重視，此類餐廳所需的燈光設備也較為複雜，有點類似舞廳的DJ臺，除了音響也必須隨時全面掌握燈光的照明度、色溫、照明方向……。一般的餐廳，雖然對於燈光的要求較為簡單。多半在初期由設計師統籌設計後隨即發包給水電廠商進行安裝。而多數的餐廳習慣在不同的時段用不同的燈光強弱來做區隔，並且創造所需要的用餐氣氛。最簡單的方式就是將所有的燈光採用傳統的鎢絲燈泡或是鹵素燈具，此類燈具最大的好處是色溫上比較溫馨，再者可以透過調光器做光線明暗的調整，相當方便實用。缺點則是用電量大，耗能而不環保，照明燈具會產生高溫，夏天時會影響冷氣效能。

有業者開發出以電腦微控燈光明暗度的設備，可以透過預先的設定程式指令在指定的時間進行明亮度的自動調整，做出更多樣的變化。有興趣的餐廳業主不妨詢問設計師或專業燈光照明廠商更多的細節。而近來廣受歡迎的效能高、低耗電且不會產生高溫的LED燈愈來愈普及，廠商克服了過去幾年在色溫的表現以及無段式調光的技術後，LED燈已經能夠展現出傳統鎢絲燈泡的溫暖色溫，並且還能做出仿古傳統鎢絲燈泡的造型，既兼顧了節能省電的經濟效益，也成全了設計師和客人對色溫或文青感的需求。

五、無線通訊系統

簡單說就是無線對講機的運用。相信很多人都有過類似的經驗，在餐廳用餐時發現服務人員、領檯人員、樓面主管等，多半隨身配掛無線電對講機以做最即時的溝通。這項設備相當的便宜，目前具有基本的通話功能，多組頻道選

擇的單支無線電對講機，含耳機價格甚至不到一千元，相當的划算。餐廳業者在選購時主要可以考慮的有：

1.品牌知名度。
2.通話距離：一般市售的無線對講機通話距離對於餐廳的使用已綽綽有餘。
3.電力供應：可以考慮選擇使用一般乾電池或是充電電池。
4.耐用度：有些標榜戶外活動使用的話機在防震及防潑水的設計上會較為用心，也比較適合餐廳環境使用。

此外，值得一提的是多數餐廳業者選擇採用無線對講機供餐廳工作人員使用時，只考慮到營運上工作人員的需求，卻往往忽略了顧客感受。常在餐廳看見客人在與工作人員對談當中，工作人員又因為耳機裡傳來無線通話而干擾了與客人間的對話。或許有些餐廳會強制員工使用耳機，但吵雜的工作對話也會影響客人用餐的好心情。

第十節 【模擬案例】Pasta Paradise餐廳之科技設備

一、電腦資訊系統（POS）

Pasta Paradise餐廳依現場的營運空間規劃、實際的使用需求，並考量初期的開店預算，預計硬體需求如**表11-1**。考慮的幾個大方向有：

1.擺放空間：餐廳因整體營運內外場空間不足一百坪，考量到過多的設備會占用更多的空間，因此除最必須的POS機、印表機及系統主機之外，盡可能減少不必要的硬體設備。例如在結帳出納櫃檯裡空間有限而必須擺放辦公事務用的電腦機組，所以除了無可避免的POS系統主機外，系統的螢幕、鍵盤及滑鼠將以KVM來做切換及分享，讓螢幕、鍵盤及滑鼠可以透過鍵盤上的功能鍵做兩台電腦間的切換，分享支援使用以提高空間的利用。

2.前臺的POS系統可以肩負領檯的功能，透過系統內建的畫面可以清楚瞭解餐廳內每一張餐桌的用餐進度，方便領檯人員做調度和規劃。但是考量前臺的空間有限及整體的預算不超支的前提下，加上餐廳空間方正且

表11-1　Pasta Paradise餐飲資訊系統硬體需求一覽表

品項	數量	安裝位置
POS機	2	外場工作站各擺放一台
POS機附收銀抽屜	1	結帳出納櫃檯
熱感式印表機	3	外場工作站及結帳出納櫃檯各擺放一台
發票機	1	出納結帳櫃檯
普通紙捲印表機	2	冷熱廚房各一
系統主機	1	結帳出納櫃檯

資料來源：作者整理製表。

　　無過多的視覺上死角，因此決定省卻前臺部分的POS系統安裝。

3.至於無線PDA點餐設備，也因餐廳屬室內環境且空間不大，並無無線PDA的實際使用需求，因此不予考慮。

4.軟體部分除POS的點餐系統之外，礙於預算及實際營運規模的現實考量，暫不考慮訂席系統。因為餐廳本身座位數僅約一百座席，也無包廂的規劃，故適用於大型餐廳甚至接受數百人的喜宴訂席的軟體，在此並不符實際需求。（訂席系統的功能見**表11-2**）至於**圖11-3**的庫存管理系統，也因為餐廳的規模及營運量體都屬小型餐廳規模，相較於大型宴會餐廳或飯店而言，庫存管理系統在Pasta Paradise餐廳裡顯得有點為了工作而創造工作，徒增工作業務量及人力的使用，因此暫不考慮。至於顧客關係管理系統，也就是常見的會員系統因無需添加其他硬體設備，加上軟體本身建置成本亦不高，因此預計在POS系統裡加掛此項軟體以利日後的會員資料建立、消費分析及各項會員活動的規劃運用。

　　整體軟硬體預算報價如**表11-3**，報價內容除包含軟硬體安裝設定之外，另包含了初期的人員訓練、工程師駐點協助、一年期軟硬體保固及免費軟體更新。餐廳也可以在日後正式營運後視管理的實際需求，再請工程師做更多的量身規劃。

二、監視系統

　　因建置成本不高且具有提防舞弊或防範宵小的功能，預計規劃安裝。安裝示意圖見第三章的**圖3-41**（見第120頁），報價及規格明細則見**表3-10**（見第121頁）。

表11-2　訂席軟體功能表

專案名稱		文件編號		
系統名稱		建立人員		
建立日期		版次	頁次	

功能名稱	功能簡述
迎賓管理	1.顯示目前時段之場地桌況 2.快速訂單流覽視窗：在顧客到達時，直接由訂單指定餐桌，並改變桌況 3.由場地平面圖的餐桌直接改變桌況 4.訂位顧客逾時處理：將桌況自動改變為保留 5.整體桌況查詢：可依場地圖、樓層、人數等方式查詢 6.客滿與流失顧客紀錄
訂位管理	1.紀錄成交顧客訂位之資訊，包含用餐日期、時段、人數、兒童人數、訂位團體等資料 2.針對訂單做劃位、菜單、設備租借、特殊需求等設定 3.可依場地或人數指定適當的桌位 4.提供訂單取消、訂單作廢、超訂處理、保留席位處理 5.客滿流失顧客紀錄 6.查詢場地平面圖 7.可處理外帶訂單
菜單管理	建立菜色、水酒類別及項目等資料，並可設定菜色圖檔
設備管理 　設備建立 　租用作業 　預訂作業	建立可供顧客或內部借用之設備類別及項目等資料，並可設定設備圖檔 內部借用設備紀錄 設備預訂紀錄查詢
場地管理 　場地建立 　場地布置	場地類別，如樓層、廳別、餐桌，可設定三階： 1.樓層可設定坪數、可容納人數、桌數及平面圖 2.廳別可設定坪數、可容納人數、是否為吸煙區 3.可於樓層平面圖上擺置餐桌並指定桌號
顧客管理	顧客資料建立：建立顧客基本資料
客服管理	1.客戶投訴資料建立及處理流程 2.每日店務處理事項及處理流程
系統管理 　迎賓開店作業 　分店資料建立 　員工資料建立 　員工密碼修改 　時段資料建立	每日營業開始，完成當日訂單及餐桌處理 建立各家分店基本資料，供使用者查詢 建立員工基本資料，設定登入之密碼 提供密碼修改功能，讓使用者自行修改密碼 1.依用餐時段群組，可設定單一時段或多重時段 2.各時段可設定時間起訖、用餐時間限制、是否跨日、是否控制入場時間，並可區分為假日時段或平常時段

（續）表11-2　訂席軟體功能表

黃曆資料建立	提供國曆及農曆日期，可設定當日使用、假日或平日時段控制方式，以及是否為假日或節日
每日天氣建立	設定每日天氣，可分析天氣對營業狀況的影響
系統參數設定	設定系統使用之參數值
綜合資料建立	設定時段群組、擺設圖示、單位、學歷、職業、天氣、特殊需求、用餐目的、特別日子、店務等資料
操作說明	系統操作電子書
權限管理	1.設定使用者群組 2.設定各群組包含之員工 3.設定各群組可使用之功能
報表管理	
基本資料表	基本資料相關報表：菜單明細表、設備明細表、員工明細表、權限明細表、顧客明細表、顧客標籤、時段明細表、日曆明細表等
日常報表	日常訂位相關報表：預訂明細表、訂單明細表、時段桌況表等
分析報表	訂位分析統計相關報表：顧客訂位明細表、訂位分析統計表以及流失顧客統計表
選購其他的整合系統	
與Elite 32結帳系統整合	提供與結帳系統整合的桌況、菜單及會員資料
與CRM系統整合	提供與CRM系統整合的會員資料及客訴資料
備註		主管簽核	

資料來源：整理修改自Feya（飛雅）高科技股份有限公司（2009）提供之訂席軟體功能表。

三、保全系統

Pasta Paradise餐廳暫不考慮裝設，原因如下：

1.無緊迫需求：因本餐廳位處辦公大樓一樓店面，除大廈本身建置有二十四小時警衛巡邏外，公共區域並設有多支監視設備，對於宵小的入侵已具有嚇阻作用。再者，餐廳每日營收都在下班後直接由值班經理鎖於保險箱中，且多數營業收入均屬信用卡付費，實際現金收入有限，風險不大。

2.固定費用提高：如與保全業者簽約，將形成日後每月另一筆固定開銷，對於餐廳創業初期的開辦設備費用及攤提費用已經顯得相當沉重，在此暫不考慮再多一筆固定費用。

表11-3　Pasta Paradise餐桌版POS系統報價單

軟體及硬體明細

客戶名稱：Pasta Paradise　　　專案人員：Candy Chen
聯絡人：蔡經理　　　　　　　　報價日期：2009/08/05（報價有效期自報價日起一個月）
電話：07123456　　　　　　　　裝機地點：臺北市瑞光路
E-MAIL：tony@pasta.com

品名	規格	單價	數量	小計
科創餐飲管理資訊系統	餐廳結帳點餐系統、發票列印管理系統、營業資料管理系統、廚房出單管理系統	$35,000	3	$105,000
作業系統	Windows XP/2000 Professional 隨機版	$4,000	4	$16,000
PC Server主機	CPU：Intel Pentium Dual 2.5GHz 主機板：ASUS/P5-KPL-CM 記憶體：DDR2/1G 顯示卡：技嘉512MB PCI-E 硬碟160GB、鍵盤滑鼠	$18,000	1	$18,000
MOXA卡	CP-104UL（RS-232一對四）控制廚房吧檯出單用	$4,500	1	$4,500
集線器／HUB	3COM HUB 8 port	$2,200	1	$2,200
Crossbow-POS機	INTEL CELERON 2.0CHz, HDD / 80GB 3.5，"512MB RAM, 12" 觸控式螢幕（P4）	$45,000	3	$135,000
收據機	EPSON TM-T88IV點陣式出單機（LPT）	$12,000	3	$36,000
冷廚出單機	EPSON TM-U220點陣式出單機（RS-232）	$11,500	1	$11,500
熱廚出單機	EPSON TM-U220點陣式出單機（RS-232）	$11,500	1	$11,500
D-Link寬頻分享	D-Link 604	$950	1	$950
安裝／菜單設定	1次	$8,000	1	贈送
教育訓練	1年4次共8小時，之後增加時數每小時1,600元	$3,600	1	贈送
上線輔導	On Site駐點輔導1星期 3小時／人，限週間上班時段	$3,000	1	贈送
		未稅總計價格		$340,650
		5%營業稅		$17,033
		含稅總價		$357,683
優惠總金額（含稅）				$340,000

說明：1.硬體保固1年，軟體1年內免費提供升級及維護。

　　　2.軟硬體1年後維護合約，另訂合約價格。

　　　3.付款方式分3期（簽約、裝機、上線後一週），細節如合約議定內容。

　　　4.網路拉線另依現場狀況提供報價，以上不含內部連結網路費用。

四、音響系統

餐廳考慮到日後音樂播放侵權的問題,加上與系統業者簽約引進有線音樂訊號除了能在法律層面一勞永逸,且不需經常添購新的音樂CD或節日應景音樂CD,在費用上實屬合理。因此決定簽約安裝有線音樂(報價單可參見第三章**表3-9**,第119頁)。

五、燈光系統

Pasta Paradise餐廳因本身娛樂性質不強,純屬簡單的中價位餐廳,在燈光的選擇上雖以溫馨的暖色系為主,仍只考慮以傳統鎢絲燈泡及鹵素燈作為主要的照明工具以搭配傳統的一般調光器做氣氛上的調節,並且在不需調光燈具的區域大量採用節能燈具,以節省電費支出。對於部分無需做亮度調整的廚房區域則採用節能燈具,既方便廚師工作上照明使用,又具節能功效。而結帳櫃檯則因屬外場的工作區域,故考慮使用暖色系的T5節能燈管做採光照明。

六、無線通訊系統

Pasta Paradise餐廳營運環境不大,且並無迫切使用需求,故暫不考慮為服務人員配置無線對講機,待日後如有營運需求再行添購即可。

Chapter

12

損益表剖析與
成本控制

本章重點

1. 闡述自餐廳開始營運後隨著所有的收入和費用而產生出來的損益，並說明如何藉由損益表來清楚判斷營運績效和規劃未來的策略
2. 瞭解一家餐廳的各項收入，並區分各種不同類別的營業額，針對成本結構上有明顯差異之品項進行瞭解
3. 說明何謂「直接成本」，瞭解銷售統計報表及其重要性，掌控各項餐點銷售的狀況，對於成本異常原因進行追蹤
4. 介紹人員薪資、保險與福利、業績獎金、退休金等的提列與各項生產力的計算，並說明人事成本管理的要點
5. 瞭解何謂「可控制管銷費用」，避免資源被無意的浪費
6. 瞭解各項「關鍵績效指標」的計算

第一節　導論

　　本章鎖定在餐廳開始營運後，隨著所有的收入和費用的產生而必須整理出來的損益表，讓投資者和管理者能夠藉由損益表來清楚判斷營運的績效和未來的策略規劃。對投資者來說，看損益表很簡單，因為他們會很快的把視線移到損益表的最下列，就是最後的利潤。畢竟在商言商，既然花錢投資就是想要賺錢，而且投資報酬率必須遠高於銀行的定存利率或是相對投資風險較小的基金或債券，否則乾脆就把錢放在這些理財工具上就好了，大可不必投資在風險較高的餐飲事業，這就是人們常說的「富貴險中求」的道理。

　　市場上不管是何種型態的餐廳，都應該要藉由損益表來審視經營者／經理人在經營管理上的績效。損益表也是經營管理者用於餐廳規劃每年各月份的營收、成本及費用預算的重要工具。惟有藉由經營規劃預算及實際經營表現，餐飲業者才能根據市場淡旺季，充分掌握行銷及營運狀況（如**圖12-1**）。

　　一般正常的餐廳，總公司財務部／會計部至少每個月或每兩週都須製作整理其損益表給經營管理者審視。換句話說，愈早借由損益表上數據的觀察，愈能提早發現經營管理上的表現。對於管理者而言，他們可以從損益表做年度每月經營之營收、成本及費用之預算。因此除了要對餐廳的營業額負責之外，更必須在所有的費用上做控管，在許多的成本上做檢視，避免浪費甚至發生人謀

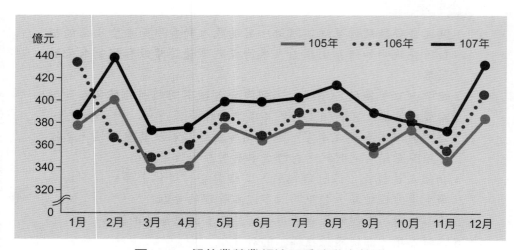

圖12-1　餐飲業營業額淡旺季波動走勢圖

資料來源：經濟部統計處（2019）。「批發、零售及餐飲業」產業經濟統計簡訊。

不臧的情事，讓每一塊錢的營收都能盡可能的轉換成利潤，將成本降到最合理的位置。這是管理者的天職也是他們就餐飲管理的專業發揮所長之處。損益表對於管理者而言，就如同是個GPS，指引管理者方向，協助他們發現問題的所在，透過其他各式各樣管理報表的協助和佐證，查出所有的細微末節，讓所有的問題都能夠浮出臺面，然後解決問題。

根據經濟部統計處的「民國108年批發、零售及餐飲業經營實況調查結果」顯示[1]，餐飲業以原物料食材及兼銷商品成本占 53.4%最高、薪資支出占 30.1% 次之。換言之，食材成本與薪資支出是餐飲業兩大占比，更是餐廳讓消費者滿意及對品牌有忠誠度的重要角色。因此經營管理者需從損益表內瞭解餐廳經營的績效（如圖12-2）。

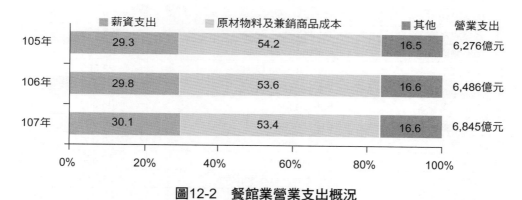

圖12-2　餐館業營業支出概況

資料來源：經濟部統計處（2019）。「108年批發、零售及餐飲業經營實況調查」。

🍲 第二節　營業總額

營業總額，係指餐廳的各項收入，它包含了食品、飲料、香煙、商品及其他的收入。其中以食品收入為最大宗，以表12-1為例，❷食品營業額占了全部營業額的85%，而❽14%的飲料收入則包含了各式酒類，例如❻啤酒、❺烈酒／雞尾酒（調酒）及❼葡萄酒。當然依照餐廳的型態不同，管理者可以自行定義飲料的分類項目，或加入更多的細項，如茶、果汁、蘇打飲料等軟性飲料。

區分各種不同類別營業額的目的，除了是因應餐廳型態不同，而針對營

餐廳開發與規劃

456

表12-1　損益表範例

列		項目	營業額 $	百分比
❶	營業總額（W／SVC）	Total Sales (W / SVC)	3,000,000	100.00
❷	食品營業額	Net Food Sales	2,550,000	85.00
❸	食品成本	Food Cost	765,000	30.00
❹	食物毛利	Gross Profit-food	1,785,000	70.00
❺	烈酒／雞尾酒營業額	Liquor Sales	210,000	7.00
❻	啤酒營業額	Beer Sales	165,000	5.50
❼	葡萄酒／香檳營業額	Wine Sales	45,000	1.50
❽	飲料營業額	Total Beverage Sales	420,000	14.00
❾	烈酒／雞尾酒成本	Liquor Cost	33,600	16.00
❿	啤酒成本	Beer Cost	41,250	25.00
⓫	葡萄酒／香檳成本	Wine Cost	15,750	35.00
⓬	飲料成本	Total Cost of Beverage	90,600	21.57
⓭	飲料毛利	Gross Profit-beverage	329,400	78.43
⓮	營業成本總額	Total Cost of Sales	855,600	28.52
⓯	商品營業額	Merchandise Sales	30,000	1.00
⓰	商品成本	Merchandise Cost	22,500	75.00
⓱	營業毛利總額	Total Gross Profit	2,121,900	70.73
⓲	前場人員薪資	Foh. Labor	405,000	13.50
⓳	後場人員薪資	Boh. Labor	129,000	4.30
⓴	其他薪津	Misc. Labor	9,000	0.30
㉑	訓練費用	Training Exp.	15,000	0.50
㉒	保險及福利	Insurance and Benefits	81,000	2.70
㉓	管理人員薪資	Management Exp.	147,000	4.90
㉔	業績獎金	Mgmt. Bonuses	33,000	1.10
㉕	薪資費用總額	Total Salary Related	819,000	27.30
㉖	行銷費用	Marketing Exp.	75,000	2.50
㉗	員工餐飲	Employee Meal	54,000	1.80
㉘	水電瓦斯費用	Utilities Exp.	96,000	3.20
㉙	電話傳真及網際網路費用	Telephone and Facsimiles	3,000	0.10
㉚	制服	Uniform	3,000	0.10
㉛	營運物料	Ops Supplies	57,000	1.90
㉜	修繕保養	Repair and Maintenance	15,000	0.50
㉝	管理清潔費	Janitor Clean	48,000	1.60
㉞	產物保險	Property Insurance	9,000	0.30
㉟	現金差異	Cash Over / Short	-	0.00
㊱	信用卡手續費	Credit Card Charge	3,000	0.10
㊲	其他費用	Other Exp.	10,000	0.33
㊳	可控制費用總額	Total Controllable Exp.	373,000	12.43

（續）表12-1　損益表範例

列	項目		營業額 $	百分比
㊴	扣除可控制費用後的利潤（PACE）	Profit After Controllable Exp.	929,900	31.00
㊵	不動產使用成本	Occupancy Cost	325,000	10.83
㊶	權利金	Royalty	-	0.00
㊷	分攤會計費用	Accounting Fee	0	0.00
㊸	折舊費用	Depr. & Amort.	60,000	2.00
㊹	利息費用	Interest Exp.	0	0.00
㊺	處分資產損益	Gain / Loss of FA. Disposal	0	0.00
㊻	其他收入／支出	Other Income / Exp.	0	0.00
㊼	不可控制費用總額	Total Uncontrollable Exp.	385,000	12.83
㊽	中心營業淨利	Net Profit Overall	544,900	18.16

資料來源：作者整理製表。

業額比重較大的飲料進行分類，以便觀察營業動態之外，另一個重要的原因則是這些不同型態的飲料在成本結構上也有明顯差異，若貿然將所有飲料歸為一類，有可能發生成本結構不合理的情況，且不容易自報表的數字中呈現出來。例如一般餐廳對於烈酒的成本可能設定在20%、葡萄酒約40%、啤酒約25%，而調酒及果汁等飲料可能只有15%的成本；另外，蘇打飲料又可分為罐裝或是餐廳裝設蘇打機來販售蘇打飲料，此時的成本結構就有明顯不同。每家餐廳可以依據自身的型態及周邊商圈的競爭性自行訂出一個成本結構，進而推算出菜單上的售價，也就是採用**成本目標導向**的一種價格策略。例如某餐廳設定啤酒的成本需在20%，簡單說就是以啤酒的進價除以20%，訂出正確的售價，達到所定的成本目標。

　　或是有些餐廳礙於周邊商圈同業競爭激烈，而採取市場價格策略，也就是說參考同業的價錢訂出一個具競爭性的價位，再依照自身的進價成本推算出成本結構，例如周邊餐廳定價啤酒一瓶為180元，而為了能有更具競爭性的價位，決定將售價定在150元，以爭取消費者的認同。若你的啤酒進價為每瓶40元，則啤酒成本為26.7%（40÷150×100），每瓶啤酒的利潤為110元，自然會比其他餐廳的22.2%（40÷180×100）有更大的成本壓力。為了能達到薄利多銷以量取勝的目的，在銷售業績比重上，啤酒的營業百分比必須比其他餐廳來得高才行。

　　以**表12-1**為例，❶營業總額即來自❷食品營業額2,550,000元，占全部營業

額的85%；⓯的商品營業額30,000元，占全部營業總額的1%；以及⓼的飲料營業總額420,000元，占全部營業總額的14%。飲料營業總額分別有：(1)⓹的烈酒／雞尾酒營業額210,000元，占全部營業總額的7%；(2)⓺的啤酒營業額165,000元，占全部營業額的5.5%；(3)⓻葡萄酒／香檳營業額45,000元，占全部營業額的1.5%所組成。

　　值得一提的是，有些飯店內的餐廳若是設計較獨特，或場地較特殊的餐廳常有機會提供場地出租給外界舉行會議、記者會、產品發表會，甚至提供作為戲劇拍攝的場景。對於這些非以餐飲為營業目的的場租收入，通常會另闢一列「其他收入」來做提列，而其成本結構則因每一個案而有所不同。

第三節　直接成本的問題檢視

　　直接成本，指製作一道餐點或飲料所必須使用到的食材和飲料的成本，這當中不包含因為製作這道菜所必須使用到的水、電、瓦斯、人工成本。換句話說，直接成本直接關係著所有食材的掌控，這當中包含了訂貨量、定價、製作量是否合宜，以及行銷策略上是否正確，例如是否呼應當前飲食潮流、時令產季，以及菜單設計上是否讓食材具有流通性，這些都是影響直接成本的重要關鍵。當然，還有一部分影響食材成本的原因是來自於人為的疏失，而這是必須防止發生的，例如工作人員浪費食材、偷竊食材、與廠商掛勾等等一些人謀不臧的情事發生。合理的直接成本通常約在28%上下，換句話說⓱營業毛利約在72%左右。

　　成本是攸關餐廳獲利能力的最重要因素之一。每一家餐廳對各項商品的業績比重不同而訂立出較細目的營業收入。有了這些細目的營業額，自然也少不了針對這些細目的個別成本做出精算，以瞭解每一細項的獲利能力。因此**我們在針對每一項細目的成本做計算時，應以成本金額除以相對細目的營業額**，例如啤酒的成本除以啤酒的營業額、烈酒的成本除以烈酒的營業額，所得出來的數字才會有意義。而**毛利即是售價減成本所得到的利潤**，在此並不考慮餐廳的其他營業成本，只就食物本身的成本及售價做計算。當發現所得出來的成本百分比有不合理的數字時，就可以利用銷售統計報表來做進一步的追蹤，抓出問題的核心。

一、銷售統計報表

表12-2至表12-4這些銷售統計報表可以依照管理者瀏覽時的需要，以各種不同的方式做整理排序。表12-2即是不計類別以銷售量做排序、表12-3則是以餐點類別來做排序，而表12-4則以第四季的累積銷售數量作為排序的根據。

銷售統計報表對於管理者來講幾乎是每週都會去檢視的報表之一，除了可以瞭解各項餐點銷售的狀況之外，對於成本異常的原因追蹤也非常有幫助。

表12-2　前50名銷售分析表（依銷售量）

序號	菜名	銷售量	銷售額	序號	菜名	銷售量	銷售額
1	早餐券	136	24,480	26	A套餐點心	5	1,500
2	小菜	74	6,400	27	蟹粉生翅	5	2,000
3	茶資	70	1,400	28	清蒸蟹肉球	4	240
4	果汁	24	1,920	29	蜜汁叉燒包	4	240
5	臺灣生啤酒	22	2,200	30	芋絲炸春捲	4	240
6	蒸石斑魚	21	1,260	31	豆苗素雀	4	752
7	香煎蘿蔔糕	21	1,260	32	早餐券（散客）	4	1,260
8	礦泉水	17	1,105	33	翡翠海鮮羹	4	1,296
9	砂鍋臭豆腐	16	720	34	素食	4	2,000
10	臺灣啤酒	16	1,360	35	雪若蘭紅酒	4	2,200
11	烏梅汁	16	2,400	36	山竹牛肉丸	3	180
12	鼓汁蒸鳳瓜	12	720	37	雙菇牛肉捲	3	240
13	蟹黃蒸燒賣	12	960	38	皮蛋瘦肉粥	3	300
14	鮮蝦腐皮卷	11	1,100	39	湯麵	3	480
15	韭黃鮮蝦腸	11	1,320	40	清炒青菜	3	564
16	魚翅灌湯包	11	1,320	41	雙拼	3	864
17	水晶韭菜餃	10	800	42	蔥香櫻花蝦	3	1,440
18	炒飯	9	1,440	43	白飯	2	30
19	相逢蝦皇餃	8	800	44	汽水	2	100
20	合菜（6000元）	8	48,000	45	香茜牛肉腸	2	200
21	鼓汁蒸排骨	6	360	46	黃金炸蝦球	2	200
22	目肚魚	6	588	47	炒米粉	2	320
23	蜜汁叉燒酥	5	400	48	什錦炒飯	2	320
24	真珠糯米腸	5	400	49	油雞	2	360
25	脆皮韭菜餃	5	400	50	青菜蛋花湯	2	376

資料來源：慶捷資訊股份有限公司提供之報表樣本（2009）。

表12-3　銷售排行分析表（依餐點類別）

分項	菜名	10月份	11月份	12月份	加總
開胃菜	Chk Salad	36	30	44	110
開胃菜	Calamari	33	25	26	94
開胃菜	Mushroom	31	29	33	93
開胃菜	Quesadilla	45	39	43	127
開胃菜	Parma Ham Caesar	10	7	4	21
開胃菜	Caesar	80	102	120	302
開胃菜	Salmon Caesar	27	16	16	59
開胃菜	Baby Green	19	32	35	86
套餐	Family 4	32	39	31	102
套餐	Family 6	12	12	10	34
套餐	Family 8	5	3	9	17
湯	Minestrone	37	48	65	150
湯	Clarn Soup	40	50	34	124
湯	Sod	18	30	16	64
披薩	Mush Calzone	20	21	38	79
披薩	Calzone Meat	13	8	23	44
披薩	Veg Pizza	14	14	16	44
披薩	Amchovy Pizza	31	20	27	78
披薩	Thai Pizza	17	26	18	61
披薩	Lulu Pizza	43	48	57	148
披薩	Pizza Salmon	5	8	4	17
披薩	Parma Ham Pz	0	1	4	5
麵食類	Ckn Ravioli	66	71	92	229
麵食類	Spag Meat	119	94	173	386
麵食類	Penne	64	73	88	225
麵食類	Risotto	37	40	72	149
麵食類	Fet Ckn	143	137	290	570
麵食類	Linguine	296	278	368	942
麵食類	Capellini	43	35	56	134
麵食類	Lasagne	128	114	225	467
麵食類	Spag Carbo	80	77	88	245
麵食類	Fet Shrimp	118	137	137	392
麵食類	Seafood Pasta	73	72	67	212
麵食類	Spag Ink	60	61	79	200
麵食類	Linguine Veg	27	28	33	88
主菜類	Spring Ckn	16	25	36	77
主菜類	Filet	27	50	38	115
主菜類	Salmon	25	13	14	52
主菜類	Lobster	13	4	6	23

資料來源：作者整理製表。

表12-4　銷售排行分析表（依第四季銷售總數量）

分項	菜名	10月份	11月份	12月份	加總
麵食類	Linguine	296	278	368	942
麵食類	Fet Ckn	143	137	290	570
麵食類	Lasagne	128	114	225	467
麵食類	Fet Shrimp	118	137	137	392
麵食類	Spag Meat	119	94	173	386
開胃菜	Cae.snr	80	102	120	302
麵食類	Spag Carbo	80	77	88	245
麵食類	Ckn Ravioli	66	71	92	229
麵食類	Penne	64	73	88	225
麵食類	Seafood Pasta	73	72	67	212
麵食類	Spag Ink	60	61	79	200
湯	Minestrone	37	48	65	150
麵食類	Risotto	37	40	72	149
披薩	Lulu Pizza	43	48	57	149
麵食類	Capellini	43	35	56	134
開胃菜	Quesadilla	45	39	43	127
湯	Clam Soup	40	50	34	124
主菜類	Filet	27	50	38	115
開胃菜	Chk Salad	36	30	44	110
套餐	Family 4	32	39	31	102
開胃菜	Calamari	33	25	36	94
開胃菜	Mushroom	31	29	33	93
麵食類	Linguine Veg	27	28	33	88
開胃菜	Baby Green	19	32	35	86
披薩	Mush Calzone	20	21	38	79

資料來源：作者整理製表。

　　以啤酒為例（如**表12-5**）假設某一餐廳3月份損益表上顯示啤酒成本相對於過去的累計，有明顯偏高的情形，此時透過銷售統計報表對照餐廳的啤酒簽收單、餐廳現場的盤點表等相關資料即可清楚算出啤酒的進銷存狀況。

　　由以上數字可以發現，百威啤酒3月份在餐飲資訊系統的銷售統計報表上數字為42瓶，也就是代表經由服務人員鍵入餐飲系統之後，再由吧檯憑單提供百威啤酒的實際數量為42瓶。然而透過實際的盤點發現損耗了50瓶（7＋48－5），這中間產生了8瓶的短少誤差。

　　針對短少8瓶的情況發生原因通常有以下幾種情形：

表12-5　3月份啤酒進銷存統計表

	3/1開店前期初存貨	3月份進貨	3/31閉店後期末存貨	3月份實際消耗	銷售統計報表	差異
海尼根	5	48	11	42	42	-
百威啤酒	7	48	5	50	42	-8
臺灣啤酒	18	72	23	67	67	-
麒麟啤酒	21	24	16	29	29	-

資料來源：作者模擬舉例。

(一)漏單

　　餐廳現場營運忙碌，服務人員可能因為擔心客人久候，又因為有其他服務人員占用POS機，於是商請吧檯人員先提供啤酒給客人，並允諾稍後隨即補鍵入該項啤酒於餐飲系統中。一旦在客人用完餐結帳前，服務人員未及時補鍵入餐飲系統中，或是遺忘了此事，就會導致客人結帳時帳單上並未有此項啤酒產品列於其中，使客人少付了啤酒的錢，進而造成啤酒成本偏高。

(二)破損

　　餐廳內因人員不慎造成碰撞破損，使吧檯必須重新再提供一瓶啤酒。對於此種難免發生的情事，正確的做法應該是由服務人員再重新鍵入啤酒，如此才能確保吧檯的實際出貨量與餐飲系統的銷售統計報表相符。當然，客人並無須對破損的啤酒付費，此時應由現場主管以授權的密碼或磁卡，將多出的啤酒從帳單中刪除。餐廳主管在刪除的過程中必須依照系統所提供的刪除原因做正確的選擇，方便日後查閱「刪除作廢報表」（Delete / Void Report）或是「招待統計報表」（Complimentary Report），以便清楚瞭解被刪除做廢的項目及原因。這些原因選項可以依照餐廳的需求做編輯修改，通常不外乎有「破損」、「點錯」、「溢點」、「顧客抱怨」、「品質不符」、「招待」、「行銷」、「系統測試」等項。值得一提的是，上述這些原因可作為「有成本產生」及「無成本產生」的區隔：

　　1.有成本產生：顧名思義是必須從帳單上扣除金額，也就是已經造成食物成本的產生。例如餐點不慎遭服務人員打翻；啤酒或易開罐飲料打開後卻發現服務員點錯，已無法再放回冰箱；或是招待某些餐點給客人等

等。這些情形都屬於客人無須付錢但是已經造成餐廳的成本產生，此時餐廳主管應以授權過的密碼或磁卡進入「銷帳」功能，選擇適合的原因選項，將無須由客人付帳的項目刪除。當然，既然成本已經產生，在銷售統計報表上便會留下紀錄。

2.無成本產生：也就是表示並未造成食物成本的負擔，例如系統測試前先通知廚房及吧檯無須理會某特定服務員或某特定桌號的餐點。因為屬於系統測試，廚房及吧檯雖然收到印表機出單，但均未有任何食物及飲料製作，而此筆營業額也不可計入實際營業額中。因此待系統測試結束之後，餐廳主管須進入「刪除作廢」功能，原因選項則為「系統測試」。因為沒有產生成本，因此先前鍵入並刪除的項目並不計入銷售統計報表中，而會計入刪除作廢報表中，並列出原因。

(三)偷竊、私自招待

餐廳偶有偷竊或私自招待的情況發生。為有效避免此類情況，餐廳主管應要求人員交接班時，針對較易發生的項目做抽查盤點，並與銷售統計報表做核對，晚間打烊時冰箱倉庫也應該上鎖。

(四)未確實驗收造成進貨短缺

偶有發生因餐廳進貨時未能確實點交簽收，造成實際進貨數量短少於簽收數量。在此姑且不論廠商出貨為何短少或是途中是否遭人竊取，就餐廳立場而言就應確實做好點交簽收貨單，避免短收的情況發生。

(五)調撥未記錄

餐廳部門之間調撥物料是常有的現象。例如廚房師傅製作甜點或某些醬料時常會向吧檯調撥咖啡酒、茴香酒、白蘭地、紅白酒，或各式口味的調味酒或果汁。吧檯人員應要求廚房人員就其所調撥領走的酒類及飲料填寫調撥單，以方便財務部門做成本的調撥，有效追蹤物料的去向。

二、授權採購產品清冊

針對食物成本而言，有些較具規模的連鎖餐廳通常會由採購部門統籌訪商

尋貨，進而議價以取得最合理的成本進價，幫助餐廳有效的控制成本進價。有些專業的採購單位甚至會建立一本進貨商品的目錄，或稱為**授權採購產品清冊**（Approved Products List，簡稱APL）。這本APL除了鉅細靡遺地說明公司的採購規章辦法之外，並先行針對餐廳主廚可能的潛在需求，分門別類地將上千種食材預作詢價的動作，以提供餐廳主廚隨時查閱所需食材的規格、供貨廠商、聯絡方式及最新報價。當然，因應季節性商品或生鮮蔬果類，APL的報價有效期可能為一週左右，因此採購部門需隨時觀察市場價格變化，並隨時更新資料，提供主廚或其他使用單位參考。建立這樣一本APL固然會造成採購單位的工作繁瑣，但是對於連鎖餐廳而言，除了能協助餐廳主廚很有效率的完成詢貨訂貨的動作外，由於APL所列的各項商品都已經由採購部門完成議價及付款方式的約定，主廚必須讓這本APL上所列的商品都能符合公司的採購規定，而避免人謀不贓甚至瓜田李下之嫌。此外採購部門利用其連鎖餐廳的優勢在議價之初多半能取得最有利的成本進價，這些都可以幫助餐廳提高獲利能力。

當然主廚們仍可依賴APL上的食材商品及價錢規格，選擇最符合需求的食材進行訂貨。**表12-6**中可以發現，單是蘿美生菜此項產品就有五種不同單價、廠商及規格的選擇（產品代號200141、200142、200151、200152及200161）。透過如此的採購機制可以讓主廚能隨時依照需求、成本考量、送貨時間等條件，選出最適合的廠商進行訂貨，就公司而言也可以有效地與各家廠商之間保持良好關係，並取得最有利的採購條件。

以海鮮而言，同一個表格下方的蛤蜊（產品代號110385、110386、110387）又可分不同的規格，賦予不同的產品代號。就食物成本控制的角度而言，食材產品規格能否具有一致性是相當重要的，唯有使產品的規格一致才能在標準食譜上賦予正確的數量。舉例而言，某家餐廳有提供薑絲蛤蜊湯，廚房的標準食譜固然可以以重量來表示所需放入的蛤蜊數量（二百公克），但是如果蛤蜊的大小不一則可能造成顧客此次點的薑絲蛤蜊湯有多達十五顆蛤蜊；而下次卻只有六顆蛤蜊的窘境，但這對廚房來說兩次其實都是提供了二百公克的蛤蜊。如果能與廠商事先議定所要採購蛤蜊的規格（每公斤四十至五十顆），則每次的蛤蜊數量就比較能有一致性，而且在食物成本上也容易掌握。

同樣的道理也可以延伸到檸檬的大小規格化。在許多餐廳檸檬不但是廚房食材、吧檯果汁原料，更是拿來作為飲料或是菜餚的裝飾物。為求美觀，通常餐廳會將一顆檸檬固定切成六個檸檬角來作為裝飾之用。換句話說，不論是

表12-6　食材規格表（農產品類）

類　　別：食物類
分類別：41212——農產品類

產品代號	廠商產品代號	廠商產品中文名稱	廠商產品英文名稱	廠商名稱	產品包裝／規格	單位	
200001		A-九層塔	BASIL	Y006裕華		斤	2週報價
200002		A-大馬鈴薯		Y006裕華	斤／件	件	2週報價
200003		A-子薑	GINGER	Y006裕華		斤	2週報價
200004		A-小豆苗		Y006裕華		斤	2週報價
200005		A-小黃瓜	CUCUMBER	Y006裕華		斤	2週報價
200006		A-巴西里	PARSLEY	Y006裕華		斤	2週報價
200007		A-日本茄	EGG PLANT/JAPAN	Y006裕華		斤	2週報價
200008		A-毛豆仁	GREEN SOYA BEAN	Y006裕華	斤／包	包	2週報價
200009		A-四季豆	STRING BEAN	Y006裕華		斤	2週報價
200010		A-玉米筍	BABY CORN	Y006裕華		斤	2週報價
200101	VH-115	A-生菜-奶油生菜（進口）	BIB LETTUCE	H001海森		公斤	250.00
200111	0100500	A-生菜-紅捲生菜（本地）	LOLLA ROSSA	L005蘿美		公斤	200.00
200112	0100510	A-生菜-紅捲生菜（本地）	LOLLA ROSSA	L005蘿美		公斤	200.00
200121	0100300	A-生菜-紅圓生菜	RADICCHIO	L005蘿美		公斤	280.00
200131	0100400	A-生菜-綠捲生菜	FRISEE	L005蘿美		公斤	320.00
200141	0100100	A-生菜-蘿美	ROMAINE	L005蘿美		公斤	100.00
200142		A-生菜-蘿美	ROMAINE	Y006裕華		斤	2週報價
200151	VH-1041	A-生菜-蘿美（本地）	ROMAINE	H001海森		公斤	90.00
200152	0100100	A-生菜-蘿美（本地）	ROMAINE	L005蘿美		公斤	80.00
200161		A-生菜-蘿美（進口）	ROMAINE	D001東遠	15kg/BOX	公斤	145.00
200011	A200401	A-百合心（朝鮮筍）	HERTS OF ARTLCHOKED	S001申嵌	14OZ#24	罐	86.00
200012		A-百里香	THYME	L005蘿美	30克／把	把	60.00
200013		A-西生菜	LETTUCE	Y006裕華		斤	2週報價
200014		A-西芹菜	CELERY	Y006裕華		斤	2週報價

（續）表12-6　食材規格表（海鮮類）

類　別：食物類

分類別：41111——海鮮類

產品代號	廠商產品代號	產品中文名稱	產品英文名稱	產品包裝／規格（退冰後）	單位	廠商名稱	產品單價（含冰，未稅）	報價期限
110306		貝-扇貝（冷凍）	Scallop w/shell frozen	殼直徑：9-10公分 1公斤／盒	公斤	D008德衛	190.00	88.07.31
110305		貝-孔雀貝（冷凍）	Scallop w/shell frozen		公斤	D008德衛	130.00	88.07.31
110385		蛤-蛤蜊（大陸）大	Clam, chilled, large	30-40個／公斤	公斤	D008德衛	85.00	88.07.31
110386		蛤-蛤蜊（大陸）中	Clam, chilled, midium	45-50個／公斤	公斤	D008德衛	75.00	88.07.31
110387		蛤-蛤蜊（大陸）小	Clam, chilled, small	60-70個／公斤	公斤	D008德衛	65.00	88.07.31
110908		蟹-蟹管肉（冷凍）	Crab leg meat, frozen	500克／盒	盒	D008德衛	115.00	88.07.31
110907		蟹-蟹塊（冷凍）	Crab, frozen		公斤	D008德衛	75.00	88.07.31
110905		蟹-越前棒（蟹黃加工品）	Crab meat processed, froz		公斤	D008德衛	140.00	88.07.31
110801		蝠-蝦菇尾（冷凍）		4-60z/尾	公斤	D008德衛	450.00	88.07.31
110301		貝-干貝（冷凍）	Scallop, frozen	2.27kg/pk	公斤	H001海森	600.00	
110506		魚-多佛板佳（冷藏）	Dover Sole, fresh		公斤	H001海森	1200.00	
110702		鮭-挪威／燻鮭魚（冷藏）	Nor. fresh smoked salmon, whole		公斤	H001海森	330.00	
110708	SP1023	鮭-蘇格蘭／燻鮭魚（切片）	Scotland. frozen smoked salmon, preslice	(200gm/pack)#5/kg	公斤	H001海森	1400.00	
110709	SP1024	鮭-蘇格蘭／燻鮭魚（切片）	Scotland. frozen smoked salmon, preslice	(100gm/pack)#10/kg	公斤	H001海森	1400.00	
110903		蟹-帝王蟹腳	Alaska King Crab Leg, Frozen		公斤	H001海森	1200.00	
110703	fdel005	鮭-挪威／燻鮭魚（切片）	Nor. Smoked Salmon, Presliced	100GM/PK	PK	O001歐芙	100.00	
110706		鮭-挪威／燻鮭魚（切片）	Nor. Smoked Salmon, Presliced	100GM/PK	PK	J001瑞輝	75.00	
110707	0034	鮭-挪威／燻鮭魚（切片）	Nor. Smoked Salmon, Presliced	約2KG/PK	公斤	B001奔洋	670.00	

資料來源：大魯閣餐飲事業股份有限公司提供（2000）。

一顆一百五十公克或是只有六十公克的檸檬都是只切成六個檸檬角來作為裝飾物，過大的檸檬相對重量較重、體積較大，不但失去裝飾的效果也在無形之中提高了裝飾成本，過小的檸檬角固然省錢卻也略顯寒酸。因此採購部門會先與廠商約定檸檬的規格，例如每公斤十顆大小一致的檸檬，甚至將細節規範到檸檬的高度為七至九公分，使成本得以控制得宜，而且裝飾美觀。

另外值得一提的是海鮮的包冰率。在**表12-7**中可以發現，單是草蝦這項食材，同一廠商就有六種不同的選擇（採購部門實際尋訪三家海鮮供應商，草蝦共約有二十種選擇），分別依照其大小、規格、重量等細節記載於報表中，而其中含冰率更是報價的關鍵所在，不同的海鮮供應商可能會依不同的規格、重量、現流或冷凍，以及包冰率而有不同的報價。因此採購訂貨前必須計算清楚扣掉包冰率這項變數之後的實際成本，以免花大錢買了一大堆無用的碎冰。

第四節　人事成本的說明與檢視

在**表12-1**的損益表中（第⓲至㉕列），一般多將人事薪資費用分為以下幾個項目：

1. ⓲前場人員薪資：泛指餐廳外場人員的薪資費用，包括外場服務員、餐務員、吧檯人員、領檯等部門。

2. ⓳後場人員薪資：泛指廚房的廚師、前置準備區的準備人員、倉管人員的薪資費用。

3. ⓴其他薪津：通常是指一些非正式部門或特約人員的薪資，以餐廳的經營型態為例，有可能是代客泊車的人員或洗碗人員。以目前臺北地區代客泊車行業的生態而言，因餐廳多半無力規劃停車空間供顧客使用，而且路邊停車位多半不足，所以餐廳通常會考慮以契約方式與代客泊車業者合作，採低底薪隨車抽佣或小費自領的方式解決客人的停車問題。代客泊車人員因多半未正式隸屬餐廳員工，因此在其薪資上會與前場人員薪資有所區隔。而洗碗人員也有類似情況，餐廳負責提供洗碗所需之空間、機器設備、清潔耗品等，而洗碗人員則會由個人或公司承包負責餐具洗滌的工作，並自行調度其人力、休假安排等，以達成餐廳的要求。

表12-7　食材報價表

產品代號	廠商產品代號	產品中文名稱	產品英文名稱	產品包裝/規格（退冰後）	單位	廠商名稱	產品單價（含水末稅）	報價期限
110001	304	海參	Sea Slug (Fresh)		KG	H006漁鴻	150.00	88.07.31
110606	A 103	蝦-明蝦4/6（冷凍）	King Prawn (Frozen)	4-6隻/斤（600克），每隻約100-150克，含冰率：35%	KG	H006漁鴻	500.00	88.07.31
110604	A 104	蝦-明蝦6/8（冷凍）	King Prawn (Frozen)	6-8隻/斤（600克），每隻約75-100克，含冰率：35%	KG	H006漁鴻	500.00	88.07.31
110605	A 105	蝦-明蝦8/10（冷凍）	King Prawn (Frozen)	8-10隻/斤（600克），每隻約60-75克，含冰率：35%	KG	H006漁鴻	500.00	88.07.31
110616	A201	蝦-草蝦6/8（冷凍）	Shrimp,Green Shell (Frozen)	6-8隻/斤（600克），每隻約75-100克，含冰率：35%	KG	H006漁鴻	410.00	88.07.31
110610	A202	蝦-草蝦8/10（冷凍）	Shrimp,Green Shell (Frozen)	8-10隻/斤（600克），每隻約60-75克，含冰率：35%	KG	H006漁鴻	420.00	88.07.31
110612	A204	蝦-草蝦13/15（冷凍）	Shrimp,Green Shell (Frozen)	13-15隻/斤（600克），每隻約40-46克，含冰率：35%	KG	H006漁鴻	330.00	88.07.31
110613	A205	蝦-草蝦16/18（冷凍）	Shrimp,Green Shell (Frozen)	16-18隻/斤（600克），每隻約33-38克，含冰率：35%	KG	H006漁鴻	290.00	88.07.31
110614	A206	蝦-草蝦19/21（冷凍）	Shrimp,Green Shell (Frozen)	19-21隻/斤（600克），每隻約29-32克，含冰率：35%	KG	H006漁鴻	270.00	88.07.31
110615	A208	蝦-草蝦26/30（冷凍）	Shrimp,Green Shell (Frozen)	26-30隻/斤（600克），每隻約20-23克，含冰率：35%	KG	H006漁鴻	230.00	88.07.31
110602	A302	蝦-生凍龍蝦（澳洲冷凍）	Raw Whole Lobster (Frozen)	20隻/箱，約500克/隻	KG	H006漁鴻	740.00	88.07.31
110628	A350	蝦-熟龍蝦尾（澳洲冷凍）	Cooked Lobster Tail (Frozen)		KG	H006漁鴻	850.00	88.07.31
110626	A404	蝦-熟龍蝦（澳洲冷凍）	Cooked Whole Lobster (Frozen)	20隻/箱，約500克/隻	KG	H006漁鴻	900.00	88.07.31
110624	B116	蝦-草蝦仁（大）（冷凍）	Shrimp Peeled,Green Shell (Frozen)	13-15隻/LB，每隻30-35克，含冰率：35%	KG	H006漁鴻	370.00	88.07.31
110625	B117	蝦-草蝦仁（中）（冷凍）	Shrimp Peeled,Green Shell (Frozen)	31-40隻/LB，每隻11-15克，含冰率：35%	KG	H006漁鴻	320.00	88.07.31
110519	C102	魚-鱈魚3/2（冷凍）	Cod Fish (Frozen)	2-3公斤/隻，含冰率：20%	KG	H006漁鴻	180.00	88.07.31
110521	C105	魚-圓鱈菲力（冷凍）	Cod Fish Fillet (Frozen)	含冰率20%	KG	H006漁鴻	310.00	88.07.31
110704	C120	魚-鮭魚（冷凍）（挪威）	Salmon Frozen, Norway	去頭去內臟，約4公斤，含冰率：20%	KG	H006漁鴻	210.00	88.07.31
110515	C201	魚-潮鯛（雙背）（冷凍）	Snapper Frozen	含冰率20%	KG	H006漁鴻	240.00	88.07.31
110513	C201	魚-潮鯛（冷凍）	Snapper Frozen	含冰率20%	KG	H006漁鴻	240.00	88.07.31
110524	C305	魚-鱸角肉（海）（冷凍）	Seabass Fillet, Frozen	含冰率20%	KG	H006漁鴻	150.00	88.07.31

4.㉑訓練費用：對於像餐飲業這般屬人力密集的服務業而言，為能確保餐廳服務品質，強化員工的工作執行能力並且提供員工的升遷管道，訓練成本自然成了餐廳必須有的預算。在訓練費用這個項目下的費用，除包含訓練員及受訓員進行教育訓練時的薪資費用外，也包括訓練過程中所衍生的各項相關費用。例如廚房人員進行烹調訓練所耗費的食材、外場人員為瞭解每一道菜的作法、口味及外觀所進行的試作、試吃，另外還有訓練教材編制時所花費的人事成本、印刷裝訂費用等等，這些都可以列入訓練費用之中。

5.㉒保險及福利：

(1)勞健保及勞退基金：員工依法可以在工作場所參加勞工保險及全民健康保險，而且餐廳業主依法必須負擔部分的保險費，對於這些保險支出費用都在此項下提列。

(2)團保：有些餐廳會讓員工在工作上更有保障，會另行向民間保險公司購買團體意外保險。此部分的保險費用通常是業主自行為員工負擔，故可視為員工福利之一，保險費用亦同樣列於此項下。

(3)員工福利：體質較佳的餐廳或大型連鎖餐廳通常會明文規定員工福利，甚至成立福利委員會。舉凡員工的婚喪喜慶、搬家、生子等都有一定金額的補貼，對於優秀的員工甚至會有旅遊補貼等福利；上述的各種津貼支出都會由此項目中提列。另外，對於三節的獎金、尾牙活動的預算、年終獎金的預算編列，也有許多餐廳固定在每個月依人事費用或業績，採一定比例的提撥，才不致在逢年過節的當月造成過高的人事成本及現金壓力。

6.㉓管理人員薪資：在此通常指的是餐廳營運現場副理級（含）以上管理幹部的薪資費用，廚房部門則包括了主廚及副主廚的薪資。至於餐廳後勤單位，例如連鎖餐廳的總管理處內的開發部、行銷部、會計部、人事部等人員，不論是基層事務人員或部門主管的薪資，都不在此項下提列。

7.㉔業績獎金：餐廳業主為有效激勵員工及幹部士氣戮力創造業績並樽節開支，使利潤能夠擴大，通常會訂立一套獎金辦法來犒賞員工，使利潤能夠分享，讓全體人員能夠更有歸屬感及責任心。至於獎金辦法的內容則依各餐廳而異，多半不外乎是設定業績目標或是設定利潤目標，而獎金的發放則可分為個人獎金或部門團體獎金，發放的時間則有可能是每

週、每月或是每季發放。業主或管理幹部不妨在此多所著墨，讓員工隨時保持高昂士氣，爭取獎金，甚至壓低基本薪資而大幅提高員工獎金比例，以更能為餐廳降低固定人事成本，降低經營風險。但是相對的，在獎金制度實施之際也必須小心，避免競爭惡質化，員工可能因為高度的競爭造成團隊合作的下滑、搶桌，或造成客人面臨過度消費的壓力。長久下來反而對餐廳的形象及服務品質有負面影響。

綜上所述，足見人事薪資費用對於一家餐廳的各項開銷而言，可以說是僅次於食物成本的一項重要成本。一般而言，餐廳的人事成本務必要能控制在相對於營業額的30%以內，尤以25%為佳，如果超出此營業額的比例則對於餐廳的利潤有相當大的影響。特別是鑑於勞基法的規定及為維護勞資和諧，餐廳業主一旦聘僱了員工就不能隨意解聘，因此人事成本對於整體的成本結構及利潤的表現可以說具有舉足輕重的角色。

近年來隨著社會的演進和勞工意識的抬頭，以及政府有計畫性的提高勞工福利，人事薪資成本和其他衍生出來的成本，例如勞保、健保、退休金、國民年金等都不斷的造成企業經營上的人事成本壓力。因此，緊盯著人工的生產力就成為餐廳或每一個企業必須做的功課之一。

一、生產力計算

有了損益表，餐廳主管可以以當日的營業額除以當日的外場服務人員的工作時數，得到每工作小時可生產多少營業額的參考數據，我們稱之為**每小時工時生產力**（Hourly Productivity）：

$$\frac{早班營業額}{早班服務人員的全部工作時數} = 營業額（元）／小時$$

$$\frac{晚班營業額}{晚班服務人員的全部工作時數} = 營業額（元）／小時$$

$$\frac{全日營業額}{全日服務人員的全部工作時數} = 營業額（元）／小時$$

二、勞動生產力

餐廳主管也可以以當日的營業額除以當日的外場服務人員薪資，得到每 1元的人事成本可以生產多少營業額的參考數據，稱之為**勞動生產力**（Labor Productivity）：

$$\frac{全日營業額}{全日服務人員的全部薪資} = 營業額（元）\div 薪資（元）$$

$$\frac{晚餐營業額}{晚餐服務人員的全部薪資} = 營業額（元）\div 薪資（元）$$

$$\frac{午餐營業額}{午餐服務人員的全部薪資} = 營業額（元）\div 薪資（元）$$

配合上述人事生產力的觀念後，餐廳主管的首要之務就是如何安排適當的人力，使每一位員工都能發揮出最大的生產力。藉由過往的業績報表（例如去年同期、上月同期、上週同期），另外再加入最新的環境因素，例如餐廳周邊商圈的活動變化與自我競爭力（價格、產品、重新裝潢、促銷活動）的變化，訂定出下一階段的預估營業額。秉持著目標導向的方針，餐廳主管可預先訂出人事成本的百分比，再藉由這個百分比的數字去推演實際可應用的人事預算，以及可用的人力時數。依照這個原理，如果餐廳確實達到了營業目標的要求，人事成本的掌控自然能如預期地落在預先設定的百分點上。

例如：揚智餐廳每位外場服務人員的時薪皆為一百元，而下個月的預期營業目標經過推估為一百萬元，並且設定外場服務人員的薪資百分比為12%，則可得知下個月外場服務人員的薪資預算、全月可用時數及每週可用時數等重要數據，進而排出一份符合這些預估時數的班表，如：

1,000,000元×12%＝120,000元	外場服務人員薪資預算
120,000元÷100元＝1,200小時	外場服務人員全月可用時數
1,200小時÷4週＝300小時	外場服務人每週可用的時數

　　有了上述的參考數據，接著餐廳主管即可依照每日的營業需求排出一張每週總計三百小時的班表。（如**表12-8**）

表12-8　每週300工時之大班表

	星期一	星期二	星期三	星期四	星期五	星期六	星期日	總計
	10-14(4)	10-14(4)	10-14(4)	10-14(4)	10-14(4)	10-14(4)	10-14(4)	
	10-14(4)	10-14(4)	10-14(4)	10-14(4)	10-14(4)	10-14(4)	10-14(4)	
	12-20(8)	12-20(8)	12-20(8)	12-20(8)	12-20(8)	12-20(8)	12-20(8)	
	12-20(8)	12-20(8)	12-20(8)	12-20(8)	12-20(8)	12-20(8)	12-20(8)	
	17-22(5)	17-22(5)	17-22(5)	17-22(5)	17-22(5)	17-22(5)	17-22(5)	
	17-23(6)	17-23(6)	17-22(5)	17-22(5)	17-22(5)	17-22(5)	17-22(5)	
		17-23(6)	17-23(6)	17-22(5)	17-22(5)	17-22(5)		
				17-23(6)	17-23(6)	17-23(6)		
時數小計	35	35	40	40	50	50	50	300

資料來源：作者整理製表。

　　由**表12-8**中可以發現，每天所需的人次與每一人次的工作時數，餐廳主管只要依據這個模式及員工可上班的時間，就可以套入員工的姓名在班表中，完成一張符合營業額預估為一百萬元，人事成本為12%的班表。讀者另可依照**表12-8**的大班表，繪出一張人力配置圖如**表12-9**。讀者可以從當中看出第一列代表著上午九點至晚間十一點每一個鐘頭的人力配置與變化，它正好與餐廳的營運用餐尖峰時間相呼應，能適切的掌握生產力的變化。在這張班表中不難發現有二位上班時間為中午十二點至晚間七點，這二位為上滿八小時的員工，亦即表示這二位員工可以考慮聘僱為正職的月薪人員，他們除了上班時數較長並且橫跨午餐時段、下午茶時段，以及晚餐的尖峰時段，可以說是餐廳外場服務人員的重心所在。至於上午十點前進場進行上班開店前準備工作、餐廳用餐尖峰時間的人力補強，以及後續的打烊工作等，均可藉由聘僱時薪制的工讀生來補齊這些人力空缺，以維護餐廳營運上的需求及服務品質，並且兼顧人事成本的控管，以達到較高的勞動生產力。

表12-9　班表圖

週班表														
（以每週總計工時：300小時為基礎）														
時間	9am	10am	11am	12am	1pm	2pm	3pm	4pm	5pm	6pm	7pm	8pm	9pm	10pm	11pm
星期一、二		1	1	1	1										
		2	2	2	2										
				3	3	1	1	1	1	1	1				
				4	4	2	2	2	2	2	2				
									3	3	3	1	1		
									4	4	4	2	2	1	
星期三、四		1	1	1	1										
		2	2	2	2										
				3	3	1	1	1	1	1	1				
				4	4	2	2	2	2	2	2				
									3	3	3	1	1		
									4	4	4	2	2		
									5	5	5	3	3	1	
星期五、六、日		1	1	1	1										
		2	2	2	2										
				3	3	1	1								
				4	4	2	2	1	1	1	1				
				5	5	3	3	2	2	2	2				
									3	3	3	1	1		
									4	4	4	2	2		
									5	5	5	3	3	1	
									6	6	6	4	4	2	

資料來源：作者整理製表。

三、人事成本管理的要點

　　餐廳主管在有了上述幾張關於人事考勤及成本的報表之後，再加上財務部門每週或每月所實際精算的人事薪資成本後，即可清楚瞭解實際的人事成本與預估的人事成本之間的差異，並進而去檢討其中原因做適當的改善。

　　餐廳畢竟是一種店頭生意，再多的歷史資料做推演，或再多的周邊商圈調查做預估的判斷，也只是在求最精準的預估，而無法做出100％的正確預測。因此，彈性的人事結構及餐廳營運當時臨場的人力調度，就成了有效控制人事成

本的重要因素。良好的規劃與調度不僅能有效控制不當的人事成本浪費，也能兼顧餐廳的服務品質及員工的工作士氣。

以下僅就人事成本管理做幾項要點的探討：

(一)交叉訓練

交叉訓練（Cross Training）是利用員工職務上的輪調，使之學習不同職務的工作內容，進而提升員工素質、士氣及價值的一種人事訓練制度。透過深度加強店內員工的交叉訓練，不僅能讓員工發揮一加一大於二的效果，也能提振員工的素質與工作士氣，並且在人力窘迫的時候更能發揮團隊合作的潛力。

餐廳主管不妨就其所帶領的員工團隊，進行有計畫的交叉訓練。首先先製作一張表格，將部門所有員工及其可擔任的職務做排列組合，即可立即看出每一工作職缺的員工人數及姓名，以及每一名員工所能擔任的職務，再評估每一工作職缺所需儲備的員工人數，進行交叉比對之後即可知道下一步所必須進行的交叉訓練應著重在哪些特定的員工，或是哪些工作職務上。

表12-10的範例是某家美式餐廳的廚房部門，針對廚房員工及該餐廳廚房職務上的分配所製作出的一張人力檢核表格。首先在第一列中清楚標示出該餐廳廚房設置有窗口控菜、碳烤、油炸、煎炒、冷盤，以及出菜品管等六個工作職務；而第一欄為全體廚房員工的姓名。接著讀者可以就每一工作職務欄往下檢視，即可立即明瞭可勝任這個工作職務的員工有哪些人、共有幾人；或者，讀者亦可在每一列中輕易掌握每一位員工所能勝任的工作職務有哪些；在這張表格中，可以瞭解這家餐廳的廚房經理確實落實了交叉訓練的制度，因為Anna、Patrick、Polly、Amanda等四名員工均受過良好的交叉訓練，使他們能在廚房的六項工作職務中勝任其中的四項，屬於頂尖的一群員工。然而Daniel、Jenny、Tom、Stephani、Rex、Leo，以及Gino均屬於較弱的一群員工，因為他們僅能勝任一個工作職務。

假設某一天這家餐廳有一名員工因事無法上班而臨時請假，此時當天上班的其他員工若都是屬於較資淺，且未受過其他工作職務交叉訓練的員工，則很可能會發生無人可以替補該工作職務的窘境；反之，若當天上班的其他員工中有幾位是屬於資深且受過其他工作職務訓練的員工，則值班主管可輕鬆的調度人員，使每一工作職務均能立即有人填補空缺，不致影響營運順暢。遇有上述情形時，可先將工作職務彈性小的員工進行當天職務的調整，使每一位資淺

表12-10　工作站及人力一覽表

廚房工作站人力一覽表						
名字	窗口控菜	碳烤	油炸	煎炒	冷盤	出菜品管
Daniel		*				
Allen	*	*	*			
Anna	*	*		*	*	
Amy				*	*	*
Jenny					*	
Tom			*			
Patrick	*			*	*	*
Polly	*			*		*
Stephani				*		
Amanda	*	*		*	*	*
Rex		*				
Carol	*				*	*
Rachel				*	*	*
Leo		*				
Gino			*			
On Hand	6	6	3	7	6	6
Par	4	4	4	4	4	3
Difference	+2	+2	-1	+3	+2	+3

資料來源：作者整理製表。

的員工都能勝任所被分配到的工作，最後剩下的工作職務則由資深且受過完整交叉訓練的員工來替補，如此較不致發生無法勝任的情況。

　　另外，**表12-10**在下方列出三列，分別標示出每一項工作職務現有的儲備人力（**On Hand**）、工作職務的建議儲備人力（**Par**）及其中的差距。舉例來說，煎炒的職務必須儲備四名能夠勝任這個職務的員工，而實際能勝任此項職務的員工則多達七名，屬於高度人力儲備的職務；反之，油炸區可勝任員工數三名，小於人力儲備需求的四名，此時表示油炸職務仍有賴進行交叉訓練，以填補安全儲備人數的空缺。經評估得接受此項職務交叉訓練的員工自然可優先考慮Daniel、Jenny、Stephani、Rex、Leo等較資淺，且無法勝任此職務的員工。

　　交叉訓練能讓主管以最少的員工人數，也就是以最低的人事成本來保持餐廳的正常營運。同時，員工也能因為不斷接受新的工作職務訓練而有所成長，

避免長期重複相同的工作內容而產生工作倦怠,以免影響團隊的士氣,進而影響工作的品質。

(二)兼職人員及工讀生的工作調整

■選擇性提前下班(OTLE)

OTLE(Option To Leave Early)制度是餐廳值班主管於當天營業狀況不如預期時,針對時薪制的兼職人員進行人力縮編調節,以節省人力開銷的一種權宜措施。當遇上天候或即時性無法解釋的原因,造成當日餐廳業績不如預期時,往往會造成樓面上有過剩的人力。而發生此種情況時,通常多數員工並非給予更好的餐飲服務,反而是群聚聊天,甚至因為過多的閒置人力站在樓面上,造成用餐顧客的無形壓力。此時值班主管即能依其個人的判斷,決定先行讓時薪制的兼職人員下班。一來可節省人事成本,二來可以提高其他人的生產力。當然,如上所述,愈能勝任各種不同職務的員工,愈有機會能留下來繼續服勤,因為他們的工作能力多半較強,又較能勝任多種工作,可因應人力縮編後所可能發生的各種營業上的狀況。

■備勤班

備勤班(On Call Shift)制度乃是針對時薪制的兼職員工,在安排班表時除了上班及休假日之外的另一種選擇。當員工當天被排定為備勤班時,即表示員工屬於備勤的狀態,必須在指定的時間打電話到餐廳詢問值班主管,當日是否需要到餐廳來上班。而值班主管依當天的訂位狀況及事先排定的人力,來決定是否徵召備勤班的人員到店上班。例如下午四點打電話向值班主管詢問,如果必須到店上班則必須在下午六點打卡上班。

餐廳為兼顧人事成本及服務品質,對人力班表上的安排可說是絞盡腦汁,期能將每一份的人事成本發揮最大的生產力。除了OTLE制度的施行外,備勤班的安排也是另一個選擇。訂位客人比重愈大的餐廳愈適合備勤班制度的建立,反之若餐廳多數的用餐客人均無事先預約訂位(Walk-in)的習慣,則備勤班的效益也較小。因為當用餐的尖峰時間陸續湧進無訂位的用餐客人時,此時再徵召備勤班人員前來上班可說是為時已晚。

(三)工讀生聘用的注意事項

工讀生因為時間彈性,且採計時計薪的方式賺取酬勞,對於多數的餐廳而

言是人力結構上的主力。然而工讀生也會因為自身的經濟情況、課業壓力、課表安排、社團活動或是家庭因素，而有不同的工作時間或班次的限制與需求。因此在決定招募工讀生時，餐廳主管必須檢視所有員工的可上班時間，找出人力最單薄的某些特定時段，在招募新進員工（工讀生）時就必須確定能夠填補這些時段，避免人力上的供需失調。

如果所招募的工讀生都是屬於上班時間配合度高且有高度的經濟需求時，則有可能會發生淡季或星期一等業績較弱的時段，有些人無班可上而造成搶班的情況。相對的，如果所招募的工讀生都是屬於上班時間配合度低且無經濟需求，純屬玩票性質或應付學校實習時數的員工時，就有可能發生週末或是特定節日需要大量人力服勤，卻沒有人願意上班的窘境。

為避免上述的情況發生，每家餐廳均需依照周邊商圈、淡旺季時段業績的落差幅度來決定經濟高度需求與低度需求的工讀生招募的比例。如此在淡季時，這些經濟高度需求的員工可滿足營運的需求，而在假日或其他旺季時，低經濟需求的工讀生正好可以彌補人力上的空缺。

必須在此一提的是，勞健保等相關員工人事成本的掌控與工讀生人數之間的微妙關係。依據勞基法規定，雇主必須為員工（含工讀生）辦理勞保的規定，而員工亦有權利選擇在其工作職場中加入健保。雇主對於員工的勞保、健保必須依規定支付一定比例的部分負擔。一旦不當招募了過多的工讀生會連帶造成雇主在勞健保部分負擔的成本壓力。在此建議招募工讀生時即能達成協議每週基本的工作班次，以避免招募過多的低經濟需求、上班班次稀少的員工，一來可以節省雇主對於員工勞健保負擔的壓力，二來較密集的工作也較容易熟能生巧，提高工作上的服務品質。

(四)兼職計時制人員的比例

餐廳依據自身的型態、服務技巧的難易、目標客群的定位，以及餐廳品牌形象的不同，對於正職服務人員與兼職計時制人員（例如工讀生）間的人數比例也有不同的需求。多數飯店的宴會廳每逢假日多有結婚喜宴的訂席，平日時段則客人多半寥寥無幾，故而會不開放營業以節省成本。對於此類型的餐廳平日與假日的業績可說是有天壤之別，如果僱用正職人員會有平日零生產力，假日卻又無法應付營運需求的窘境。這類大型的宴會餐廳，多半會與工讀生保持聯繫，甚至透過學校餐飲科系的幫忙，安排學生假日打工或實習來填補人力；

然而，此種人力招募模式多半影響服務品質，員工對於餐廳的作業流程，甚至工作環境的熟悉度都有不全之處，只是對於結婚喜宴這種菜單已訂、客人鮮有特殊需求的場合，這種人力上的安排尚可勉強應付。

　　對於同樣位處於五星級飯店內的高級餐廳，或市場上定位較高的獨立餐廳、會員俱樂部而言，維持適當比例的全職人員是有其必要性的。雖然這些全職的服務人員採固定薪資外加獎金制度，會拉高餐廳的人事固定成本，但是因為這類餐廳多半客單價高，並有其固定的忠實顧客且客層較整齊，屬於消費力高、收入高、教育水準多半也較高的社會中產階級人士，或一定職等以上的白領階級，因此成熟穩重、談吐適宜、懂得應對進退、餐飲服務技巧及專業度均屬上乘的全職人員絕對會是穩妥的安排，他們會是餐廳公關的第一線人員，同時也可能是銷售高手，可以幫助餐廳業績的提升。這類員工可以隨意說出多位常客的姓名、職務、外型特徵、用餐習性喜好等等，並與客人建立一定的情誼，讓客人來到餐廳用餐更有賓至如歸的感覺。

🍲 第五節　可控制管銷費用的檢視

　　可控制管銷費用，顧名思義就是餐廳經理人透過其權限可管理運用的各項開銷。就一家餐廳的主要成本開銷而言，除了食物成本、人事薪資成本之外，就是可控制的管銷費用了。舉凡水電瓦斯、行銷廣告、修繕保養、營運耗材等等，都屬於可控（管理）費用（Controllable Expense）。這些費用通常都有一個特點就是看似小錢，其實卻是積沙成塔。因此更有賴管理者去留心注意是否這些資源是否被無意的浪費，唯有精確計算合理使用量與盤點實際用量之間的差異性，才能守住這些由小錢所堆積成的大錢。

一、㉖行銷費用

(一)廣告費用

　　餐廳可以依照自身的型態、目標客群及預算，在適當的媒體進行廣告，以提升品牌知名度、來客數及餐廳的形象。然而現今各式媒體眾多，如何能有效的尋找適合的媒體做廣告則有賴管理者仔細評估。舉凡電視、車廂、報章雜

誌、電台、外牆、燈箱、參加各式活動或展覽，甚至是利用時下流行的數位工具，像是網站、電子折價券（E Coupon）、手機簡訊等，都是考慮的媒體工具之一。

對大多數的餐廳而言，預算可以說是選擇媒體做廣告時的第一考量。遍布全省擁有多家分店的連鎖餐飲可以考慮電視、報紙、雜誌等全國性的媒體做廣告，雖然預算較高但相對的因為店家多，平均每一家分店所分攤的比例也較能夠被接受。藉由美食雜誌或其他娛樂性較高的雜誌來做廣告，或是利用採訪報導進行曝光，也不失為一個好方式。通常礙於預算的關係，不妨在尋找廣告媒體時利用廣告交換或是其他的回饋方式，作為付款方式的一種變通方式，例如贊助餐券供媒體舉辦各類活動的獎品，或提供場地供媒體做其他的公開活動，藉以達到曝光的目的。

(二)促銷費用

礙於市場的高度競爭，各家餐廳無不卯足全力絞盡腦汁地規劃各式促銷活動來吸引消費者上門。其中較常見的一種手法像是信用卡與餐飲業者間的異業結合。餐廳被銀行信用卡部門擁有上百萬持卡人的個人資料所吸引，而銀行也希望不斷的為持卡人爭取更多的優惠，吸引更多人申請辦卡，並且藉由帳單夾寄甚至是特別活動訊息的釋放（Solo DM）來做有效的曝光，再搭配優惠券或是特定的信用卡刷卡用餐，可以享有各式的優惠或加倍積點來吸引消費者申辦信用卡。這些各式各樣的信用卡促銷活動可以造成持卡消費者、銀行以及餐廳三贏的局面。其他如常常在新聞畫面出現的一元促銷便當、大胃王比賽等也是餐飲業者為了能提高知名度吸引顧客上門的促銷花招之一，但實際的後續效果為何仍有待評估觀察。

上述所舉各類促銷活動所衍生的相關成本費用，例如文宣設計印刷、派報等都在行銷費用會計項下提列。

二、㉗員工餐飲

一般而言，大多數餐廳都會提供員工餐飲（Employee Meal），相較於大型飯店多半每月依班表提供員工餐食券到員工餐廳用餐，一般的餐廳則對於員工

餐的控管顯得多些彈性與變化。每家餐廳因自身型態的不同，相對的對於員工餐食的供應方式也有所不同。例如多數的速食店因絕大多數員工均為工讀生，且並無真正具有烹調員工伙食的器具設備與烹調技術，因此多半以自身餐廳的商品作為員工的伙食。例如漢堡、三明治等，而有些餐廳則選擇外訂便當餐盒供員工食用，甚至有些餐廳為求管理上的便利，直接補貼伙食津貼給員工，讓員工於上班前或利用規定的用餐時間，自行外食解決用餐問題。相對於這些速食店礙於人力及設備無法製作員工餐，一般餐廳因有正式的廚房設備，以及廚師多半具有良好廚藝，自然在員工餐的製作上更能兼顧菜色及口感的變化。雖然這種方式難免帶給廚房額外的工作負擔，但是好處也不在話下。

遇有逢年過節時，廚房師傅多半也會應景地為員工同事們製作可口的佳餚，而平常若遇有廚房正式的食材因滯銷擔心影響新鮮度或品質時，也可以透過食材調撥的方式製作成員工餐，讓員工餐來吸收這些食材成本，避免存放過久造成食材過期腐壞。而平時廚房在進行日常的食材訂貨時，也會順便訂購員工餐的食材，並且交代廠商另行開立帳單，方便財務部門區別，並將員工餐食材的帳單另行歸類為員工餐飲。一旦用到餐廳既有商品的食材，必須確實填寫調撥單，避免造成食物成本的混亂。

三、㉘水電瓦斯費用

水電瓦斯費用可以說是餐廳各項可控制費用中，最花錢的項目之一。多數的餐廳為求裝潢美觀、用餐環境氣氛得宜，多半會在燈具的選擇及光線的搭配上多費思量。然而，許多燈具雖然能營造出較具視覺效果的色調與層次，卻也可能屬於高用電量的燈具。因此建議餐廳在規劃之初即能通盤規劃，例如選擇暖色系的省電燈具；委託專業人員進行用電評估，與臺電公司簽訂契約用電量；戶外廣告招牌裝設定時開關，或是規劃220V的電力及燈具，並提供更穩定的電壓；適度裝置遮陽設備避免過度日照，以減輕冷氣空調的負擔，並且定時做冷氣濾網及相關設備的保養；洗手間裝設省水馬桶、紅外線感應定量給水的水龍頭等都不失為是節省能源成本的好方法。對於烤箱及廚房設備而言，可考慮儘量採用以瓦斯作為能源的設備，會比以電力作為加熱能源的設備來得經濟。

至於餐廳若位在百貨賣場等集中飲食區，那麼電力部分採獨立分表方式計算用電量，或是擁有獨立的臺電公司電表則必須問明清楚；另外，公共區域用

電分攤、水費計算,甚至是賣場中央空調的成本分攤等,都必須在簽訂租約時一併納入考量。

四、㉙電話傳真長途控制、網際網路寬頻月價制度

日常訂貨、客人訂位的確認、連鎖餐廳之間的聯繫、傳真菜單給客人等等,是餐廳電話費的主要來源。特別是臺灣當今堪稱為世界各國手機密度最高的國家之一,撥打行動電話給訂位的客人做確認,或是與廠商業務人員聯繫時多半會以行動電話作為聯絡方式,電信費用自然提高。為求效率及成本控制,不妨裝置數位電話節費器才能有效控管電信費用。

五、㉚制服

餐廳制服的設計、整體的裝潢、商標的設計,甚至餐具的選擇都可算是餐廳識別系統的一環。良好的制服設計不僅能讓員工穿起來顯得有朝氣、有精神之外,好洗耐髒不易皺、員工肢體活動方便等也是考量因素;此外,廚房制服甚至必須考慮避免使用易燃材質等,這些都是在制服規劃之初必須考量的。

對於較具特色且不易取得的制服,多半需要與特定的廠商簽約製作,因為屬於小規模的生產,在單位成本上相對較高。像是具有塞外風情的蒙古風味餐廳,或是滿清時空背景十足的宮廷筵席,服務生通常會應景地穿起極具民族特色的服裝,此時需注意過多的綴飾亮片,除了容易妨礙員工工作之外,服裝的清潔保養也相對較困難。因此在考量制服的選擇時,仍應考慮實用性及耐久性,而對於員工制服的汰舊換新也必須事先擬定一套折舊的辦法。對於離職員工,除必須要求繳回制服之外,對於資深員工的制服也應定期更新以維護形象。這些製作制服所衍生的費用都應列入制服的成本。

六、㉛營運物料

舉凡餐巾紙、紙巾、牙籤、吸管、清潔用品、外帶餐盒、提袋、咖啡濾紙、桌墊紙、口布桌布、文具紙張、餐具、非設備類廚具(例如鍋、鏟、盆)等為餐廳營運所必須使用的消耗性物料,都屬於營運物料項下。這類物品項目

繁多且使用消耗的速度不一，須有賴倉管或是主管人員細心控管並適量訂貨。

　　關於營運物料的成本管理最重要的是掌握用量避免浪費。通常可以透過資訊系統中的銷售統計報表、營業日報表取得每日的來客數、桌數、營業額等相關數據，對消耗品訂出合理用量。例如可以從來客數推斷出合理的口布、餐巾紙的用量；透過營業的桌數可以推斷出合理的桌布、桌墊紙的使用量；透過飲料的銷售統計，可以得到吸管的合理用量；或是簡單地以營業額為基礎，訂定出每一萬元營業額所會使用掉的消耗品數量，循此方式來檢視消耗品是否被不當濫用甚至遭竊。

　　在選擇消耗品的規格時，不妨考慮市場占有率較高的規格產品以確保貨源充足，且因達到相當的經濟規模，取得的成本也較低。對於餐巾紙、衛生筷紙套、牙籤等，多數餐廳會選擇印製餐廳名稱商標的消耗品，且多半會一次大量製作，此時必須考慮儲藏空間是否充足，或委請廠商提供儲藏空間代為保管再分批進貨。

七、㉜修繕保養

　　餐廳各式大小設備繁多，例如外場的餐飲資訊系統、吧檯的咖啡機、果汁機、廚房的各式爐具、烤箱、冷凍冷藏設備、鍋爐、洗滌設備、空調設備、消防設備及一般辦公設備等，都屬於餐廳營運時不可或缺的重要設備。除了日常的清潔及初級保養之外，定期性的保養及耗材的汰換更是不可忽略，以免營運尖峰之際卻發生機器設備無法運作的窘境。

　　一般而言，新購的機器設備多半有原廠所提供的免費保固，期間從半年至二年不等。而通常在保固即將到期之際，廠商多會自動向餐廳提出新年度的保養維修合約，雖然因此產生了額外的成本開銷，但是也多半能做到預防性的維修保養，避免機器設備無預警發生故障，而若真遇有故障報修情況產生時，所得到的後續服務也較能得到合理的保障。

　　通常這些維修保養合約有幾項要點較值得觀察留意：

(一)價格是否合理

　　有些廠商為求提高整個維修合約的價格，通常會加入許多的簡易初級保養內容，雖然這些保養動作仍屬必要，但是餐廳管理者可仔細思量將這些較簡

易的項目刪除以節省費用，改由店內員工自行完成。通常這些工作不外乎各式冷凍冷藏設備的散熱葉片清潔、空調系統空氣濾網的定期清洗或更換、飲水系統的濾心更換、咖啡機、磨豆機定期調校、電腦系統定期整理備份、掃毒等工作。除了可以省下更多的維修保養經費，也能藉此瞭解各項設備的運作原理，方便與專業技師的溝通。

(二)維修的效率

簽訂維修保養合約最主要的目的就是透過平日的保養，將故障的機率減少或提前發現，使對營運的傷害降至最低。但是機器設備終究有其使用年限，在未能有預警的情況下發生故障也在所難免。因此若有需要維修技師來店維修時，他們到達餐廳的時效也就成了合約服務項目中最重要的一環。

通常在維修合約中可以清楚載明，從餐廳通知故障報修起算，工程人員必須於多少時限內到達現場進行維修，並依照故障的程度於特定的時間內完成維修，使其恢復運作。

(三)備品的提供

對於偶有發生維修廠商無法於特定時間內完成修復動作，其中原因繁多，舉凡零件缺貨待料中、維修技術遇到瓶頸、須與上游廠商會勘，或是與其他廠商的設備有連動關係時，簽約廠商是否能及時提供備品或其他相同功能的設備給餐廳使用，使營運不致遭受過大衝擊。

(四)耗材的計費

對於耗材的更換其材料費是否併入維修合約的費用之中，如果是已經併入整體的合約金額，仍建議請簽約廠商將明細及價目清楚列出，與服務工資部分能有所區隔。如此餐廳可以就工資及材料部分仔細斟酌，確定其報價是否合理。一般而言，簡易的耗材如燈泡、飲水系統濾心、影印機、印表機之碳粉盒匣或墨水匣等均可考慮至量販店購得較便宜的耗材。

八、㉝管理清潔費

(一)洗滌劑

　　餐廳為維護一個清潔衛生的用餐及烹飪環境,每日確實的清洗擦拭及定期的消毒滅蟲是不能省略的一項工作及費用。現今大多數的餐廳多半設有專業的洗滌設備來做餐具與杯具的洗滌,洗滌工作較以往來得簡單而專業,且透過適當的訓練即可由店內員工來操作洗滌設備,但相對上這些專業的洗滌設備所搭配的清潔藥劑也較傳統的沙拉脫來得昂貴許多。因此正確瞭解洗滌設備的工作原理及正確的操作流程便能省下不少的藥劑成本。舉例來說:

1. 選用適當的洗滌架來放置餐具:這些專業的洗滌設備多半附有需另外選購的各式洗滌架,來放置餐具以進入洗滌槽。這些洗滌架多半經過專業的設計,舉凡耐熱度、堪用性、支架的長短及最重要的藥劑提供,與熱水進入餐具或杯具內部的入水孔的口徑大小及數量,都影響著洗滌的效果,如果沒有使用適當的洗滌架,不但餐具無法正確洗滌乾淨,無形中也浪費了許多的藥劑。

2. 以水槍預洗菜渣及油漬:一組良好的洗滌設備包括了相關的前置設備,例如工作臺、水槽及附有高溫熱水及足夠水壓的噴槍。洗滌人員在將餐具送進洗滌槽前可透過簡單的預洗方式,例如先以水槍將沾附在盤上的細微菜渣及油漬先行沖落,以增強後續的洗滌效果。

3. 更換洗滌機內的循環水及清理過濾槽:洗滌機洗淨餐具的原理類似於酸鹼值的平衡。長時間的連續使用將使槽內的循環水酸度提高,此時洗滌機為了要有效洗淨餐具,就會自動釋放更多的藥劑(即鹼性物質)來平衡水質。如果能勤於換水並順便將洗滌槽內過濾槽中的菜渣清除,便能使機器更有效率的洗滌,而不用不斷加重洗劑的份量。

4. 定期檢測:透過定期的專業維修保養來確認洗滌及沖洗時機器是否能正確提供適當溫度的熱水,尤其是沖洗餐具時,機器會導入化學乾精,使餐具能在洗滌完成後的數十秒之間,完成水分蒸發的效果。如果水溫不夠,除了將影響餐具的乾燥效果之外,也浪費化學乾精的使用。

　　綜上所述,這些清潔藥劑的成本費用與是否正確操作洗滌流程有著緊密的關聯,如果能夠有效利用洗滌設備的效能,便能省下不少的洗滌劑費用。

(二)垃圾處理

　　現今因環保法規更臻嚴苛，餐廳垃圾的分類也不斷提升標準，加上多數城市開始實施垃圾不落地政策，由於環保局的垃圾車前來收集垃圾時，未必能與餐廳的營運所需相契合，若垃圾車在餐廳未結束營業前即收走垃圾，勢必造成有其他垃圾或食餘必須滯留在餐廳至隔日，這無形中給了蟲鼠絕佳的環境，對於餐廳的飲食衛生有極大的威脅。因此，多數的餐廳不惜成本與合法的環保清潔公司簽約，且每日在約定的時間前來收集垃圾、食餘，以及回收資源分類的瓶罐、紙張等。利用與環保清潔公司簽約來解決餐廳的垃圾問題，雖然成本提高些許，卻也在營運面有了極大的方便，並可避免滋生蟲鼠甚至禍害鄰居，造成民怨，也算兼顧餐廳與鄰里間的公共關係。

(三)消毒除蟲

　　與環保清潔公司簽約雖大幅避免垃圾滯留過夜的情況產生，定期的消毒或是滅蟲的動作仍不可省略。目前市面上有多家專業的除蟲公司，建議不妨多做比較，尋找價錢合理、專業的除蟲公司定期到餐廳內消毒，以維護環境衛生。

(四)餐廳清潔維護

　　餐廳每日必須利用夜間打烊後安排人力將餐廳內外做徹底的清潔。舉凡外場的地面清掃、拖地、打蠟、地毯清洗、玻璃鏡面擦拭、銅條上油、化妝室的刷洗，或廚房內場的排煙罩、爐具、烤箱、截油槽、地板、壁面、臺面的刷洗等等，都是不可忽略的清潔項目。餐廳業主可以依自身的預算安排雇工每日進行清潔工作，或是與專業又有效率的清潔公司簽約，委外處理。

　　上述所提及的洗滌劑、垃圾處理、消毒除蟲、餐廳清潔這些項目所衍生的人力物力成本均在管理清潔費項下支應提列。另外，有些位於百貨商場美食街的餐飲業者，因為地緣的關係可能會由所在的商場百貨公司負責進行大部分的清潔、消毒，甚至餐具洗滌的工作，再由店家依照坪數大小或業績比例負擔這些成本，統一由商場直接自營業額中扣除清潔費用、房租、水電等相關費用後，再匯入這些店家的帳戶。

九、㉞產物保險

餐廳通常會為其產品投保責任險，以避免萬一因為食物不潔或不當保存，造成客人食物中毒或其他狀況時，必須面臨的道義及法律責任。除了產物責任險之外，餐廳也可以依照自身的預算需求，或是周邊環境的特性加保火險、地震險、風災險、竊盜險等項目，以提高餐廳業主的營業資產設備的保障。

十、㉟現金差異

在正常的情況下，餐廳每日的實際現金營收及信用卡刷卡營收都必須與餐飲資訊系統所提列的營收報表（如**表12-11**），以及發票機的日結帳金額相符。偶有發生出納人員找錯零錢或是刷卡金額鍵入錯誤卻未能及時發現，而在當日打烊做營收核對時又疏忽而未能及時發現，造成當日的現金差異（Cash Over/ Short）產生。但有些情況則不會顯現出來，例如在同屬一會計時段內（例如以一個月會計結帳時段），就能由相關當事人賠償補入差額，此時在損益表上不會被提列出來。正常的情況下，此會計項目應為正負零。

表12-11　銷貨發票明細表

銷售日期	機號	發票號碼起迄	信用卡	現金	未稅金額	稅額	交易型態	備註
2006/8/9	Station1	TY 12346117 ~ 12346117	0	286	272	14	正常交易	
2006/8/9	Station1	TY 12346118 ~ 12346118	0	462	440	22	正常交易	
2006/8/10	Station1	TY 12346119 ~ 12346119	0	416	396	20	正常交易	
2006/8/10	Station1	TY 12346120 ~ 12346120	200	77	264	13	正常交易	
2006/8/10	Station1	TY 12346120 ~ 12346120	0	0	0	0	作廢	
2006/8/10	Station1	TY 12346121 ~ 12346121	0	1,320	1,257	63	正常交易	
2006/8/28	Station1	TY 12346122 ~ 12346122	0	836	796	40	正常交易	
2006/8/28	Station1	TY 12346123 ~ 12346123	0	0	1,236	62	正常交易	
2006/8/28	Station1	TY 12346125 ~ 12346125	200	275	452	23	正常交易	
2006/8/28	Station1	TY 12346126 ~ 12346126	0	859	818	41	正常交易	
2006/8/28	Station1	TY 12346127 ~ 12346127	0	396	377	19	正常交易	
2006/8/28	Station1	TY 12346128 ~ 12346128	0	0	471	24	正常交易	
2006/8/28	Station1	TY 12346129 ~ 12346129	0	176	168	8	正常交易	
2006/8/28	Station1	TY 12346130 ~ 12346130	0	3,256	3,101	155	正常交易	
2006/8/28	Station1	TY 12346131 ~ 12346131	0	3,256	3,101	155	正常交易	
2006/8/28	Station1	TY 12346132 ~ 12346132	0	1,848	1,760	88	正常交易	
2006/8/29	Station1	TY 12346133 ~ 12346133	0	1,903	1,812	91	正常交易	
2006/8/29	Station1	TY 12346134 ~ 12346134	0	0	754	38	正常交易	
2006/8/29	Station1	TY 12346135 ~ 12346135	0	528	503	25	正常交易	
		小計：	400	15,894	17,978	901		
		總計：	16,294					

資料來源：碩得資訊股份有限公司（2009）。網址：www.softec.com.tw。

十一、㊱信用卡手續費

刷卡消費的比例一直以來始終居高不下的原因不外乎是消費者消費習性的改變，也就是所謂塑膠貨幣時代的來臨，再加上銀行業者為賺取店家的信用卡手續費（Credit Card Charge）及消費者的循環利息，無不卯足全勁，不斷推出各式聯名卡、認同卡，以及刷卡積點得利的各項活動。餐廳為方便顧客消費時付款工具的多樣選擇，也多半會與銀行業者合作安裝刷卡機以應付需求，並且支付消費金額中1.5%至4%不等的手續費。餐廳業者不妨考量自身的客群，選擇接收適當的信用卡品牌，尋求手續費合理且服務良好的銀行業者，配合裝置刷卡機。

十二、㊲其他費用

餐廳內若有其他費用（Other Expenses）發生，是屬於可由管理者管理掌控，且不屬於上述任一項會計項目者，皆可於本項提列。

十三、㊳可控制費用總額

可控制費用總額（Total Controllable Expenses）即**表12-1**第㊱項的「行銷費用」起至第㊲項的「其他費用」的總額，請參見第456頁的第㊳項。

十四、㊴扣除可控制費用後的利潤（PACE）

損益表可說是餐廳經營者或管理者的一份成績單，業界多半習慣稱為扣除可控制費用後的利潤（Profit After Controllable Expenses，簡稱PACE）百分比。有了足夠的營業額加上有效的經營管理，才能有不錯的PACE百分比。因為餐廳的營收及各項直接成本都已在上述提列，剩下來的現金盈餘就成了經營者的現金收入。以連鎖餐廳而言，PACE的金額並未包括支應總管理處的房租、人事及各項管銷費用，因此就經營業主而言，統籌各家分店的現金盈餘並支付現場管理者的不可控制費用，例如不動產成本使用、權利金、折舊費用、利息費用等之後才真正屬於盈餘。

第六節　關鍵績效指標（KPI）

關鍵績效指標（Key Performance Indicators, KPI）協助餐飲業者／管理者進行數字管理並瞭解營運上的績效，以採取管理規劃與控制。企業對於KPI有一說法：「如果你無法衡量它，你就無法管理！」本節將為您說明餐飲業可以進行的「關鍵績效指標」的計算有哪些：

1. 外場人力成本（%）＝外場員工薪資÷營業額：這個公式可以用來計算當日或當月的人力成本百分比。當月的數字一旦計算出來就可以瞭解整體營運效率。人力成本低並不代表營運效率高，而人力成本高亦不代表低效率，需同時檢核服務品質。例如鼎泰豐便以超過48%的人事成本用於外場人力來維持高服務品質。因此，餐飲業者需在人力成本與服務品質兩方面，進行最佳平衡運作；總而言之，排班作業需兼顧效率與效能。

2. 內場人力成本（%）＝內場員工薪資÷食物營業額：同上列外場人力成本（%）計算的功能。這個公式是用來瞭解內場員工在安排上是否符合工作效率。此外，不適當的廚房設計與機器設備功能同樣也會影響人力成本的開支，造成廚房出餐速度，影響轉桌率，最後更影響營業額。

3. 每服務一人所付出的人力成本（%）＝員工薪資÷來客數：除了參考內外場人力成本（%）指標，餐飲業者亦須計算每服務一人所須付出的人力成本。例如當連鎖餐廳區域經理檢核各家餐廳的人力成本發現均相同樣時，要如何判斷哪一家餐廳經理的績效較佳。每日人力成本計算可根據每日預估營業額進行排班。

4. 每工時創造之營業額＝營業額÷總工作時數：進行內外場排班規劃時，可衡量員工生產力。藉此數字可標準化的瞭解員工工作量負荷程度。在特別忙碌的假日下，可規劃合理的人力安排進行營運與管理服務品質。人力不足時可運用高效率機器設備來提高生產力與服務品質，亦可作為員工考核指標。

5. 每小時服務的人數＝來客數÷總工作時數：餐飲業因為產業特性，勞動力變動大，業者可藉由本指標來分析勞動力的變化。各家餐飲業者提供多元產品，並以不同服務方式服務顧客，可以利用本指標計算每小時服

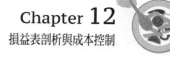

務的人數，設計出符合餐點的服務流程，同時可以估算每位服務生適當的服務桌數。例如某家餐飲業者提供八道餐點服務，服務流程分八次送餐，如果這家餐廳是在人潮多的地點，這樣的餐點服務流程便會造成餐廳轉桌率低，每小時服務的客數少，相對的影響營業額收入，此時建議業者應該改變餐點服務流程，可以選擇組合餐點讓送餐次數減少。

6. **每工時的人力成本＝員工薪資÷總工作時數**：餐飲業者可根據平日或假日安排不同的人力。例如平日的業績不高，業者可安排薪資低的員工，以達到適當的人力工時成本。而假日生意忙碌時，可安排經驗豐富的資深員工上班，以提高工作效率與維持好的服務品質。同時業者可以在假日時安排新手上班，以強化工作經驗，這樣的排班規劃可以達到不錯的效能。

7. **平均消費額＝營業額÷來客數**：此指標可以幫助瞭解消費者的消費金額是否符合餐廳設定的價格消費定位。如果低於設定，可調整菜單規劃或是提高服務生的銷售能力。通常餐飲資訊系統會提供此一管理參數，業者可記錄用於分析。餐飲業者常採用促銷模式提高來客數，相對的也需要產品銷售搭配來提升平均消費額。

8. **轉桌率＝來客數÷座位數**：不同的餐飲業會提供不同的餐點服務，從高級餐飲至簡餐服務均有，同時用餐時數也都不同，轉桌率則可以提供餐飲業者瞭解營運效率，餐飲業者亦須瞭解影響轉桌率的因素有哪些。例如廚房設計不當、外場動線設計不良、機器設備功能有限或不佳、內外場服務生短缺、員工訓練不足、出餐速度慢等，這些都會影響轉桌率。轉桌率是影響餐飲業營收業績表現的重要資訊。

9. **離職率＝離職人數÷（期初人數＋期末人數）÷2×100%**：這個公式是用來瞭解公司人力資源狀況，進行相關人力薪資的調整與培訓。離職率高代表公司在內部行銷上需做檢討。離職率高的餐廳會影響餐廳營運效能與服務品質。鼎泰豐藉由高薪資、高福利來留住員工，促使員工留任降低離職率，維持其高服務品質，在降低離職率的同時，培育員工，發展優秀人才培訓計畫以因應展店。

10. **菜單標準食物成本（%）＝標準食物成本÷售價**：餐飲業者需計算出每道餐點的食物成本，確定物料採購進行的方向，降低物料成本，創造更高的利潤。由於物價經常波動，業者在瞭解各項物料成本及餐點總成本

後，可以進行季節性的採購規劃，降低食材成本。本指標可協助業者在餐飲採購、驗收、進貨、製備、烹調與服務營運相互作業下，進行標準物料的管控。

11. **總標準食物（飲料）銷售成本（％）＝總標準食物（飲料）銷售成本額÷總食物（飲料）銷售額**：餐飲業者可藉由餐飲資訊系統來控管食材採購、驗收、儲存、發放、製備、烹調、外場銷售與結帳等餐飲作業，訂出正常營運下的理想標準成本。並以此總標準食物（飲料）銷售成本來比較總實際銷售成本，才能檢核出哪些物料在餐飲作業環節上因管理不當造成浪費。

12. **總實際食物（飲料）銷售成本％＝（期初存貨＋採購進貨－期末存貨±成本調整額－與生產單位營運無關的成本支出）÷總食物銷售額**：這個績效指標係透過每月月底營業結束後的定期盤點原物料，計算出餐廳在當月的物料使用狀況。期初存貨係指餐廳上個月期末盤點的存貨；採購進貨為當月進貨量；期末存貨則指當月月底的庫存量；成本調整額係指各營業單位領用或調撥出去的物料成本加減之調整，以計算出各營業單位的淨成本；與生產單位營運無關的成本支出係指不計算在對客人銷售的餐飲成本項目，如招待用餐與員工餐等。建議總公司的會計或財務人員可不定期參與期末盤點以控管盤點舞弊。

13. **每位顧客使用食物成本＝總食物成本÷來客數**：吃到飽餐廳的利潤往往不高，這個指標可以用來協助吃到飽餐廳的餐飲業者進行餐點生產上的規劃。

14. **食品庫存周轉率＝食物庫存價值÷食品銷售成本**：存貨周轉分析指標是反映企業營運能力的指標，可以用來評價企業的存貨管理水平，還可以用來衡量企業存貨的變現能力。如果存貨能適當銷售，變現能力強，則周轉次數多，周轉天數少；反之，如果存貨積壓，變現能力差，則周轉次數少，周轉天數長。餐飲業食材多元且因儲存空間與進貨時間因素不同，需要進行有效的存貨管理來提升採購、驗收與儲存等的行政效率。

15. **平均銷售額＝營業額÷員工人數**：可與每工時創造之營業額指標進行相對比較，用來瞭解員工的銷售能力。

16. **營運物料平均使用量＝營運物料數量÷來客數**：藉由營運物料平均使用量來瞭解營運物料的消耗狀況，並進而追蹤原因避免過多的浪費。例如

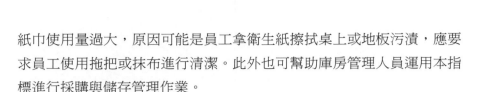

紙巾使用量過大，原因可能是員工拿衛生紙擦拭桌上或地板污漬，應要求員工使用拖把或抹布進行清潔。此外也可幫助庫房管理人員運用本指標進行採購與儲存管理作業。

17. **餐期每座位銷售收入＝餐期銷售額÷營業時段座位總數**（Revenue Per Available Seat Hour）：這個指標可以瞭解每個座位的銷售效率，方便進行座位管理。例如火鍋店在座位設計上會利用隔板做最佳安排，使每個時段、每個座位都有顧客使用。另外情人節都是雙人用餐，餐廳在座位設計上可採兩人座，而在其他營業日可進行併桌，此外可藉由有計畫的訂位作業管理，使每個座位達到最佳使用狀態。

18. **顧客滿意度（服務品質）的評估**：這個指標可以瞭解顧客於消費後對餐廳各項服務項目的滿意度如何。餐飲業者可以透過意見卡來蒐集顧客反應的資訊。銷售額增加是一種顧客滿意的指標，銷售額降低則是有問題的徵兆。業者亦可運用「祕密顧客」（也有人稱之為「服務驗證稽核員」）來進行祕密的餐廳品質評估及進行相關服務流程改善指南。

19. **菜單工程分析**：藉由菜單項目的銷售數量資料以及各道菜單利潤的評估，來分析餐廳所提供的各項菜單是屬於哪一種產品：銷售佳且利潤好、銷售佳但利潤不太好、銷售差但利潤好、銷售差且利潤不好。

20. **營利（％）＝營收－餐廳所有開銷成本**：餐廳開業目的除了在市場上獲得顧客的喜愛，最終目的仍然是「利潤」。因此業者需要瞭解餐廳開發與規劃的所有環節，並利用以上各項關鍵績效指標做檢核，才能提供好的產品定位、好的服務品質，進而取得好的營業利潤。

註 釋

[1] 經濟部統計處（2019）。「108年批發、零售及餐飲業營業額統計」，https://www.moea.gov.tw/Mns/dos/bulletin/Bulletin.aspx?kind=8&html=1&menu_id=6727。

Chapter 13

人力資源與教育訓練

本章綱要

1. 導論
2. 人力編制與建構
3. 教育訓練
4. 員工權益
5. 【模擬案例】Pasta Paradise餐廳之人力資源與教育訓練

本章重點

1. 瞭解餐廳在規劃初期人力編制的要素，確認所需的人力需求與徵才管道
2. 瞭解如何針對新進人員或已有長年餐飲實務經驗的新人進行員工教育訓練
3. 幫助瞭解餐飲業的員工權益
4. 個案討論與練習：學習瞭解人力資源運用與如何為員工進行教育訓練

🍲 第一節　導論

　　「人才是企業最珍貴的資產」，這是現在許多企業所熟知的一個觀念，就服務業而言尤其如此。以餐廳為例，除了餐點好吃、用餐環境舒適之外，親切的問候和用餐服務也是顧客評鑑一家餐廳的重要元素。很多時候即使在餐點上有了點小瑕疵也能因為服務人員的親切處理和關懷，讓客人很快能夠諒解，而且未來還是願意再次到餐廳消費。足見服務人員的素質、良好應對進退和謙恭有禮的態度對於餐廳有多麼的重要。此外，員工的資深程度和專業度對於餐廳穩定的營運品質也扮演著很重要的角色。老客人來餐廳用餐一進門就能遇見他熟悉的服務員向他招呼問候，並為他們服務，讓他們有賓至如歸的感覺。初次來到餐廳用餐的客人，也能因為服務人員親切並且專業的介紹餐點內容，適度的在用餐過程中給予關心，也會讓客人對這家餐廳留下良好的印象，並且會在不久的將來呼朋引伴或帶著家人再次前來用餐。這些案例都能說明餐廳的人力資源對於餐廳的永續發展有多麼重要，畢竟餐飲業還是一個人際互動緊密且屬於高人力密度的產業。不但過去如此，就算科技再如何發達將來還是如此，因為到餐廳用餐絕對不單單是滿足口腹之慾的生理需求，它甚至昇華到超越心理層次的「自我實現」的階段（如圖13-1）。而餐廳要能讓客人「自我實現」層次的需求得到滿足就得有賴許多周邊的元素，例如餐廳（包含洗手間及任何客人所能到達的公眾區域）的裝潢、主題氛圍，以及餐具、桌巾、口布、燭臺、胡椒鹽罐，與任何客人所會聽到、看到、接觸使用到的一切，以及最重要的就是服務人員專業且誠心的服務和應對。

　　人力資源這個課題相當廣泛，可以是一門整學期的課程、一個科系，甚至是一個學術及管理的專業領域，舉凡人力的配置建構、徵才、教育訓練的規劃執行，乃至於權益、福利、法規、保險，甚至團隊士氣的提振等都是人力資源的範疇。而其中最困難之處乃是在於人本身的元素和特質。相較於一般的倉儲管理只要做好進銷存和採購及物流業務，就能讓倉儲管理做到妥善的規劃。但是人就是人，每一個人都有其特質和個性，因此一套辦法絕對不可能完全運用到整個團隊成員，必須逐一調整和觀察，才能讓每一個員工都能發揮他最大的產能，並且適才適所、有所發揮，建立員工對公司的忠誠度和認同感。現在有許多大企業除了有專責的人力資源單位負責所有相關業務之外，甚至還會外聘

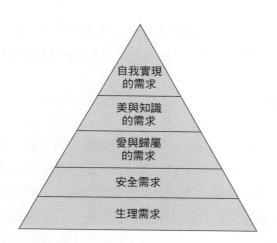

**圖13-1　人本主義學者馬洛斯（Abraham Harold Maslow, 1908-1970）的人類
需求五層次理論**

資料來源：張逸萍（2004）。《心理學偏離真道》。臺北：生命出版社。

專業的顧問公司對公司的人員進行各項心理測驗，以求精確瞭解員工的個性和
工作屬性，讓員工的生產力能夠最大化。

🍲 第二節　人力編制與建構

　　餐廳在規劃初期除了本書前面各章節提到的所有業務必須處理之外，在人
力的招募規劃上也非常重要。首先在招募的過程中必須先確認幾個要素：

1.組織圖：有了組織圖才能知道公司的人力資源架構及工作職缺有哪些，
　並且依照預先規劃的預算和樓面的區域劃分，決定所需要的人力數量。
2.預算：依照餐廳開幕所規劃的財務預算，並且在參考同業的薪資行情
　後，決定每個工作職缺所能提供的薪資和相關福利。
3.工作職掌：預先設定好每個工作職缺的工作內容，讓前來面試的人都能
　瞭解將來所必須負責的工作內容有哪些，避免到任後產生預期上的差
　異，進而影響工作的情緒。
4.其他福利：舉凡各項周邊的福利都會是前來參加面試的人所想知道的細
　節，如獎金、勞健保、休假、各項津貼……。

　　以上四個要素必須能在餐廳規劃的初期就著手制定，才能在餐廳裝潢施工期間，進行人員的招募與面試，聘用適用的人才做後續的教育訓練。

一、人力需求評估

　　一旦面試作業開始進行時就必須瞭解所需聘用的人數。以一個新開的餐廳為例，聘用的人數可以視情況比實際需求的人數多上一些，例如15%至20%。如此做的原因是為避免餐廳從招募到餐廳裝潢完工，可實際報到接受訓練這段的空窗期過長，空窗期有的會長達兩個月甚至更久，主要是因為有些已經應聘的人員可能會臨時改變主意，或是找到其他可立即上工的工作以滿足經濟需求，而在報到日時選擇缺席。當然，在進行餐廳開業前的教育訓練時，也可能有人發現興趣志向不合，或對於公司環境不符期待而選擇離職。這對於現在許多企業來說都是見怪不怪的事情，所以適當幅度的放大招募人力是必須而且是安全的。

　　試想，如果餐廳在人力未能達到原先的規劃，卻也在預計的日期開幕，人員本來就在工作熟悉度上較弱，又遇到餐廳開幕蜜月期時的龐大業務量，服務品質顯然令人擔心。如果因此讓客人對餐廳的服務感到不滿意，會對日後的營運和業績產生負面影響，不可不慎。

　　想要算出餐廳所需的實際人力，主要參考的幾個資料包含餐廳樓面圖的區域劃分及餐廳的服務屬性和層次。透過事先的規劃和分區就可以知道在一個用餐的時段，樓面上所需的人力數量。例如某個餐廳的外場規劃了六個分區，每區由一個服務人員負責接待和服務，另外還必須安排前臺人員進行電話接聽、座位安排及引導入座；還有，出納人員必須進行結帳、稽核、對帳的工作，並且協助接聽電話和帶位，所以外場總共需要8位人員。

　　以**表13-1**的外場服務人員為例：

1.每班次需要6位：2位正職月薪人員＋4位時薪工讀生：

　(1)正職員工上班時間為12:00-20:00，可參與午晚餐時段的營運。

　(2)每天早晚班各需要4位時薪工讀生上班。

2.每週總計是56時薪上班人次：8人次×7天。

3.每月總計224時薪上班人次：56人次×4週。

表13-1　營業人力分析表

時間	9am	10am	11am	12pm	1pm	2pm	3pm	4pm	5pm	6pm	7pm	8pm	9pm	10pm	11pm	本日工作時數
					午餐尖峰					晚餐尖峰						
早班時薪工讀生1		1	1	1	1	1										5小時（10:00~15:00）
早班時薪工讀生2		2	2	2	2	2										5小時（10:00~15:00）
早班時薪工讀生3		3	3	3	3	3										5小時（10:00~15:00）
早班時薪工讀生4				4	4	4	1									5小時（12:00~16:00）
正職人力1				5	5	5	2	1	1	1	1					8小時（12:00~20:00）
正職人力2				6	6	6	3	2	2	2	2					8小時（12:00~20:00）
晚班時薪工讀生1									3	3	3	1	1			5小時（17:00~22:00）
晚班時薪工讀生2									4	4	4	2	2			5小時（17:00~22:00）
晚班時薪工讀生3										5	5	3	3	1		5小時（18:00~23:00）
晚班時薪工讀生4										6	6	4	4	2		5小時（18:00~23:00）
本時段樓面人數		3	3	6	6	6	3	2	4	6	6	4	4	2		

資料來源：作者整理製表。

依據上述，假設每名時薪人員平均每週工作四個班次，則每月可工作十六個班次（4班次×4週），那麼所需聘用的時薪工讀生人數則為14人（224班次÷16班次）。

因為餐廳在午餐時段和晚餐尖峰時段都同樣需要4位時薪工讀生工作，因此在進行面試招募工讀生時，可以將所需的14位工讀生平均徵聘早晚班各7名工讀生，而早晚班各7名工讀生中則必須保持同時有4位工讀生上班、3位休假的狀態，如此才能確保人力的充足和調度上的彈性，偶爾如果遇到需要更多人力上班的時候也可以招喚更多的工讀生上班。

二、人才徵求管道

在確認了所需的人力職務、人數、薪資待遇福利及工作職掌後，接下來就是要將人才徵求的訊息往外放送，並且吸引有志趣的人前來應徵面試。以下為常見的幾個徵求管道（如**表13-2**）。

表13-2　各種徵才管道比較

	成本高低	能見度高低	工作默契培養	教育訓練時程	回應速度
親友介紹	低	低	慢	慢	快
過去的工作夥伴	低	低	快	快	快
報紙	高	高	慢	慢	中
人力銀行	中	高	慢	慢	快
網路	中	中	慢	慢	快
校園	低	低	慢	慢	中
店頭	低	中	慢	慢	中

資料來源：作者整理製表。

(一)親友介紹

透過親友介紹作為徵聘員工的管道是常見的方法，尤其是對於有相同餐飲業背景的親友而言，常常可以代為引薦介紹。這種徵聘訊息的管道雖不屬於正式管道卻也始終有其受歡迎的程度，除了在成本上可說是免費之外，更重要的是，透過親友介紹比較能夠在員工的正直度、清廉度上有所放心，暫且不考慮

勞資雙方在各方面的媒合度是否滿意,至少以中國人講求人情的民族性,雙方在各個條件的談判斡旋中,空間也會變得比較具有彈性。

(二)過去的工作夥伴

過去的工作夥伴可以說是所有徵才管道中最可信賴的方式之一。因為透過餐廳既有的同事介紹過去的同伴前來上班,在工作默契上及對公司的向心力,都可以說是所有徵才管道中最高的一種,而且同樣具有節省成本的好處。

(三)報紙徵才與人力銀行

報紙徵才是最傳統的管道之一。好處是訊息傳布廣泛,缺點則是成本高昂。近年來隨著人力銀行的普遍,報社的徵才廣告業務量已經大不如前。

同樣花錢做徵才的廣告,人力銀行這幾年搶走了許多報紙的徵才廣告業務。除了在費用上便宜許多外(報紙一天的廣告費用可以刊登網路人力銀行半年甚至一年),人力銀行在其官方網站上的功能更是相當的多樣。

對求職者而言,人力銀行除了提供各種職缺之外,還可以貼心的製作各種分類搜尋、排序比較,讓求職者可以透過網路有效的找到他所青睞的工作職缺;再者,各式各樣的貼心功能,例如制式履歷表的填寫、照片的上傳、個人其他參考資料及證照的上傳登錄、自傳的撰寫協助等,都讓求職者感到窩心。

對求才的企業而言,可以提供網路連結到企業的官方網站探詢,以及每天自動發送的媒合,並且將媒合成功的求職者資料以電子郵件寄送到求才企業指定的信箱,可以隨時自行瀏覽求職者的個人資料,尋找合適的人選。

(四)網路

以網路作為求才的管道也是常見的方式之一,一來免花費成本;二來傳播的效率常超乎預期的好。常見的網路管道有:

1.於餐廳的官方網站設立求才頁面。

2.透過PTT或其他網路BBS。

3.其他:不少餐廳透過建構部落格來徵才,有的甚至以公司的名義或組成粉絲團的方式,在臉書上進行各項餐廳優惠訊息及徵才訊息的散布。

(五)校園

除了校園附近的餐廳會希望透過管道在學校的學生活動中心公布欄或是就業輔導室張貼徵才廣告之外,餐飲科系學校的系辦公室外也是張貼徵才廣告的好選擇,或是進一步和學校簽約成為餐飲科系學生校外實習的認證單位。

(六)店頭

常見的店頭廣告有海報或是紅布條,在成本花費上不高。店頭廣告的好處是看到的人在得到徵才訊息的同時也對於這個工作環境有簡單的瞭解。他可能是來用餐的客人、路過的路人,也可能是附近的鄰居,通常在地緣上多少有些關係,換句話說將來如果應聘來上班,工作往返的交通時間通常較短。

三、面試

取得求職者以信件、電子郵件或電話連絡徵求面試時,餐廳可以依照自身的習慣請求職者預先附上履歷表作為初步的篩選,一來可以省卻雙方時間及求職者的舟車勞頓,二來也可避免極不適用的人選到餐廳來進行面試。在做過書面上的篩選之後,餐廳可以就有興趣的求職者進行電話或電子郵件的聯繫,相約面試的時間。

面試對於雙方都是個重要的會面,求職者為了博取餐廳的青睞必須詳加準備,而徵才的餐廳也必須尊重這個面試的機會,既然約定好時間就應盡量避開餐廳營運的尖峰時間,更應避免相同時段約了過多的求職者,造成其他求職者久候。畢竟來者是客,求職者到了餐廳來也會對餐廳的整體印象有個初步的概念,接待人員的禮節和態度也是求職者對於餐廳印象好壞的關鍵之一,而且不論錄取與否,這些求職者也可能是餐廳日後的顧客,所以餐廳也必須對於求職者的面試,表示尊重並且展現餐飲服務業的殷切接待。

餐廳的徵才主管也必須留意到時間的掌握,並且在求職者進行面試前再做一次履歷簡短的檢視,心中預先擬定好面試時想提問的問題,以及一個預先設計好的面試評分表(如**表**13-3),展現一位專業主管應有的態度。至於面試中可能有的提問大致可分為:

表13-3　面試評分表

FOR OFFICE USE ONLY																	
INSTRUCTIONS TO INTERVIEWERS Interviewers are to use the prescribed format below in recording the results of their interviews with candidate. After the interview the application should be sent to the Head Office for further action and approval. All interviews must be held in private.																	

Date	Interviewed By		Position Applied For	Remarks
	Interviewer	Designation		

Interviewer's Assessment	Interviewer 1					Interviewer 2					Interviewer 3				
	A	B	C	D	Remarks	A	B	C	D	Remarks	A	B	C	D	Remarks
Education															
Experience															
Attitude															
Languages / Dialects															
Technical knowledge of the job															
Communication ability verbal/ Written															
Other qualities cheerfulness															
Appearance															
Alertness															
Poise															
Courtesy															
Tact															
	Signature					Signature					Signature				

RECOMMENDATIONS

Job Title:				Department:
☐ Selected	☐ No Selected	☐ KIV	Start Date:
Salary on Probation:			Salary on Confirmation:
Remarks: Salary is only to be confirmed by held of department.			
Date			Head of Department

資料來源：整理修改自勞瑞斯牛肋排餐廳（2009）。

(一)一般性的基本問題

這些問題大部分是履歷表裡求職者所填寫的基本資料，例如年紀、學經歷、之前工作的離職原因、是否有兵役問題、前科、特殊疾病、各類專長及證照……。（履歷表範例如**表13-4**）雖然這些基本問題在履歷表中都已有了答案，但是還是可以再次詢問，讓求職者能夠更詳盡的說明，也可以利用這個機會詳加驗證答案的可信度。尤其當求職者說明之前工作的離職原因時，多半也可以探出對方的虛實，以及對於工作的態度和觀念是否符合需求與期望。而在這些基本問題中還有一些問題是餐廳可能會特別詳加詢問，例如：

1. 交通工具：如果採用大眾運輸工具難免在上班時間上偶爾較難掌握，容易影響到勤的時間。一般而言，以機車作為交通工具的員工在準點率上較能掌握。

2. 家長態度：尤其是前來求職者為女性工讀生。常見有女性工讀生未經父母或監護人的同意，待日後被家長得知後又因為深夜下班安全考量而要求離職，實徒增雙方困擾。為避免此類事件發生，除了再三和求職者溝通確認外，也可以在正式錄用前直接與家長或監護人連絡確認。

3. 工作穩定度：當求職者履歷表中顯示過去工作更換頻繁，或是本身條件超越求職職位所需時，就應注意其工作穩定度，避免到職後短時間內又因本身個性使然，或是薪資及工作內容不符期待而離職，增加雙方困擾，也增加餐廳人事訓練成本。

(二)開放性問答

徵才的主管可以利用面試時，針對每一位求職者的情況和特性，隨機提出一些開放性的問題來檢視求職者的臨場反應、價值觀、工作觀，並且透過他的話語和眼神來判斷求職者的心理層面是否合適。這包含了話術口條是否合適於服務業、動作舉止是否合宜、眼神是否充滿自信、微笑是否始終掛在臉上。

現今常見的年輕求職者普遍犯有的問題是：

1. 眼神飄忽不定，毫無自信。

2. 無法清楚說出自身專長。

3. 對未來學業、就業毫無計畫與概念。

表13-4　中文履歷表

個人履歷表

（照片黏貼處）

注意事項：

1.在您填寫資料之前，請先詳細瞭解每個問題。

2.請以正楷填寫這份資料，並記得在表格末尾簽名，以確認您所填寫的所有資料。

3.您可以附上各式證書或者推薦信函。

4.若經本公司查證，表格資料有任何不實之事實，本公司有權終止合約並無需支付任何報酬。

1.您理想的職務（可填寫二項）：

(1)＿＿＿＿＿＿＿＿＿＿＿＿＿＿　　　(2)＿＿＿＿＿＿＿＿＿＿＿＿＿＿

　理想的工作待遇：＿＿＿＿＿＿＿＿　　　理想的工作待遇：＿＿＿＿＿＿＿＿

2.個人基本資料：

中文姓名：＿＿＿＿＿＿＿＿＿＿　　　　　英文姓名：＿＿＿＿＿＿＿＿＿＿

通訊住址：＿＿＿＿＿＿＿＿＿＿＿＿＿＿＿＿＿＿＿＿＿＿＿＿

聯絡電話：（宅）＿＿＿＿＿＿＿＿　　　　　（行動）

出生地：＿＿＿＿＿＿　　　國籍：＿＿＿＿＿＿　　　身分證字號：＿＿＿＿＿＿

生日：＿＿＿＿＿＿　　　　年齡：＿＿＿＿＿＿　　　宗教信仰：＿＿＿＿＿＿

性別：＿＿＿＿＿＿　　　　身高：＿＿＿＿＿＿　　　體重：＿＿＿＿＿＿

婚姻狀況：□單身　　□已婚　　□鰥寡　　□分居　　□離婚

3.家庭狀況（例如：您的配偶／子女／父母／兄弟姐妹）

姓名	關係	年齡	職業	服務機關

4.教育程度

就讀學校及科系	起（年）	訖（年）	主修

5.工作經驗（請由您最近的工作經驗開始）

起（月／年）	訖（月／年）	公司名稱	職務	工作待遇 （月薪或時薪）	離職原因

（續）表13-4　中文履歷表

6.健康狀況									
您是否有特殊體能狀況？（例如：心臟疾病、精神方面疾病……）　　□有　　□無									
註：餐飲工作需長時間走動或站立，並在必須時搬動重物。故若有特殊體能狀況，請詳述：									

7.語言能力									
語言項目	說			寫			聽		
	精通	中等	略通	精通	中等	略通	精通	中等	略通
中文									
英文									
日文									
其他語文：＿＿									

8.國民義務		
您是否已服兵役？	□是	□否／免役
9.您是否曾有任何不良的犯罪記錄？	□有	□無
若有，請詳述：		
10.您是否曾有不良的銀行往來記錄？	□是	□否

11.緊急聯絡人：

姓名：＿＿＿＿＿＿＿＿＿　　　關係：＿＿＿＿＿＿＿＿＿

聯絡電話：＿＿＿＿＿＿＿＿＿

聯絡地址：＿＿＿＿＿＿＿＿＿

本人聲明

本人在此聲明：以上所填寫之資料，均為事實。並願意遵從公司之管理規則，配合且接受任何公司審核結果。另外，本人也接受：若錄取後，經公司查證有任何與表格所填寫之內容不符，或刻意隱瞞之重要事實時，公司有權隨時解僱，中止各項合約內容，且不需支付任何報酬。

資料來源：大魯閣餐飲事業股份有限公司提供（2000）。

4.無法清楚說出自身的興趣和志趣。

5.講話時而語塞，或常以「不知道」、「不清楚」來搪塞徵才者所提出的問題。

(三)求職者提問

在面試的過程中，有很重要的一個部分常常被求職者忽略的就是被徵才者要求自由的提問。多數的求職者只會準備可能被詢問的題目應如何作答，卻鮮少想到他也會被要求提出問題。然而，對於徵才者而言，提出問題對於求職者是否被錄用也是個重要的關鍵。

　　徵才者可以利用求職者所提問的問題來瞭解求職者的眼界、心態、前瞻性和成熟度。在初次的面試上，求職者最忌諱直接提問薪資、福利等單純的利益問題，徵才者其實更想聽到求職者提問的是公司的展望、自身未來的發展，或是反問徵才者對於求職者的印象感覺和可以改進的地方，以展現自身的企圖心和成熟的想法。

(四)求職者注意要點

1. 服裝儀容：現今的年輕人尤其是應徵工讀生者，常遇有穿著輕鬆隨便的服裝，甚至不修邊幅就直接前來面試，這是非常不妥的，任何一份工作職缺即使是工讀生的職缺也應該用慎重的態度前往面試，就算未能西裝筆挺，平整的襯衫、合宜的穿著是絕對必要的。

2. 臨場反應：面試時，徵才者在面談的過程中除了仔細聆聽求職者的回答內容之外，對於求職者在回答的內容中是否有條不紊、夠清晰之外，講話是否有禮、自信、有笑容也都是觀察的重點。此外有些平常不以為意的小動作，也可以是餐廳錄用與否的重要考量，例如摸頭髮、挖耳朵、摳鼻、抖腳、玩手機。

3. 其他：有些前往面試時應該注意的小細節也必須留意。例如準時赴約不遲到、攜帶個人簡單履歷和照片、筆，手機則應保持靜音模式，在面試期間暫時不接聽電話，等候面試時避免隨意走動攀談或高聲說話。

(五)心理測驗、血型、星座

　　有些求職者面試時會被企業要求在現場做簡單的心理測驗，作為面談之外的另一個參考。其實類似的心理測驗並非不妥，這些心理測驗可以簡單、客觀的評析一個求職者的價值觀、工作態度和個性，愈是和空缺的職務能夠契合，對於日後勞資雙方而言都是好事，可以讓人才能適才適所，幫助企業能夠更有效的利用人才。

　　部分企業徵才比較相信血型、星座甚至生肖或八字，這類的行為游走在科學管理和迷信或歧視之間。過去也曾經有新聞報導登報徵才時直接註明拒絕某種特定性別、星座、血型或是生肖的求職者，這就違反了就業服務法的基本精神。求職者如果在求職過程中遭遇到類似的不平等歧視，可以透過申訴管道加以舉發。❶

(六)結構式面談

結構式面談簡單說就是將上述面試時面試官所提問的問題、相關的重要資訊等做結構性的歸納,以表格的方式呈現,協助面試官在面試過程中不會遺漏該問的問題,同時也透過結構式面談裡預設的題目,隨機抽題詢問面試人選,對面試人選的應對進退、講話口條、價值觀、核心價值、個性、抗壓性等有比較客觀的瞭解。(參見**附錄一**)

第三節　教育訓練

餐廳新徵聘進來的工作夥伴大致可分為兩種:一是全然沒有餐飲相關經驗的新人,好處是宛如一張白紙,全賴餐廳給予教育訓練所需的相關知識和技能,以及灌輸正確的服務熱忱和態度。簡單地說,這種全然沒有餐飲經驗的新進同事日後能否成為一位專業且有服務熱忱的服務員,全賴餐廳的訓練機制是否完備並且落實。缺點則是需要花費更長的訓練時間和精力,相對的就是花費更多的訓練成本才能讓新人能夠獨當一面的完成他的工作。

另外一種新人則是擁有相關的餐飲經驗,這種新進人員的優點是已經具備餐廳所需的餐飲服務技能,例如上菜、端托盤、基本的應對都能熟練且得體。只要再給予新的工作環境裡的工作細節、環境熟悉、菜單產品的說明,很快地就能夠發揮此類新進人員的生產力,在餐廳的樓面上執行他的工作;反之,缺點則是擔心在過去的工作環境學到了似是而非的觀念卻不自知,或是因為長年的餐飲經驗造成心態上的疲乏和積習難改,對於餐廳後續的教育訓練反而是種負擔。

無論新進人員是全然沒有餐飲經驗甚至工作經驗,或是已有長年的餐飲實務經驗的新人,到了新的工作環境就職都應該重新接受餐廳所安排的一系列有計畫的訓練計畫。此類計畫包含如下:

一、新人報到講習

在完成所有面試流程並確認錄取後,餐廳會通知所有錄取人員準備所需的文件,並且在規定的日期報到參加講習。講習的時間依各家公司而有不同,如

有的直接併入訓練課程的第一部分。一般來說，講習所需的時間約二至四小時不等，內容則包含：

1. 報到繳交資料及簽署文件：通常繳交的資料有身分證件、照片、薪資轉帳用的存摺、工作合約簽署、勞健保加保手續。

2. 發放制服及配件：報到時餐廳會分發給每位員工所需的制服與相關的配件，如帳夾、開酒器、員工卡、訓練教材、棒球帽、圍裙等配件。如果制服有需要做修改的話，新進員工也可以利用接下來訓練的幾天時間裡送去修改，並且趕在進入樓面實習階段前完成制服修改。

3. 自我介紹：在負責報到講習的主管或訓練員的串場和主持之下，所有新進人員可以彼此自我介紹，或是利用餐廳進行職前會議時，向所有人進行自我介紹。

4. 公司基本介紹：負責報到講習的主管或訓練員會利用這個機會搭配VCR或是Powerpoint向所有新進人員介紹公司的基本概況。內容通常包含公司歷史、企業宗旨、基本資料、重要幹部介紹、員工守則、公司規章、獎懲福利等相關細節。

5. 工作職掌說明：主管可以利用報到講習時，針對每個新進人員的職務提供書面的工作職掌說明（如**表13-5**），並且可以輔以口頭說明，讓每個人都能清楚瞭解將來的工作職掌和責任。

在講習前也可以透過為每位新人建立一張清單，以確認所有該分發給新進同事的資料、制服與配件、教材等都逐一分發，沒有遺漏。發放時也可同時要求新進同事簽收以示負責。（如**表13-6**）

整體而言，從新人報到講習的規劃和內容安排上可以看出一家公司的制度面是否完備、對員工是否尊重，以及對於相關的法規是否遵循並且執行。對於新人而言，也是一個瞭解新工作環境的好機會。

二、課堂訓練

課堂訓練（Class Training）通常進行二至四天不等的時間，端看餐廳的菜單複雜程度，以及服務的繁瑣度。每家餐廳都會預先準備好課程的大綱和細節，所有的進度也應該預先擬定並照表操課。課堂訓練的主要內容如下：

表13-5　餐服員工作職掌說明書

職位名稱	餐服員	填表日期	
部　　門	餐廳外場	直屬上司	主任（副主任）

一、營業前的準備工作：
　　1.維持餐廳清潔無污，任何需修理之處應立即報告領班或主任。
　　2.所有器具均清潔、良好且無破損。
　　3.指定之服務區內隨時保持清潔，且所需器具充足。
　　4.依規定做好餐桌擺設。
　　5.桌上用調味品均已清潔並補滿，注意責任區鮮花、植物之新鮮度。
　　6.按規定程序準時完成所有準備工作。
　　7.隨時保持公司規定的服裝儀容。
　　8.隨時提供良好的服裝儀容。
　　9.參加主任或領班每天所做之營業前簡報。

二、營業中的服務工作：
　　1.收取沾污之物品、布品，及領取乾淨的物品、布品。
　　2.保持服務區、工作臺於所有用膳時間內整潔。
　　3.營業時間內隨時保持服務區內用品充足。
　　4.充分瞭解餐廳菜單內容及特別促銷項目，做好推銷工作。
　　5.依標準服務作業流程服務客人。
　　6.協助其他工作同仁維持作業順暢，確保服務素質在最佳水準。
　　7.使任何器皿之破損率維持在最低限度。

三、營業後的工作：
　　1.每日依規定做好營業後的清潔整理及各項安全工作。
　　2.檢討工作上的缺失，並研討改進方法，適時提出報告。
　　3.協助主管做好盤點的工作。

四、其他：
　　1.加強自身對餐飲方面的知識與服務專業度。
　　2.遵守公司所定的一切規定。
　　3.帶領新人及早熟悉各項工作程序及要求。
　　4.完全知悉餐廳所制定的服務觀念與水準。
　　5.參加定期之在職訓練課程。
　　6.遵守其他臨時交辦之事項。

資料來源：台維餐廳旅館管理顧問公司提供（2009）。

(一)菜單

　　菜單包含了餐廳所有時段的菜單，例如晚餐菜單、商業午餐、週末時段的早午餐，以及甜點菜單。講授的內容除了要求受訓學員正確的背誦中英文菜名、價格、原料以及餐點大致的作法。此外，對於某些餐廳有其他額外的細節也應該詳細說明，例如牛、羊排須詢問熟度，並且教導熟度的正確區分。而在義大利麵餐

表13-6　訓練課程資料檢查表

訓練期：自＿＿＿＿年＿＿＿月＿＿＿日（星期＿＿）　　　　至＿＿＿＿年＿＿＿月＿＿＿日（星期＿＿）
上課人數：＿＿＿人　　　　　　　　　　　　　　　　　　訓練員：＿＿＿＿＿＿＿＿＿＿

一、書面資料：
　　□履歷表
　　□Change In Employment Status Form
　　□報到手續表
　　□中文僱用契約書（一式兩份）
　　□體檢及銀行相關資訊表／未成年開戶證明書
　　□勞健保加保意願書／放棄切結書
　　□請領健保IC卡申請表
二、訓練資料：
　　□Training Schedule（For Trainer）
　　□公司發展史
　　□公司企業宗旨
　　□外場服務員訓練手冊
　　□服務流程及用語
　　□菜單（午餐、晚餐、套餐、早午餐、下午茶、飲料單、酒單）
　　□牛排熟度的認知
　　□紅酒知識
　　□調酒知識
　　□樓面圖
　　□各工作職掌明細表
　　□早／晚班服務員工作職掌及閉店職責
　　□學員學習進度表
　　□訓練員評量表
三、制服配件：
　　□制服（襯衫、背心、圍裙，每人各兩套）
　　□配件（名牌、開酒器、原子筆4支、帳單夾）

資料來源：作者存檔資料。

廳也常見客人要求更換不同的麵條，故必須熟悉每種麵條的正確名稱和差異。餐點份量也是客人常會提出的問題，例如義大利麵的份量、牛排的重量等，服務員都必須熟記，並且能以最少兩種的單位向客人解釋（公克及盎司）。

(二)飲料單

飲料單包含有酒精性飲料及非酒精性飲料。一般的非酒精性飲料包含了各類的果汁、咖啡茶飲、蘇打飲料（可樂、雪碧）等，相較於一般的非酒精性飲料而言，酒精類飲料就顯得複雜許多，例如烈酒的種類有白蘭地、威士忌、

龍舌蘭、琴酒、伏特加等，而每種烈酒又有各種不同的品牌和年份階級，例如常見的威士忌品牌有Johnnie Walker、Macallan、Glenfiddich、Canadian Club（加拿大品牌）、Jack Daniel's（美國品牌），而依照年份又大致可分為十二、十五、十八、二十一年。學員必須熟悉自家餐廳提供的酒類有哪些種類？哪些品牌？哪些年份？

對於未曾接觸過雞尾酒的新進人員來說有相當多的知識需要學習，除了必須瞭解各種基酒（如琴酒、伏特加、龍舌蘭、蘭姆酒）的不同及各自的特性之外，還必須瞭解餐廳內提供的各種基酒的品牌有哪些，因為客人可能在點用雞尾酒時也同時指定要某種的基酒品牌，再者各式調味酒的特性和口味，各種雞尾酒調出來的口感、色澤、內容物，甚至是裝飾物也都需要一併瞭解熟悉。此外，某些雞尾酒也可以有不同的作法，例如Margarita可以是直接加冰塊製作，或是製作成冰沙的形式，而這些必須由服務員直接詢問客人喜好。

(三)服務細節

每家餐廳都有自己規劃好的服務流程及細節。例如某個餐點上桌時，服務員也必須準備附屬的調味料或是餐具一併上桌；而對於和客人間的標準話術也必須逐一講解，並且要求受訓學員背誦；當然，對於許多基本的服務動作也可以在課堂中做角色扮演的演練，讓學員間彼此交互扮演服務人員和顧客，去練習基本的服務動作與應對上的臨機應變。而訓練員則可以在學員做腳色演練的同時，給予適時的協助和糾正，並且在演練完之後做更細部的檢討。

(四)備勤工作

身為一個服務人員，除了在營運時對客人做到盡善盡美的餐飲服務之外，仍必須利用許多零碎的空檔和其他同事彼此合作幫忙，並且完成一些備勤工作。備勤工作對於沒有實際工作經驗的人來說或許比較不熟悉，但卻是餐廳營運時很重要的工作，它包含了：

1. 洗淨的餐具、杯具隨時有人能夠去完成整理、擦拭，並且重新歸位到工作站上，方便營運上的隨時取用。
2. 客用洗手間定時有人前往做基礎的清潔、擦拭鏡面和臺面，並且補充擦手紙、衛生紙等備品。
3. 出菜口各式醬料的隨時補充。

上述這三項備勤工作的案例只是所有備勤工作的一小部分，隨著每家餐廳的型態和營運模式，以及人力結構的安排，有更多細節的備勤工作等著被執行，甚至可多達十數種。

透過課堂的教育訓練，讓新進學員知道每種備勤工作如何被安排，工作的內容和注意的要點有哪些，雖然是課堂的教育訓練，訓練員仍然會把學員帶到工作的現場做說明，要求學員勤作筆記把注意的要點寫下，並且在將來樓面實習時可以拿筆記做參考，讓工作能夠更快學習上手，並且完美的被執行。

(五)POS操作

課堂訓練告一個段落後，學員對於銷售的餐點內容都必須有初步認識，接下來就可以接受課堂上的POS機操作練習。

POS機的操作對於服務人員來說是非常重要的一個工作環節，它代表著內外場間的溝通橋樑。客人所有的點餐內容都必須透過服務員嫻熟的操作POS機，把正確的訊息傳達到廚房和吧檯以進行餐點飲料的製作。

除了最基本的餐點品項和數量之外，遇到特殊的指令也能夠駕輕就熟的在POS機上做操作也是必須要學會的技能。除了能避免時間的浪費之外，正確訊息的傳達避免廚房或吧檯誤解而製作出不正確的餐點也是很重要的。當然，對於結帳時的效率也會有所影響。（常見的特殊情況如**表13-7**）

表13-7　POS機上特殊指令的操作

廚房餐點	吧檯飲料	結帳出納
分盤（Split）	不加冰（No Ice）	統一編號（Company ID）
醬料分開（Sauce on Side）	半糖（Half Sugar）	分單（Split Check）
不放蒜（No Garlic）	須醒酒器（Decanter）	併單（Add Check）
多醬料（More Sauce）	果汁去籽（Seedless）	併桌（Add Table）
不放奶油（No Cream）	加蘇打水（W/Soda）	
不辣（No Spicy）		
追加餐點，一併出菜AOK（Add on Kitchen）		
趕時間（Rush）		
外帶包裝（To Go）		

資料來源：作者整理製表。

三、樓面實習

樓面實習（Floor Training）這個階段對於課堂訓練而言，具有初步驗收的效果，同時也是實際去瞭解學員吸收的程度，以及學員個人的行為舉止和個性是否真的適合在餐飲服務業工作，是一個很好的觀察機會。在這個階段除了觀察新進員工的服務基本動作是否能穩定的進步，和與客人的應對及基本的服務話術是否能夠流暢得體，更重要的是，是否能具有適度的抗壓性，在樓面上不顯得焦躁，並且能夠時常保持笑容，體貼他的顧客。如果有足夠的抗壓性並且時常保持笑容，即使專業動作及知識上仍稍顯不足，未來仍然能有長足進步的空間，會是個好現象。

訓練員在這個階段必須發揮高度的耐心，在樓面訓練的第一天可以讓學員從旁扮演觀察的角色，盡力專注的看訓練員如何進行樓面上的工作，並且把許多的小細節記錄下來，如果有任何的問題也可以在訓練員忙碌告一個段落後再提問，以免影響訓練員自身的工作。

樓面的第二天之後，訓練員可以試著把簡單的工作有計畫性的讓學員去做實際的操作，包含簡單的應對、基礎的餐點服務。有些餐廳甚至會透過樓面主管事先找尋合適的顧客並加以溝通，告知接下來會有新進人員進行簡單的餐飲服務，敬請客人多加包涵並適時給予讚美，提升受訓員工的自信心，當然對於這樣願意配合的好客人，餐廳多半也會不吝嗇的招待一些餐點或是給予折扣，而客人也能從用餐的過程中，間接參與餐廳的訓練工作，讓客人有不一樣的經驗，體驗餐廳對於訓練及服務的用心，未嘗不是件好事。

隨著樓面訓練的時間逐步增加，訓練員可以放手給新進人員親自操作的機會也愈來愈多，到後來甚至是全由新進員工來進行樓面上的工作，而訓練員只是從旁觀察，並且做必要的提點或事後的檢討糾正。樓面訓練階段如果發現新進學員在基本知識或服務動作上不如預期，也可以視情況再重新安排一些課堂訓練做補強。總而言之，在整個訓練的過程中，課堂訓練與樓面實習是最重要的階段，也可以交互進行，隨時做必要的補強和修正，才能讓新進人員在日後能夠獨當一面做好所有的工作。訓練員從課堂訓練的第一天開始一直到樓面實習階段結束，都可以每天填寫受訓學員評量表（如**表13-8**），並且和學員以及主管做討論，隨時檢討訓練的成效，並安排必要的調整。

表13-8　學員評量表

員工姓名：＿＿＿＿＿＿＿

日期：＿月＿日				訓練員：			
教授內容							
項目	出勤	團隊合作	配合度	專注力	互動性	領悟力	積極度	整體表現
評分								
評語								

日期：＿月＿日				訓練員：			
上課內容							
項目	出勤	團隊合作	配合度	專注力	互動性	領悟力	積極度	整體表現
評分								
評語								

資料來源：大魯閣餐旅事業股份有限公司提供（2009）。

四、結訓及驗收

在為期約一週的課堂訓練完成以及樓面實習訓練結束後，受訓學員應該學會職務上應熟悉的所有知識，並且能夠操作各項工作技能。此時部門經理或訓練人員隨即會安排結訓的考核驗收。考核驗收的內容是所有訓練的一切內容，包含知識、服務話術的背誦、對於工作環境人事物的熟悉情況，以及餐飲服務上所需要的一切服務技能。考核的方式通常會搭配考核表逐一評分（如**表13-9**），必要時甚至進行秘密客的評分制度，或是由訓練員從旁觀察學員工作上的一切言行。對於考核成績不理想的學員應由訓練員及餐廳主管討論學員進步的空間及效益，再決定是否補強某些訓練，或是進行不適任資遣。

表13-9　領檯人員考核表

新進夥伴：_____　報到日期：_____　考核日期：_____

1.本份考核表係針對領檯人員所設計，請考核人員逐題進行口試及實際操作練習

2.評比分數為0至5分，並視需要填寫註記：分數5分＝優秀；4分＝滿意；3分＝平均水準；2分＝平均水準之下；1分＝不滿意；0分＝無法作答

一、基本知識	分數	註記
1.晚餐菜單介紹		
2.午餐菜單介紹		
3.假日早午餐介紹		
4.其他促銷餐點介紹		
5.下午茶菜單介紹		
6.用餐環境介紹		
7.會議設備介紹		
8.公司歷史		
□小計：		
二、重要資訊	分數	註記
1.周邊交通及停車資訊		
2.最新活動訊息		
3.大廈警衛、管理員、公務清潔組聯絡方式		
4.能主動並正確傳遞或留下重要訊息		
5.認識公司主要股東及幹部		
6.公司電話、傳真、網址、信箱及統編		
□小計：		
三、工作態度	分數	註記
1.問候及對答		
2.與其他領檯人員團隊合作		
3.與餐廳服務人員團隊合作		
4.與吧檯人員團隊合作		
5.與廚房人員團隊合作		
6.與樓面主管團隊合作		
7.與客人的良善溝通		
8.與送貨人員的良善溝通		
□小計：		
四、桌位控管安排	分數	註記
1.現場座位掌控及調度		
2.座位安排		
3.協助工作夥伴的主動性		
4.非必要的同區、同時入座		
5.配桌的公平性		
□小計：		

（續）表13-9　領檯人員考核表

五、備勤工作及其他工作	分數	註記
1.化妝室清潔		
2.前臺區域清潔		
3.菜單封面及內頁清潔		
4.物件修繕通報		
5.信件快遞處理		
6.餐廳燈光調控		
7.顧客基本資料建檔		
8.電話留言訊息傳達		
□小計：		

六、問題解決	分數	註記
1.每日值班會議做重要訊息及訂位狀況傳達？		
2.若客人詢問Dressing Code，你該如何回答？		
3.客人詢問停車事宜，你該如何回答？		
4.如何解決客人來電的客訴？		
5.如何指引客人前往客人欲前往的地方？		
6.如何在現場或電話中，簡單扼要的向客人介紹菜單和餐廳特色？		
7.如何委婉拒絕或保留客人的特殊要求？		
8.客人來電訂位表示要靠窗座位，你該如何處理？		
9.如何於現場解決客人換桌的要求？		
10.若客人在電話中要求免開瓶費或有多重優惠同時使用時，你該如何應答？		
11.如何加強會員資料及常客資料的更新及補充？		
12.你覺得領檯人員還可以加強的工作技能或補充的工作項目為何？		
13.當你遇到酒醉或精神異常的客人進店表示要用餐，你該如何處理？		
14.客人來電表示他手中有我們發出的優惠券，並詢問一次能否使用多張，你該如何處理？		
□小計：		

彙總	小計分數：
基本知識	_____÷40×100＝
重要資訊	_____÷30×100＝
工作態度	_____÷40×100＝
桌位控管安排	_____÷25×100＝
備勤工作及其他工作	_____÷40×100＝
問題解決	_____÷70×100＝
總分	_____÷245×100＝
考核員建議事項	
部門經理意見	

資料來源：作者整理製表。

五、定期考核

新進學員結訓後開始正式成為樓面上的一位成員。初期樓面主管在安排各個服務人員的責任區域時，多半會考量剛結訓成員的樓面表現，將比較簡單的區域或是靠近工作站的區域指派給他，原因不外是考量到新進人員剛上樓面時的心理壓力，以及對於工作的輕重緩急仍未能透徹掌握時，靠近工作站能即時取得所需的營運器材設備，加速工作上的效率。同時，也會在他的區域周邊安排資深且具有耐心的同事就近關照協助，期能讓這位剛結訓的新同事能夠在沒有過多心理壓力及挫折感的情況下漸入佳境。

然而，不論是資淺的新進人員或是資深的同事，都必須經由公司定期或不定期的考核，來檢視他們的專業度與工作心態。通常定期考核對於服務技能這部分是比較無需擔心的，因為所有同事在每天上班的過程中都不斷的在操作各項服務技能，隨著工作年資的增長，服務技能會更加嫻熟穩重。然而，在某些面向就一定得經由定期／不定期考核來檢視（如**表13-10**），這包含了專業知識（食物、酒類）、公司歷史和各項基本資料的熟記，以及所有營運物料的存放位置等。

定期考核的形式可以相當多樣，口試、筆試、實務操作、從旁觀察、秘密客評分、主管評分、訓練員評分、同事間交互評分、自我評分都是可以選擇的方式，也可以採用多樣的搭配以獲取評比成績的客觀性。（如**表13-11**）

六、在職訓練

在職訓練（On Job Training）用來培養員工更多的知識與技能，是每個企業都必須視為重要工作項目之一，才能留住優秀人才並發展人才。訓練的內容是廣泛的，訓練的時間也可以是定期或不定期的。以訓練的型式和內容來說，這幾年隨著一些大型餐飲企業的帶動，有愈來愈生動有趣並且多元的走向：

1.學分制：將公司開立的各種訓練課程分門別類，可以內容做分類或以難易度做分類，並且賦予每門訓練課目不同的學分數。而所有的員工會被要求每年必須自行決定參與其中的課程，並且達成公司所規定的最少受訓學分。而對於想調整薪資、晉升職務的員工也會有一個學分修習完成的最低標準，才能有資格取得薪資或職務的調升。

表13-10　外場時薪人員考核表

店別：＿＿＿＿＿＿　　員工：＿＿＿＿＿＿　　店經理：＿＿＿＿＿＿

一、個人儀表	本項得分
1.時常保持微笑。	3 2 1 0
2.頭髮整齊、乾淨，超過肩膀者紮成適當形式，不得散亂。	3 2 1 0
3.男生鬍子刮理乾淨，女生應淡妝，塗紅色系口紅。	3 2 1 0
4.上衣整齊平整，所有鈕扣扣齊。	3 2 1 0
5.指甲修剪整齊乾淨，指縫無污垢。	3 2 1 0
6.黑色長褲整齊平整，腰帶綁緊。	3 2 1 0
7.黑色鞋面，乾淨光亮，不得穿著運動鞋。	3 2 1 0
8.圍裙內備有便條紙、2枝筆、1個打火機。	3 2 1 0
9.說話使用適當詞彙。	3 2 1 0
10.個人衛生習慣良好。	3 2 1 0
二、專業知識及技能	本項得分
1.能隨手畫出工作站布置圖，說明物件名稱及擺設位置與容器。	3 2 1 0
2.正確使用設備及器材（咖啡機、收銀機、刷卡機、冷氣機）。	3 2 1 0
3.確實執行先進先出程序。	3 2 1 0
4.存放物件於正確位置，並確實遵守存放規定。	3 2 1 0
5.能正確組織份內工作的執行順序，並且有效率的完成。	3 2 1 0
6.能在工作中保持工作步調及速率，主動積極不需他人提醒。	3 2 1 0
7.工作中隨時保持工作臺面清潔。	3 2 1 0
8.正確使用各類清潔劑及清潔工具。	3 2 1 0
9.能正確推薦介紹菜單上每一種菜色、成分及口味。	3 2 1 0
10.能適當推薦介紹酒單上各種酒類。	3 2 1 0
11.能依照正確的程序執行開店及打烊的工作。	3 2 1 0
12.能配合客人合理的需求，做適當的用餐服務。	3 2 1 0
13.能正確的製備各種飲料，並正確的執行服務。	3 2 1 0
14.工作中將噪音降至最低，提供客人舒適的用餐環境。	3 2 1 0
三、團隊合作及工作積極度	本項得分
1.工作時保持心情愉快，能控制自己的情緒。	3 2 1 0
2.與同事和睦相處，不生事端。	3 2 1 0
3.工作時保持士氣高昂、精神飽滿、活力充沛。	3 2 1 0
4.主動幫助同事，並能在需要協助時，主動尋求幫忙。	3 2 1 0
5.服從公司規定及主管要求。	3 2 1 0
6.主動做環境清潔工作。	3 2 1 0
7.能帶動工作士氣，並使同事工作時更具士氣及生產力。	3 2 1 0
8.準時出席各項值班會議、訓練課程及團體活動。	3 2 1 0
9.對不明瞭或有不同意見的規定或政策，能向主管反映討論，而非私下討論批評。	3 2 1 0
10.配合班表需求，給班正常。	3 2 1 0
11.準時上班。	3 2 1 0

（續）表13-10　外場時薪人員考核表

12.能確實執行主管所交付的工作，並使之完成。				3　2　1　0
四、特殊事件及貢獻事由（對於工作上有特殊貢獻或失誤，請酌予給分。+5至-5分）				本項得分
請詳述原因：				

五、建議及評估

1.個人儀表

2.專業知識及技能

3.團隊合作及工作積極性

4.其他建議事項

六、總計

個人儀表			專業知識及技能			團隊合作			總計		
總分	得分	%	總分	得分	%	總分	得分	%	總分	得分	%
30			52			36			118		

總分（X）+（或-）特殊事件及貢獻＝實際得分

總得分（以百分比計）　90分以上者　　調薪7%

80~89分　　調薪5%

70~79分　　不調薪

69分以下者　　降薪5%

60分以下　　一週內重新考核，未達70分者，逕行解職。

資料來源：大魯閣餐飲事業股份有限公司提供（2009）。

2.多元性：去除較無趣的課堂講授，改採實際操作、樓面演練、角色扮演，甚至以舉辦趣味競賽的方式來提振學習的興趣和效果。資金充裕的餐廳甚至可以外聘講師、外尋訓練場地，或將員工派至外界的教育訓練單位受訓，例如中國生產力中心或是大學的進修推廣學院。

3.研討會：將員工分批利用一天甚至兩天的時間到度假飯店、營地做訓練，甚至進行團隊合作默契的培養，透過各類遊戲競賽來凝聚共識。

4.多樣性：除了工作上直接需要的專業知識及服務技能之外，其他許多實用的課程也同樣可以被安排進入在職訓練的課目，例如心肺復甦術（CPR）、滅火技巧、逃生演練、心靈成長、潛能開發、壓力面對與排除、美姿美儀、彩妝運用……，這些課目多半會受到員工的歡迎，也具有實用性。

表13-11　定期考核評分表

Bar & Host	Professional 專業技能	Attendance 出席請假	Talking in Politeness 口條話術	Appearance 服裝儀容	Working Attitude 工作態度	Integrity 誠信度	Efficiency 工作效率	PR 同儕互動	Learning Ability 學習能力	Seniority 資深度	Total 100% 總分100
	滿分10分，分數的最小單位是0.5分										
Eddy											
George											
Jean											
Luke											
Michael											
Mark											
Net											
Patrick											
Peter (小P)											
Phillip											
Ray											
RuRu											
Sophie											

　　至於在訓練成本上的節約，餐廳企業也可以多尋找例如中國生產力中心❷或青創總會❸等訓練機構，不定期參加由政府出資委託這些單位開辦的課程，在訓練費用上可以有所補助甚至減免。而關於美姿美儀及彩妝運用課程，則可以尋求各大化妝品牌的公關部門洽談免費授課，通常參加上課的學生還可以獲得免費的彩妝保養試用組。消防救災單位也樂於到各大企業餐廳宣導防火觀念，預約進行免費的逃生演練、消防救災及心肺復甦術的教學；對於酒類的專業知識也可以請配合的酒類廠商安排訓練師到餐廳來講課，這些都是免費的教育訓練資源，值得餐廳納入教育訓練的規劃。

第四節　員工權益

一、員工手冊

　　一個較具有制度、有永續經營概念的餐廳多半會著手制定員工手冊，並且發給每一位餐廳工作的同仁。這本手冊內容通常包含公司歷史沿革、公司企業宗旨、願景目標、組織圖、員工權益、福利、工作規範與獎懲辦法，讓新進員工能夠藉由這本冊子對公司有多一點的瞭解，對於自身的福利、權益有疑慮時也可以隨時翻閱。

二、員工獎懲及獎金

　　適度有效的實施各項獎懲制度及發放獎金，對於士氣的提升與紀律的管理是絕對必要的。公平良善的規劃相關制度並且具體的落實執行，可以避免企業內劣幣驅逐良幣的情況發生，優秀的員工可以得到適時的鼓舞和回饋，讓他願意更加賣力的表現在工作上，而對於不適任或考績差的員工也可以透過制度的建立與落實來給予公平的懲處，甚至進行資遣。但是，前提必須符合所有相關的勞工權益法規。獎懲制度的分類如下：

(一)口頭上的表揚或責備

　　對於員工的讚賞或責備，重要的原則在於表揚時應盡可能利用值前會議等多數員工在場的情況進行口頭表揚，除了能讓受到表揚者感到驕傲榮幸，也

能成為其他同事的楷模與學習效法的對象；反之，責備時則應閉門進行單獨對談，除了適度保留受責員工的顏面與自尊，閉門對談也讓員工有較正式受到責備的感受。對談過程中除了指正錯誤之外，應瞭解員工的心態及犯錯的背後原因和動機，以避免類似錯誤再度發生，並且清楚告知觀察期間應加強的工作表現，讓受責員工得以謹記在心。

(二)書面表揚或警告

相較於口頭的表揚或責難，書面的行事更顯慎重與正式。員工長期有良好且令人讚許的表現，或是在特殊場合及個案中發揮超乎預期的表現時，主管不妨大方給予書面的表揚，並將副本歸檔於員工資料檔案中，作為日後考核、升遷、調薪的參考。

同樣的，對於屢勸不聽、相同錯誤一再累犯的同事也可以進行書面的警告（如**表13-12**），以加強懲處的強度並且限期改善。書面的警告也應同樣納入

表13-12　書面警告

Record of Reward
Date: _____
Name of Employee: _____
Position/Title _____
Dept./Section: _____
I would like to thank and encourage the above named employee that the following aspects of his/her performance are greatly appreciated. Summery of Performance:
_____
_____
_____
_____
_____
_____
Approved by:　　Issued by:　　Accepted by:
_____　　_____　　_____

資料來源：勞瑞斯牛肋排餐廳提供（2009）。

員工資料檔案中，作為日後考核的參考。

　　不論懲處的形式為口頭或是書面，都應留意避免進行人身攻擊或羞辱，應就事論事，並且不能帶有個人情緒或偏頗的想法和作為，而是應該從中瞭解員工心理層面的想法。一般而言大致可以先去推敲員工表現不如預期的原因和動機，很可能是他根本不知道該怎麼做，這表示訓練出了問題或是他吸收有障礙，可以安排補強教育；另一方面，也有可能是員工心態出了問題，他覺得工作上某些要求是不需要的，因此不願意去確實執行，這就表示員工心態不正確，有需要透過主管的對談建立正確的服務觀念，讓他從心底去感受體會，才能做出發自內心誠懇的服務。（如**圖13-2**）

圖13-2　員工工作改善流程圖

資料來源：作者整理繪製。

(三)獎金制度

　　每家餐廳可以依照自身的財務結構訂定各種獎金制度，多數的餐廳多半是以營業額為發放獎金的門檻，再去制定發放的比例與相關的細節。以營業額來作為發放獎金的唯一門檻其實是不夠完備的，如果餐廳的業績達到滿意的數字卻因為內部控管欠佳、物料浪費、屯貨過多、人事浮濫等，最後可能導致業主虧錢而員工卻仍領取獎金的窘境。因此建議門檻應設定多項標準，包含營業額多少以上，而人事成本、食物成本、營運物料成本多少百分比以下同時達到後才是獎金發放的標準。對於員工的出勤狀況、服務表現也可以納入獎金發放的考量，讓整個獎金發放制度更緊密周延，達到業主、員工及顧客三贏的局面。

🍲 第五節 【模擬案例】Pasta Paradise餐廳之人力資源與教育訓練

一、人力需求及招募管道

　　在人力的需求上以外場為例，如**圖**3-39的Pasta Paradise餐廳服務分區與桌號平面圖（見第117頁），可大致將餐廳外場座位區分為四個區塊，每個區塊由一名服務人員負責進行所有的餐飲服務工作，另外搭配一名前臺領檯人員及一名樓面值班主管。部門經理可以經由**表**13-1求得所需徵聘的員工人數，約為二至三名正職人員，及九至十名兼職時薪人員。

　　至於招募管道，礙於所需人數並非如大型企業般數十人甚至上百人，再者考量招募廣告成本的負擔能力，決定以較經濟、也較主流的網路徵人方式為主要求才管道。目前市面上以104人力銀行❹與1111人力銀行❺較具規模及代表性，另外《自由時報》也創立了yes123求職網❻，搭配報紙徵才廣告與網路兩種管道同步進行，也頗具知名度。以刊登104人力銀行求才為例，登入相關求才資訊的求才費用約為每月四千二百元，並可享有買二送一的優惠，即刊登一季八千四百元。另外，求才企業也可以付費購買各項加值功能，如企業形象廣告、尊榮版面、焦點職缺、精選工作……。

　　除了付費的人力銀行可以成為求才的管道之外，善用免費網路的資源往往也會有意想不到的好效果，目前國內以批踢踢實業網較具代表性，在案例Pasta

Paradise餐廳中也將透過此管道徵求大專院校學生來求職[7]。

最後，在餐廳門口不妨也貼出徵人小廣告，曝光效果雖然遠不如上述的求才管道，但是看到的人或許是前來用餐的顧客，如果有興趣打工自然是認同這家餐廳的工作環境，或是路過行人看到而上門應徵，這些人員多半有地緣關係，將來在上班通勤上時間更能掌握。

二、教育訓練

教育訓練之前即應由主管及負責上課的訓練員進行訓練計畫的擬訂，把每天應講授的內容規劃清楚，在規定的天數及時數裡完成所有課目的訓練。

每天訓練課程結束後，進行隨堂的測驗複習，驗收學員的吸收能力，並且評估訓練效果。課堂訓練結束後，隨即可以將每位學員安排給一位資深服務人員進行樓面上的觀察實習與簡單操作。在排班上，主管應盡可能讓同一資深服務員帶領同一位新進同事，避免因做法上的不同造成學習混淆。當然，這些被挑選帶領新人的資深服務員必須有標準的服務技能與足夠的專業知識和訓練技巧，讓學員能夠有效率的學習。

平時則可安排主廚、外場經理、廠商業務代表做每月定期的訓練課程，內容包含食物的知識、服務技巧、銷售技巧及狀況處理，每年並嘗試聯繫外界訓練人員，如消防單位進行心肺復甦術的訓練，對廚房同事進行滅火常識，或由轄區衛生單位協助進行衛生講習，盡可能讓訓練課題多元化。對於主動參與勞委會職訓局主辦的各項餐服、廚師證照考試，且通過考試的員工進行實質的薪資調整獎勵。

三、員工獎懲與獎金制度

在Pasta Paradise餐廳的獎懲制度除了將會以口頭及書面加以表揚與責備之外，對於優秀的員工也將進行實質的鼓勵。每月月初由全體主管共同選出前一個月最佳員工進行表揚，除了書面嘉獎之外，也將製作獎牌，並拍照放置餐廳明顯處，另招待兩份套餐給得獎員工與其親友共同分享這份驕傲。

獎金部分則必須同時設定業績達成門檻與超過12%的PACE（見第十二章**表12-1**第**39**列，第457頁），始可提撥營業額的3%作為獎金發放。發放計算方式如下：

> **假設前提**：主管6點、正職員工4點、兼職時薪員工每25小時為1點
>
> 全店主管4人＝24點
>
> 正職員工7名＝28點
>
> 全店兼職時薪員工累計共有90點
>
> **假設業績**：該月業績為320萬，PACE為13%，符合發放標準，計算如下：
>
> 發放金額＝320萬元×3%＝96,000元
>
> 每點獎金價值＝96,000元÷90點＝1,067元
>
> 故，每名正職員工可領獎金為：
>
> 1,067元×4點＝4,268元

　　唯有透過獎懲分明，並且同時設定業績及PACE門檻，才能讓全體人員齊心努力，於創造業績的同時也懂得開源節流、珍惜物資，避免浪費，共同創造利潤，進而分享利潤。

註　釋

[1] 相關法規細節可參考行政院勞動部官方網站，網址：http://www.cla.gov.tw/cgi-bin/siteMaker/SM_theme？page=41d35566。

[2] 1950年初我國經濟逐步成長，各種產業正處於萌芽階段，為協助產業提高生產力，財團法人中國生產力中心遂於1955年11月11日創立，英文名稱為China Productivity Center，簡稱CPC，是我國成立最早、最大的經營管理顧問機構。網址為：http://www.cpc.org.tw。

[3] 中國青年創業總會（簡稱青創總會）是由行政院青年輔導委員會所輔導成立的社團法人，成立於民國61年5月17日，創會初期是由一群獲得政府創業貸款補助，創業有成而且又熱心服務的有為青年所組成，青創會在政府相關單位的輔導培植之下，逐漸完備並開立各項訓練課程。網址為：http://www.careernet.org.tw/。

[4] 104人力銀行（一零四資訊科技股份有限公司）的設立動機在於早期臺灣的主要求職管道，如報紙、職務介紹所、徵才紙條等，未能提供現代化、系統化、人性化的服務，滿足企業求才與個人求職過程的需求。因此，創辦人楊基寬先生，鑒於當時求職求才環境的缺憾，於1996年創辦了104人力銀行，開啟臺灣「人性化求職求才服務」元年。網址為：http://www.104.com.tw/。

❺ 1111人力銀行成立於1998年，於2000年正式運作。創立初期特精選四種最熱門的行業成立專區，提供人才仲介服務，故以四個第1為名，命名為1111人力銀行。1111人力銀行為建築於互聯網路上的虛擬人才仲介，同時派遣近二百名工作人員至全臺各地就業服務中心協助人才招聘，目前員工總數已超過五百人。，並以「創新、熱誠、服務、專業」作為企業經營理念，堅持創造「人才、職缺、功能、媒合」四個第1，成為在臺灣最具影響力的人才資源公司。網址為：http://www.1111.com.tw/default.asp。

❻ yes123求職網創立於2007年2月22日，提供求職者與求才企業一個媒合平臺，期許：「為企業精準有效找到優秀的人才、為求職者找到適才適所的舞臺，並自我要求——功能更創新、服務更貼心、適配更精準」。網址為：http://www.yes123.com.tw/admin/integrate/aboutus.asp。

❼ 批踢踢（Ptt）是以學術性質為目的，提供各專業學生實習的平台，而以電子布告欄系統（Bulletin Board System, BBS）為主的一系列服務。期許在網際網路上建立起一個快速、即時、平等、免費、開放且自由的言論空間。批踢踢實業坊同時承諾永久學術中立，絕不商業化、絕不營利。（詳細的權利與義務以及隱私權保障請參閱使用者條款）批踢踢相關服務目前由臺灣大學電子布告欄系統研究社維護運作，大部分的程式碼目前由就讀或已畢業於資訊工程學系的學生進行維護，並邀請具法律背景的朋友作為該站的法律顧問。目前在Ptt/Ptt 2註冊的人數超過六十萬人，尖峰時段兩站容納超過七萬名使用者同時上線，擁有超過兩萬個不同主題的看板，每日有上萬篇的新文章被發表及閱讀，並且擁有前輩朋友留下數量可觀的資料文件。網址：http://www.ptt.cc/index.html。

附錄一 結構式面談提要

		問題要項	面試官筆記
事前準備	時	面試時間以不超過30分鐘為限，多數在20分鐘內完成，避免冗長	
	地	面試場地安排以大廳用餐區為宜，撤掉餐具，避免鄰桌有客人用餐	
	物	準備空白履歷、英文試券、筆、性向測驗、面試者名片、杯水	
	人	面試者以部門主管、主廚／副主廚為宜	
		面試官服儀端莊整齊	
		面試官心理狀態穩定平和	
	事	引導求職者入坐，說明所需填寫的表格並請求職者工整填寫，告知填寫完後通知面試官	
		介紹自己是今日的面試官（姓名、職銜）	
		填寫完畢面談前，面試官先檢查履歷表。遇有重要資訊未填應請求職者完整補填！	
		面試官面試前，先將履歷表中有疑問、有興趣的地方圈出，提高面試效率	
開場		自我介紹、遞上名片並表示歡迎	
		您好，我是****歡迎您前來面試，稍後我會提出一些問題好讓我更瞭解您，也請誠實簡要回答。如果您認為有不方便透漏的個人隱私，也可以直接說明不便透漏。面試尾聲，您若有任何問題也歡迎隨時提出	
		請面試者先用3分鐘做簡要自我介紹（內容不重要，專心聽他的組織性、邏輯性、和口條）	
問題與傾聽	基本資料問答	針對兵役、住居、交通、經濟、工作經驗提出問題。例如是否養家、學貸？瞭解經濟壓力？深夜交通問題？工作經驗中觀察是否常換產業類別？常換工作？離職原因？大方提供前任主管作推薦？求學是否中斷？原因？可否接受資歷調查？家人住中南部可以順帶瞭解逢年過節返鄉是否隨家人返鄉？	
		如有犯罪紀錄、特殊病症應作瞭解？是否曾酒駕？	
		可報到上班日？	
		就您知道所應徵職缺的工作內容有哪些？（回答後面試官瞭解其對工作職缺的認知，並補充說明）	
		就您知道所應徵職缺的工作時間特性有哪些？（瞭解其對工作時間的認知，並補充說明上班時間、輪班、輪休、假日通常上班……）	
		您對這份工作的薪資期待？觀察是否期待過高產生落差，影響日後工作士氣和給班（PT）	
		您對在餐飲業發展的期待？觀察是否明確目標，有方向志向，是否是個有主見的人	
	親和力	在陌生的場合能保持微笑，主動認識新朋友？舉例	
		能很快和不熟識的人聊天？舉例	
面試對談	溝通力	在求學或工作的經驗中是否遇過不容易溝通的人，你如何處理雙方的溝通？舉例	
		在團體中當別人和你的意見想法不同時，你會怎麼辦？舉例	

（續）附錄一　結構式面談提要

		問題要項	面試官筆記
面試對談	身心抗壓性	在過去的工作經驗中是否有連續晚下班的經驗？幾點？什麼狀況造成？請說明	
		在過去的工作經驗中是否有常常久站或長走的經驗？站多久？需要拿重物？身體是否感到不適？	
		最近一次因為求學或工作造成情緒低落甚至憂鬱的事情是什麼？持續多久？如何化解？請說明	
		在過去的工作經驗中是否有遇到事情多到讓您手忙腳亂的經驗？您如何處理？請說明	
觀察言行	1	準時或提早到達	
	2	服裝儀容端莊，忌短褲拖鞋背心	
	3	臉部不僵硬有笑容，不笑時也不會有臭臉	
	4	眼神專注有神，沒斜視、看人不閃爍眼神	
	5	口語表達清晰流暢，不結巴不大舌頭	
	6	反應敏捷，對聽不懂的問題會明確要求再說一次，或確認問題內容	
	7	用關鍵字紀錄面試者回答的內容，並註記觀察到的言行異狀	
	8	確認想提問的問題都問完了，可主動要求面試者提出問題，並誠實大方回答	
	9	觀察其走路姿態，步伐穩定直行，不輕蔑	
	10	觀察其填妥履歷等待面試時的神態安定從容？恍神？吊兒郎當？玩手機？轉筆？	
	結語	謝謝您今天的到來，我們會在明天電話或簡訊通知錄取與否。優秀人才可立即決定並討論報到日期	
注意事項	1	面試話題不涉及同婚、同戀、政治、宗教爭議（但可討論參加宗教活動與上班時間衝突的議題）、就業歧視、性別歧視及社會敏感議題	
	2	友善對待面試者，來者是客	
	3	不論錄取與否，都不可讓面試者帶走履歷表等面試文件。對方未錄取如有個資疑慮可共同銷毀	
	4	未錄取者不要在現場立即告知未錄取，委婉表示稍後還有其他面試者，明天將會電話或簡訊通知	
	5	未錄取簡訊：感謝您到○○○參加面試，因名額限制不得不有遺珠之憾，謝謝（面試官姓名、職務）	
	6	面試官需在履歷表空白處寫個人觀察、重要關鍵字及自己的評價建議	
	7	面試前不需要求攜帶照片，如有考慮錄取或確定錄取，可先用手機拍照列印4x6，日後補交2吋照片	

面談日期	
面試官	
面試紀錄摘要補充	

餐飲旅館系列

餐廳開發與規劃

作　　者／蔡毓峯、陳柏蒼
出 版 者／揚智文化事業股份有限公司
發 行 人／葉忠賢
總 編 輯／閻富萍
特約執編／范湘渝
地　　址／22204 新北市深坑區北深路三段 258 號 8 樓
電　　話／02-8662-6826
傳　　真／02-2664-7633
網　　址／http://www.ycrc.com.tw
E-mail ／ service@ycrc.com.tw
I S B N ／ 978-986-298-353-9

初版一刷／2010 年 7 月
二版一刷／2014 年 10 月
三版一刷／2020 年 10 月
定　　價／新台幣 700 元

國家圖書館出版品預行編目（CIP）資料

餐廳開發與規劃 / 蔡毓峯, 陳柏蒼著. -- 三
版. -- 新北市：揚智文化, 2020.10
面；　公分. --（餐飲旅館系列）

ISBN 978-986-298-353-9（精裝）

1.餐飲業管理 2.餐廳

483.8　　　　　　　　　　　　　109012925